陆相断陷盆地源汇系统控砂原理与应用

徐长贵　杜晓峰　朱红涛　著

科学出版社

北　京

内 容 简 介

本书通过总结渤海海域典型陆相断陷盆地源汇系统的研究成果，形成陆相断陷盆地源汇系统完善的理论体系、成熟的技术体系、标准的工业化应用流程及规范，并且源汇系统控砂理论在渤海油田油气勘探中发挥了巨大作用，对其他类似盆地和构造区油气勘探也有较好的应用前景和推广价值。本书内容包括源汇系统研究概述、渤海海域新生代盆地结构与沉积充填、陆相断陷盆地源汇系统控砂理论体系、陆相断陷盆地源汇系统控砂机制与控砂模式、陆相断陷盆地源汇系统控砂原理工业化应用方法、源汇系统主要研究技术方法、渤海海域源汇系统实例分析。本书部分插图配有彩图二维码，见封底。

本书可供高等院校地质学、资源勘查工程、石油工程、海洋科学等相关专业的教师和学生参考，也可供从事油气地质勘探与开发的技术人员参考。

图书在版编目（CIP）数据

陆相断陷盆地源汇系统控砂原理与应用/徐长贵，杜晓峰，朱红涛著.—北京:科学出版社，2020.12
ISBN 978-7-03-066782-3

Ⅰ.①陆…　Ⅱ.①徐…　②杜…　③朱…　Ⅲ.①陆相-断陷盆地-油气勘探-研究　Ⅳ.①P618.130.8

中国版本图书馆 CIP 数据核字（2020）第 221018 号

责任编辑：何　念/责任校对：高　嵘
责任印制：彭　超/封面设计：苏　波

科学出版社 出版
北京东黄城根北街 16 号
邮政编码：100717
http://www.sciencep.com
武汉精一佳印刷有限公司印刷
科学出版社发行　各地新华书店经销
*
开本：787×1092　1/16
2020 年 12 月第　一　版　　印张：15 1/2
2020 年 12 月第一次印刷　　字数：368 000
定价：188.00 元
（如有印装质量问题，我社负责调换）

作者简介

徐长贵，1971 年出生，江西乐平人，教授级高级工程师，中国海洋石油集团有限公司资深勘探专家，享受国务院政府特殊津贴专家，入选“国家百千万人才工程”并被授予“有突出贡献的中青年专家”荣誉称号。现任中海石油（中国）有限公司海南分公司副总经理兼总地质师，曾任中海石油（中国）有限公司天津分公司研究院地质总师、勘探部经理。

长期奋战在中国海上勘探一线，先后承担“十五”国家重点科技攻关计划项目课题“渤海下第三系油气勘探地质评价关键技术研究”、“十三五”国家科技重大专项课题“渤海海域勘探新领域及关键技术研究”等多项重大重点课题。以第一作者或通讯作者在 SCI、EI 和中文核心期刊发表论文 50 余篇。曾获国家科学技术进步奖一等奖、二等奖共 2 项，省部级科学技术进步奖特等奖、一等奖共 9 项，省部级科学技术进步奖二等奖共 8 项。此外，曾获天津五四青年奖章、中国青年地质科技金锤奖、中国地质学会黄汲清青年地质科学技术奖、全国能源化学系统“五一劳动奖章”等，入选首届“加油中国、传承铁人”十大年度人物、2016 年度中国海洋人物等，被评为全国青年岗位能手、央企劳动模范、全国劳动模范等。

序一

沉积学是地质学科中一门独具魅力的学科。人类社会对油气资源的需求是沉积学发展的内在动因，新研究手段的涌现是促进学科发展的重要前提，重大国际地学研究计划（如深海钻探计划）是沉积学发展的直接推动力。此外，全球变化正越来越多地受到社会和学界的共同关注，也推动了沉积学在越来越多的前沿科学研究计划中扮演重要角色。尤其是美国沉积地质学家开启的“CSDMS”、“Deep-Time”和“InterMargins”研究计划，欧洲沉积学家引领的“Dream”计划等，促使沉积学研究走进一个新的黄金时代。

中国地处东亚大陆，在中生代是全球最大的陆地，具有研究陆相沉积的突出优势。其中，渤海湾盆地位于太平洋、特提斯洋和古亚洲洋三大构造域相互作用交接的中心区域，是一个发育在华北东部地块上的中、新生代叠合盆地，是我国最具有代表性的新生代陆相断陷盆地，也是华北克拉通东部最重要的构造单元和油气富集盆地，历来是沉积学家、构造地质学家和石油地质学家关注的重点。《陆相断陷盆地源汇系统控砂原理与应用》一书结合区域内特有的沉积记录和前期沉积学家与石油地质学家长期研究积累，通过系统整理提出以渤海海域为核心的陆相断陷盆地源汇系统控砂原理与应用，进一步完善了源汇系统的概念与内涵，实现了沉积学表征功能向预测功能的转变，且该书的理论已广泛应用于油气勘探中，并获得重大成功。

该书内容丰富、资料翔实，深入浅出地阐述了渤海海域新生代典型陆相断陷盆地源汇系统理论体系及其控砂机制与模式，并结合渤海海域勘探实例解剖，探索性构建了该方法体系的工业化应用规范。上述工作是中海石油（中国）有限公司天津分公司与中国地质大学（武汉）的一批优秀中青年学者集体合作、长期开展该领域科学研究所取得成果的集中体现，也是对沉积学前沿问题的积极探索，其研究成果对沉积学学科具有重要的推动作用，对高级别的人才培养将起到积极作用。

衷心祝贺该书的出版，相信以产、学、研密切结合的形式，以发现更多油气资源为目标的科学研究一定能够结出更多硕果。

中国科学院院士

2020年6月20日

The holistic source-to-sink approach to analysis of basins has arisen as a new generation of research and has emerged with a broader focus than previous approaches. This approach has long attracted attention from both academia and hydrocarbon industry. It is now widely used to explore when, and how the clastic sediment budget into the basin is partitioned by volume, by facies, and by grain size between different segments of the overall dispersal system (e.g., upland fans or alluvial plains, coastal and delta plains, shorezones, shelf, shelf edge, deep-water slope and basin floor). Predictability of sand-prone and mud-prone segments are especially important for reservoir and source-rock occurrence and development, though there has been a tendency to weight provenance variability and mixing of provenance. There are relatively few studies where researchers have made use of the unique opportunity afforded by large-scale basin-margin clinoforms, from upland alluvial plains to deepwater sinks to allow quantitative source-to-sink(S2S) prediction of how the budget diminishes towards the sink. These few studies show that over geological time scales over 50% of the budget passes the shelf break, and there are methods to estimate remaining budget at all points along the length of the clinoform because of mass conservation.

In the present day, lakes cover only about 1%～2% of Earth's surface and contain less than 0.02% of the water in the hydrosphere. However, the geological significance of lakes is far greater than these meagre figures suggest. Lacustrine strata roughly account for more than 20% of current worldwide hydrocarbon production and lacustrine organic-rich deposits are highly important source rocks worldwide. However, the above methodology has not yet been attempted for shallow-or deep-water lacustrine systems, and even a sequence stratigraphic methodology for lake basins is only recently developed.

As in marine basins, shallow and deep-water lakes are significant sediment sinks at the terminus of source-to-sink sediment-routing systems, and should also be a significant component of global source-to-sink research. However, lakes are not just small oceans containing much smaller volumes of sediment and water. The following key aspects make it clear that lake basins cannot be handled by the same source-to-sink methodology and sequence stratigraphy as marine basins.

(1) Lake basins are more sensitive to climatic fluctuations, so that lake levels vary more rapidly than sea level in marine basins, causing lake shorelines to prograde and retreat more rapidly.

(2) Sediment budgets are directly linked to river discharge, as in marine basins, but even more directly than in marine basins where longshore drift and contour currents can modify sediment volumes. However, unlike marine basins, incoming sediment budget to lakes is directly linked with coeval lake-level rise, and therefore, can cause the lake shorelines to be dominated by overall transgression and lake cycles to be capped by the deep-water oil shales.

(3) The sediment-laden, fresh-water river discharge into weakly saline lakes will much more easily create turbidity currents, already within the river-mouth reaches, during strong flood periods. For this reason, deposition within the lakes should be dominated by an abundance of hyperpycnal flows.

The above differences strongly suggest that current source-to-sink concepts and models developed for marine basins can not be directly applied to lake-dominated continental rift basins. Newly developed concepts and new architectural models need to be used as the basis for making quantifiable predictions of reservoirs in continental rift basins, this is highly desirable such as in the Bohai Bay Basin. These new concepts and methodologies need to come in addition to the presently exiting holistic source-to-sink approaches.

Ron J. Steel

Professor and Davis Centennial Chair
Jackson School of Geosciences
The University of Texas at Austin

前言

笔者自2006年提出陆相断陷盆地源汇系统思想以来，带领团队经过十余年锲而不舍的深化研究，形成了关于陆相断陷盆地源汇系统的基本概念体系、源汇控砂的基本原理及工业化应用的基本方法，陆续在国内外发表了一些文章，一直想撰写一本关于陆相断陷盆地源汇系统方面的专著，以便供沉积学界的同行参考和研讨。然而，很多年来，每次动笔都深感自身的学术功底不足、水平有限，迟迟未能完成这一夙愿。鉴于渤海油气勘探的迫切需要，加上受到同行和师长的鼓励和支持，笔者才敢于开始积极筹备和写作，并组织参与渤海源汇研究的校、企青年学者一起参与这项写作工作，因此本书是集体智慧的结晶。

源汇系统研究作为沉积学研究的一场革新，将沉积学研究领域由沉积区拓展至搬运通道及物源区，大大提高了沉积学预测功能和精准度。当前，“源汇”研究已成为世界范围内地球科学领域颇为关注的重要课题，这些方面的研究不仅源于人们对环境科学的关注，也源于人们从不断认识到理解地球表层动力学过程对揭示地球整体动力学过程的重要性。剥蚀地貌和沉积地貌之间被沉积物路径系统联系在一起，共同构成地表的“源汇”系统，其研究核心是地球动力学过程分析和多学科交叉融合的探索。“源汇”系统研究作为一项跨学科领域的课题，其概念和思想已融入并正深刻影响着沉积学理论的发展，将取得更大的进展。

源汇系统最早起源于美国1988年酝酿的“洋陆边缘计划”。1998年美国国家科学基金会和联合海洋学协会提出了“洋陆边缘科学计划2004”，其中沉积学和地层学项目组制定了“源汇”系统研究专题——从源到汇体系科学计划，开始了在沉积学研究领域中引入“源汇”分析的概念和思想。1999年，欧洲组织“国际大陆边缘研究计划”（InterMargins），目的是了解地中海和北大西洋边缘从源到汇的沉积系统。2003年，日本结合InterMargins提出“亚洲三角洲演化与近代变化”的研究计划。近十多年来，“源汇”概念开始在大陆边缘沉积作用的研究中兴起，被认为是沉积体系半定量分析的基础。国际上源汇系统研究以海相为主，侧重探讨构造、气候两大因素对洋陆边缘源汇系统的控制作用及汇水区沉积体系的预测方法。然而，陆相盆地作为中国和世界沉积盆地的主要类型之一，也是源汇系统研究的重要方面，与海相盆地相对丰富、系统的源汇系统成果相比，陆相盆地目前处于起步阶段，已成为制约源汇系统研究向纵深发展的瓶颈问题。

渤海海域新生代盆地是一个典型的陆相断陷盆地，是在华北克拉通基底之上发育起来的多旋回裂谷盆地。自晚古生代以来受北部西伯利亚板块、南部扬子板块、西太平洋板块及印度-澳大利亚板块的共同作用，深部地幔运动及浅部构造变形极为活跃。特别是进入新生代，西太平洋板块俯冲效应持续显现，渤海海域形成了受控于地幔隆升伸展、郯庐走滑拉分、板块远程碰撞的多动力源的区域地质背景，走滑拉分与伸展断陷两种构造应力体制在渤海相互叠加，形成了构造极其复杂的陆相断陷盆地。因此，相对于海相盆地而言，陆相断陷盆地的源汇系统更加复杂，主要体现在：①陆相断陷盆地沉积类型多样，沉积速率快，沉积相变快；②盆地构造地貌条件特别是盆地边界条件复杂，在不同边界条件的控制下，可在盆地周缘沉积区形成不同沉积体系，呈现多种沉积体系共存的格局；③源汇系统控制因素多样，在构造、气候的基础上，古地貌尤为重要，具有多隆多洼的古地理格局和多种不同搬运通道；④陆相断陷盆地物源条件复杂，一个凹陷存在多向供源特征，母岩类型多样，不同母岩区汇水单元及其沉积响应差别大，特别是盆内凸起，呈放射状向周缘凹陷或洼陷供源，凸起周缘可以发育一系列裙边式汇水单元，不同母岩区汇水单元供源效应存在明显差异。

渤海油田在20世纪针对古近系断陷湖盆的油气勘探进行了大规模的勘探活动，但是受制于复杂源汇系统，储层预测极其困难，勘探成效不佳，古近系中深层储层预测成为勘探突破的关键，渤海陆相断陷盆地源汇系统及其控制下的砂岩预测成为油气勘探取得新突破亟待解决的重大基础科学问题。自2006年，笔者带领团队对渤海陆相断陷盆地源汇系统及其对砂岩的控制作用开展了多年的持续攻关，对陆相断陷盆地源汇系统驱动机制、源汇系统要素耦合作用及其控砂模式、物源搬运过程及示踪分析、沉积砂体定量化刻画、源汇系统对储集体质量控制机制等做了深入的研究，形成了陆相断陷盆地源汇系统较为完善的理论体系，并建立了源汇系统工业化应用工作流程及规范。陆相断陷盆地源汇系统理论在渤海油田油气勘探中取得了良好的效果，极大地提高了渤海油田古近系储层预测成功率，为渤海油田的增储上产做出了重要贡献。

本书由徐长贵构思，共分 7 章：第 1 章由徐长贵、朱红涛执笔；第 2 章由徐长贵、杜晓峰执笔；第 3 章由徐长贵执笔；第 4 章由徐长贵、杜晓峰、朱红涛执笔；第 5 章由徐长贵、杜晓峰执笔；第 6 章由杜晓峰、徐长贵、朱红涛执笔；第 7 章由杜晓峰、徐长贵、朱红涛执笔。全书由徐长贵、杜晓峰、朱红涛统稿，并由徐长贵最后审定。

参加本书内容研究工作的还有黄晓波、宋章强、刘强虎、加东辉、王启明、徐伟、庞小军、宛良伟、胡志伟等同志，在此感谢他们的支持和帮助。中国科学院院士、著名沉积学家王成善教授、美国得克萨斯大学奥斯汀分校地球科学学院终身教授 Ron J. Steel 百忙之中为本书作序，在此表示衷心的感谢。

未来，随着勘探程度的不断提高及对油气资源需求的不断增长，中深层甚至深层—超深层将是下一步储量增长的重要勘探领域之一，渤海古近系油气藏勘探对优质富砂储层预测理论和技术方法的需求会越来越迫切，本书介绍的陆相断陷盆地源汇系统控砂理论将发挥越来越重要的作用，可为渤海古近系油气藏勘探提供重要保障和支持，对其他类似盆地和构造区的油气勘探也有较好的应用前景和推广价值。

源汇系统研究是一项多学科交叉的重大课题，本书是以渤海海域为例对复杂陆相断陷盆地源汇系统理论认识和技术方法的系统总结，仅是陆相沉积盆地源汇系统研究的一个开端，希望能起到抛砖引玉的作用。由于时间和水平有限，书中难免会有不足之处，敬请广大读者批评指正。

徐长贵

2020 年 2 月于天津滨海

目录

第1章 源汇系统研究概述

源汇系统作为地球科学领域的热点方向，国际上研究侧重于海相盆地，包括：①构造、气候、海平面变化等控制因素如何影响沉积物和溶解质从源到汇的产出、转换与堆积；②物质侵蚀、转换过程及其相伴生的反馈机制；③全球变化历史记录和地层层序形成如何响应于沉积过程的变化。国内研究侧重于陆相盆地探索性研究，对渤海海域已开展研究，注重于地质历史时期砂质沉积体的时空展布规律与综合控制因素的系统性研究，可直接服务油气勘探的生产实践，并对类似盆地的勘探预测产生积极影响和启示。

1.1 国内外源汇系统的研究现状

地球科学发展至21世纪，进入地球系统研究的新阶段，各子系统相互作用的整体动态研究体系逐渐取代了各子系统的独立研究体系，更加注重地球的岩石圈、水圈、大气圈和生物圈之间的相互作用（汪品先，2014；李德威，2005）。沉积盆地作为地球系统重要的子系统之一，其沉积充填过程无疑成为地球系统研究重要的子课题之一。然而早期沉积学中沉积充填过程的研究并未达到地球系统研究的整体化与动态化层次，为将研究层次提高至地球系统层次，源汇系统（source-to-sink system）应运而生，也称为沉积路径系统（sediment routing system）（解习农 等，2017；徐长贵，2013；高抒，2005；李铁刚 等，2003）。源汇系统的内涵先进于前期沉积学和层序地层学，其先进性表现在以下三个方面。

（1）源汇系统不再局限于沉积学和层序地层学研究的沉积区，将研究区域扩展到剥蚀区和搬运区，形成了由层序地层体系、物源体系和汇聚体系构成的完整研究体系（Helland-Hansen et al.，2016；Walsh et al.，2016；Bhattacharya et al.，2016；徐长贵，2013）。

（2）源汇系统更注重通过半定量-定量分析，建立物源—搬运—沉积整个过程的定量响应关系，提高沉积体预测的精准度（Helland-Hansen et al.，2016）。

（3）源汇系统遵从正演思路，聚焦于“过程化”、“动态化”和“机制化”三个方面，重塑沉积物从源到汇的动态过程，更深刻地揭示沉积体的成因机制（Walsh et al.，2016；Cowie et al.，2008）。

源汇系统本质上是自然界物质守恒定律的延伸，最早应用于大气污染与景观格局研究中，后被引入沉积学研究中。近20年来，源汇概念开始在大陆边缘沉积作用的研究中兴起，已经成为沉积学研究中十分关注的课题，许多重大地球科学研究计划都设立了关于源汇系统的长期研究课题，如美国国家科学基金会（National Science Foundation，NSF）与联合海洋学协会（Joint Oceanographic Institution，JOI）在1998年启动的“洋陆边缘科学计划2004”（MARGINS Program Science Plans 2004），其中沉积学与地层学项目组的研究专题就是“源汇”（source-to-sink）系统，该专题将从造山带的物源区到冲积平原、浅海陆架，最终到深海盆地的源汇系统列为近10年的四大重要研究领域之一（图1.1）（Walsh et al.，2016），拉开了源汇系统研究的序幕（高抒，2005；李铁刚 等，2003）。1999年，欧洲组织了“国际大陆边缘研究计划”（InterMargins）；2002年，“国际大洋发现计划”（International Ocean Discovery Program，IODP）开始关注大陆边缘沉积作用；日本则在2003年结合InterMargins提出“亚洲三角洲演化与近代变化”（徐长贵 等，2017b；Anthony and Julian，1999）。我国也于2000年启动了国家重点基础研究发展计划项目“中国边缘海的形成演化及重要资源的关键问题”，这是我国洋陆边缘研究的主要项目之一，其针对的科学问题包括中国边缘海岩石层结构与深部地球动力学过程、东海和南海构造演化及边缘海的形成演化对重大资源形成的控制作用（徐长贵 等，2017b）。

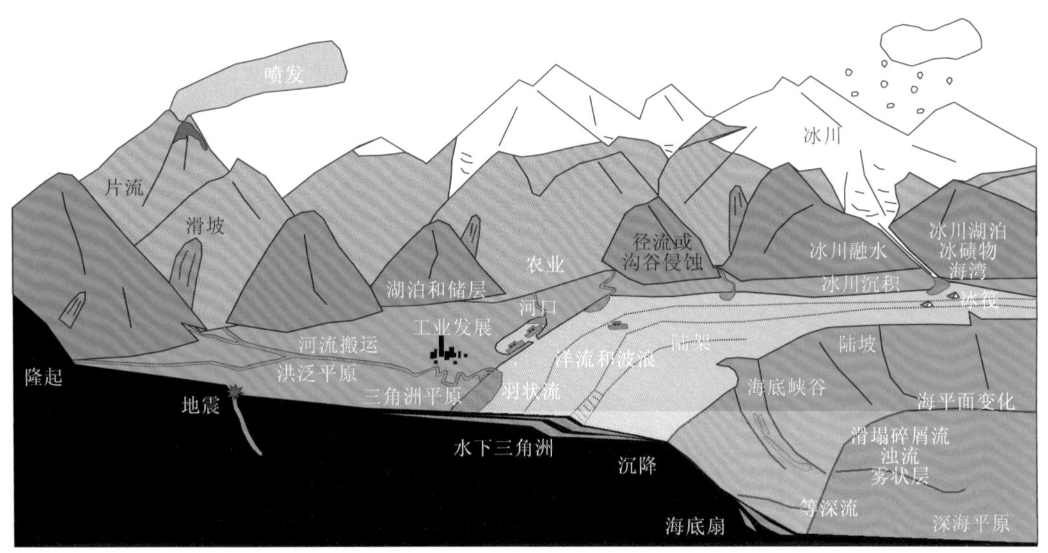

图 1.1　新西兰 Waipaoa 源汇系统动力机制与搬运过程响应特征（Walsh et al.，2016）

国际源汇系统研究焦点在于探讨洋陆边缘第四系构造、气候、海平面变化等控制因素如何影响沉积物和溶解质从源到汇的产出、转换与堆积，物质侵蚀、转换过程及其伴生的反馈机制（Sømme et al.，2009a，2009b），全球变化历史记录和地层层序形成如何响应沉积过程的变化（Kuehl et al.，2016；Romans et al.，2016），并深入探讨沉积物从源到汇全过程的驱动机制、古物源区演化恢复与古水系重建（Amorosi et al.，2016；Carter et al.，2010；Sømme et al.，2009a；Allen，2005）。国际上源汇系统研究的三个关键科学问题如下。

（1）构造、气候、海平面变化等控制因素如何影响沉积物和溶解质从源到汇的产出、转换和堆积（Romans et al.，2016；Liu Q H et al.，2016），如研究洋陆边缘沉积体系对自然作用和人类活动干扰响应的定量预测、地貌事件（洪水、风暴、滑坡等）的信号在物质传输中的变化、不同时间尺度的沉积物传输和堆积的动力学模拟、地质历史上不同时段的沉积物堆积速率的比较、沉积物在从源到汇传输中的组分分离和变化等。

（2）物质侵蚀、转换过程及其相伴生的反馈机制（Sømme et al.，2009a，2009b；Allen，2008a，2008b），如研究侵蚀事件的过程，以及地震和洪水诱发的陆上和海底滑坡的机制；岸线淤长过程中导致海底滑坡、河流侵蚀回春的下切过程（如潮汐汊道下切点向海迁移及陆坡滑坡，海面变化、风暴和地震引起的下切点向陆迁移）、沉积物负荷引发的海底失稳、沉积物侵蚀和堆积引起的反馈对物源区特征和地貌稳定性的影响等（图 1.2）（Carter et al.，2010）。

（3）全球变化历史记录和地层层序形成如何响应沉积过程的变化（Kuehl et al.，2016；Zhang et al.，2016），如研究地层记录的形成过程、末次冰盛期（Last Glacial Maximum，LGM）以来的沉积环境演化、大陆边缘物质（如 Si、Ca、P、C 等）的地球化学循环、碳酸盐堆积体系（珊瑚礁平台等）的动力学和稳定性、河流三角洲和物质沿陆架输运的过程及其对沉积体结构的影响、三角洲和陆架陆坡过程相结合的定量地层学模型、岸线的形态动力学模拟等。

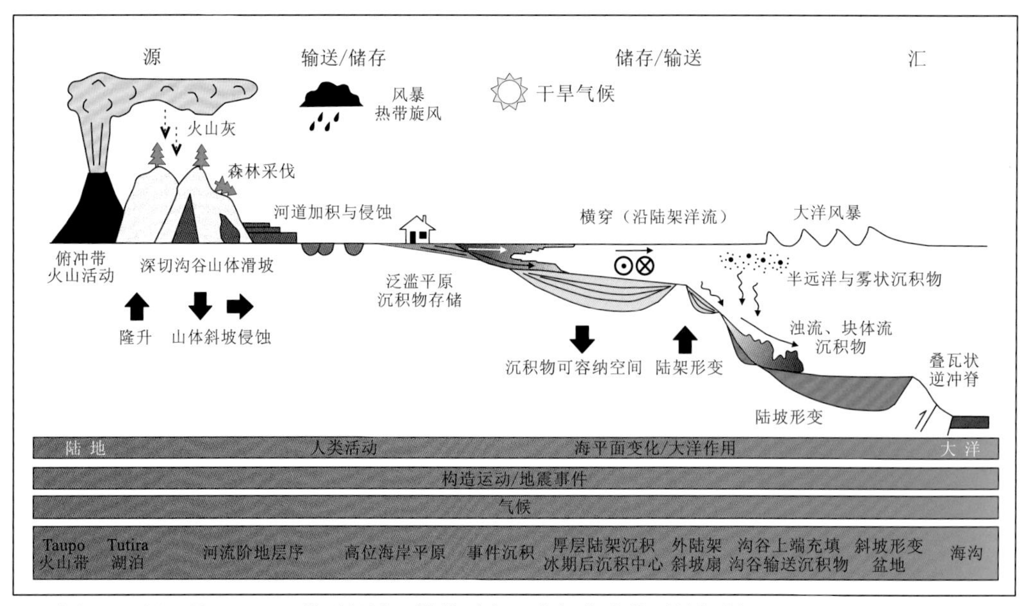

图 1.2　新西兰 Waipaoa 物质侵蚀、转换过程及其相伴生的反馈机制（Carter et al.，2010）

针对洋陆边缘盆地源汇系统的半定量-定量化研究主要体现在以下几个方面。

（1）Syvitski 和 Morehead（1999）与 Syvitski 和 Milliman（2007）发展了沉积物通量（ART，A 为 catchment area，R 为 catchment relief，T 为 catchment average temperature）模型和沉积物供给-堆积通量（BQART，B 为 variable and accounts for important geological and human factors，Q 为 water discharge，A 为 catchment area，R 为 catchment relief，T 为 catchment average temperature）模型，试图根据盆地汇水面积（A）、集水高差（R）、平均温度（T）等参数，在校正地质和人类影响因素（α 和 B）后预测汇水区沉积物通量（Q_S），其总结的多变量统计关系达到了半定量水平。

（2）Sømme 等（2009a，2009b）提出在陆棚—陆坡—深海盆地系统用多元统计分析方法对地貌参数（沉积负载、河道长度、汇水区面积、高差、陆坡长度、海底沉积体面积等）进行半定量分析，以实现古地貌重建。

研究发现许多参数之间存在一定的相关关系并可以互相预测，尤其是沉积区沉积体的面积可以用其他容易测量的地貌参数预测，如海底扇面积可用陆坡长度半定量预测等。国际上源汇系统研究侧重于大陆边缘现代河流沉积物搬运的即时过程，研究时间尺度较小，研究手段以现场监测为主。对于地质历史时期沉积事件的触发机制、沉积物的搬运机制的分析，也是基于较小时间尺度的地震、风暴、人类活动事件的记录。

国内近年针对被动大陆边缘深时源汇系统也开展了一些尝试性的研究。祝彦贺等（2011）提出，对于陆架—陆坡的源汇系统而言，影响其发育的主要控制因素包括沉积物供给强度、相对海平面变化、陆架坡折演化和海洋水动力作用，各要素之间的辩证关系决定了系统的运转特征。林畅松等（2015）总结了珠江口盆地陆—洋源汇系统剥蚀—沉积过程的一般模式，划分出三类具有特定物源背景、水道或沟谷体系，以及相应的沉积体系的源汇类型，不同区带的沟道和沉积体系的形态存在明显差异，反映了地形地貌、构造作用及海平面变化等多因素的控制作用。魏山力（2016）尝试将“源—渠—汇”耦合的思想运用到珠江口盆地沉积体系研究中，从成因角度全面分析沉积物来源、输送渠道和沉积形式，并形成相应的从宏观到微观逐级深入的分析方法。此外，南海西部莺歌海-琼东南盆地及南海北部珠江口盆地，对“源”区与“汇”区综合运用多种物源分析手段，进行物源体系恢复等相关研究（刘强虎 等，2015；Clift et al.，2002）。

我国学者创新地将“源汇”思想发展应用在复杂陆相断陷盆地的古沉积研究中，对沉积体系的分析和砂体预测起到良好的作用。从研究内容上看，我国陆相盆地源汇系统研究主要集中在：①源汇系统驱动机制及地球动力学过程；②源汇系统和深时古气候；③沉积盆地古物源区演化恢复与古水系重建；④源汇系统要素分析；⑤源汇系统剥蚀—搬运—沉积过程耦合模式（朱红涛 等，2017）。刘强虎等（2016）对渤海海域沙垒田凸起前古近系基岩分布及“源汇”过程做了精细分析，探讨了源区岩性、地貌特点与沉积体系的定量响应关系，对储层预测工作起到了关键性的指导作用。渤海油田的研究人员将“源汇”思想运用于古近系沉积储层预测中，提出“山（有效物源）—沟（大型长期侵蚀沟谷）—坡（古坡折体系）—面（层序界面）”的有效配置决定了砂体在时空中的有利分布位置，“山—沟—坡—面”控砂理论是“源汇”思想在我国油气地质勘探工作的首次实践与运用，在此基础上，渤海海域将“山—沟—坡—面”控砂理论发展、深化为陆相断陷盆地源汇系统控砂原理，强调多因素耦合控砂综合分析，并形成了源汇系统工业化应用规范与流程，为“源—汇”体系研究在实际油气勘探工作，尤其是复杂陆相断陷盆地油气储层预测工作中的工业化应用与发展提供了指导作用，有效地提高了富砂沉积体的预测精度（徐长贵 等，2017b；徐长贵，2013）。

相对于海相盆地相对丰富、系统的源汇系统成果，陆相盆地目前处于起步阶段，尽管已取得大量的研究进展，但研究中仍存在一些问题与不足：①关于不同类型的盆地、不同的时间尺度的源汇系统及相关理论的研究仍主要处于定性分析阶段；②关于不同母岩类型差异供源的源汇系统及其耦合关系的研究比较薄弱（如物源区基岩与沉积区砂体间的关联性、物源区基岩出露面积与沉积砂体规模间对应关系、物源区物源通道规模对沉积区供给差异性等问题）；③源汇系统表征参数间的相关性定量分析研究较少（如径流量、母岩性质、物源区高差、分布范围、地形坡度、沉积体大小等参数间的关系）；④地下资料解释方法仍多沿用传统地震地层学方法，缺乏系统定量解释手段，这些已成为制约源汇系统向纵深发展的瓶颈问题。

1.2　渤海海域新生代源汇系统研究进展

陆相断陷盆地构造极其复杂，受幕式构造多期活动、盆内盆外多物源水系影响，沉积相变快，富砂沉积储层预测困难。本书以渤海海域为代表，在总结分析传统储层预测思路与方法的基础上，结合近年来渤海勘探实践，创新形成了陆相断陷盆地源汇系统控砂理论，显著提高了储层预测的成功率。

渤海湾盆地具有“伸展—走滑”双应力背景，以古近系为主的盆地断陷期的构造格局与地质条件十分复杂，随着勘探工作的不断深入，传统的单因素控砂理论在储层预测的实际应用中出现了不同程度的问题，缺乏对物源、沟谷、坡折系统、沉积区特征等综合性研究，尤其是对物源区岩性与范围的恢复，同时也欠缺沉积物搬运在空间与时间上的匹配关系的研究，这些都是在实际勘探工作中储层预测失败的主要原因。针对上述问题，徐长贵（2006）提出了“山—沟—坡—面”控砂理论，即“山（有效物源）—沟（大型长期侵蚀沟谷）—坡（古坡折体系）—面（层序界面）”的有效配置决定砂体在平面上的分布位置与有利时期，当在复杂的陆相断陷盆地预测砂体时，必须强调多因素控砂的思想，不能片面强调某一单因素的作用。“山—沟—坡—面”理论是“源汇”思想在国内油气地质勘探工作中的首次实践与运用，也是陆相断陷盆地“源-汇”控砂理论的雏形，此后经过近10年的勘探实践，逐渐形成了源汇系统控砂理论。该理论指出一个完整的源汇系统包括物源、搬运、汇聚及基准面转换四大要素（或子系统），可根据各要素之间不同的耦合关系划分出不同类型的控砂模式及优质储层发育模式。更具油气勘探实践意义的是，在该理论的指导下，渤海海域形成了陆相断陷盆地源汇系统控砂理论的工业化应用标准。

在陆相断陷盆地源汇系统控砂理论指导下，以源汇系统各要素特征及其耦合关系对砂体的控制作用为研究对象，进行系统、全面的分析工作。

（1）在物源体系分析方面，杜晓峰等（2017a）通过砾石与轻矿物组分、锆石测年示踪等分析手段，对渤海海域石臼坨凸起东段沙一段、沙二段时间的古物源进行了恢复，并在此基础上分析了古物源对沉积规模及储层性质的控制，为陡坡带优质储层的预测提供了借鉴；代黎明等（2017）和赵梦等（2017）分别采用砾石成因法、陆源碎屑骨架矿物组合法与锆石测年法，对石臼坨凸起西段古近纪的源区古地理格局及物源演化模式进行了恢复，同时也提出了不同母岩性质对储层规模及品质的差异控制作用；此外，针对渤海海域构造复杂、盆内局部凸起普遍发育的地质特征，中海石油（中国）有限公司天津分公司在渤海油田创新提出了断陷湖盆盆内局部物源体系的概念，包括层序时间、构造空间和物质构成三类隐伏发育模式，并认为母岩类型、断裂活动性、构造样式等是盆内局部物源体系砂体差异富集的主控因素，使远离大型物源区、传统认为缺乏有效储层的盆内局部物源周边区得到重新认识，指导了多个大中型油气田的发现（杜晓峰 等，2017b）。

（2）砂体汇聚体系是源汇系统控砂作用分析中至关重要的一个因素，其发育特征直接决定了沉积体的发育位置，王启明等（2017）精细地分析了石臼坨凸起东段物源区沟谷的类型、规模及走向，识别出单断陡坡型、走向斜坡型、分叉型、缓坡型4种组合类型坡折带，并刻画出了沉积区内对沉积体具有优势汇聚作用的古洼槽，通过上述地貌单元的耦合关系的分析，明确了汇聚体系对砂体展布规律的控制作用；不同类型源汇系统下汇聚体系对沉积体的展布规律及样式具有不同的控制作用（徐长贵 等，2017b；徐伟，2017）；更进一步的是，汇聚体系对砂体的控制作用表征由定性化走向了定量化，主要体现在汇水区的面积、高差、沟谷的规模等方面（刘强虎 等，2017），对沙垒田凸起西段汇水区进行划分，对汇水面积及流域的高差进行了定量的统计分析，并根据不同的沟谷类型，通过沟谷宽度、深度、宽深比、截面积等参数的定量描述与刻画，对沙垒田凸起西段沟谷的搬运能力进行了系统分析，明确了其对沉积体规模的控制作用。不同类型的源汇系统特征决定了沉积体的展布范围和规模以叠加样式存在的差异性。对于陡坡型源汇系统，沉积的可容纳空间较大，沉积体垂向上多期叠置，一般具有较大的厚度与较局限的分布范围，缓坡型源汇系统沉积体的厚度较薄，但延伸距离较远，分布范围较广，而对于走滑型源汇系统，沉积体最典型的特征就是侧向迁移与连续展布。

国际上源汇系统研究侧重于大陆边缘现代河流沉积物搬运的瞬时过程，研究时间尺度小且研究手段以现场监测为主；对于陆相断陷盆地也侧重于单因素控砂作用研究。然而，渤海海域陆相断陷盆地源汇系统控砂理论更注重于地质历史时期砂质沉积体的时空展布规律与综合控制因素的系统性研究，目的在于为油气勘探中的沉积体预测提供理论基础与方法指导，精准定位储层，因此，其研究难度更大，但同时也更具有极强的油气勘探和生产意义。

随着源汇系统控砂理论与技术体系的不断成熟与完善，其在渤海海域油气勘探的过程中发挥了重要的作用，“十一五”到“十二五”期间，渤海海域古近系储层预测成功率从 40%提高到了 80%，日渐完善的源汇系统工业化技术流程，不仅为推动渤海古近系勘探做出了重要贡献，对其他类似盆地沉积体系分析和储层预测也具有重要的借鉴与指导意义。

第2章

渤海海域新生代盆地结构与沉积充填

渤海为中国东北部最大的内海，三面环陆，西距天津市中心城区约 62 km，南北分别与山东、河北、辽宁三省相接，海域部分由北部的辽东湾、西部的渤海湾、南部的莱州湾、中央浅海盆地和东侧的渤海海峡组成，海域面积约 7.7 万 km^2，全海区平均深度 18 m，属于典型的陆内浅海盆地（韩宗珠 等，2008）。作为渤海湾盆地的重要组成部分，渤海是自古近纪以来由渤海湾盆地及周边山前、隆起区逐步剥蚀夷平、伸展裂陷、沉降充填、由水域覆盖变成陆地的变化过程中目前仅存的海域部分（孙玉梅 等，2009）。

渤海海域油气资源极为丰富，中国近海最大的海上自营油田——渤海油田就位于渤海海域，油气勘探面积约 5.1 万 km^2。自 1967 年“海一井”勘探成功至今的 50 多年里，渤海油田先后经历了艰苦创业、对外合作、快速发展三个主要阶段。截至 2019 年，渤海海域已发现各级石油地质储量 65 亿 t，目前已成为中国东部最重要的海上能源生产基地，年稳产油气约 3000 万 t。

2.1 渤海海域区域地质背景

渤海海域构造具有断裂系统复杂多样、多隆多拗、多凸多凹的特点，由渤中拗陷、下辽河拗陷（辽东湾）、黄骅拗陷（渤西）、埕宁隆起、济阳拗陷（渤南）向海域的延伸部分共5个一级构造单元共同组成。结合盆地基底形态及新生界各层系地层的展布特征，将渤海海域划分出辽东湾地区、渤东地区、渤中-渤西地区、渤南地区4个大的区域，包括11个凹陷和14个凸起（图2.1）。

图2.1 渤海海域构造单元区划图

作为渤海湾盆地的重要组成部分，渤海海域经历了复杂的区域地质演化过程。中生代以前，整个华北地区经历了古太古代、中太古代的陆核形成阶段（36亿～28亿年），新太古代的陆核拼合阶段(28亿～25亿年)，古元古代的陆壳裂解阶段(24亿～18亿年)，中元古代、新元古代的拗拉槽发育阶段、早古生代的克拉通盆地发育阶段、晚古生代的克拉通-前陆盆地发育阶段（史卜庆 等，2003）。至印支期（约2.3亿年），中国大部分陆壳结束了海侵历史，进入了一个划时代的构造变动期，太行山以东地区明显均衡抬升，转化为剥蚀高地，而太行山以西的鄂尔多斯地区则继续拗陷。至此，华北地区古生代以来北高南低，地层厚度横向分布稳定，以近东西向为主的构造格局结束，取而代之的是以太行山为界的东西分异的构造格局。

渤海海域位于华北板块东部，自晚古生代以来受北部西伯利亚板块、南部扬子板块、西部太平洋区板块（法拉隆板块、伊泽奈崎-库拉板块、太平洋板块）及远程印度-澳大利亚板块的共同作用，深部地幔运动及浅部构造变形极为活跃，中生代以来经历了印支运动、燕山运动、喜马拉雅运动多幕的叠加和改造，导致渤海海域盆地发育具有成盆背景复杂、动力机制多源、时空差异明显等特点。

早—中三叠世，华北地区基本继承了晚海西期以来的构造格局和沉积特点，地势北西高、东南低，为一南陡北缓、呈北西西向展布的大型内陆沉积盆地；晚三叠世扬子板块与华北板块剪刀式碰撞拼接，华北地区全面抬升，且西部抬升较小，东部抬升较大，盆地范围向西部退缩，沉积范围缩小，渤海湾盆地所在的东部地区地势较好，地貌复杂，以隆升剥蚀为主；早—中侏罗世的早期为一些小的山间沉积盆地群，主要表现为对印支期造成的大量北西西向或近东西向的逆冲断层及宽缓褶皱所产生的低洼地区的充填，晚期则表现为披覆式沉积；晚侏罗世—早白垩世，太平洋板块活动取代了扬子板块、西伯利亚板块对华北地区构造演化的控制，中国东部进入了大规模的裂陷或断陷盆地发育阶段；晚白垩世郯庐断裂带以西的华北广大地区整体处于隆升剥蚀状态（吴智平 等，2007）。

渤海海域新生代盆地演化具有多幕式的特点（朱伟林 等，2009；汤良杰 等，2008；侯贵廷 等，2001；侯贵廷和钱祥麟，1998；漆家福 等，1995）。进入新生代，渤海湾盆地的发育经历古近纪多幕式的断陷发育和新近纪的拗陷发育演化阶段。古新统沉积期（65～50.5 Ma），即孔店组—沙四段沉积期的裂陷 I_1 幕。始新统沉积期（50.5～32.8 Ma），包括沙三段的裂陷亚幕 I_2 幕、沙二段至沙一段的第一裂后热沉降幕。第一裂陷幕的两个亚幕 I_1 和 I_2 之间广泛存在地层缺失现象，地震剖面上常见地层超覆和局部削截不整合。渐新统沉积期（32.8～24.6 Ma），即东营组裂陷 II 幕。第二裂陷幕东营组沉积后的区域性不整合是渤海油田古近纪的又一不整合面，地震剖面上常见平行不整合和削截不整合。随后，渤海海域进入新近纪裂后热沉降拗陷期。中新统沉积期（24.6～5.1 Ma），即馆陶组至明化镇组下段的裂后热沉降阶段。上新统至今沉积期（5.1 Ma～现今），即明化镇组上段至第四纪新构造活动阶段（表2.1）。

表 2.1　渤海海域新生代构造演化阶段划分

地层		年龄/Ma	构造演化幕	构造沉降速率（以渤中为例）/（m/Ma）	盆地成因动力学机理
平原组	Q*p*	2.0	新构造活动幕	60	新构造近东西向挤压伴随右旋走滑运动
明上段	N_2m^U	5.1		40	
明下段	N_1m^L	12.0	第二裂后热沉降幕	30	岩石圈热沉降
馆上段	N_1g^U	20.2		50	
馆下段	N_1g^L	24.6		50	
东一段	E_3d_1	27.4	裂陷 II 幕	100	右旋走滑拉分伴随幔隆和上、下地壳的非均匀不连续伸展
东二段	E_3d_2	30.3		100	
东三段	E_3d_3	32.8		190	
沙一段至沙二段	$E_2s_{1\text{-}2}$	38.0	第一裂后热沉降幕	80	岩石圈热沉降
沙三段	E_2s_3	42.0	裂陷 I_2 幕	220	北北西—南南东向的拉张伸展伴随幔隆
孔店组—沙四段	E_1s_4—K	65.0	裂陷 I_1 幕	150	

2.2　渤海走滑伸展叠合构造特征

渤海湾盆地是在华北克拉通基底上发育的新生代多旋回叠合断陷盆地，渤海海域是该盆地的海域部分，四周被燕山褶皱带、太行山造山带、胶辽隆起带、秦岭-大别造山带等构造单元所围限。自晚古生代以来，渤海海域所处的华北板块相继受到北部西伯利亚板块、南部扬子板块、印度板块及东部太平洋板块的共同作用，深部地幔运动与走滑断裂活动极为活跃。特别是中—晚三叠纪以来，印支期华北板块受南部扬子板块俯冲碰撞，在渤海湾盆地内部形成广泛的近东西向的大型宽缓褶皱和断裂；早—中侏罗世受东部太平洋板块的持续俯冲挤压，渤海海域由近南北向挤压转换成北西—南东向挤压，盆内形成大量的北北东向窄陡褶皱和逆冲断裂；进入晚侏罗世—早白垩世渤海湾盆地整体结束挤压体制，转为左旋走滑扭动兼具伸展背景，形成研究区的区域性构造反转，晚白垩世再次经历短暂的挤压改造。进入新生代，太平洋板块斜向俯冲形成弧后幔隆伸展与走滑拉分，成为主导渤海海域发育演化的主要动力，剪切与拉张两种构造应力相互叠合形成渤海海域走滑与伸展共生的构造格局。综上所述，多阶段构造运动的强烈叠加改造和新生代多应力叠合效应形成了渤海海域不同规模的凸起、低凸起及凸起倾末端，多种性质的断裂交织共生为复杂的构造格局。中生代以来的印支期和燕山期两期关键构造运动奠定了盆内正向构造单元，奠定了盆缘和盆内大型物源体系；新生代以来的断陷和走滑活动对盆内隆凹格局具有加强定型和改造作用，进一步影响了盆内湖平面的变化、物源通道和动态物源。

渤海海域新生代的断裂空间结构、多阶段发育演化和多源构造动力共同奠定了渤海海域现今的构造格局（图 2.1、图 2.2）。首先，从空间结构上，中国东部著名的北北东向大型郯庐断裂带与呈弥散性分布的北北西向张家口—蓬莱断裂带在渤海海域交汇构成一对共轭走滑断裂，两组走滑断裂在空间上交织共存，在时间上相互影响，两组大型走滑断裂共生的构造格局奠定了叠合走滑断裂发育的结构基础。其次，从盆地发育演化看，渤海海域作为渤海湾盆地演化的最终归宿，经历了古近纪断陷、新近纪坳陷和新近纪晚期以来的新构造运动三大阶段。新构造运动期渤海海域走滑断裂活动明显，断裂体系发育，多种应力叠合形成的构造样式得以良好保存。

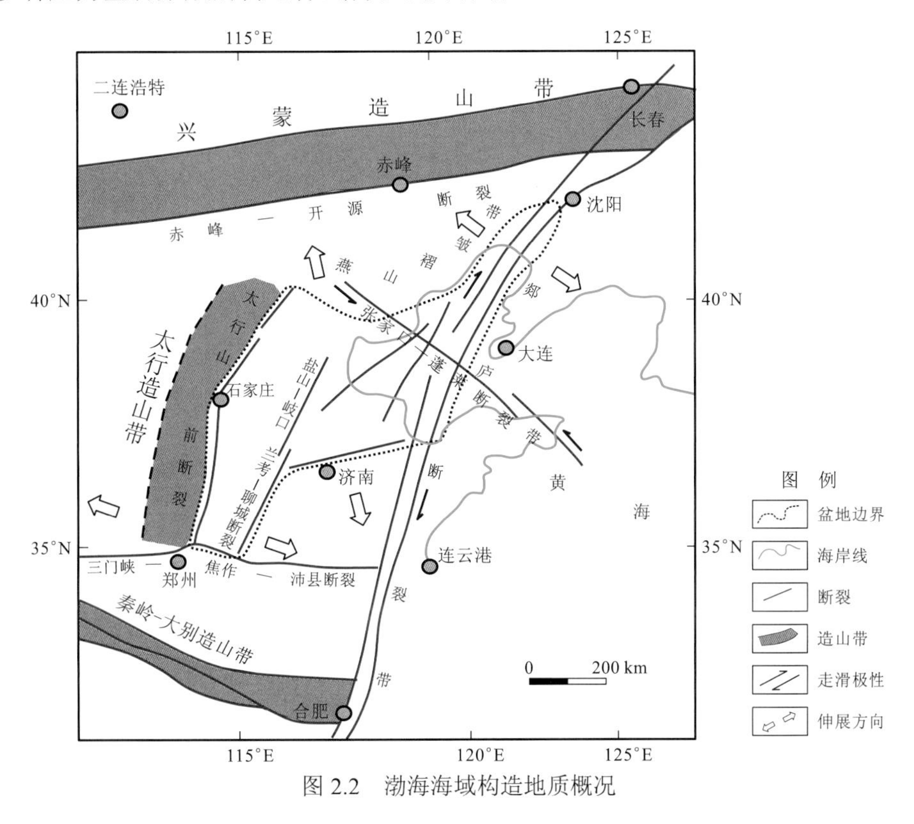

图 2.2　渤海海域构造地质概况

2.2.1　渤海走滑伸展叠合构造样式

构造样式为同一期构造变形或同一应力作用下所产生的构造形迹的总和，是包含剖面形态、平面展布和排列组合等方面的地质构造空间几何特征的综合体现。根据应力机制及构造特征的不同，渤海海域叠合断裂主要发育伸展-走滑叠合、伸展-挤压叠合、挤压-走滑叠合三类成因共 15 种构造样式。

1. 伸展-走滑叠合成因构造样式

渤海海域叠合断裂构造以伸展-走滑叠合成因构造样式最为发育，根据伸展-走滑应力的相对大小，可细分为强走滑-弱伸展叠合、中等走滑-中等伸展叠合、弱走滑-强伸展叠合、双向走滑叠合共 4 个亚类。

强走滑-弱伸展叠合亚类具有直立负花状型、叠覆型和走滑双重型 3 种构造样式。直立负花状型构造样式是叠合断裂模式中最接近经典走滑样式的一种，是强走滑叠加弱伸展应力的结果，剖面呈花状构造，具有接近直立的主干断层，平面上走滑断裂带走向稳定、连续性好[图 2.3（a）]。叠覆型构造样式是两条或两条以上的断裂相互叠置并发生强走滑作用而形成的，剖面呈负花状构造或似花状构造，叠置区的断裂主要发育在主走滑断裂两侧近末端，平面呈帚状，形态类似于走滑拉分盆地[图 2.3（b）]。走滑双重型构造样式类似于叠覆型构造样式，同样发育在走滑断裂叠置位置，是叠覆型构造样式发育的高级阶段[图 2.3（c）]。类似于物理模拟中伸展弱于走滑应力叠加条件的情形，平面上断层连续性好，剖面上断裂产状直立，体现剪切应力占据主导地位。

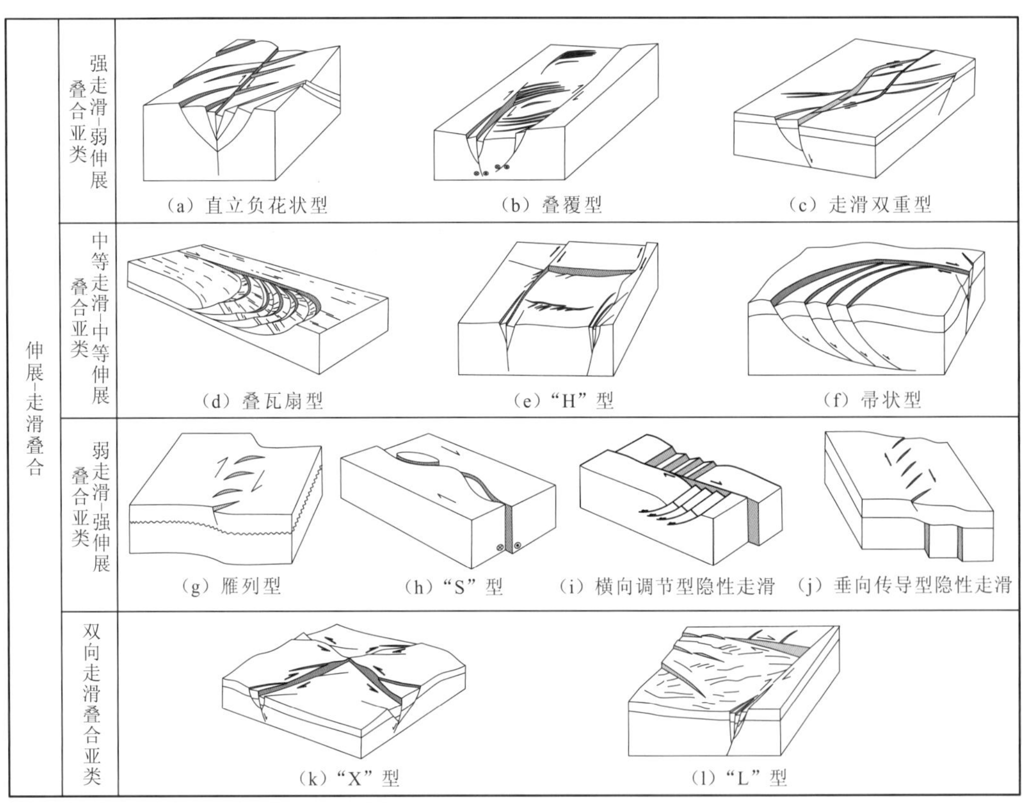

图 2.3　伸展-走滑叠合成因构造样式

中等走滑-中等伸展叠合亚类包括叠瓦扇型、“H”型和帚状型 3 种构造样式。叠瓦扇型构造样式多形成于走滑断裂末端，次级断层与主走滑断层在平面上相搭接组成扇形，表现为马尾状断层，在剖面上常表现为复“Y”字形构造[图 2.3（d）]。“H”型构造样式是伸展作用与走滑作用在时间尺度上叠加的结果，早期伸展构造被晚期走滑断裂切割改造，两者走向正交，晚期走滑断裂多呈平行或者侧接排列，导致断裂在平面上呈“H”型排列，剖面上则各自保持了走滑断裂和伸展断裂的构造样式[图 2.3（e）]。帚状型构造样式是走滑作用与伸展作用同时作用的结果，平面上伸展断层尾端发散，另一端向走滑断层呈收敛状并与之搭接，在剖面上多表现为复“Y”字形构造[图 2.3（f）]。

弱走滑-强伸展叠合亚类包括雁列型、“S”型、横向调节型隐性走滑、垂向传导型隐性走滑 4 种构造样式。雁列型构造样式是由于在弱走滑时期，走滑作用未形成贯通型的主断裂带，平面上表现为一系列同向走滑断层组合形成的雁列状，剖面呈负花状构造[图 2.3（g）]。“S”型构造样式发育于走滑断裂的走向弯曲部位，平面呈“S”字形，内凹段以发育增压型圈闭为主，而外凸段则表现为释压型，常伴生有正断层[图 2.3（h）]。横向调节型隐性走滑构造样式是差异性伸展作用的结果，地质体的非均质性导致局部伸展速率不均，为了调节伸展速率的差异而形成此种走滑断层，平面上主走滑断层两侧的伸展断层通常与走滑断层直交，走滑断层延伸长度短，垂向切割范围小，走滑派生断层不发育[图 2.3（i）]。垂向传导型隐性走滑构造样式是不同期走滑作用叠加的结果，通常发育在基底存在古老走滑断裂的沉积盖层中，新近纪走滑活动使基底走滑断裂复活，但因晚期走滑作用强度弱，上覆沉积盖层通常发育呈雁列排列的小型断层，剖面上走滑断层的规模小常难于识别[图 2.3（j）]。

双向走滑叠合亚类包括“X”型和“L”型两种构造样式。“X”型构造样式是指两个方向的走滑断裂同期活动并此消彼长、相互影响，从而形成一组平面上呈共轭纯剪切的走滑断裂，剖面上呈负花状或似负花状构造[图 2.3（k）]。“L”型构造样式同样是两组近正交方向的走滑断裂相互交切，但是与“X”型不同的是，两组断裂并非同期产生，是不同方向的走滑断裂在时间尺度多期叠加的结果，晚期走滑断裂对早期走滑断裂错断切割，在剖面上多呈负花状构造[图 2.3（l）]。

2. 伸展-挤压叠合与挤压-走滑叠合成因构造样式

伸展-挤压叠合与挤压-走滑叠合成因均为不同应力在时间尺度叠加的结果，在渤海海域发育数量远少于伸展-走滑叠合成因。伸展-挤压叠合成因构造样式包括上正下逆型和正形负花状型构造样式。上正下逆型构造样式类似于传统意义上的负反转构造，是伸展构造与挤压构造在时间尺度叠加的结果，是早期压性构造在新生代伸展应力下选择性复活形成的构造样式，与负反转构造不同的是，由于在后期复活过程中叠加了一定程度的走滑因素，早期断面形态得到部分继承性改造[图 2.4（a）]。正形负花状型构造样式则是伸展-走滑作用与挤压作用在时间尺度叠合的产物，早期的伸展-走滑作用产生负花状构造，晚期遭受微弱挤压作用，但并未抵消正断层断距，仅发育小型低幅背斜[图 2.4（b）]。

挤压-走滑叠合成因构造样式主要表现为继承复活型构造样式，是早期挤压作用与晚期走滑作用叠加的结果，中生代的区域性挤压应力使大型逆断层发育，新生代的走滑作用又导致逆断层复活，上盘发育“薄底”构造，主断层深部较缓，浅部较陡且呈似花状构造[图 2.4（c）]。

整体来看，弱走滑-强伸展叠合及中等走滑-中等伸展叠合两个亚类的构造样式在辽东湾地区较发育，弱走滑-强伸展叠合在渤东地区发育，双向走滑叠合构造样式在渤南和渤西地区较发育。伸展-挤压叠合在陡坡带局部发育，挤压-走滑叠合主要发育在邻近大型凸起的斜坡带。

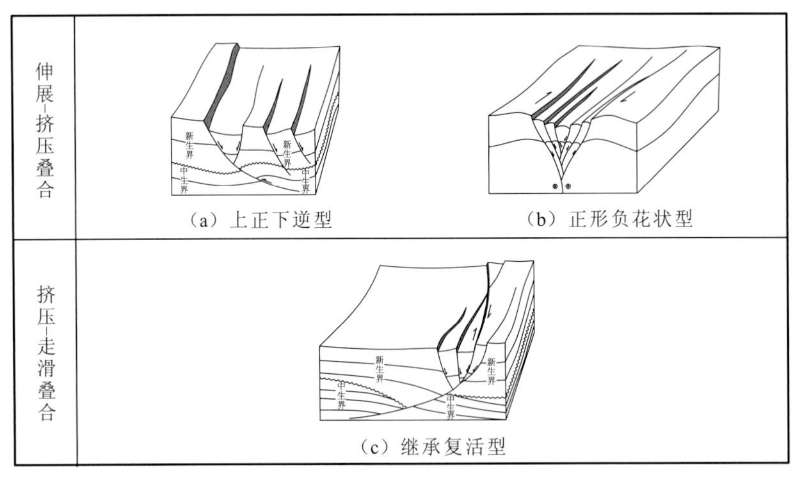

图 2.4　伸展-挤压叠合与挤压-走滑叠合成因构造样式

2.2.2　渤海走滑伸展叠合构造成因

渤海海域为发育在华北克拉通上的新生代裂陷盆地，从所处的大地构造位置来看，渤海海域所处的华北板块东部北抵燕山-大兴安岭褶皱带、南部限于秦岭-大别中央造山带、东侧以大型俯冲带与太平洋板块相接，更为重要的是中国东部著名的郯庐断裂带与张家口-蓬莱断裂带在渤海海域交汇共生。综合渤海海域独特的构造位置和演化历程，自新生代以来在太平洋板块俯冲作用下岩石圈强烈减薄，以及多期走滑活动造成深部地幔运动及浅部构造变形极为活跃，成为主导渤海海域最主要的构造因素。对郯庐走滑断裂而言，其起源成因一直存在两大主流观念：一种认为其作为中朝板块内部的块体缝合线在前寒武纪就已存在，另一种认为其起源于中生代华北板块与扬子板块的碰撞造山过程。但无论何种观念，学者普遍认为郯庐断裂带自形成以来经历了多期走滑活动，且在新生代完成了从左行走滑向右行走滑的转变。对伸展断裂而言，渤海海域作为中国东部岩石圈最薄的区域，经历了长时间的地壳薄化过程，岩石圈的强烈减薄伴随着伸展作用贯穿渤海海域古近纪断陷全过程。新生代以来渤海海域地幔上涌产生的拉张作用与多期走滑活动奠定了渤海海域盆地发育的区域构造背景；另外空间上大型走滑断裂交织共生，时间上伸展和走滑两种构造体制叠加，转换形成了渤海海域断裂叠合发育的构造格局。综上所述，渤海海域成盆动力机制的多源性、走滑活动改造的多期性、走滑性质阶行转换的多样性共同主导了渤海海域伸展-走滑叠合构造的形成。同时正是断裂叠合的差异性导致对盆地结构的控制作用体现出明显的分区性。

1. 成盆动力机制的多源性

渤海海域具有复杂的成盆机制和多期构造叠加的演化历史，不同于世界上典型的拉分盆地（如洛杉矶盆地）或伸展裂谷盆地。在不同地史发展过程中，多种、多期、多向应力的叠加，使盆内构造样式体现出多种应力体制叠合构造成因。印支期华北地区受控于欧亚构造域。中三叠世末期—晚三叠世，扬子板块与华北板块碰撞、拼接，秦岭-大别造山带开始形成，华北板块南缘受到南南西向的挤压，造成华北地区东部抬升早且剧烈，西部抬升晚但幅度小，东部整体抬升，造成下—中三叠统的剥蚀，并在板内发生挤压变形，形成大量的北西西向或近东西向逆冲断层及背斜构造等。

进入燕山期，西太平洋区板块活动取代了扬子板块、西伯利亚板块对华北地区构造演化的控制地位，华北地区东西成带、南北分块的滨太平洋构造域已基本形成。太行山东断层在该时期已经形成，同时由于西太平洋区伊泽奈崎板块的北北西向俯冲，使得北北东向郯庐断裂带发生大规模的左旋走滑，该时期也是中国东部岩石圈减薄的峰期。在地幔隆升岩石圈薄化和大规模走滑活动两种机制的联合作用下，渤海海域所处的中国东部进入大规模裂陷阶段，并伴有强烈的火山活动。燕山晚期受太平洋板块俯冲方向的改变，渤海海域大规模的裂陷活动结束，转为北西—南东向挤压应力场控制，发育有北东向逆冲断层及褶皱，整体处于挤压隆升剥蚀状态。

喜马拉雅期古近纪早期，西太平洋区对欧亚板块的俯冲方向仍为北北西向，郯庐断裂带继承了燕山期的活动方式，渤海海域处于强烈的剪切应力场中；与此同时，古近纪裂陷过程中地幔柱强烈上拱、岩石圈强烈减薄并伴随着伸展作用不断进行，地幔隆升背景下的伸展作用和走滑断裂活动下的剪切作用贯穿渤海海域古近纪演化的全过程，形成了渤海海域走滑-伸展双动力源主导的成盆机制。新近纪渤海海域进入区域性拗陷沉降阶段，垂向断陷活动基本结束，而代之以不同强度的新构造运动活动阶段。

2. 走滑活动的多期性

走滑断裂在活动过程中会形成走滑派生张性断裂，在平面上表现为帚状或雁行排列。另外，由于走滑断裂的产状变化或组合方式变化，同样可以形成局部挤压构造，多期走滑活动形成多期构造样式的叠加。郯庐断裂带在莱州湾凹陷东部分为三支，通过莱州湾凹陷东西向典型地震剖面可以清晰识别出三期明显的走滑活动及其叠合构造变形。通过对走滑派生断层和褶皱卷入变形层系及构造演化的恢复，识别出该区走滑断裂分别在始新世、渐新世和新近纪存在三期明显活动，均形成了倾向不同的走滑断裂及其伴生构造。据相关的褶皱卷入变形层系及构造演化恢复，同样可揭示该区分别在始新世末期（沙一段、沙二段沉积末期）、渐新世末期（东营组沉积末期）和新近纪（明上段沉积期）发育三期构造挤压叠加变形（图 2.5）。

裂变径迹分析方法是利用矿物裂变径迹对温度的敏感性来判断地层的相对隆升和沉降，进而判断地质体所经历的构造活动。此处对郯庐断裂带附近凸起区和斜坡带的 12 口钻井进行取样，包括 10 个岩心样品和 2 个岩屑样品，取样地层除 PL9-1-2 井为中生界花岗岩外，其余地层均为东营组和沙河街组的砂岩。

模拟结果显示一部分样品测试结果不理想，原因包括：①有些样品年代较新，径迹较少；②有些样品的径迹年龄小于地层沉积年龄，表明样品曾达到部分退火带温度，乃至进入过完全退火带，径迹年龄代表了地层冷却年龄或不同程度退火形成的径迹年龄组成的混合年龄；③还有些样品的径迹年龄大于地层沉积年龄，表明样品未曾完全退火，径迹年龄代表了蚀源区源岩年龄与部分退火年龄的组合。除以上不理想样品外，其余样品的热史恢复具有统一的规律性，揭示紧邻郯庐断裂带的凸起区和斜坡带经历了三个主要隆升降温时期，分别为距今 54 Ma、距今 23～27 Ma 和距今 5.3 Ma，反映了 3 个主要走滑运动时期（图 2.6）。

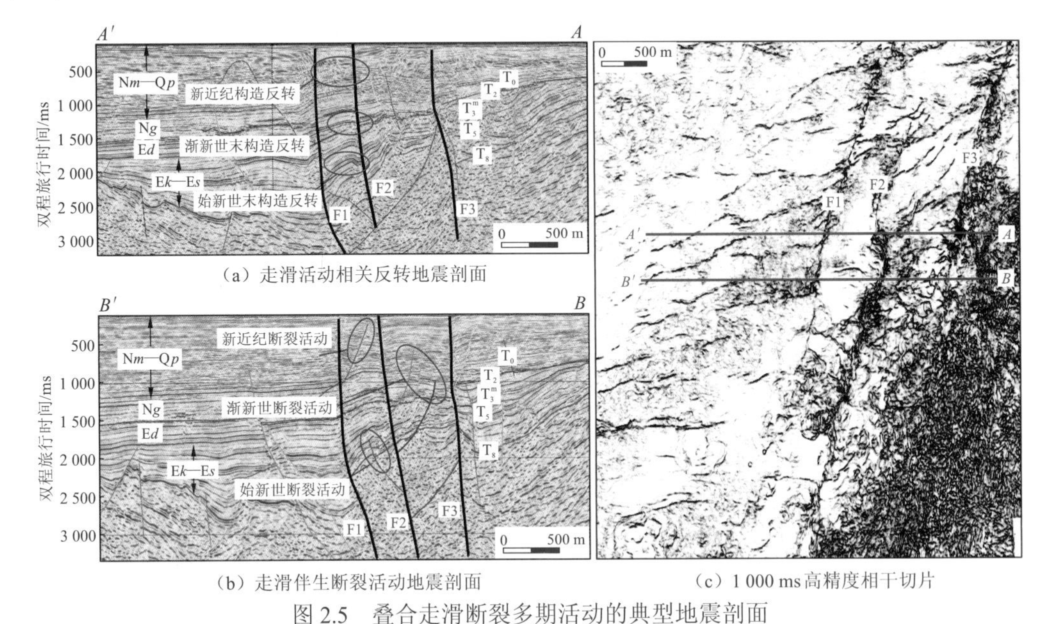

（a）走滑活动相关反转地震剖面

（b）走滑伴生断裂活动地震剖面

（c）1 000 ms高精度相干切片

图 2.5　叠合走滑断裂多期活动的典型地震剖面

N*m*. 明化镇组；Q*p*. 平原组；N*g*. 馆陶组；E*d*. 东营组；E*k*. 孔店组；E*s*. 沙河街组

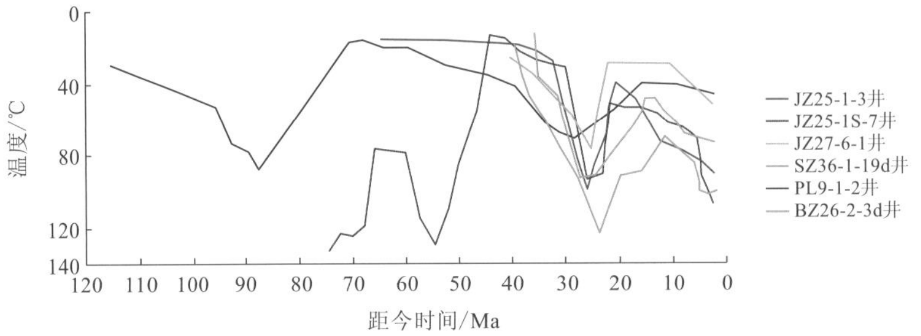

图 2.6　郯庐断裂带附近凸起区和斜坡带磷灰石裂变径迹分析热史曲线

3. 走滑性质阶行转换的多样性

走滑断裂按其性质可分左旋走滑和右旋走滑，按其排列组合又可分为左阶排列和右阶排列。“阶”和“行”作为判别走滑断裂的重要标志，不同阶行组合排列又派生出张扭、压扭等多种性质的局部应力场。中生代郯庐断裂以左旋走滑为主，新生代古近纪早期郯庐走滑断裂完成了从左旋到右旋的转变，走滑断裂极性的改变导致局部构造应力的调整，进一步造成了构造样式叠合的多样性。

走滑断裂及其派生断层在局部地区表现出明显的控凹作用，影响着凹陷沉积和沉降中心的迁移，因此可以通过恢复不同时期原型盆地演变来反推叠合走滑断裂的活动过程。青东凹陷位于渤海南部，东部以走滑断裂与潍北凸起相接，西部以斜坡带向青东-垦坨子凸起过渡，早期走滑作用及其伴生的断层活动强烈，北北东向叠合断裂及其派生的断层与凹陷的形成演化密切相关。盆地原型恢复结果表明，孔店组—沙四段沉积期，青东凹陷轴向呈现北西走向，表现为郯庐走滑断裂左旋走滑活动派生形成的北西西向断层控制凹陷沉积沉降中心的特征；沙三段—沙一、二段沉积期，凹陷轴向发生逆时针旋转为北东向展布，控凹断裂与郯庐走滑断裂的组合样式指示该时期郯庐断裂呈右旋走滑特征（图 2.7）。青东凹陷轴向由北西向到北东向的旋转迁移，证实了郯庐断裂在沙四段沉积末期—沙三段沉积早期完成由左旋到右旋的极性反转。

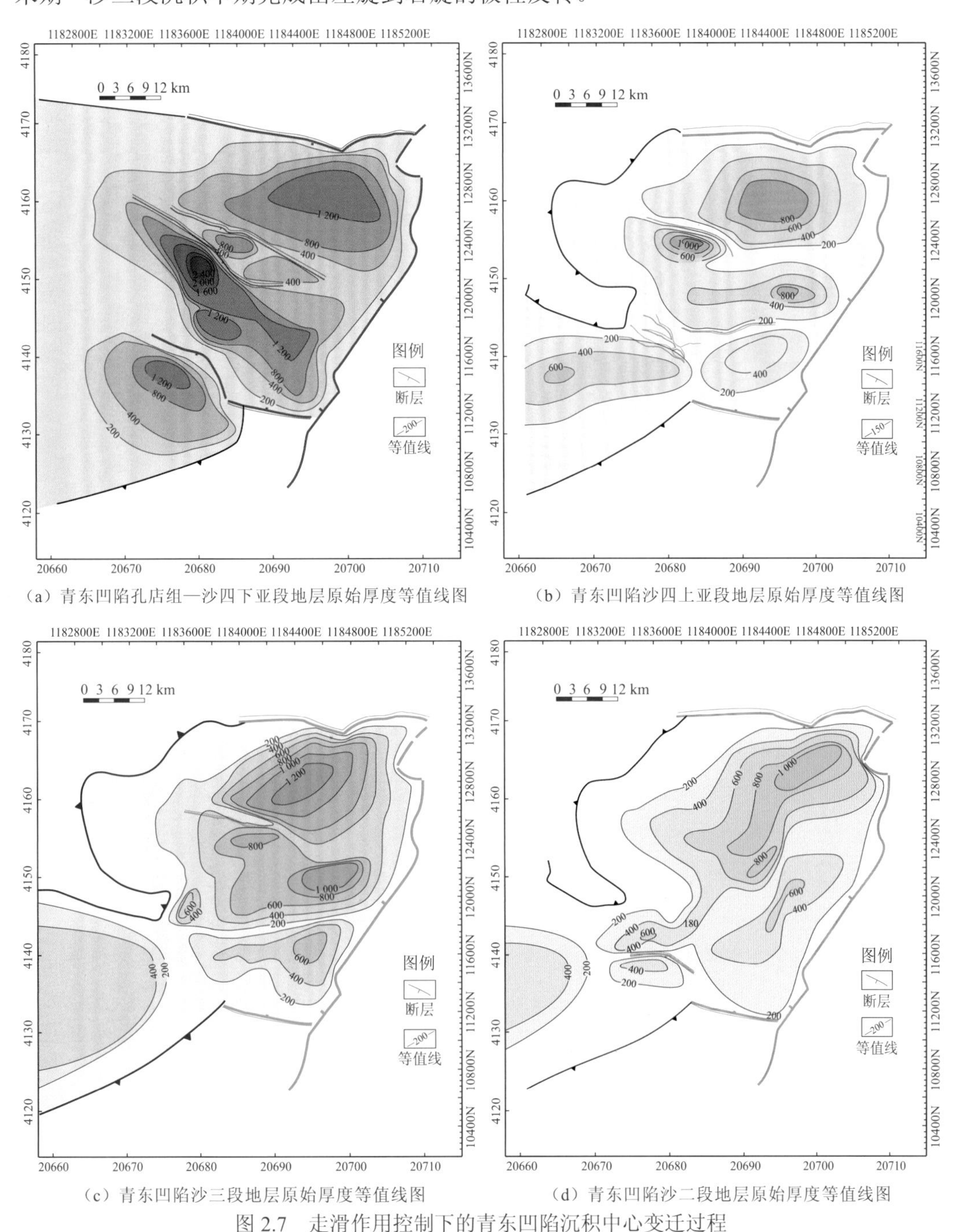

（a）青东凹陷孔店组—沙四下亚段地层原始厚度等值线图　（b）青东凹陷沙四上亚段地层原始厚度等值线图

（c）青东凹陷沙三段地层原始厚度等值线图　（d）青东凹陷沙二段地层原始厚度等值线图

图 2.7　走滑作用控制下的青东凹陷沉积中心变迁过程

4. 走滑伸展构造多期叠合动力学机制

走滑断裂作为板块之间的活动边界和应力消减带，其成因演化往往与板块间俯冲速率和方向密切相关。新生代以来，渤海海域进入了以太平洋构造域为主的发展演化阶段，太平洋板块俯冲速率和方向的多期改变导致渤海海域的构造运动频繁，区域应力不断调整。据太平洋板块海底火山岛链的展布特征、扩张速率及年代学数据得出，新生代以来西太平洋板块的运动方向及速率发生过三次变化，在渤海海域引发了较为明显的构造响应。始新世中期（距今 42.5 Ma），太平洋板块俯冲方向由北北西向变为北西西向，俯冲角度由斜交变为正交，俯冲速率由 30.0 cm/Ma 急剧降为 5.5 cm/Ma，郯庐断裂渤海海域段由左旋全面转变为右旋。渐新世末期（距今 23.2 Ma），太平洋板块俯冲方向变为北西向，俯冲速率增加至 9.4 cm/Ma，导致郯庐断裂渤海海域段发生压扭反转，形成众多压扭性圈闭，如蓬莱 19-3 油田压扭圈闭。上新世以来（距今 5.0 Ma），太平洋板块俯冲方向再次变为北西西向，俯冲速率略减小，同时受印度板块北东向碰撞作用远程响应，导致渤海海域进入新构造运动期，发育北东向、北西向两组方向的共轭走滑，浅层次级断裂密集发育。新生代以来，太平洋板块俯冲方向和速率的不断转变引起中国东部及邻近海域深部地幔发生变化，深部地幔物质隆升形成的拉张伸展和板块边缘的斜向挤压分量是渤海海域叠合走滑断裂多期活动的主要驱动力，郯庐断裂渤海海域段由左旋走滑向右旋走滑转变的时间为沙四段沉积末期—沙三段沉积初期（距今 42～45 Ma）。

2.2.3 渤海海域叠合断裂对盆地结构的控制

断裂作为渤海海域新生代最重要的构造要素，对盆地结构具有明显的控制作用。由于不同地区早期先存基底断裂限定的边界条件不同，加之后期伸展与走滑两种应力的时空叠合差异明显，不同地区断裂展布格局和凹陷结构也截然不同，存在明显的分区性。依据主干断裂展布规律与叠合走滑构造的叠合效应，渤海海域发育辽西“S”型弱走滑区、辽东辫状强走滑区、渤西共轭中等走滑区、渤东帚状中等走滑区和渤南平行强走滑区共 5 个叠合走滑区。

1. 辽西“S”型弱走滑区

辽东湾拗陷位于渤海海域北部，是下辽河拗陷向海域的自然延伸，整体呈现为一系列北北东向断裂控制的堑垒构造，但由于主干控洼断裂叠合走滑差异明显，辽东湾拗陷在构造样式和凹陷结构上分为辽西“S”型弱走滑区和辽东辫状强走滑区[图 2.8、图 2.9（a）]。

辽西“S”型弱走滑区的主干控洼断裂剖面呈上陡下缓铲式形态，平面上受弱走滑改造影响，断裂带断面较宽，走向稳定性差，均表现为不同程度的“S”型弯曲展布。该区主要发育以“S”型、叠瓦扇型和帚状型为代表的构造样式。其中，“S”型主要发育在主干控洼断裂中段或交汇处；叠瓦扇型广泛发育在走滑断裂倾末端，辽西带的锦州 20-2 北构造是典型发育区；帚状型的发育与斜向走滑活动相关，在旅大 5-2 地区广泛发育。

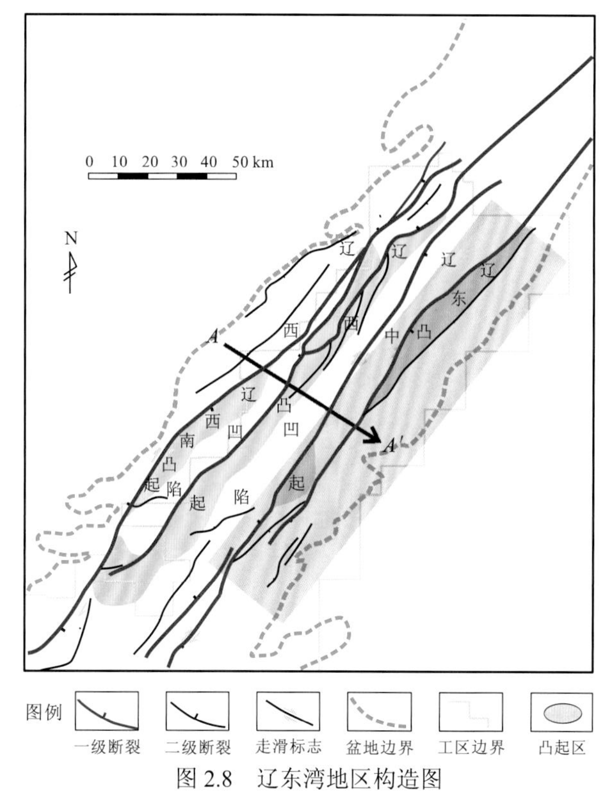

图 2.8　辽东湾地区构造图

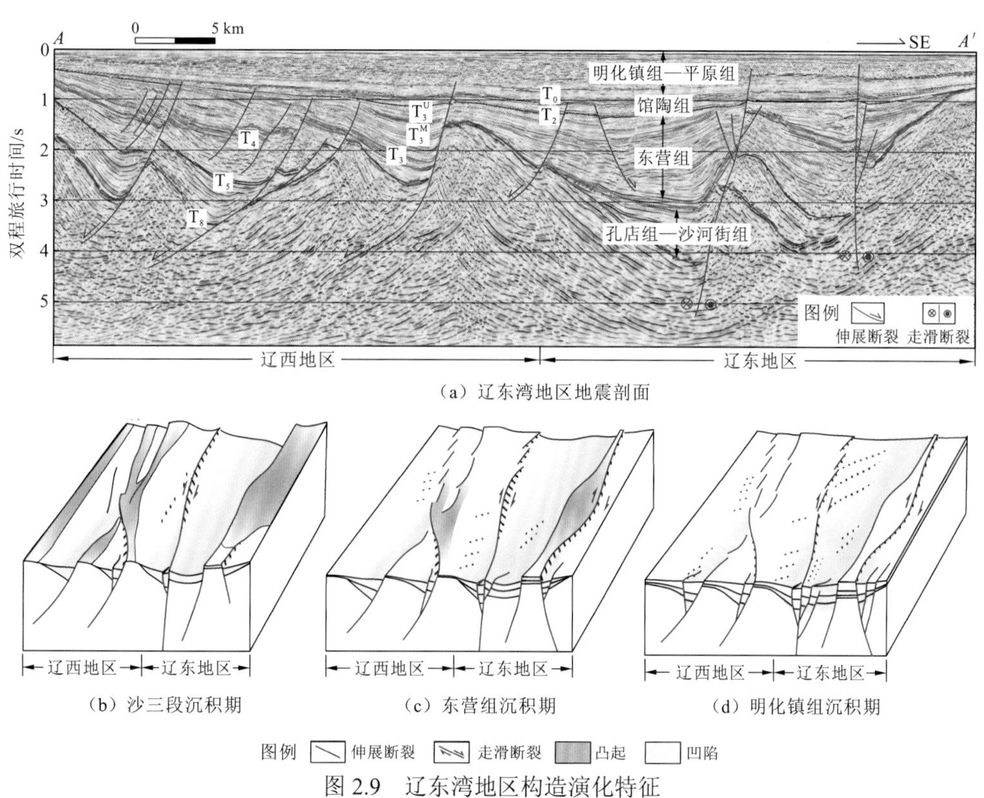

（a）辽东湾地区地震剖面

（b）沙三段沉积期　（c）东营组沉积期　（d）明化镇组沉积期

图 2.9　辽东湾地区构造演化特征

辽西地区的演化受控于强伸展与弱走滑在不同地质时期的叠合作用，具体表现为两个方面：①古新世—始新世，辽东湾乃至渤海地区整体处于伸展裂陷期，在辽西地区表现为北西—南东向的伸展变形，早期强烈的拉张构造应力背景导致北北东向的先存断裂开始活动并演变为控制洼陷发育的边界断裂。渐新世以来，右旋走滑断裂活动成为辽东湾地区的主要断裂活动叠加在伸展构造变形之上。②由于辽西地区不处于郯庐右旋走滑断裂长期持续改造的区域，走滑运动对早期伸展构造的改造影响有限，这种不同构造应力活动强度的差异造成辽西地区伸展构造变形保存较好，走滑活动的改造使得早期伸展性质的主干断裂相互贯穿并发生“S”型弯曲，最终形成辽西“S”型弱走滑区[图 2.9（b）～（d）]。辽西地区在新近纪遭受走滑改造较弱，晚期断裂不发育，不利于油气进一步向浅层运移，油气主要在潜山和古近系富集成藏。

2. 辽东辫状强走滑区

辽东辫状强走滑区由辽中凹陷、辽东凸起和辽东凹陷三个二级构造单元组成。相比辽西地区铲式断裂，辽东地区走滑特征更为明显，主干控凹断裂较为直立，局部发育走滑负花状构造，丝带效应明显[图 2.9（a）]。平面上断裂断面较窄，走向平直稳定，总体呈现辫状分布，指示断裂经历了较强的走滑构造应力作用改造。该区主要发育直立负花状型、叠覆型、走滑双重型强走滑-弱伸展叠合亚类构造样式。

辽东地区位于郯庐右旋走滑断裂直接强烈改造作用下形成的辫状强走滑区。与辽西地区类似，古近纪早期以伸展构造运动为主，在南、北两端形成深盆。在东营组沉积期，尤其是东营组沉积后期，辽东和辽西地区开始差异演化。辽东地区作为郯庐走滑断裂东支直接穿过的区域，遭受了郯庐走滑断裂右旋走滑活动的强烈改造。晚期的走滑活动对早期的伸展构造进行继承性改造，具体表现为两个方面：①在辽中凹陷南次洼发育走滑反转构造，东营组沉积期走滑作用使早期伸展断层发生反转，形成走滑作用下的挤压构造变形，早期沉积的沙河街组发生反转抬升导致局部被剥蚀；②根据断裂活动及地层发育特征判断，辽东 1 号断裂在东营组沉积期开始强烈右旋走滑活动，中生界—古生界潜山刚性块体逐渐与胶辽隆起分离，形成独立的辽东凸起[图 2.9（b）～（d）]。辽东地区晚期走滑改造作用比辽西地区强，不仅形成了金县 1-1 油田、旅大 6-2 油田等古近系高丰度油藏，而且油气运移至浅层形成以锦州 23-2 油田为代表的新近系油藏。

3. 渤西共轭中等走滑区

在渤西地区，受北北东向郯庐右旋走滑断裂带和北西向张家口—蓬莱左旋走滑断裂带的相互交织、切割作用，盆地整体呈现斗状结构，构成共轭搭接关系的双走滑断裂构造格局。区内埕北低凸起、沙垒田凸起、石臼坨凸起等正向构造单元轴向为北西向，形成“X”型或“L”型隆凹相间构造格局（图 2.10）。剖面上，北西向主干断裂表现为明显的上陡下缓的铲式特征，北东向断裂产状多为板式正断层或近于直立[图 2.11（a）]。

渤西地区的演化受控于北北东向和北西向两组不同方向的走滑断裂的叠合作用。古新世—始新世，渤西地区表现强烈伸展断陷，在强烈的拉张作用下早期先存的北北东向和北西向断裂同时开始活动，在歧口地区北北东向断裂控洼作用明显，而在石臼坨凸起

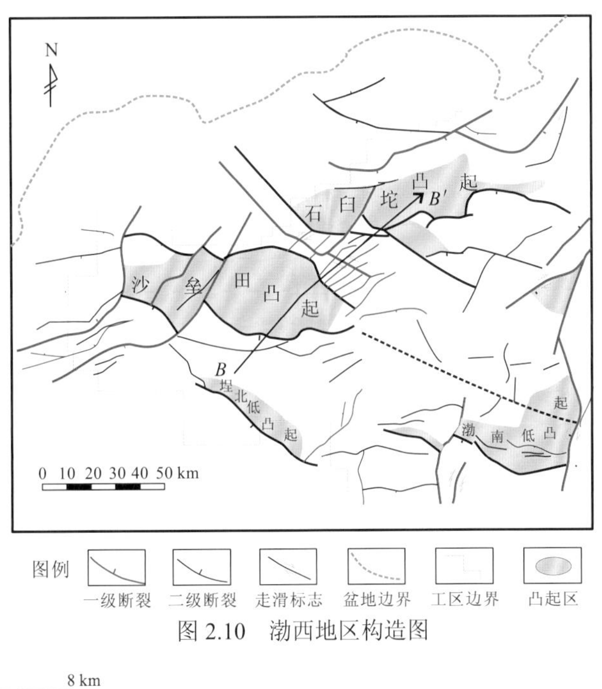

图 2.10　渤西地区构造图

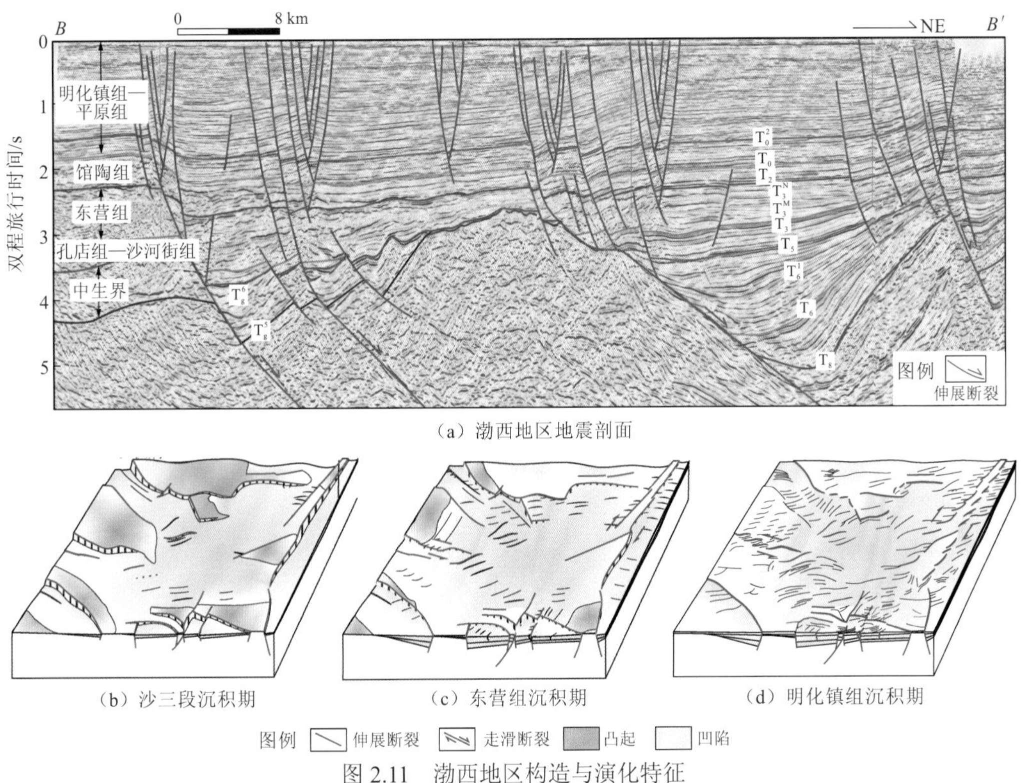

（a）渤西地区地震剖面

（b）沙三段沉积期　（c）东营组沉积期　（d）明化镇组沉积期

图 2.11　渤西地区构造与演化特征

南部、埕北低凸起和沙垒田凸起南部等地区均以北西向断裂占据主导地位，成为控制凸起和凹陷分界的边界断裂。渐新世以来，北北东向和北西向两组断裂走滑活动均有不同程度的增强，导致大量晚期活动断裂发育[图 2.11（b）～（d）]。新生的晚期活动断裂搭接在北北东向和北西向两组长期活动的断裂之上，组合形成复杂的“Y”字形构造或半负花状构造。整体来看，北北东向郯庐断裂带与北西向张家口—蓬莱断裂带作为中国东部两组区域性的走滑断裂体系，在渤西地区交织发育，形成一组共轭剪切带。古近纪晚期两组走滑断裂走滑极性相反，活动强度具有此消彼长、相互抑制的特征，浅层伴生断层十分密集且呈雁行排列。受两组共轭断裂的差异叠合作用，渤西地区凸起区以垦利 11-1 油田、秦皇岛 32-6 油田等新近系油藏为主，共轭断裂带表现为明显的深浅互补成藏特征，如曹妃甸 6-4 油田。

4. 渤东帚状中等走滑区

渤东地区位于渤海东部海域，主要包括渤东低凸起、庙西北凸起、庙西南凸起、渤中凹陷、渤东凹陷和庙西凹陷等构造单元。平面上，断裂较为平直，连续性较差，走向变化较大，表现为由多条北北东向断裂和北东向断裂相互连接组合而成的帚状断裂体系（图 2.12）。剖面上，断裂产状较为陡倾，多表现为板式正断层或直立断层，局部负花状构造发育，走滑特征明显，其走滑活动强度介于辽西地区和辽东地区之间。渤东地区整体上表现为北北东向走滑断裂控制下的堑垒组合，凹陷轴向与主干断裂走向具有良好的一致性，以深陡凹陷结构为主要特征［图 2.13（a）］。

该区主要发育雁列型、横向调节型隐性走滑、正形负花状型三类构造样式。其中，雁列型主要发育在渤东凹陷内部；横向调节型隐性走滑由于受差异性伸展作用的影响较大，主要发育在庙西地区；正形负花状型主要发育在渤东低凸起和渤南低凸起邻区，如蓬莱 19-3 构造。

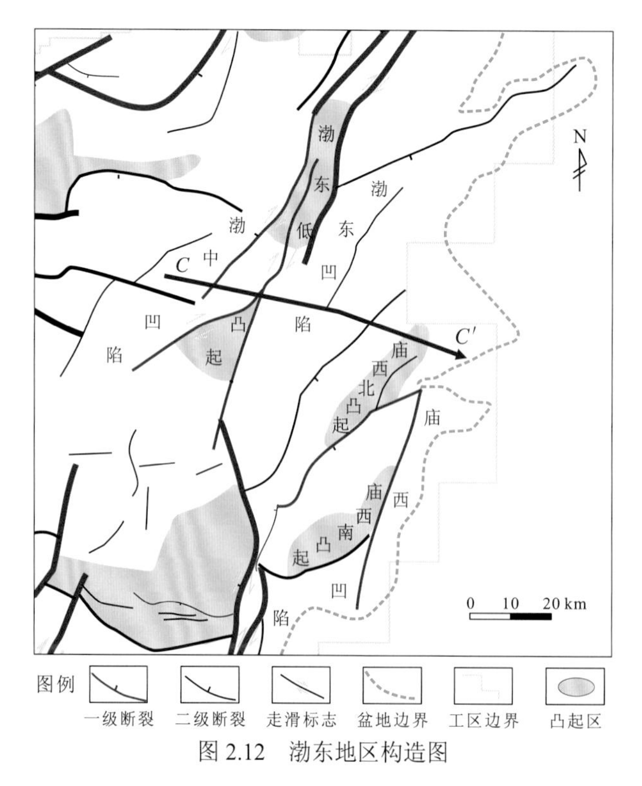

图 2.12　渤东地区构造图

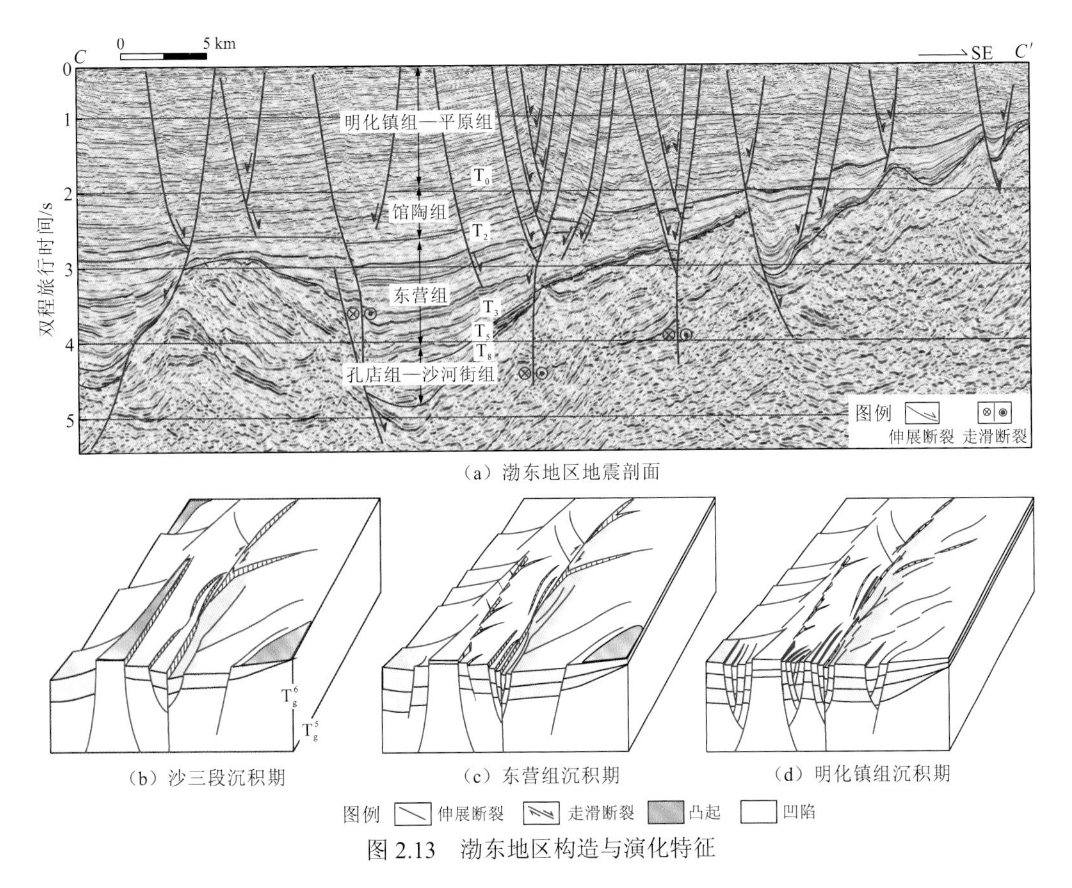

图 2.13　渤东地区构造与演化特征

渤东地区与辽东地区同为郯庐走滑断裂东支直接穿过的区域，但其走滑活动强度相对弱于辽东地区，其发育演化表现为不同时期伸展与走滑活动的差异叠合。古新世—始新世，同时兼具走滑和伸展性质的北北东向主干控洼断裂开始活动，但其走滑性质较弱，仍以强烈伸展断陷作用为主，形成一系列北北东向断裂控制形成的堑垒构造组合。渐新世末期走滑活动有所加强，伸展活动开始减弱，整体仍表现为弱走滑-强伸展叠合亚类构造的特征，主要发育雁列型构造样式；进入新近纪新构造运动期，走滑活动开始变得强烈，浅层伴生断层密集发育，断裂数量显著增多，平面上以北北东向主干断裂组合而成的帚状断裂体系特征基本定型[图 2.13（b）～（d）]。一方面，新近纪走滑强烈活动形成的局部挤压作用使负花状构造中的正断层反转，导致该区正形负花型构造较为发育；另一方面，新近纪走滑活动逐渐增强，促进油气向浅层运聚成藏，形成了渤东地区以蓬莱 15-2 油田、蓬莱 7-6 油田、蓬莱 20-2 油田为代表的一系列新近系油田。

5. 渤南平行强走滑区

渤南平行强走滑区位于渤海海域南部，属于济阳拗陷的海域部分，郯庐走滑断裂分三支近于平行穿过该区，其中东支和中支走滑特征更为明显。平面上，北北东向断裂与近东西向断裂两组断裂体系接近垂直相交组合形成“H”型格局。北北东向走滑断裂走向稳定，连续性好，表现为多条断裂叠覆相接，且切割近东西向伸展断层（图 2.14）。剖面上，北北东向走滑断裂产状陡直，走滑特征明显，体现出对早期近东西向断裂的强烈改造特征[图 2.15（a）]。近东西向断裂多为上陡下缓的铲式正断层，控制凹陷沉积的沉降特征明显，凹陷主轴向与近东西向断裂展布方向一致，呈现北深南浅的特征。

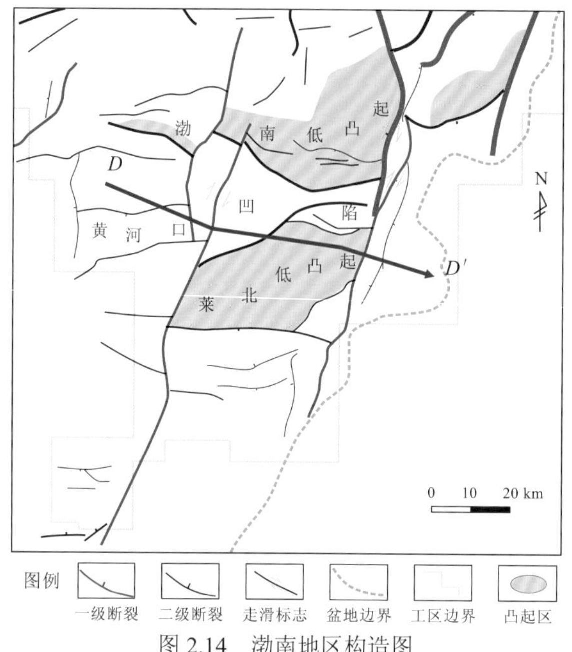

图 2.14　渤南地区构造图

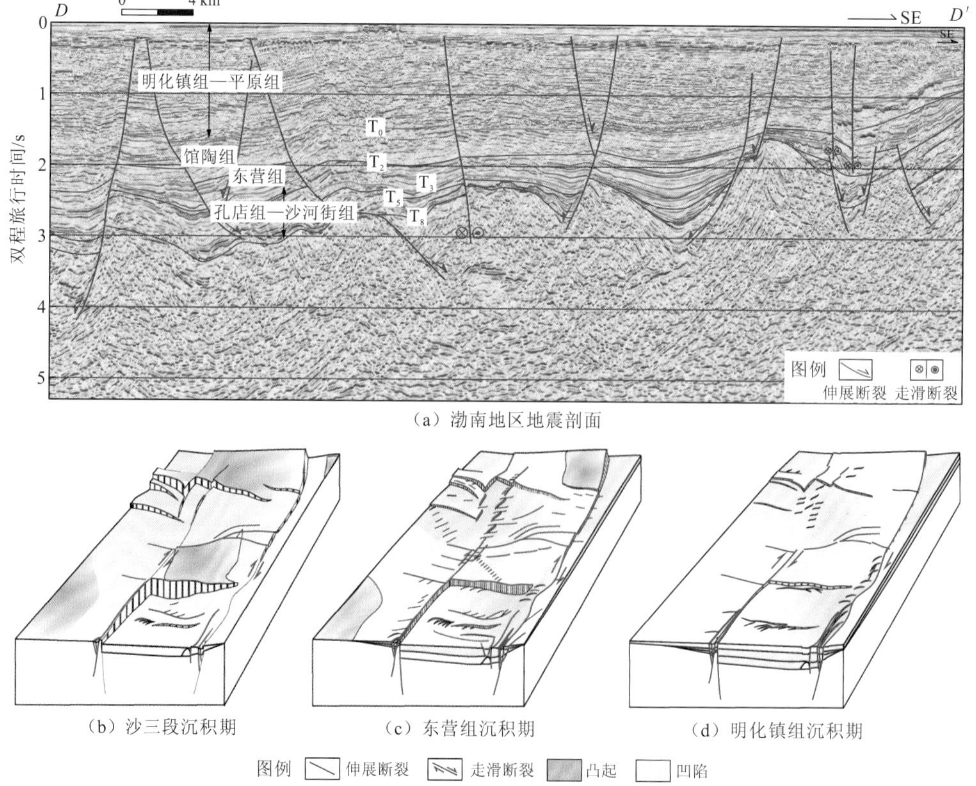

（a）渤南地区地震剖面

（b）沙三段沉积期

（c）东营组沉积期

（d）明化镇组沉积期

图 2.15　渤南地区构造与演化特征

相比辽东湾地区和渤东地区北北东向断裂的明显主导优势地位，渤南地区北北东向和近东西向两组断裂体系切割关系明显，体现出明显的早期近东西向断裂控洼，晚期北北东向走滑断裂改造的特征。渤南地区北北东向和北西向两组断裂分别在不同地质时期占据主导地位，整体呈正交特征，因此该区主要发育“H”型、垂向传导型隐性走滑、“L”型三类构造样式。

其中，“H”型构造样式主要发育在受郯庐走滑断裂东支和中支所夹持的凹陷陡坡带；受到晚期走滑活动对早期基底走滑断裂的强烈改造，垂向传导型隐性走滑主要发育于凹陷内和斜坡带；“L”型构造样式为不同方向的走滑断裂在时间尺度上叠加的结果，主要发育于渤南低凸起西段。

渤南地区是受早期近东西向伸展断裂控洼和晚期北北东向走滑断裂区域性改造形成的平行强走滑区。相比其他地区早期伸展断裂在晚期均不同程度地被走滑断裂加以利用改造，导致断裂体系多样，构造样式复杂。渤南地区近东西向伸展断裂和北北东向走滑断裂成因演化上相互较为独立，均相对完整地保留了各自早期的构造形迹。古新世—渐新世，渤南地区处于强烈断陷期，近东西向断裂发生强烈断陷作用，奠定了渤南地区北断南超的凹陷格局。相比近东西向断裂的强烈断陷活动，该时期北北东向的断裂走滑活动较弱，对凹陷沉积作用的控制不明显[图 2.15（b）～（d）]。新近纪，渤南地区进入拗陷期，近东西向断裂的断陷活动变弱，而北北东向断裂的走滑活动开始变得强烈，并逐步取代近东西向伸展断裂成为渤南地区的主导地质要素。新近纪，北北东向的走滑断裂强烈活动，一方面造成浅层构造破碎和复杂；另一方面对早期先存断裂改造，使得一部分基底断裂复活和大量浅层断裂新生，且浅层新生断层多呈雁行排列。渤南地区作为整个渤海海域受新近纪走滑活动改造最为强烈的地区，北北东向走滑断裂及其派生的浅层新生断裂作为油气运移通道，有利于油气进一步向浅层运移成藏，因此渤南地区北北东向走滑断裂带附近往往为浅层油气富集带，如渤中 28-34 油田群、渤中 36-1 油田、渤中 25-1 南油田及垦利 9-5/6 油田等。针对少数近东西向断裂控制的陡坡带，受走滑改造作用较弱，深部油气也能得到较好的保存，往往易于形成深浅复式油气藏，如邻近莱北低凸起陡坡带的垦利 10-1 油田。

2.3　渤海新生代地层层序与沉积充填特征

渤海海域钻井资料较少，因此在对其进行沉积充填结构进行分析的时候，应采用“写实”与“写意”相结合的方法，通过单井相分析、钻井标定下的地震相分析、地震属性提取等手段，确定沉积层序的垂向格架和沉积相类型，在此基础上，结合盆地构造格局认识，进行“构造-沉积”耦合关系分析，明确沉积充填体系的时空展布特征与规律。

2.3.1　新生代层序地层格架

沉积层序是指一套成因上相关的、相对整合的连续地层序列，其上下以不整合和与不整合相对应的整合面为界（Posamentier and Vail，1988）。其中，海（湖）平面的周期性波动，构造沉降、沉积物供给、气候、地形和地貌等因素控制了层序的发育、类型及内部地层和相带的展布（Vail et al.，1991）。陆相沉积盆地的构造演化的幕式过程是控制层序的主要因素，因而其垂向层序格架是盆地幕式演化过程最直接的体现（郑荣才 等，2001，2000；侯明才 等，2001；邓宏文，1995）。渤海湾盆地新生代主要发育两套构造层序，即古近纪断陷层序和新近纪拗陷层序。古近纪是裂谷发育的鼎盛期，也是湖盆发育的全盛时期；新近纪湖泊基本消亡，全区以河流—泛滥平原沉积发育为特征（吴富强 等，2001；王洪亮和邓宏文，2000；王鸿祯和史晓颖，1998）。

前人对渤海湾盆地新生代地层划分已有较深的认识（李建平 等，2010；毕力刚 等，2009；姚卫华 等，2008；孟鹏 等，2005）。综合利用古生物、录井、测井和地震等多种资料，对钻井标定下的地震网络骨架剖面进行精细解释，结合盆地幕式的演化过程，可将渤海海域新生代古近纪至新近纪垂向沉积层序格架划分为 4 个二级层序及 9 个三级层序（图 2.16、图 2.17）。

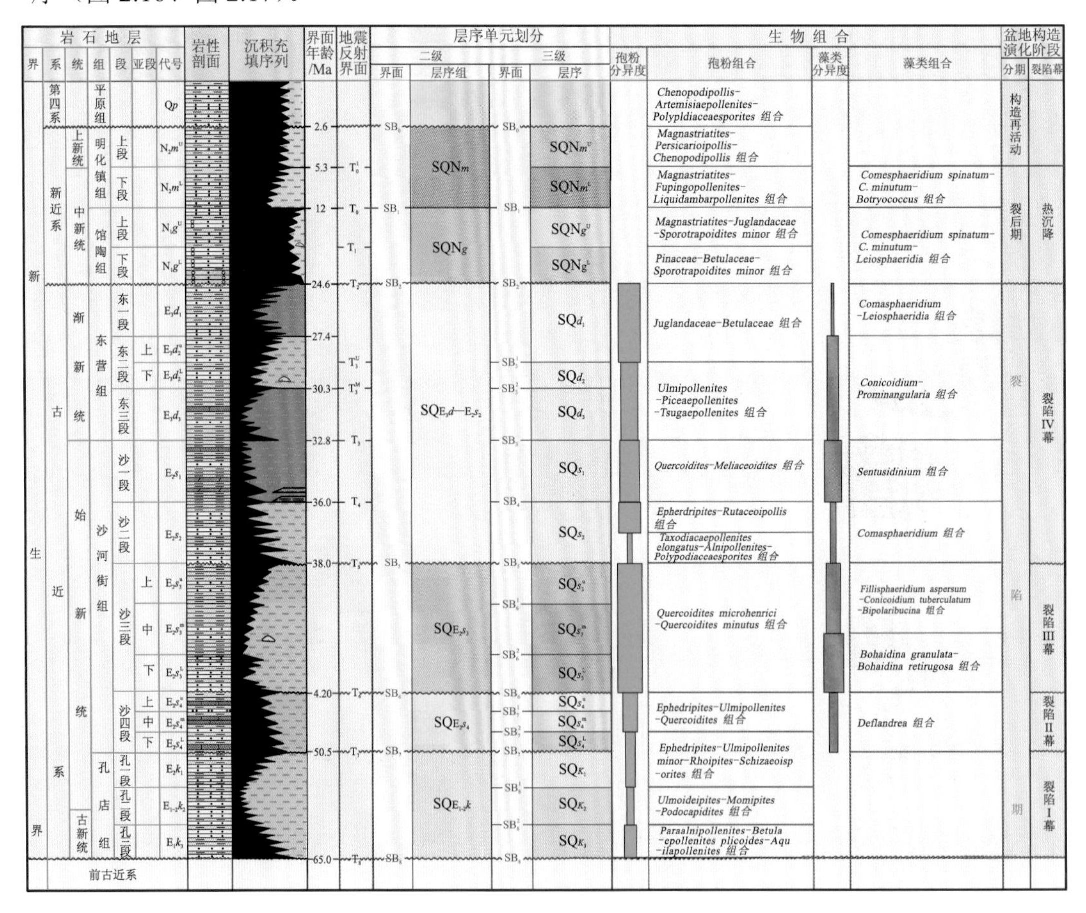

图 2.16　渤海海域新生代层序格架

孔店组—沙四段二级层序发育于郯庐走滑断裂由左旋至右旋的转型时期，界面特征主要表现为：其底界面 SB_8 为古近系沉积充填的底界面，与前古近系呈区域角度不整合；

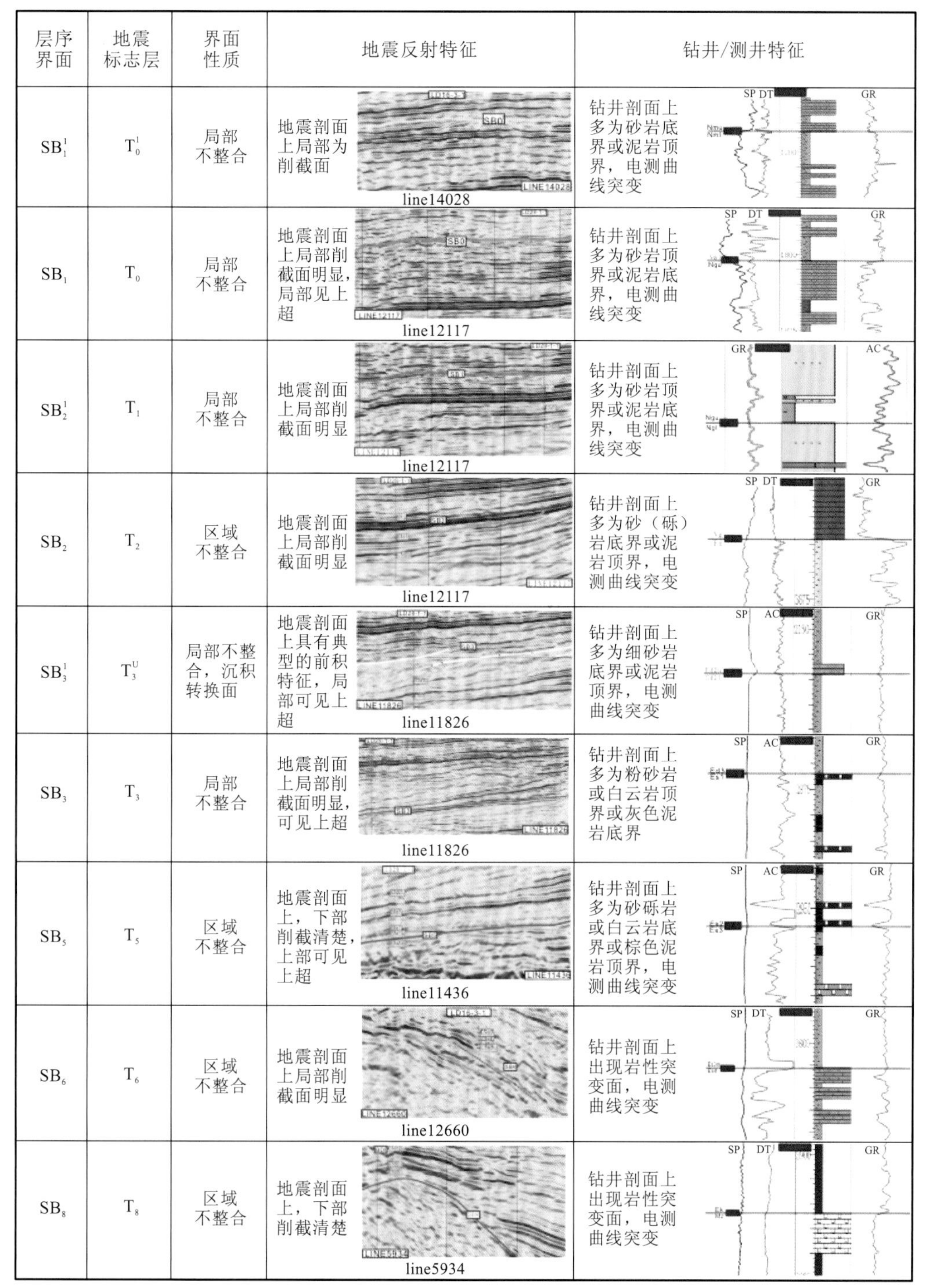

层序界面	地震标志层	界面性质	地震反射特征	钻井/测井特征
SB_1^1	T_0^1	局部不整合	地震剖面上局部为削截面 line14028	钻井剖面上多为砂岩底界或泥岩顶界，电测曲线突变
SB_1	T_0	局部不整合	地震剖面上局部削截面明显，局部见上超 line12117	钻井剖面上多为砂岩顶界或泥岩底界，电测曲线突变
SB_2^1	T_1	局部不整合	地震剖面上局部削截面明显 line12117	钻井剖面上多为砂岩顶界或泥岩底界，电测曲线突变
SB_2	T_2	区域不整合	地震剖面上局部削截面明显 line12117	钻井剖面上多为砂（砾）岩底界或泥岩顶界，电测曲线突变
SB_3^1	T_3^U	局部不整合，沉积转换面	地震剖面上具有典型的前积特征，局部可见上超 line11826	钻井剖面上多为细砂岩底界或泥岩顶界，电测曲线突变
SB_3	T_3	局部不整合	地震剖面上局部削截面明显，可见上超 line11826	钻井剖面上多为粉砂岩或白云岩顶界或灰色泥岩底界
SB_5	T_5	区域不整合	地震剖面上，下部削截清楚，上部可见上超 line11436	钻井剖面上多为砂砾岩或白云岩底界或棕色泥岩顶界，电测曲线突变
SB_6	T_6	区域不整合	地震剖面上局部削截面明显 line12660	钻井剖面上出现岩性突变面，电测曲线突变
SB_8	T_8	区域不整合	地震剖面上，下部削截清楚 line5934	钻井剖面上出现岩性突变面，电测曲线突变

图 2.17　渤海海域新生界主要层序界面特征

界面上、下的岩性、电测曲线发生突变，岩性由火山岩突变为紫红色的湖相泥岩；孔店组—沙四段超层序多分布在凹陷区，超覆于下伏地层之上，地震剖面上外部形态为楔形，内部反射结构杂乱，连续性差，表现为界面下部广泛的削截，界面之上可见地层上超。

沙三段二级层序发育于盆地走滑-拉张断陷期，地震反射以低连续弱振幅反射或高连续中强振幅平行反射为主，其底界面 SB_6 为沙三段与沙四段之间的区域不整合面；岩性、电测曲线突变，钻井上多为砂砾岩或白云岩底界，泥岩顶界；地震反射特征上，为一套中—强振幅、低连续性波组的顶，界面下截上超。

沙二段—东营组二级层序发育于拉张-走滑断陷期，可以划分为沙二段—沙一段、东三段—东二下亚段、东二上亚段—东一段 3 个三级层序。沙二段—沙一段层序分布范围有所扩大，底界面 SB_5 为沙三段与沙二段之间的区域不整合面，岩性、电测曲线突变，对应于地震反射层 T_5，界面之下削截明显，界面之上可见上超，本层序岩性仍以泥岩为主，夹大段粉砂岩和细砂岩，自然电位（SP）测井曲线以泥岩基线为主，局部出现钟形。东三段—东二下亚段层序的底界面 SB_3 为沙一段与东三段的局部不整合面，对应 T_3 地震反射界面，钻井上多为砂砾岩或白云岩的顶界，泥岩的底界。东营早期水体范围扩大，除去渤东低凸起周围小范围内，研究区该层序广泛发育；岩性以大段泥岩为主，局部发育多层细砂岩、粉砂岩，自然电位测井曲线以泥岩基线为主。东二上亚段—东一段层序底界面 SB_3^1 为东二上亚段与东二下亚段间的局部不整合面，录井上往往为一砂—泥分界，界面之上发育加积-退积型砂岩组合，界面之下多以泥岩。

馆陶组—明化镇组二级层序发育于盆地发育的走滑-拗陷期，其底界面 SB_2 为东一段与馆陶组的区域不整合面，界面之上为一套底砾岩、块状含砾砂岩或砂岩，界面之下为大段泥岩，电测曲线由钟形、指状为主，向下变为漏斗状或平直加积型。该二级层序可以进一步划分为馆下段、馆上段、明下段、明上段 4 个三级层序。馆下段层序岩性以大段砂岩、含砾砂岩、砂砾岩为主，夹薄层泥岩，自然电位测井曲线形态以指形、漏斗形为主，曲线幅度为低—中等。馆上段层序岩性以大段砂岩、含砾砂岩为主，局部夹多层薄层泥岩，自然电位测井曲线形态以指形、漏斗形为主，局部为锯齿形、箱形。明下段层序岩性以含砾砂岩、中—细砂岩为主，局部发育中厚层泥岩，自然电位测井曲线形态以指形、漏斗形为主，局部为锯齿形，曲线幅度中等。明上段层序岩性以含砾砂岩、中—细砂岩为主，局部发育多层薄层泥岩，自然电位测井曲线形态以指形、漏斗形为主，局部为锯齿形，曲线幅度中等。

纵观研究区古近纪—新近纪的垂向层序格架可以发现，四个二级层序的发育时期分别对应于盆地演化的“左旋-右旋转型期”→“走滑-拉张断陷期”→“拉张-走滑断陷期”→“走滑-拗陷期”，体现了构造演化的幕式过程对垂向层序格架的控制作用。

2.3.2 新生代沉积体系构成

渤海海域新生代发育了深湖—半深湖相、滨浅湖相（碳酸盐岩滩坝、泥滩等）、扇三角洲相、湖底扇相、辫状河三角洲相、曲流河三角洲相等相带类型。

1. 深湖—半深湖相

深湖—半深湖是位于湖泊浪基面之下，湖水较为平静的湖区，发育于盆地沉积中心，在研究区 E*k*—E*d* 的各层序中均有发育；其沉积物主要为暗色泥岩，在地震剖面上表现为强振幅、高连续平行—亚平行反射结构（图 2.18）。

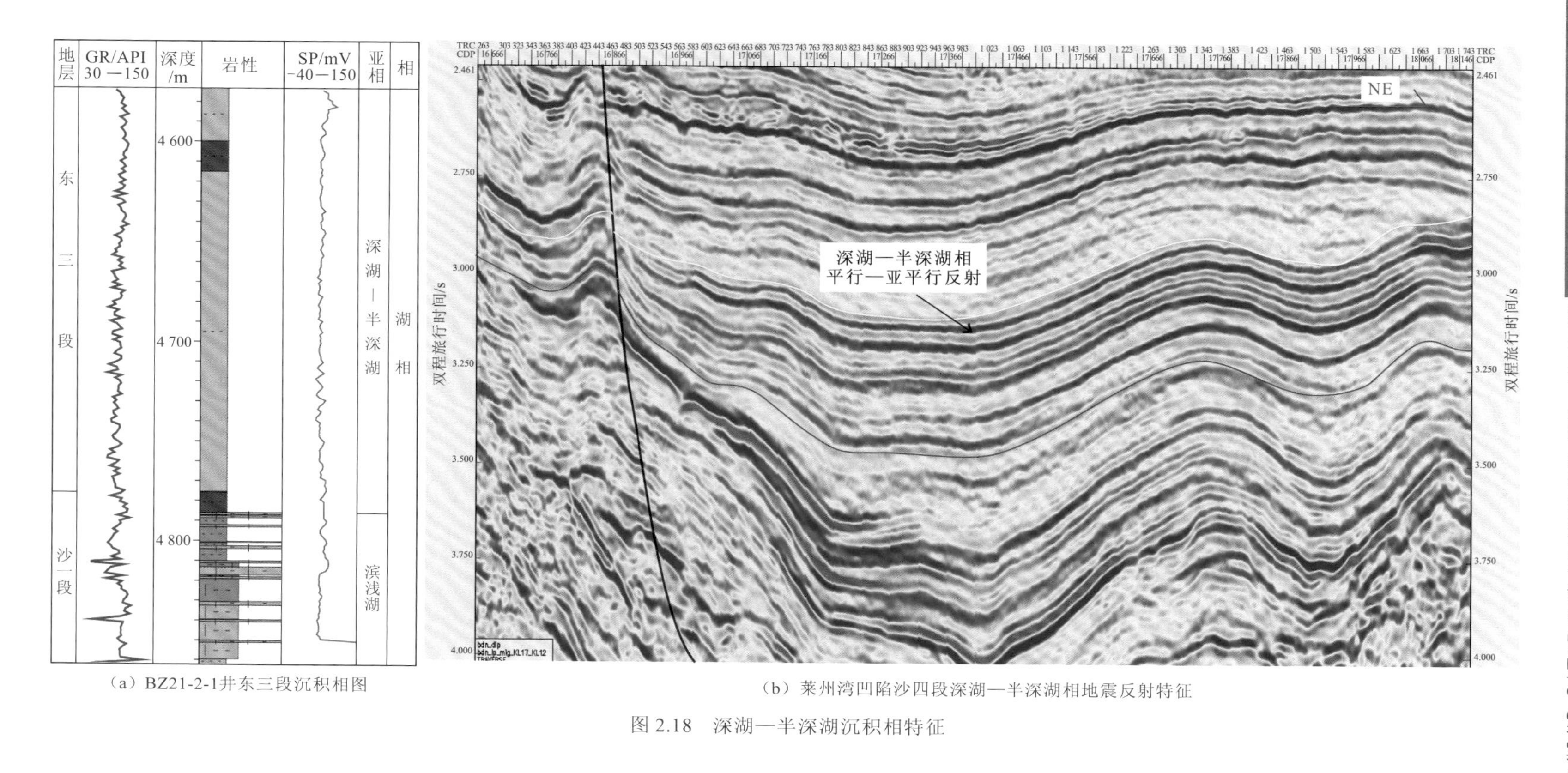

（a）BZ21-2-1井东三段沉积相图

（b）莱州湾凹陷沙四段深湖—半深湖相地震反射特征

图 2.18　深湖—半深湖沉积相特征

2. 滨浅湖相

对研究区滨浅湖相进行微相识别，主要有碳酸盐岩滩坝、泥滩、砂泥混合滩、砂质滩坝4种类型。

碳酸盐岩滩坝微相常发育在隆起周围或者是高点处，岩性为碳酸盐岩和泥岩互层，局部含有生物化石，SP测井曲线呈指状。岩心常见生物化石、生物碎片，肉眼可见蜂窝状孔洞发育。岩石薄片可见生物碎屑、生物体腔孔发育（图2.19）。

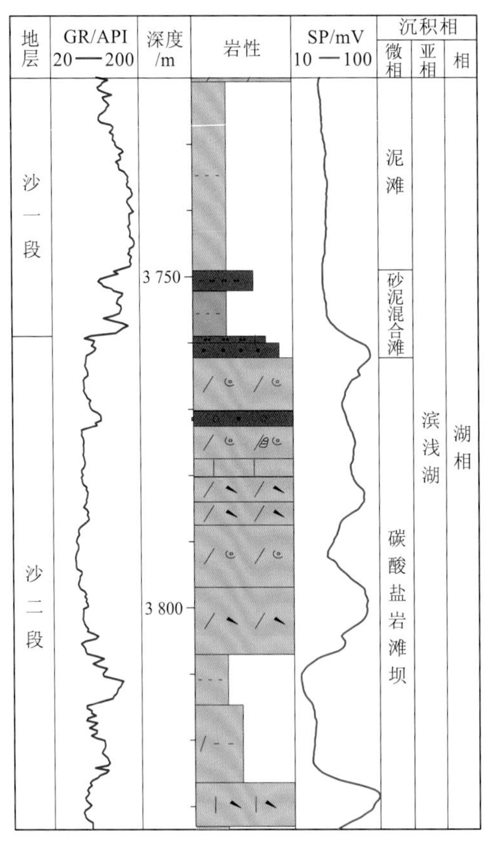

（a）QHD36-3-2井测井数据

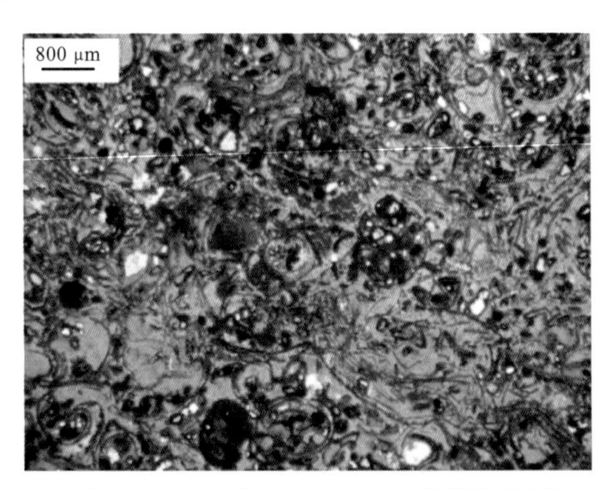

（b）QHD36-3-2井，3 773.65 m，亮晶生屑云岩

（c）QHD36-3-2井，3 772.78 m，生物碎屑云岩

图2.19　滨浅湖碳酸盐岩滩坝的宏观和微观特征

滨浅湖泥滩微相是陆源粗碎屑供应较贫乏，水体较为平静、水动力条件较弱的滨浅湖地带形成的，其沉积物主要为灰绿色和灰色泥岩、粉砂质泥岩，夹钙质泥岩或泥灰岩，发育水平层理、透镜状层理，常见生物扰动构造。滨浅湖砂泥混合滩微相是陆源粗碎屑间歇性供应，水体较为动荡的滨浅湖地带形成的，其沉积物主要为泥岩、粉砂质泥岩、钙质泥岩与粉砂岩、细砂岩薄互层，发育水平层理、透镜状层理、低角度交错层理、波纹交错层理。滨浅湖砂质滩坝微相是在陆源粗碎屑供应较充分，湖浪和湖流作用较强的滨浅湖地带形成的，其沉积物主要为中砂岩、细砂岩、粉砂岩，局部可见含砾粗砂岩，砾石长轴定向排列，发育波纹层理、波纹交错层理、大型浪成交错层理、低角度交错层理，常见层内冲刷面（图2.20）。

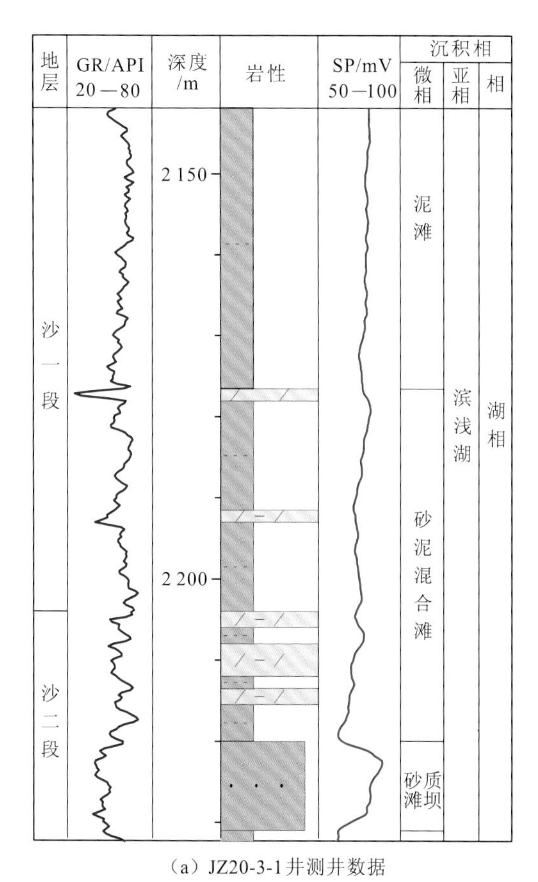

(a) JZ20-3-1 井测井数据

(b) JZ20-3-1 井，2 227.10 m，灰色中砂岩，块状层理，见砾石

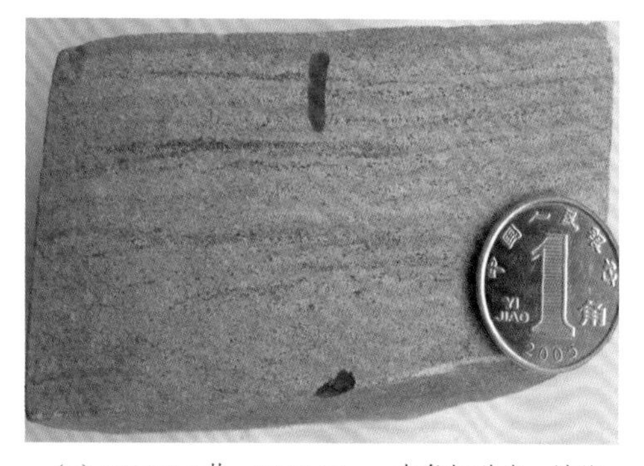

(c) JZ20-3-1 井，2 231.10 m，灰色细砂岩，波纹交错层理

图 2.20　滨浅湖砂质滩坝、泥滩、砂泥混合滩特征图

3. 扇三角洲相

扇三角洲相主要发育在湖盆裂陷、盆地边界大断层下降盘，含扇三角洲平原、扇三角洲前缘及前扇三角洲三个亚相。其中，扇三角洲平原亚相的岩性主要是大套砂岩、砂砾岩夹薄层泥岩，其自然伽马（GR）测井曲线呈现锯齿化反旋回特点；岩系可见砂泥砾混杂堆积，砾石呈磨圆棱—刺棱，分选较差。在粒度曲线上可见滚动搬运和跳跃搬运组分发育，悬移组分不发育，且曲线斜率低，表现出低分选特点（图 2.21）。

扇三角洲前缘亚相的岩性主要是粗砂岩、中砂岩、细砂岩与泥岩不等厚互层，自然伽马测井曲线呈现漏斗形或者钟形。岩心主要为中砂岩、细砂岩，波纹交错层理。在水下河道部位可见灰色细砾岩，砾石定向排列，表现出定向水流特点（图 2.22）。前三角洲亚相岩性以暗色泥岩为主，SP 测井曲线低平。

扇三角洲地震反射轴整体表现为楔形，扇三角洲平原和扇三角洲前缘呈杂乱反射或前积反射，前扇三角洲亚相发育规模较小，地震反射轴呈现平行—亚平行反射的特征（图 2.23）。

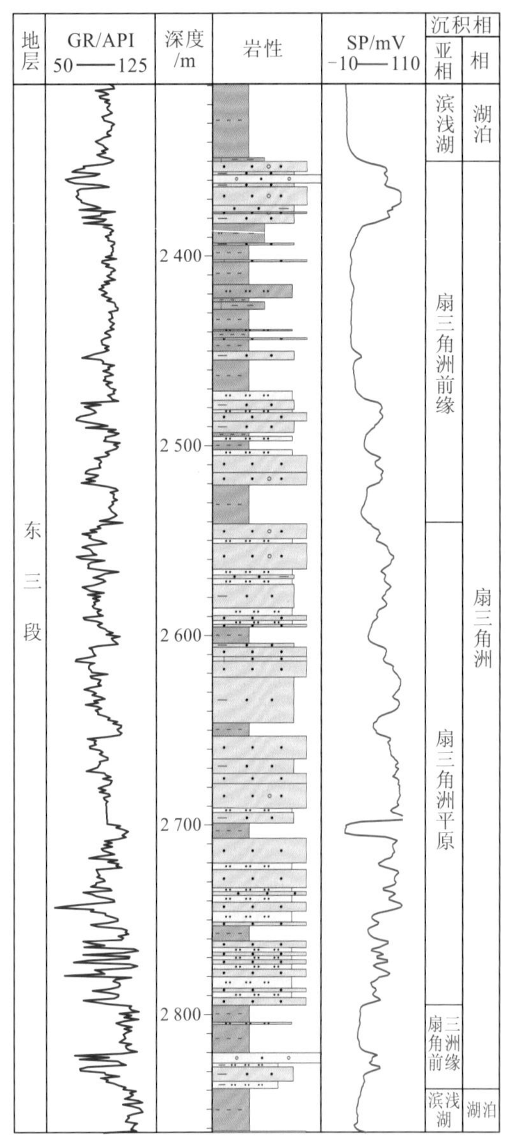

(a) JZ23-1-1井测井数据

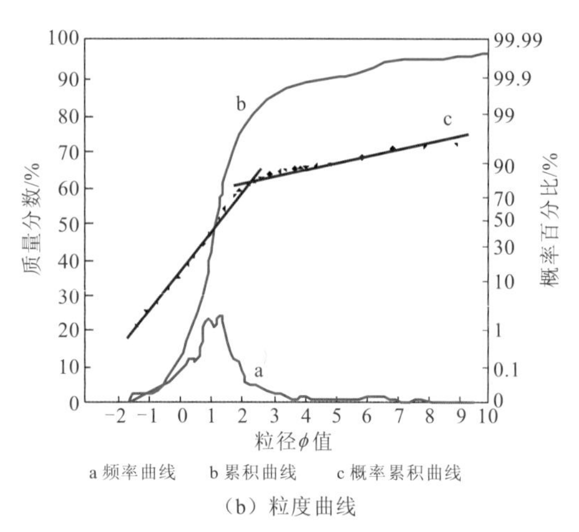

(b) 粒度曲线

(c) 2 785.95 m，近源堆积的混杂砾岩

图 2.21　扇三角洲平原亚相特征图

$\phi = \log_2 D$，其中 D 为颗粒直径，mm

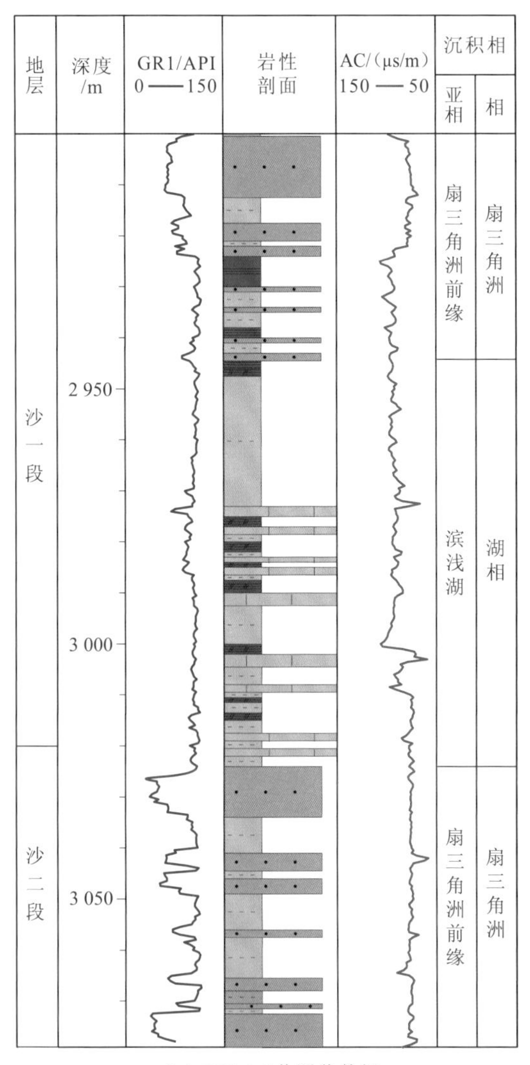

(a) JX1-1-1井测井数据

(b) JX1-1-1井，2 920 m，灰色细砾岩，砾石长轴定向排列

(c) JX1-1-1井，2 920.8 m，灰白色细砂岩，波纹交错层理

(d) JX1-1-1井，2 922.20 m，灰色粉砂质泥岩，块状构造

图2.22　扇三角洲前缘亚相特征图

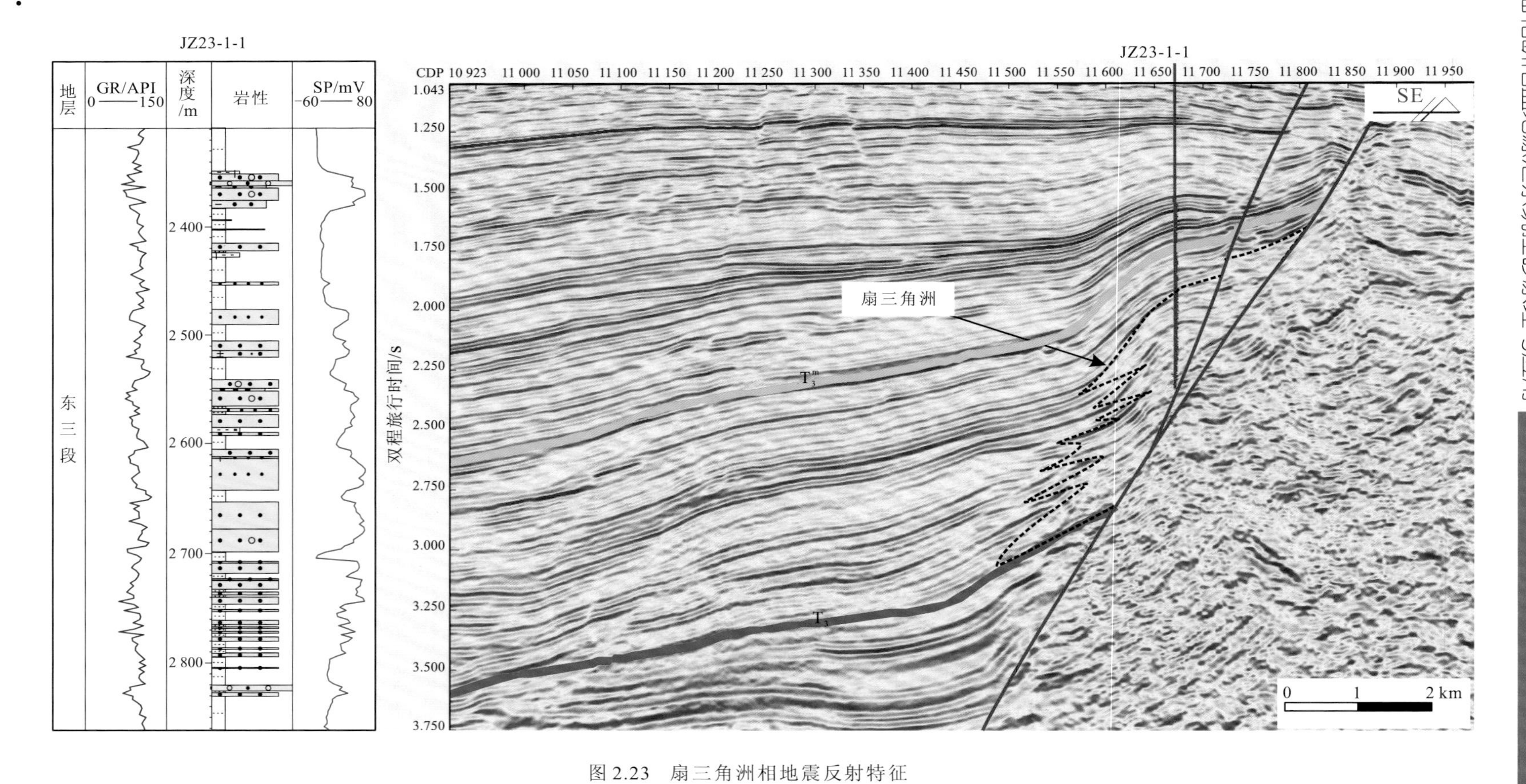

图 2.23 扇三角洲相地震反射特征

4. 辫状河三角洲相

辫状河三角洲相主要发育在湖盆断陷期斜坡部位或断拗转换期的陡坡部位，其可划分为平原、前缘及前三角洲三个亚相。其中，辫状河三角洲平原主要以灰褐色泥岩为特征，表现出水上沉积的特点，岩性以辫状水道砂岩、泛滥平原泥岩为主，测井曲线呈正旋回的特征。辫状河三角洲前缘亚相岩性为含砾砂岩、中—细砂岩与暗色的粉砂岩、泥质岩不等厚互层，SP 测井曲线呈漏斗形或者钟形，岩心多见含砾粗砂岩、粗砂岩，块状层理或撕裂状泥岩定向发育；前三角洲以暗色泥质岩为主，SP 测井曲线呈低平状，地震反射轴呈现平行—亚平行的反射特征（图 2.24）。

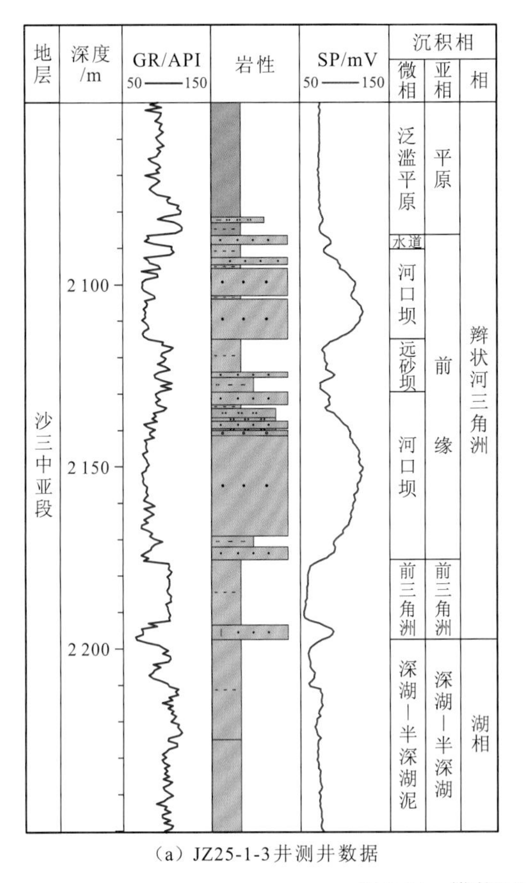

（a）JZ25-1-3井测井数据

（b）JZ25-1-3井，2 137.2 m，含砾粗砂岩

（c）JZ25-1-3井，2 138.7 m，含砾粗砂岩夹泥质撕裂屑

图 2.24　辫状河三角洲相特征图

辫状河三角洲的地震反射轴整体表现为楔形前积反射，内部中强振幅较连续反射，呈现类似叠瓦状前积反射（图 2.25）。

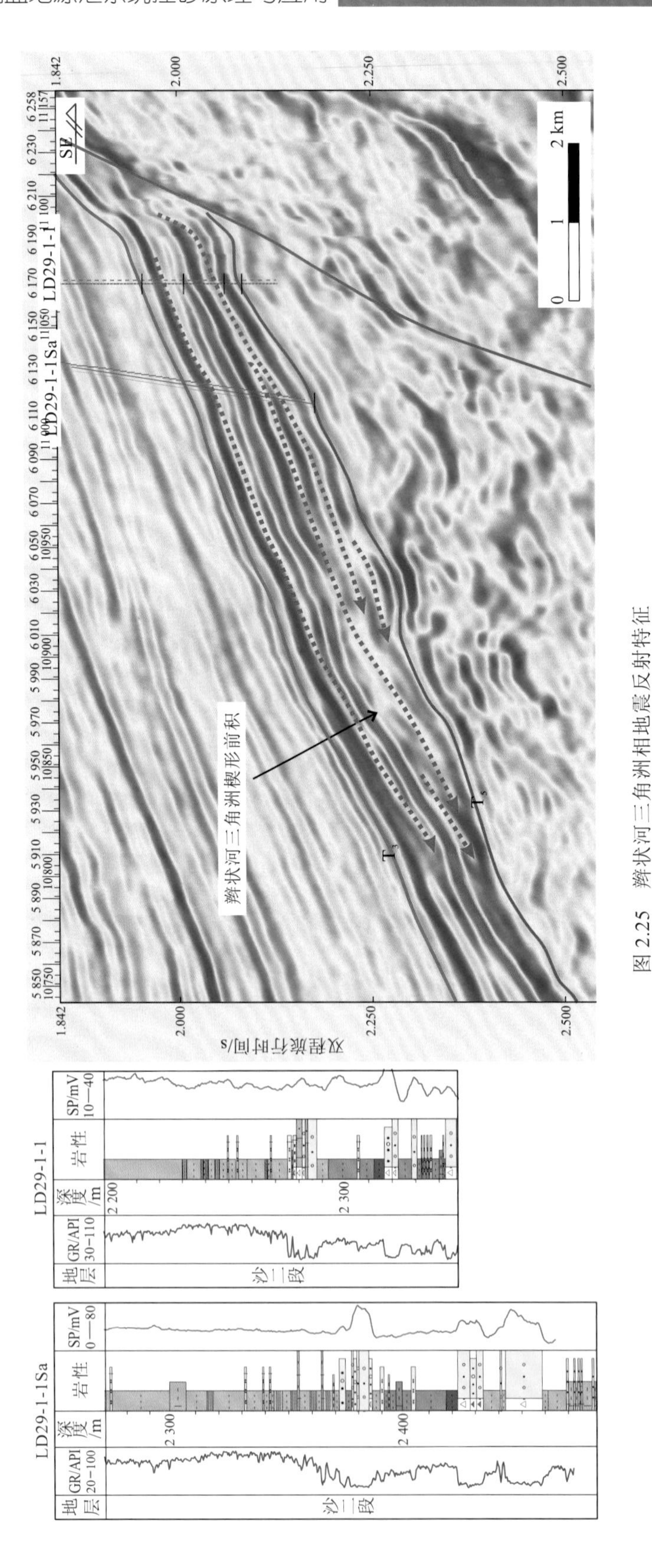

图 2.25　辫状河三角洲相地震反射特征

5. 曲流河三角洲相

曲流河三角洲主要发育在断拗转换期的湖盆斜坡部位或湖盆长轴方向，研究区曲流河三角洲沉积以前缘及前三角洲两个亚相为主。曲流河三角洲前缘岩性以中、细砂岩为主，暗色泥质岩不等厚出现，SP 测井曲线为中高值漏斗形或是钟形，地震反射轴呈现明显的中振幅“S”型前积反射，岩心以中、细砂岩为主，发育冲刷接触、波纹交错层理、小型槽状交错层理。前三角洲岩性为暗色泥质岩，具有水平层理、块状层理，SP 测井曲线为低平曲线（图 2.26）。

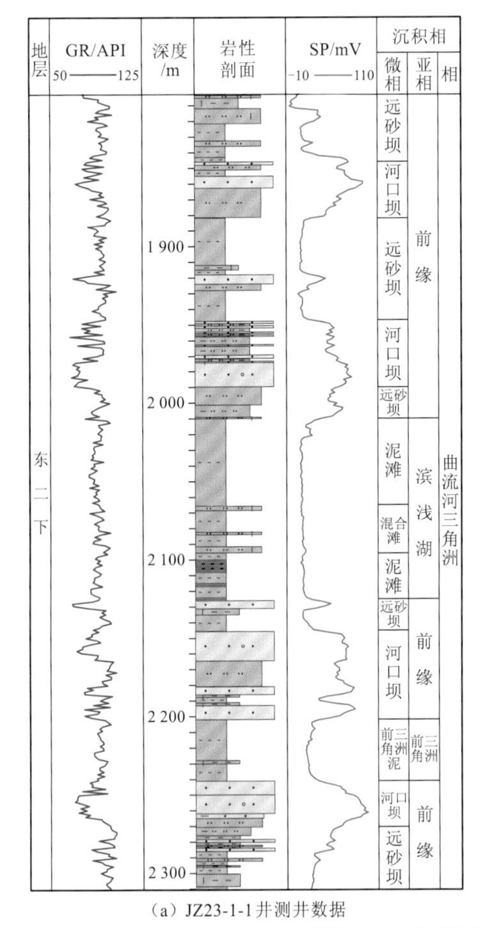

（a）JZ23-1-1 井测井数据

（b）JZ23-1-1 井，2 263.53 m，细砂岩，见小型槽状交错层理

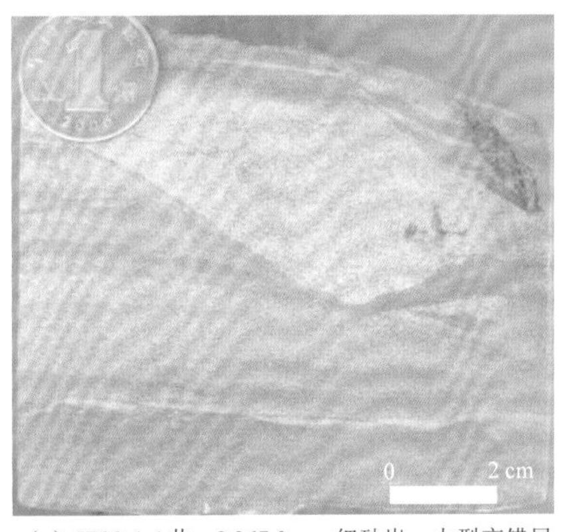

（c）JZ23-1-1 井，2 267.0 m，细砂岩，小型交错层理上部砂体与下伏砂体冲刷接触

图 2.26　曲流河三角洲相特征图

地震反射上曲流河三角洲前缘亚相上部主要表现为低角度的中弱振幅—中低频—中低连续反射，前缘下部主要为中强振幅—中高频—中高连续反射，浅三角洲呈现平行—亚平行反射的特征，整体具有“S”型前积外形特征。曲流河三角洲不断进积，在每一期的前方常常伴有湖底扇的发育（图 2.27）。

6. 湖底扇相

湖底扇相主要分布在深湖区，盆地最低洼的地带，录井岩性主要为大套泥岩包砂岩，测井曲线呈锯齿状的箱形，岩心多见变形构造、粒序层理、负载构造，反映出重力流的特征（图 2.28）。在地震剖面上湖底扇主要表现中强振幅—中低频—中低连续蠕虫状反射特征，上下多为强振幅—高频—高连续的平行—亚平行湖相泥岩（图 2.29）。

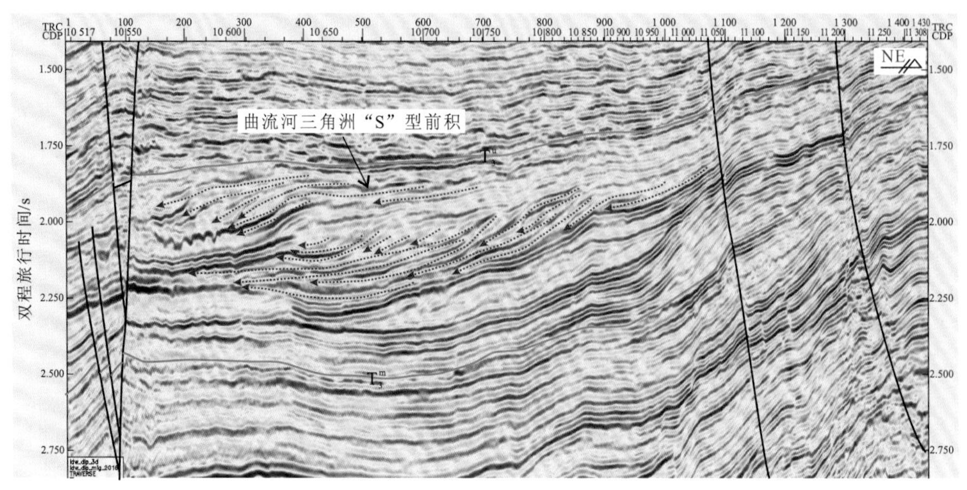

图 2.27　曲流河三角洲相地震反射特征

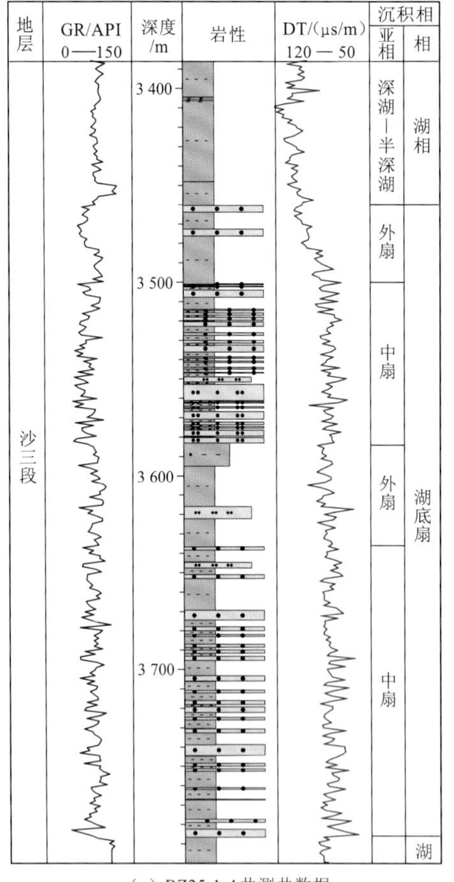

（a）BZ25-1-4井测井数据

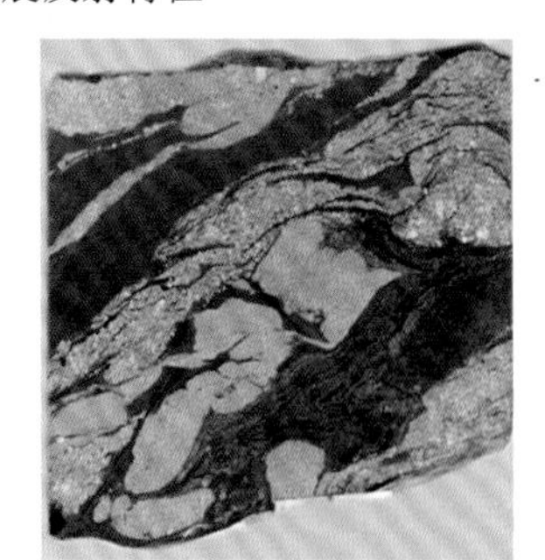

（b）BZ25-1-4井，3 498.3 mm，变形构造

（c）BZ25-1-4井，3 425.33 m，粒序层理，负载构造

图 2.28　湖底扇相特征图

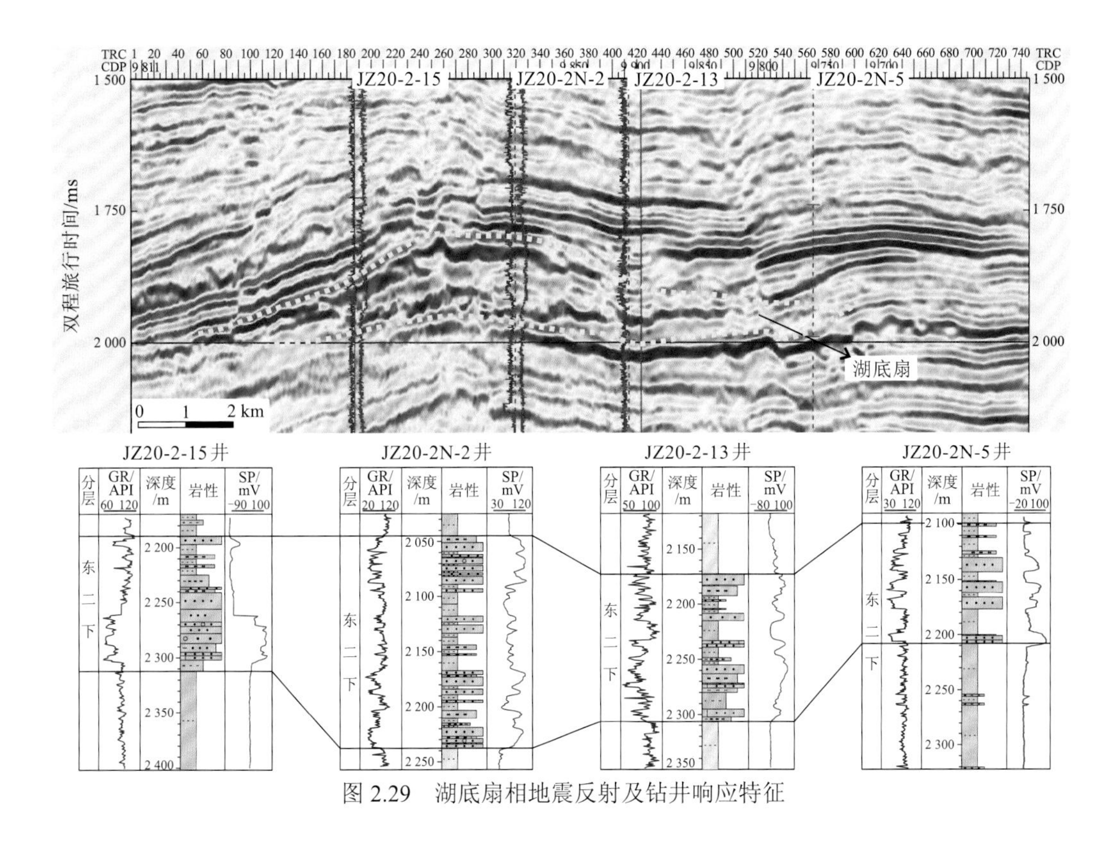

图 2.29　湖底扇相地震反射及钻井响应特征

7. 辫状河相

辫状河相主要发育在湖盆拗陷期的馆陶组，整体以大套砂砾岩夹薄层泥岩为特征。辫状河相又可细分为河床和河漫滩两个亚相，其中河床亚相的沉积岩性以砂砾岩、含砾粗砂岩为主，河漫滩亚相以薄层泥岩为主，泥岩颜色常见灰绿色。测井曲线上河床亚相呈箱形、微钟形，河漫滩亚相表现为细脖子段。岩心揭示，泥岩层理主要为块状层理，砂泥接触面以冲刷接触为主（图 2.30）。

8. 曲流河相

曲流河相主要发育在湖盆拗陷期的明下段，整体以砂泥岩互层为特征。曲流河相又可细分为河床和河漫滩两个亚相，其中河床亚相的沉积岩性以砂砾岩、中砂岩、细砂岩为主，岩心常见块状层理、平行层理、大角度交错层理，反映水流定向流动的特征。河漫滩亚相以灰绿色泥岩为主，岩心上常见块状层理、水平层理。测井整体表现为正旋回，其中河床亚相表现以低伽马、高自然电位的箱形、钟形为主，河漫滩泥岩主要在细脖子段（图 2.31）。

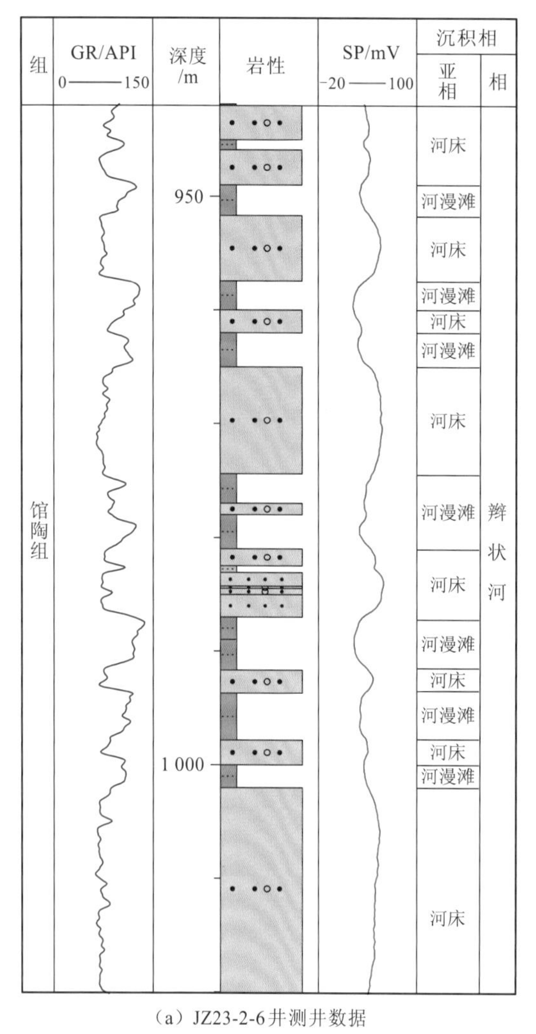

（a）JZ23-2-6井测井数据

冲刷面

（b）JZ23-2-6井，984.7 m，下部灰绿色泥岩，上部灰色含砾粗砂岩，冲刷接触

（c）JZ23-2-6井，988.7 m，灰绿色泥岩，块状层理

图 2.30　辫状河相特征图

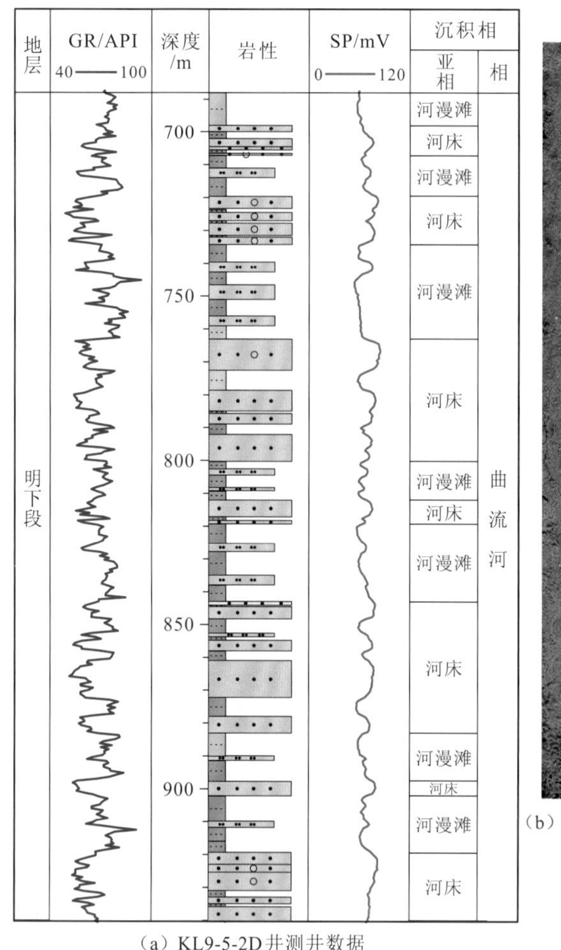

（a）KL9-5-2D 井测井数据

（b）KL9-5-2D 井，984.7 m，下部灰绿色泥岩，上部灰色含砾粗砂岩，冲刷接触

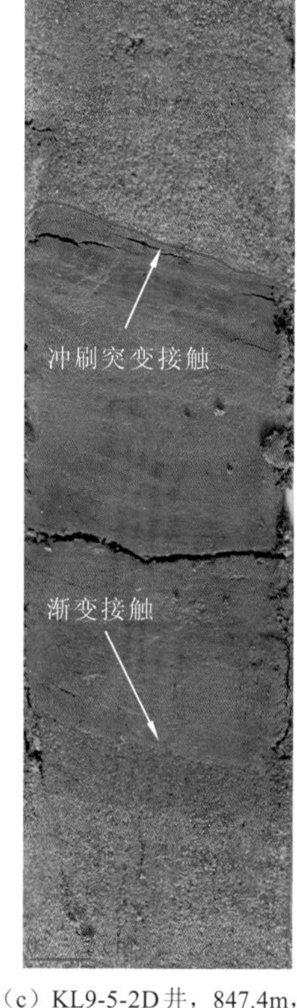

（c）KL9-5-2D 井，847.4m，底部灰色细砂岩，中部灰绿色泥岩，上部灰色细砂岩，下部为渐变接触，上部为冲刷突变接触

图 2.31　曲流河相特征图

9. 极浅水三角洲相

新近纪，渤海湾盆地具有构造相对稳定、沉降中心逐渐向海域渤中凹陷汇聚的特点，渤海海域为湖盆萎缩阶段，盆地发育具构造稳定、沉降缓慢、盆大水浅、地形平缓等特征。近年来，在钻井取心中发现浅水湖泊中有丽水蚌等古生物化石，另外通过“将今论古”的类比方法，应用现代沉积调查洞庭湖和鄱阳湖，结合水槽实验，证实了渤海极浅水三角洲-湖泊沉积体系存在。

极浅水三角洲沉积体系主要以泥岩夹薄层砂岩为特征，该时期因深湖—半深湖不发育，因此前三角洲亚相不发育，主要发育极浅水三角洲平原、极浅水三角洲前缘两个亚相。其中极浅水三角洲平原亚相在录井上为黄绿色泥岩夹薄层粉砂岩、细砂岩，表现为陆上沉积特征。极浅水三角洲前缘亚相以灰绿色泥岩夹薄层细砂岩为特征。岩心上前缘砂体多见灰色细砂岩，泥质显示文层，多见平行层理、槽状交错层理（图 2.32）。

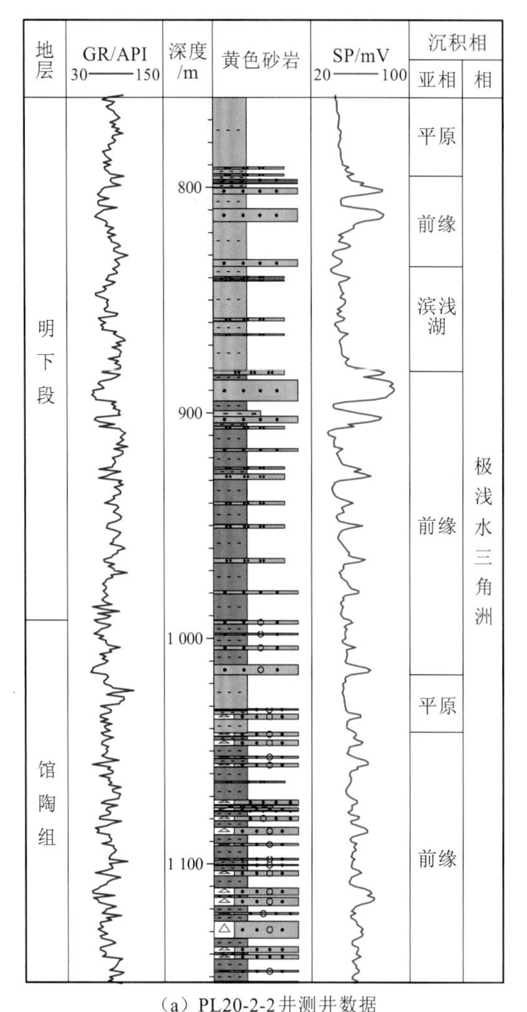

（a）PL20-2-2井测井数据

（b）PL20-2-2井，1 074.6 m，灰色细砂岩，槽状交错层理

（c）PL20-2-2井，1 075.4 m，深灰色细砂岩，平行层理，见砾石，直径1.5 cm，磨圆滚圆

图 2.32 极浅水三角洲相特征图

2.3.3 不同层序沉积体系展布特征

构造—沉积的耦合关系控制了沉积相带的展布。渤海海域新生代各阶段的构造格局时空差异性也决定了不同构造阶段、不同构造位置沉积相带发育展布的差异。

1. 沙三段层序沉积体系展布特征

沙三段对应强烈的断陷阶段，断层活动强，地势高差大，相带沿断裂下降盘向前推进，扇三角洲紧邻陡坡发育且展布较大，辫状河三角洲相主要发育于周缘缓坡带上，物源除来自外围的隆起外，盆内凸起也提供物源（图 2.33）。辽东湾探区受走滑断裂控制作用，在辽中凹陷、辽西凹陷东侧走滑断层下降盘发育连片近源扇三角洲、辫状河三角洲沉积；在辽西凹陷和辽东凹陷缓坡带分别发育来自外源水系供给砂体的辫状河三角洲沉积。环渤中凹陷围区主要受盆内凸起供源，在石臼坨凸起、沙垒田凸起、渤南低凸起、庙西凸起及莱北低凸起附近发育大片扇三角洲沉积，外源水系供给仅在渤东探区东北部、东南部发育较小规模的辫状河三角洲沉积。

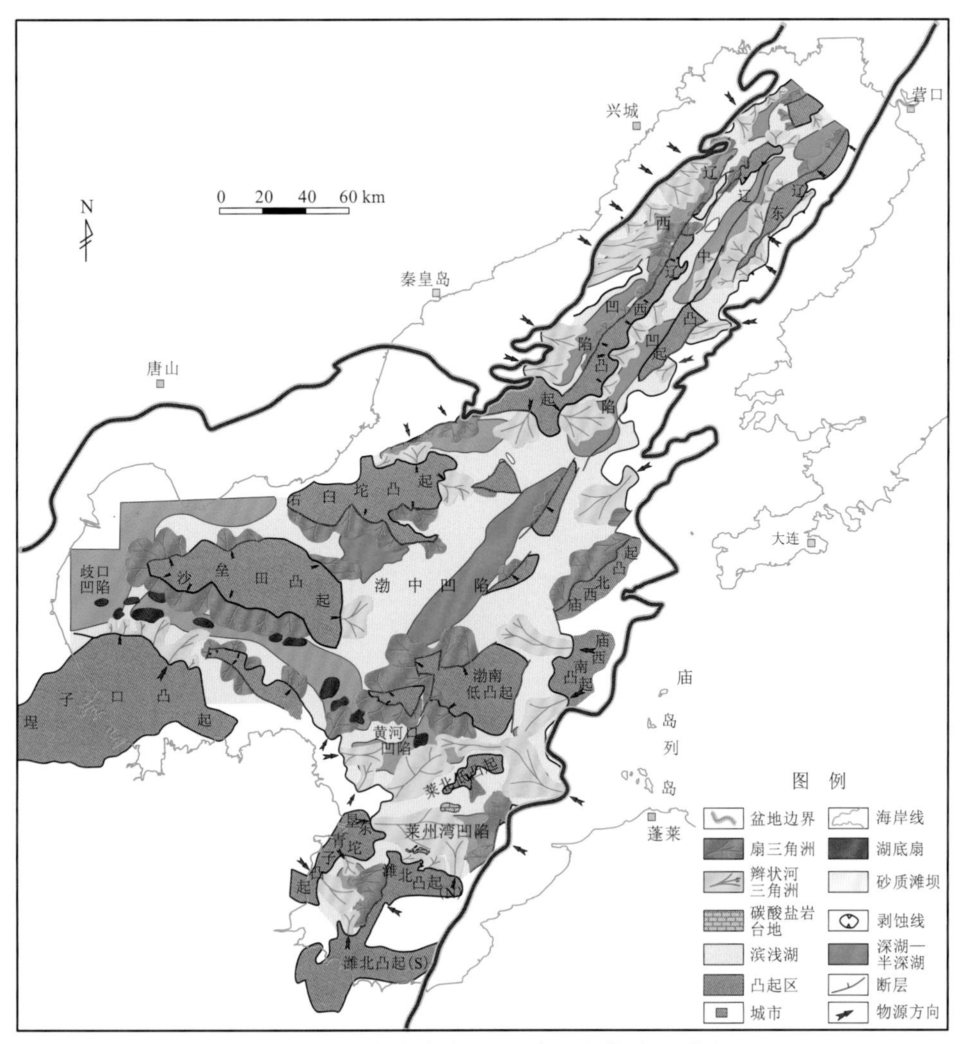

图2.33　渤海海域沙三段层序沉积体系平面图

2. 沙二段—沙一段层序沉积体系展布特征

沙二段—沙一段对应的断裂活动较沙三段减弱，沉积相带依旧受控于断裂的展布特征，扇三角洲发育减少（图2.34）。该时期辽东湾探区走滑活动减弱影响，在辽西凸起、辽东凸起西侧下降盘发育小规模扇三角洲、辫状河三角洲沉积，在辽西凹陷西缓坡和辽东凹陷东缓坡带发育外源水系供给形成的辫状河三角洲沉积，其规模和大小比沙三段时期减小。环渤中凹陷探区主要发育滨浅湖沉积，局部发育深湖—半深湖沉积，其中位于渤中凹陷西侧的沙垒田凸起、石臼坨凸起外缘发育一系列扇三角洲沉积，在渤中凹陷东侧的渤南低凸起、庙西凸起、潍北凸起等主要发育内源供给砂体的辫状河三角洲沉积，仅在渤南探区东侧发育小规模外源水系供给砂体的辫状河三角洲沉积。

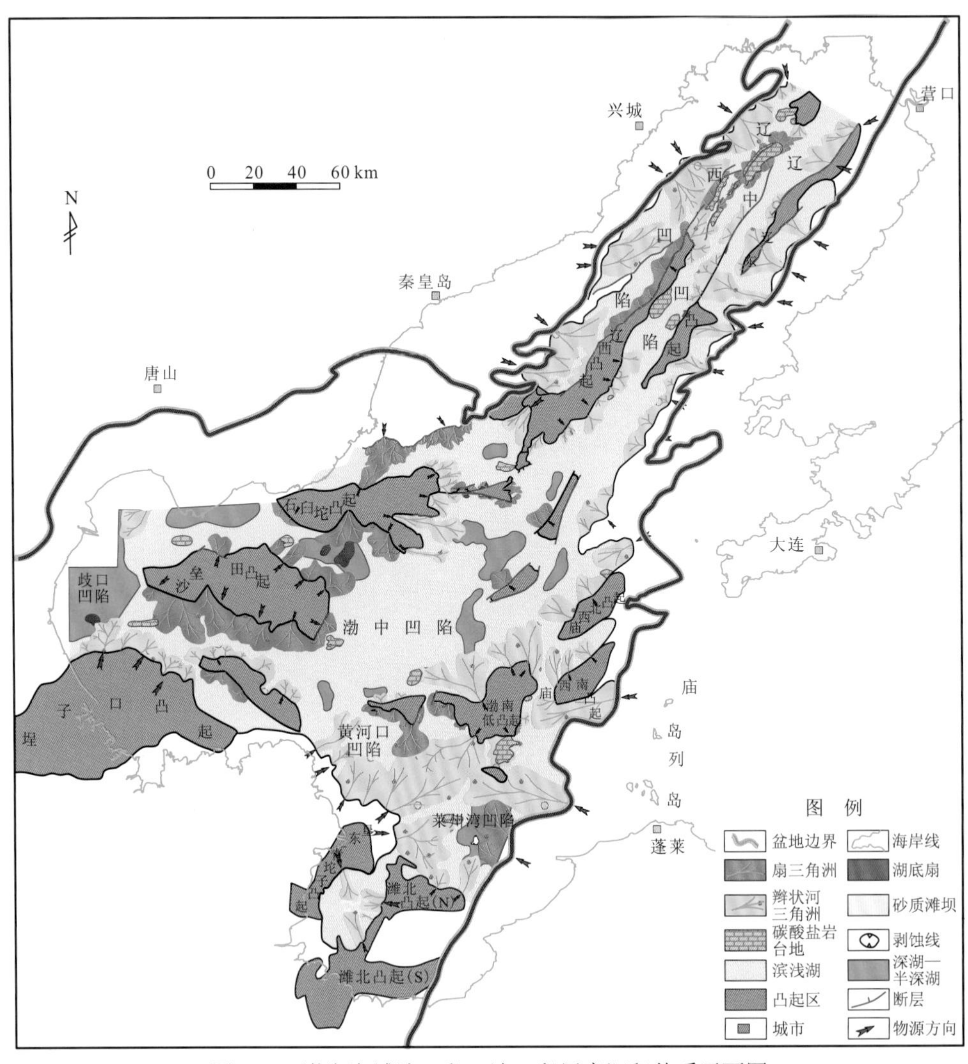

图 2.34 渤海海域沙二段—沙一段层序沉积体系平面图

3. 东三段—东二段下层序沉积体系展布特征

东三段—东二段下断层活化，断陷活动开始加强，在辽东湾拗陷和渤中凹陷围区发育大规模深湖—半深湖沉积，沿凸起周边发育内源供给扇体为主，外源扇体发育规模较小（图 2.35）。辽东湾探区的渤西凹陷受沙一段、沙二段填平补齐作用影响，辽西凸起被沉积覆盖，失去沉积阻隔作用，仅在辽西凹陷西侧发育小规模外源辫状河三角洲沉积；辽中凹陷东侧走滑断层活动较强，沿断层下降盘发育一系列扇三角洲沉积；辽东凹陷东侧外源水系发育，沿东南侧发育多个辫状河三角洲沉积，其中辫状河三角洲前缘在金县 1-1 区越过渤东低凸起进入辽中凹陷，并受走滑断层作用，分布广泛。渤中凹陷围区主要发育深湖—半深湖沉积，其渤中凹陷西侧沙垒田凸起、石臼坨凸起周边发育一系列扇三角洲沉积，在渤南低凸起、垦东-青坨子凸起、庙西凸起周围发育辫状河三角洲沉积。

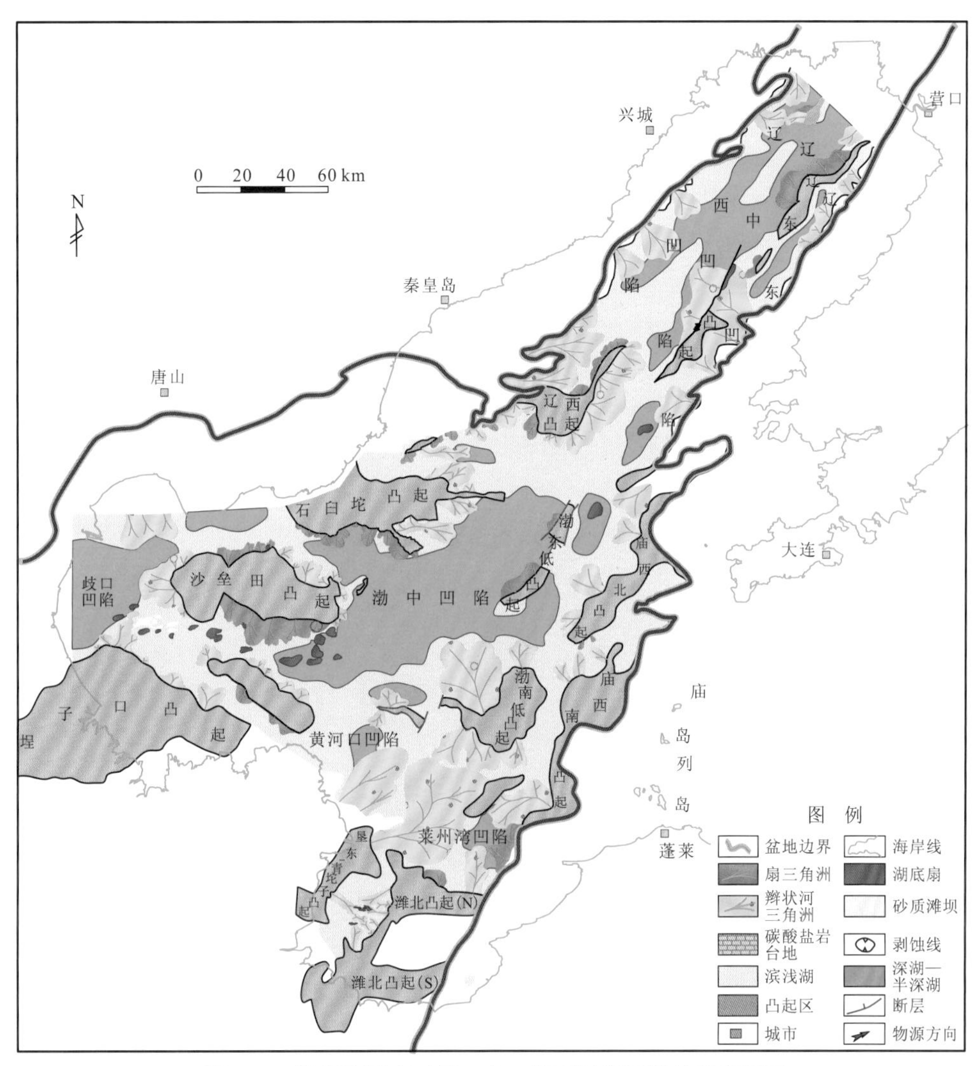

图 2.35　渤海海域东三段—东二段下层序沉积体系平面图

4. 东二段上—东一段层序沉积体系展布特征

东二段上—东一段处于断拗转换阶段，断裂活动变弱，断层不再为控制相带展布的主要因素，扇三角洲不发育，物源多来自周缘隆起，发育辫状河三角洲和曲流河三角洲（图 2.36）。在辽东湾探区主要受外源水系控制，在凹陷东北侧、西侧发育大型曲流河三角洲、辫状河三角洲，沉积沿凹陷长轴方向广泛发育，在研究区东西两侧发育规模较小的外源辫状河三角洲。环渤中凹陷的石臼坨凸起、沙垒田凸起和渤南低凸起阻隔作用减弱，外源水系自西向东直接进入渤中凹陷，而在沙垒田凸起、石臼坨凸起、渤南低凸起周边仅发育小规模辫状河三角洲。

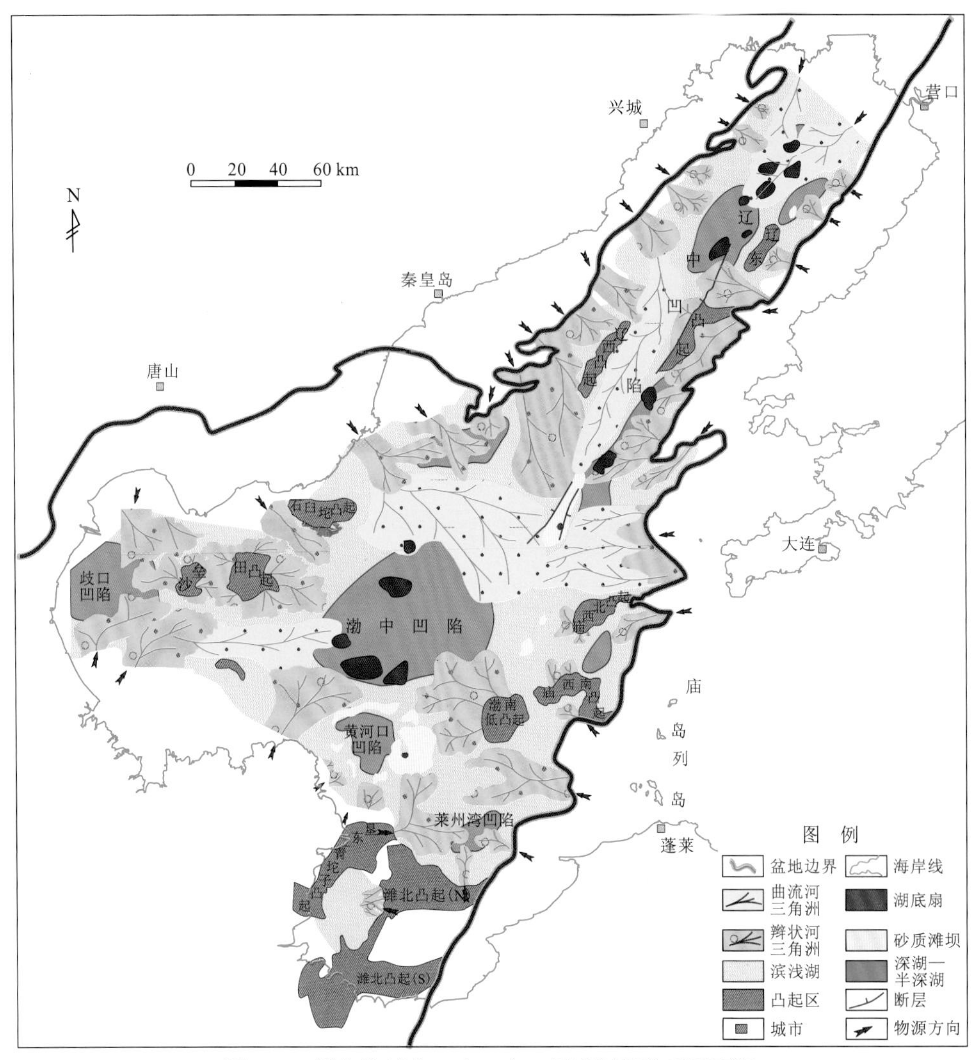

图 2.36　渤海海域东二上—东一层序沉积体系平面图

5. 馆陶组层序沉积体系展布特征

馆陶组是渤海地区新近系沉积最早的地层，受构造运动和沉积速率的影响，渤海区域内地势起伏不平，既有剥蚀区，也有冲积扇、辫状河平原、曲流河平原、极浅水三角洲和湖泊等沉积相类型（图 2.37）。沉积中心主要分布在渤海中南部的渤中凹陷和渤东凹陷的西缘及辽西凹陷。其中渤中凹陷和渤东凹陷西缘的地层厚度为 300～500 m，辽西凹陷的地层厚度为 100～200 m。砂体的分布也很不均衡。其中，辽西凹陷西缘和秦南凹陷东缘及渤中凹陷周缘的砂岩厚度在 100～300 m，砂岩含量大于 80%，为砂岩的集中发育区。综合分析后，认为辽西凹陷西缘、秦南凹陷西缘和辽东凹陷东缘发育冲积扇沉积，通过坡积物形成环带状冲积扇群，沿渤海西北翼和东北翼分布。水流汇集成河，沿冲积扇端向辽东凹陷西缘、辽西凹陷东缘和秦南凹陷方向流去。由于水面变宽，地形变缓，河流侧向摆动较强，在渤海中部和中北部形成了面积广大的辫状河平原沉积。渤海地区东北翼、南缘和西缘由于临近辽东-鲁东隆起、埕宁隆起在渤海东北翼的局部及南缘和西缘形成高地。在辽东凹陷和辽西凹陷形成曲流平原沉积，以及在渤东凹陷周缘和歧口凹陷形成面积不大的曲流河平原沉积，辫状河道在中下游形成的曲流河沉积，在渤东凹陷入湖形成规模不等的三角洲。通过以上分析可以看出，该段主要为冲积扇-辫状河平原沉积体系，物源主要为西南部和东北部的辽东-鲁东隆起和埕宁隆起。

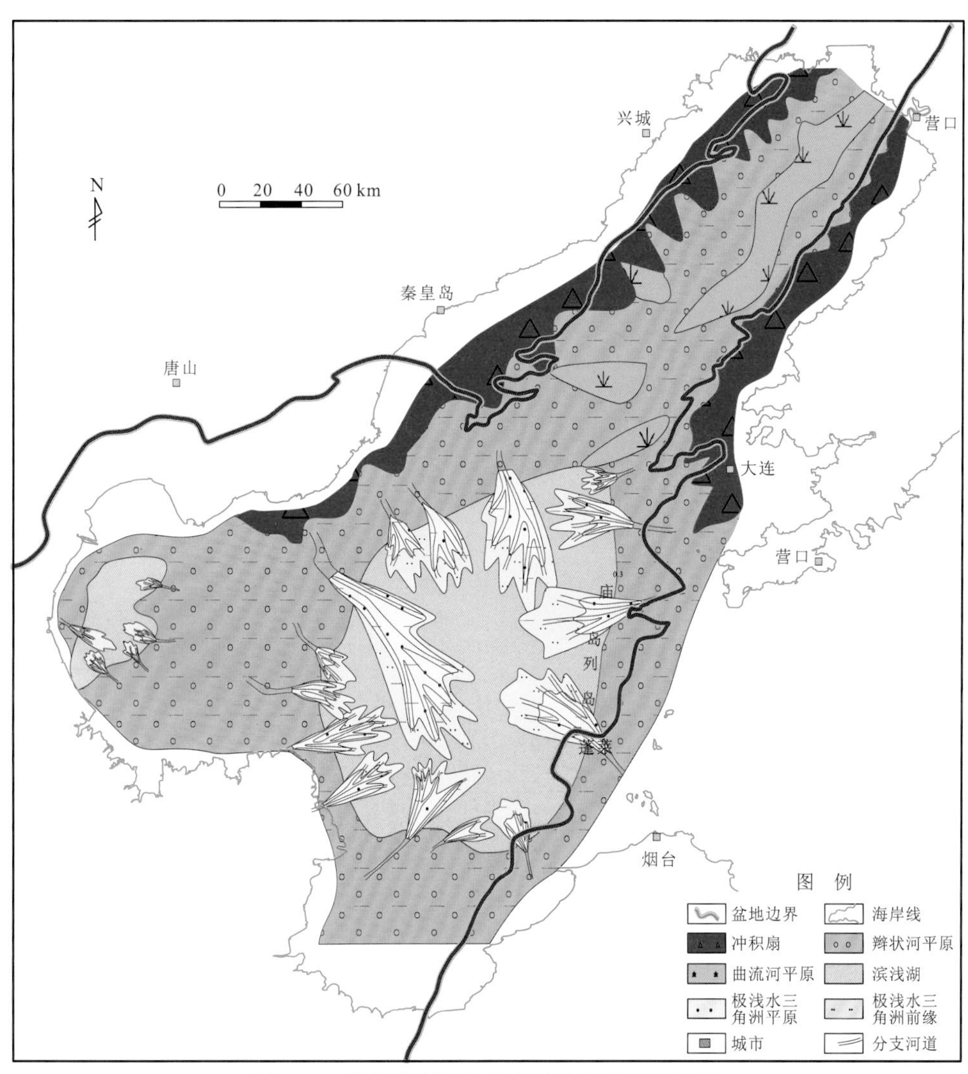

图 2.37　渤海海域馆陶组层序沉积体系平面图

6. 明化镇组层序沉积体系展布特征

新近纪—第四纪为拗陷阶段，断裂活动更弱，控砂作用减小，且物源主要来自外围隆起，主要发育远源河流相三角洲。随着盆地的沉降，湖盆面积进一步扩大。渤海地区北部基本继承了馆陶组上部的沉积格局，辫状河平原面积稍有萎缩，曲流河平原面积略为扩大。渤南地区周缘发育曲流河平原沉积，渤中地区东部和渤海地区南翼发育高地（图 2.38）。明下段下部湖泊面积分布较广，极浅水三角洲的规模较馆陶组上部更大。通过以上分析可以看出，该段为冲积扇-辫状河平原-极浅水三角洲-湖泊沉积体系。物源方向主要为西南部、西北部和东部。

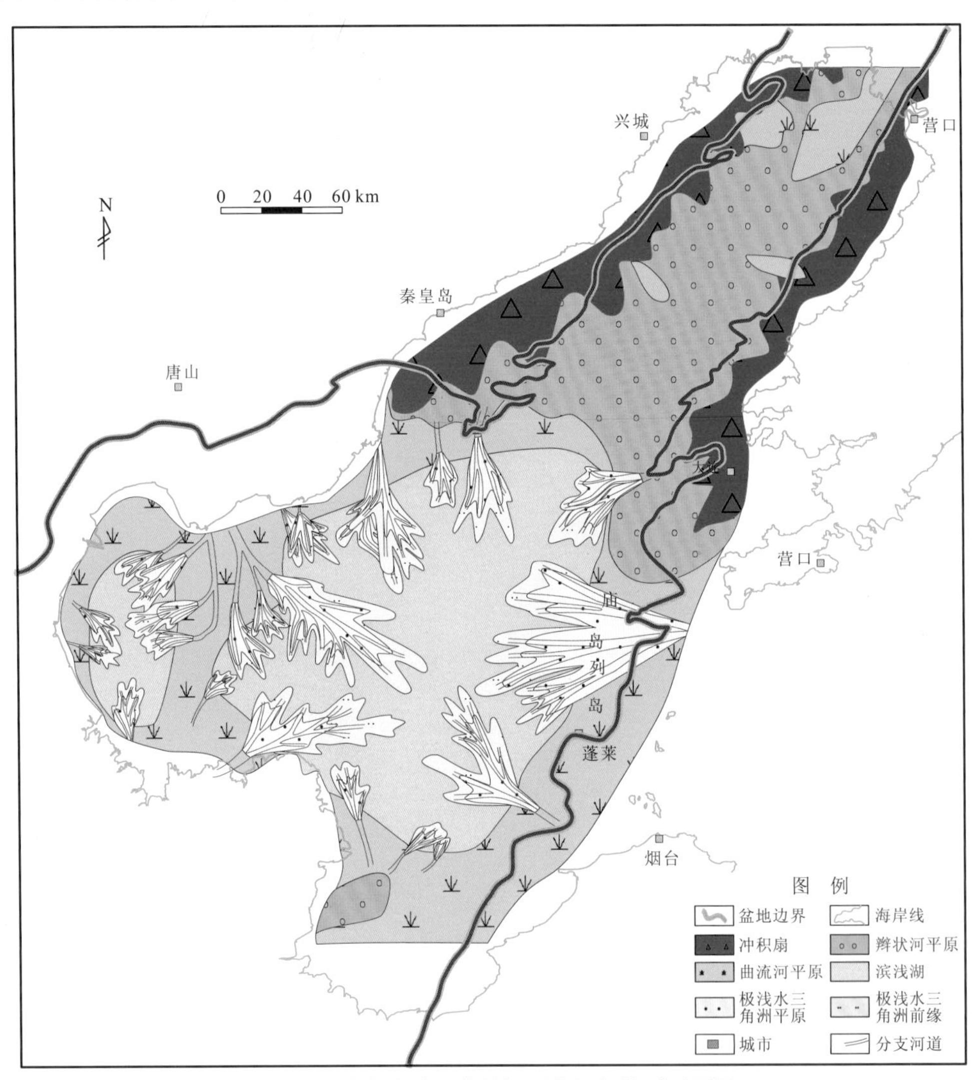

图 2.38　渤海海域明化镇组层序沉积体系平面图

2.3.4　沉积充填结构的时空差异

受控于盆地构造格局，渤海海域新生代盆地沉积充填结构的时空差异性明显。其中，古近纪早期断层活动强烈，差异升降明显，沉积相带展布与断层活动、构造带发育具有明显的耦合关系，其中渤中、渤西地区砂体主要沿沙垒田凸起、石臼坨凸起南部陡坡带呈东西向展布；辽东湾地区沉积砂体主要受控北东向走滑断层，沿辽西凹陷和辽中凹陷东部陡坡带展布；渤南地区受控于东西向盆缘断裂和北东向走滑断裂双重控制，沉积砂体沿北部东西向边界断层和北东向走滑断层分布；渤东地区主要受控于北北东向郯庐断裂及外部物源，内部物源供源砂体主要沿走滑断层展布，外部物源主要自东向西进入湖盆（图 2.39）。

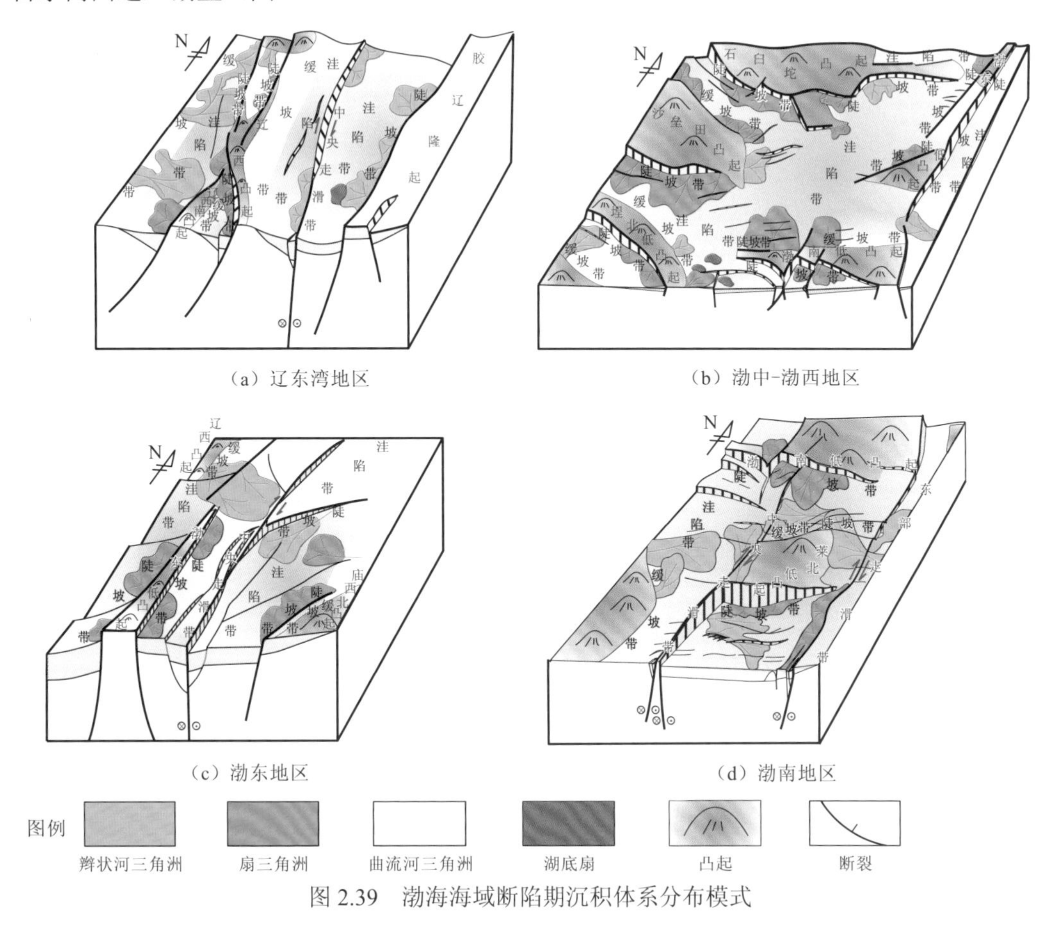

图 2.39　渤海海域断陷期沉积体系分布模式

断拗转换期（古近纪晚期）断层活动较弱，地势高差较小，主要发育辫状河三角洲及曲流河三角洲，都主要发育于缓坡带上，物源区域存在差异，扇三角洲仅发育于少数陡坡带上，其中渤中和渤西地区的石臼坨凸起等被水覆盖，空间阻隔能力受限，外部物源沉积体得以跨过凸起进入渤中凹陷；辽东湾地区辽西凸起因边界断层活动能力逐渐减弱，造成凸起逐渐下沉，西部外源砂体进入辽中凹陷，同时沿渤中凹陷长轴方向自北东向入盆形成大型三角洲沉积；渤南地区在南部斜坡区继承性发育辫状河三角洲沉积，同时因渤南低凸起供源能力逐渐减弱，沉积砂体以辫状河三角洲为主；渤东地区在该时期以外部物源供砂为主，沉积三角洲主要为曲流河三角洲（图 2.40）。

1. 辽东湾地区

断陷期受北北东向断层的控制，主要发育辫状河三角洲，物源来自两侧隆起，扇三角洲多发育于辽西凹陷陡坡带，物源来自相邻凸起带。断拗转换期，辽东湾地区沉

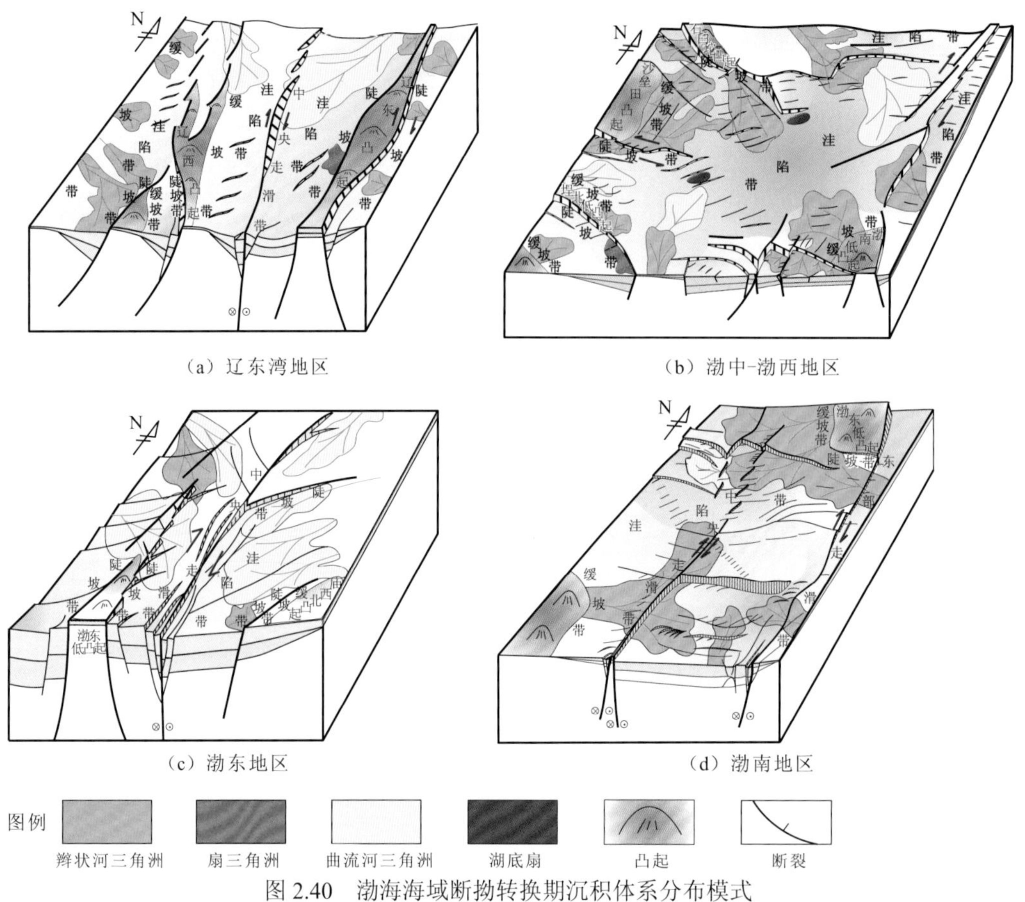

图 2.40 渤海海域断拗转换期沉积体系分布模式

积相带整体分布依然受断裂控制，盆地两侧主要发育辫状河三角洲，北部发育曲流河三角洲且规模较大，除辽中凹陷东部陡坡局部发育的扇三角洲外，物源都来自两侧隆起区（图 2.41）。

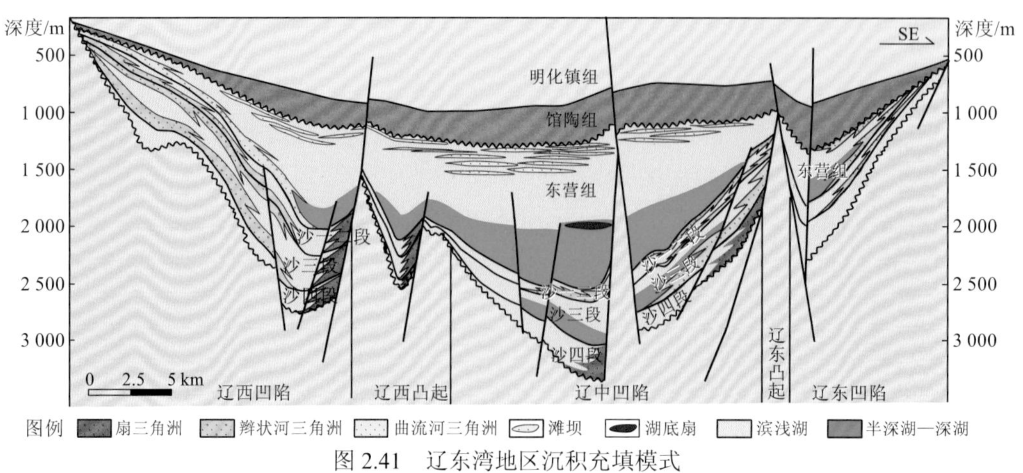

图 2.41 辽东湾地区沉积充填模式

2. 渤中-渤西地区

断陷期渤中-渤西地区受北西向或近东西向盆缘大断裂及北东向或北北东向郯庐断裂共同控制，物源主要来自内部凸起，在渤西地区沙垒田凸起南部边界大断层和渤中探区石臼坨凸起南部边界大断层发育扇三角洲，且延伸较远；在沙垒田凸起北部斜坡带和石臼坨凸起北部斜坡带主要发育辫状河三角洲沉积，且规模较小（图 2.42）。断拗转换期，断裂控制不明显，主要发育辫状河三角洲，局部高差较小地区发育曲流河三角洲，且都位于缓坡带上，整体规模较大，延伸较远，物源多来自盆缘凸起，其中渤中地区西部物源三角洲越过石臼坨凸起，进入渤中凹陷，渤西地区西部物源沿沙南凹陷长轴方向入盆，进入渤中凹陷（图 2.43）。

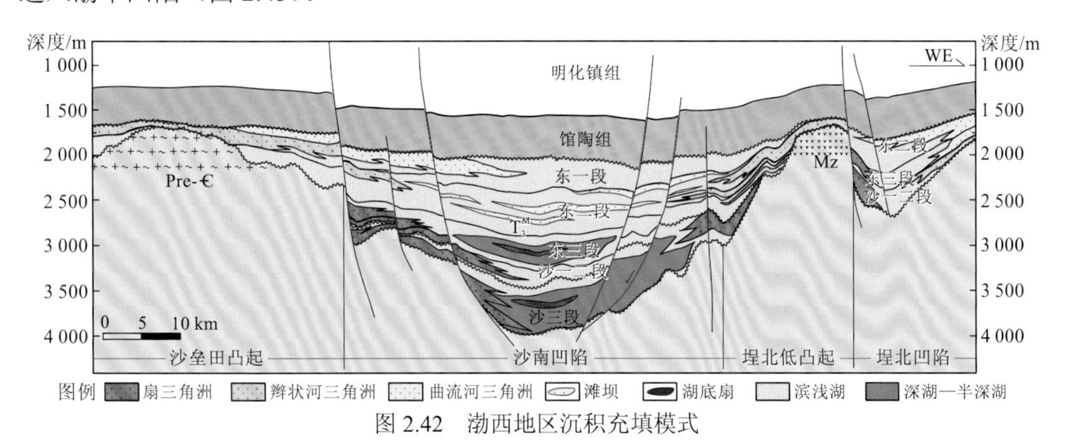

图 2.42　渤西地区沉积充填模式

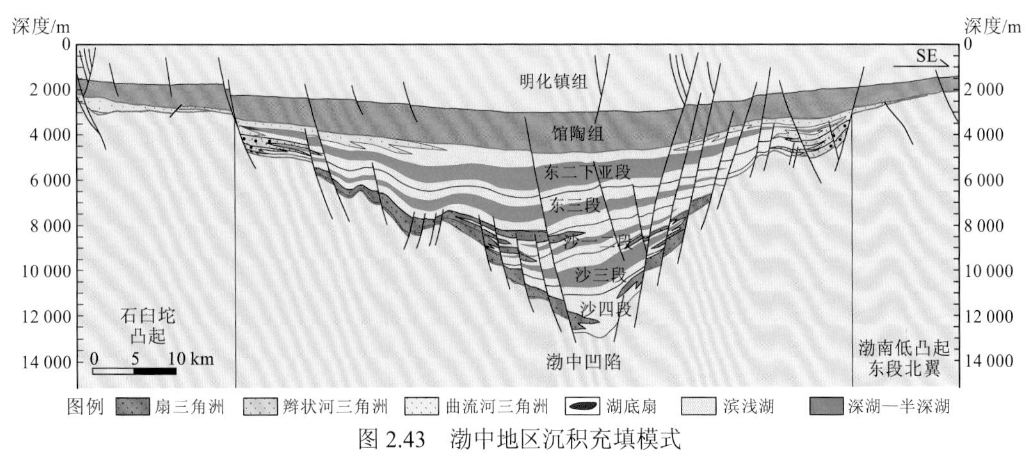

图 2.43　渤中地区沉积充填模式

3. 渤东地区

断陷期沉积相带展布主要受北东向、北北东向断裂控制，扇三角洲发育于东部陡坡带上，辫状河三角洲发育于洼陷带，物源来自东部隆起区。断拗转换期，渤东地区沉积发育受断裂影响不大，主要发育大型远源曲流河三角洲，连片发育。局部发育辫状河三角洲，物源东侧来自胶辽隆起，西侧盆内凸起（图 2.44）。

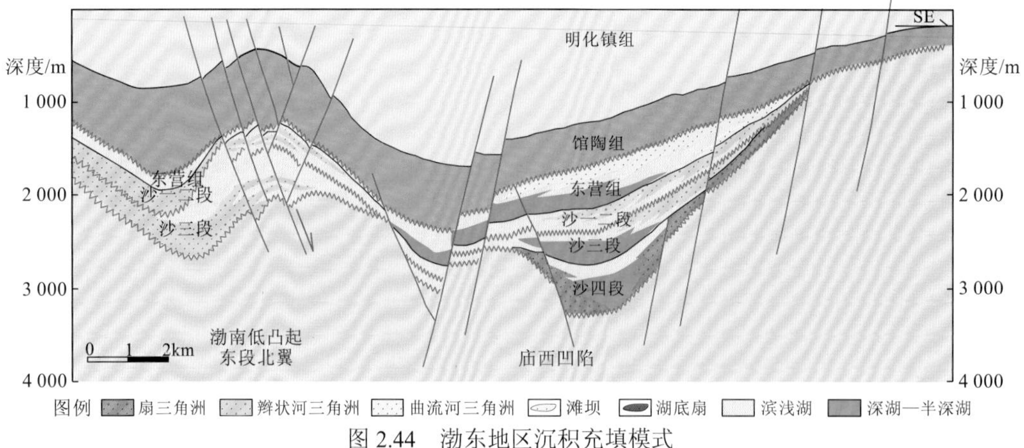

图 2.44　渤东地区沉积充填模式

4. 渤南地区

断陷期沉积相带展布受控于北北东向郯庐断裂及近东西向断裂控制，以发育辫状河三角洲为主，主要发育在中南部缓坡带上，陡坡带主要发育扇三角洲。东西两侧物源来自隆起带，中部来自内部凸起。断拗转换期，断裂不再是主要控制因素，沿缓坡位置发育大量辫状河三角洲，展布面积大，连片发育，北部局部发育曲流河三角洲，东侧物源来自鲁西隆起，其余来自盆地凸起（图 2.45）。

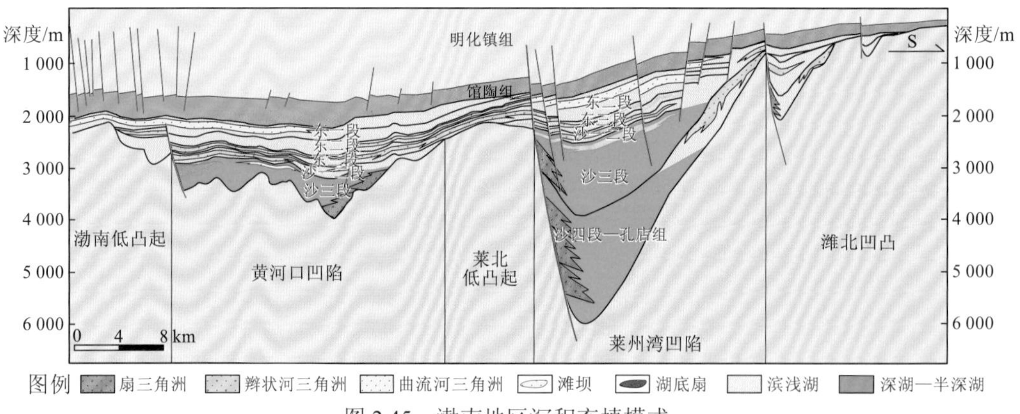

图 2.45　渤南地区沉积充填模式

第3章 陆相断陷盆地源汇系统控砂理论体系

陆相断陷盆地源汇系统控砂理论的提出是砂体预测理念上的重要变革和创新。传统的断陷湖盆的砂体预测往往是以湖盆为研究对象的，在湖盆的层序格架内预测砂体的分布，很少考虑湖盆外的物源体系、输砂体系的变化对层序充填和砂体分布的影响，源汇系统控砂理论首次把湖盆砂体的预测的研究对象从湖盆扩展到整个源汇系统，包含物源子系统、搬运通道子系统、基准面转换子系统及沉积汇聚子系统，认为湖盆砂体的沉积作用是整个源汇系统各地貌单元相互作用的结果，而不仅仅是湖盆内地貌单元与湖平面变化的结果。

3.1 源汇系统控砂理论核心思想

陆相断陷盆地构造极其复杂，控砂因素多样，沉积相带窄、相变快，储层预测难度大。如何确定富砂沉积体系的主要控制因素，从而准确预测砂体的时空分布，在油气勘探中至关重要，也是国内外沉积学家长期以来一直关注的科学问题并做了大量有益的探索。目前陆相断陷盆地控砂作用的研究重点主要集中在沟谷控砂、坡折控砂和层序控砂三个方面。

在沟谷控砂方面，早在20世纪60～70年代，沉积学家在研究海底扇沉积时就认识到了沟谷对扇形成的重要作用，在比较经典的海底扇沉积模式中，如意大利海底扇模式、加利福尼亚州海岸外几个现代海底扇都明确指出供给水道对扇体形成的重要性。Nardin等（1979）对峡谷—扇体系和大陆坡—坡脚体系进行研究时，认识到具有峡谷（点物源）和不具有峡谷（线物源）的物源供给方式的差异会导致坡脚沉积物成因类型和沉积体规模的差异。在国内，胜利油田20世纪90年代在东营凹陷北部陡坡带勘探过程中，认识到了沟—扇对应关系，有效地指导了陡坡扇砂砾岩体的勘探。

在坡折控砂方面，樊太亮和李卫东（1999）在胜利油田埕岛地区东营组高分辨率层序地层与储层预测研究中提出了坡折带的概念，并分析了坡折带对沉积的控制作用，认为坡折带决定了浊积物的卸载场所。林畅松等（2000）对济阳拗陷沾化凹陷古近纪与新近纪构造坡折带进行了深入系统的研究，提出了断陷盆地构造坡折带的概念、特征、基本类型、对砂体的控制作用及在预测隐蔽油气藏中的作用。“坡折带”这一理论提出之后，在中国陆相断陷盆地中得到了迅速推广，对勘探起到了巨大指导作用，其主要贡献在于对砂体的预测和隐蔽油气藏预测的应用，在各油区产生了巨大的经济效益。

在层序控砂方面，主要是随着国外层序地层学的兴起，国内地质学家开始在陆相断陷盆地中引入层序地层学的概念，建立了陆相层序地层格架中砂岩的分布规律和分布模式，在砂体预测中起到了重要的作用，对沉积学的发展和油气勘探起到了巨大的推动作用。

沟谷控砂、坡折控砂和层序控砂三个方面控砂认识对陆相断陷盆地沉积体系研究与储层预测做出了重要的贡献。但是经过十余年的研究与勘探实践，笔者强烈认识到传统的单因素控砂理论在储层预测的实际应用中均出现了不同程度的问题。例如，沟、扇不一定对应（图3.1），坡折不一定控砂，低位体系域（lowstand systems tract，LST）不一定富砂，这些单一的控砂作用研究很难揭示复杂陆相断陷盆地的砂岩富集规律。什么因素真正控制了陆相断陷盆地的砂体富集规律，是从事渤海海域石油地质研究者急需研究的科学问题。

笔者在2006年就提出要在坡折处形成扇体必须要具备一个条件，就是“山—沟—坡—面”的有效配置。所谓的“山”是指在坡折的上游位置必须要有有效物源，有效物源是指沉积物沉积之前已存在的、长期剥蚀的较大型凸起区，晚期凸起不能作为有效物源，并且物源区的母岩是经风化剥蚀能产生碎屑颗粒的岩石，如变质岩、岩浆岩等，而碳酸盐岩、中生界泥质沉积岩就不能作为有效物源；所谓的“沟”是指长期侵蚀的大型沟谷群，这些长期侵蚀的大型沟谷群是砂岩搬运的主要通道，切过有效物源区的沟谷才可能成为输砂通道；所谓的“坡”就是有效的古坡折体系，晚期凸起形成的坡折，如辽东带晚期形成的陡坡坡折带，由于缺乏“山”和“沟”的配置，其坡脚下就没有形成扇体，分析坡折不能只简单地分析坡折的几何形状，还要加强坡折的成因分析。“山—沟—坡”的有效配置决定了砂体在平面上的分布位置。所谓的“面”就是指层序界面，层序界面附近是砂体发育的有利位置，但是渤海的勘探实践表明，并不是所有的层序界面附近都能找到良好的砂体，层序界面附近要找到良好的砂体必须有“山—沟—坡”的配置，因此，“山—沟—坡—面”的有效配置是砂体发育的关键，是在坡折带找到砂体的关键。“山—沟—坡—面”控砂原理体现了构造层序地层学的思想。在复杂的陆相断陷盆地预测砂体必须强调多因素控砂的思想，不能片面强调某一单因素的作用，只有这样才能准确地预测砂体的分布和隐蔽圈闭的分布，提高勘探成功率。

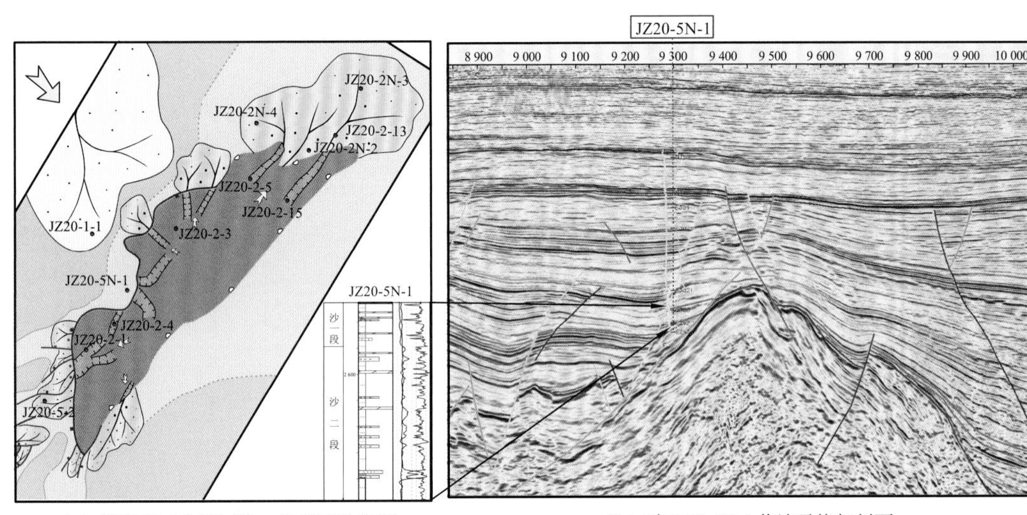

（a）锦州20-5构造区沟、扇平面分布图　　（b）过JZ20-5N-1井地震格架剖面

图3.1　锦州20-5构造区沟谷与扇三角洲平面分布

2010年，在“山—沟—坡—面”控砂理论的基础上，笔者首次提出了系统的陆相断陷盆地源汇系统控砂理论，该理论的最核心思想就是物质守恒，物源区风化剥蚀产生的碎屑物质，一定会以一种特定的过程和特定的方式堆积在原地或者异地，而不会自生自灭（图3.2）。碎屑物质产生自物源区，经过一系列的输砂通道搬运后，在特定的时间和特定的空间沉积下来，就构成一个完整的源-汇耦合富砂系统。一个完整的源汇系统包括山地—沟谷—坡折—盆地四大地貌要素，沉积物的沉积作用是受碎屑物质从源到汇整个过程的影响，而不是受单一的物源、沟谷或者坡折控制的。要在复杂的陆相断陷盆地找到砂岩的富集区，必须找到一个完整的源汇系统，在复杂的陆相断陷盆地找到了一个完整的源汇系统，就一定可以找到砂岩的发育区（图3.2）。

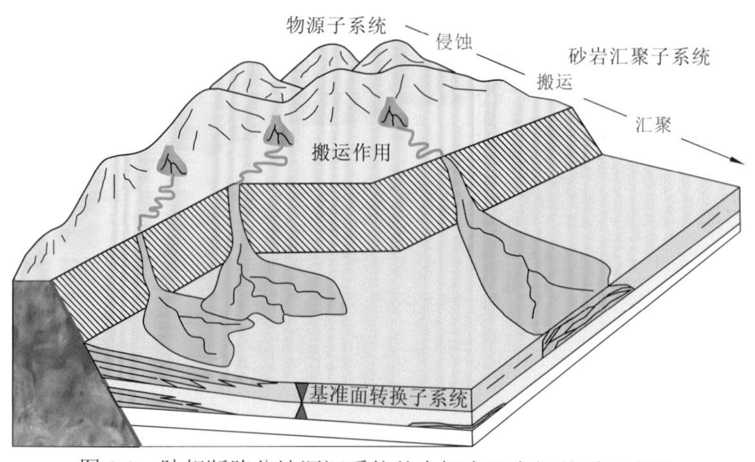

图 3.2　陆相断陷盆地源汇系统基本概念及空间关系示意图

3.2　源汇系统要素构成

源汇系统包括物源子系统、搬运通道子系统、基准面转换子系统和沉积汇聚子系统。物源子系统包括显性物源和在时空上难以识别的隐性物源；搬运通道子系统由沟谷、坡折共同构成；基准面转换子系统指沉积基准面旋回升降变化中物源供给、输砂样式及沉积砂体堆积差异响应；沉积汇聚子系统主要包括卸载区的地貌、可容纳空间及砂体的沉积样式。四个子系统共同控制砂体的分布特征，是一个相互联系、相互作用的整体，四者在源汇系统研究中缺一不可。

3.2.1　物源子系统

复杂断陷盆地物源子系统是复杂的，有长期遭受风化剥蚀的、稳定的、容易识别的显性物源体系，也有风化剥蚀时间较短的或者受构造运动影响不容易识别的隐性物源体系。

1. 显性物源体系

显性物源体系是指长期暴露存在，遭受风化剥蚀的盆外大型物源区，该类物源区供源稳定，容易识别。对于渤海海域盆地而言，盆外的大型显性物源主要有西侧的燕山褶皱带、东侧的胶辽隆起带及南侧的鲁西隆起带，渤海海域渐新世时期主要接受盆外区域物源区供源，发育大型三角洲、辫状河、曲流河沉积。

2. 隐性物源体系

层序地层学和古地貌学研究表明，物源的供给与分配是一个动态过程，层序发育过程中，提供物源的剥蚀区的大小随基准面的变化而变化，粗碎屑物质供应能力也随之动态变化，这一点对于依靠盆内相对小型物源区供源地区沉积储层的影响最为显著。渤海湾盆地始新世至渐新世早期是断陷盆地的活跃期，盆地裂陷活动最为强烈，但活动强度不均，盆地内形成被许多低凸起分割的断陷湖盆沉积，随着充填继续这种分割性逐步消失。在这个过程中，物源的供给与分配就是一个动态的过程，只有仔细分析这个动态过程，才能为沉积模式的建立提供准确的思路，进而准确地进行储集层预测。通过对全渤海已发现隐性物源进行归纳总结，共建立了时间、空间和物质三大类六亚类隐性物源发育模式（图3.3）。

序号	类	亚类	发育模式	示意图	实例
1	时间隐性模式	层序时间隐性模式	同一个三级层序中，早期剥蚀，成为物源区，晚期接受沉积，不能提供物源	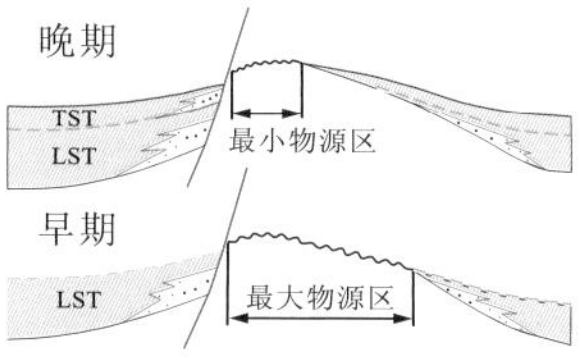 晚期 TST LST 最小物源区 早期 LST 最大物源区	锦州25-1
2		构造时间隐性模式	由于后期构造改造，现今凹中隆高点并不是改造前的高点，原始高点为现今斜坡	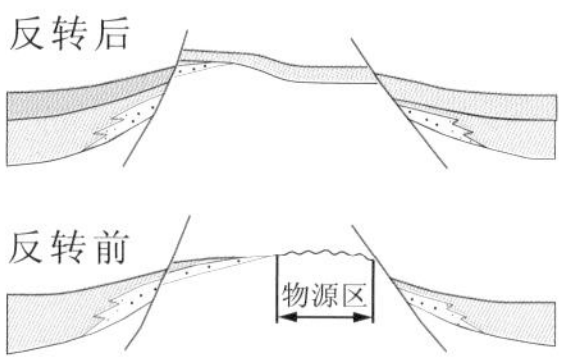 反转后 反转前 物源区	秦皇岛30
3	空间隐性模式	早期沉积后期错断模式	早期沉积后期走滑错动，造成物源与沉积体不对应，形成沉积体的“断头效应”		金县1-1
4		同沉积走滑模式	受同沉积走滑错动影响，碎屑物质进入凹陷的位置产生相对横向迁移，使得沉积体越来越新，形成一种“鱼跃式”的沉积效应		郯庐断裂带辽东带中段
5	物质隐性模式	早期沉积物剥蚀模式	物质来源于前期沉积的砂质沉积物，前期沉积地层在后期遭受抬升后	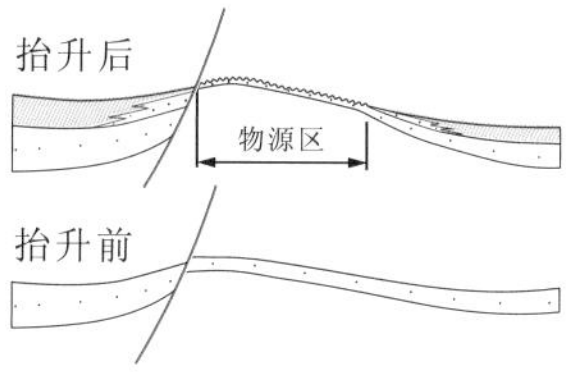 抬升后 物源区 抬升前	垦利10-1
6		碳酸盐母岩贡献模式	来自碳酸盐岩物源区的母岩形成优质储层		渤中29-4

图3.3　渤海海域盆内隐性物源发育模式

1）时间隐性模式

时间上的隐性物源体系是指同一个三级层序中，早期剥蚀，成为物源区，晚期接受沉积，不能提供物源，而这一早期的剥蚀时间不易识别，从而使得该时期的物源具有一定的隐蔽性，我们将这段时间的物源称为隐性物源，如图 3.4 所示。传统上认为，凸起上层序界面 SB_1 到层序界面 SB_2 之间覆盖沉积物，那么在凹陷区 SB_1 到 SB_2 层序界面之间因凸起区没有充足的物质供给将以泥质为主，但实际上，凸起上的 SB_1 和凹陷区的 SB_1 是不等时的，凸起上 SB_1 界面经历的时间等于湖盆区 t_0 剥蚀界面的时间和一个时间损失量 Δt_0，所以凸起上层序界面的时间损失量 Δt_0 就是下降盘或者凸起低部位的早期岩石沉积的时间，传统的物源分析忽略了层序界面的时间损失量 Δt_0，因此，t_0—t_1 时期，凸起区是存在风化剥蚀期的，这个风化剥蚀时期就是层序界面的时间损失量，这个时期的凸起区就称为隐性物源区。

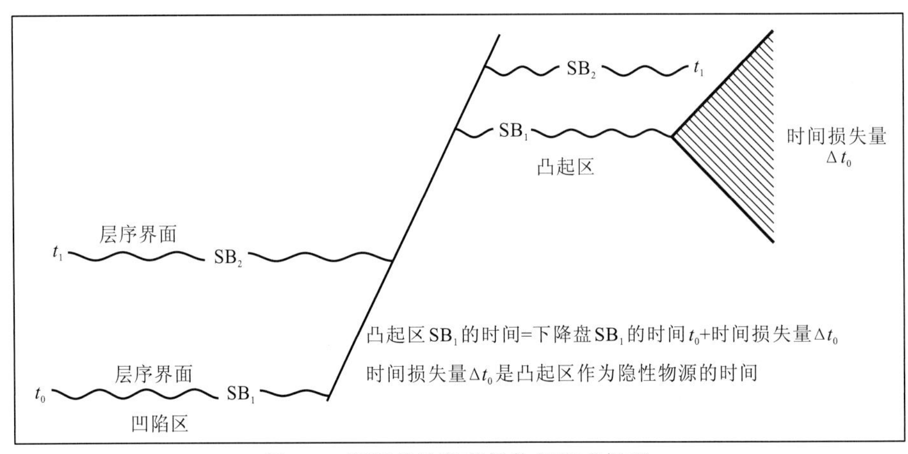

图 3.4　断陷盆地隐蔽性物源形成机理

时间隐性模式又可以分为层序时间上的隐性模式和构造时间上的隐性模式两种。

（1）层序时间上的隐性模式。层序时间上的隐性模式存在的根本原因在于沉积的旋回性，是渐进的沉积过程。任何一个物源区被新沉积的沉积物覆盖都不是突变的，而是经历了漫长的地质历史时期。物源区的大小也不是固定不变的，物源区的范围大小受基准面旋回控制，基准面变化影响物源区的扩大和收缩。现今所看到的物源区的范围，是地质历史某一个特定时期的物源范围，并不能完全反映地质历史时期物源区的动态变化过程。即便是在同一个层序内，不同的体系域沉积时期，其物源区的大小也是不同的，在低水位期，湖平面降低，沉积范围退缩，物源区扩大；在高水位期，由于沉积范围扩大，局部小物源的作用减弱或消失。

（2）构造时间上的隐性模式。构造时间上的隐性模式，主要指由于后期构造改造，现今凹中隆高点并不是改造前的高点，原始高点为现今斜坡。构造时间上的隐性模式在以渤海为代表的复杂断陷盆地中广泛存在。以在秦皇岛 30 构造区为例，现今的构造高部位发育沙一段、沙二段，而东侧位置稍低处缺失沙一段、沙二段。通过构造恢复发现，受北北东向郯庐断裂及近北西向断层的古构造格局的影响，秦皇岛 30 构造区处于两组断裂的转换位置，其东侧沙河街组沉积时期遭受剥蚀，而西侧接受沉积，具有东高西低的古地貌背景；沙一段、沙二段沉积之后主沉降中心和地层的差异掀斜的变化，发生构造反转，造成现今西高东低的局面。

2）空间隐性模式

空间隐性模式是指在走滑平移等构造运动作用下，沉积体或物源位置随时间发生变化，造成沉积体与物源并不直接对应的现今面貌，而形成的空间形式上隐伏。渤海海域最大的特点是郯庐断裂贯穿整个渤海盆地。郯庐断裂走滑作用对物源体系具有明显的改造作用，使得沉积体与物源难以形成常规的对应关系，造成两种空间上隐伏物源发育模式：一种是早期沉积后期走滑错动，造成物源与沉积体不对应，形成沉积体的“断头效应”；另一种是受同沉积走滑错动影响，碎屑物质进入凹陷的位置产生相对横向迁移，进而使沉积体系沿走滑断裂产生横向迁移，使得沉积体越来越新，形成一种“鱼跃式”的沉积效应。

3）物质隐性模式

物质隐性模式主要是指沉积物来源不同于常规的以凸起区为主的物源区。物质构成上的隐性模式也包括两种类型，需要充分考虑对前期沉积的地层性质的判别。一种物质来源于前期沉积的砂质沉积物，前期沉积地层在后期遭受抬升后，也可以作为有效物源，形成物质构成形式上的隐性；另一种物质构成来源于碳酸盐岩母岩的贡献。一般认为，碳酸盐矿物抗风化能力较弱，经剥蚀风化作用后，碳酸盐岩粒度较细，不易形成物性较好的碎屑岩储层，而且较高的碳酸盐含量也会造成较强的胶结作用，进一步降低储层渗透性。对由碳酸盐岩母岩提供碎屑物质形成的优质储层的能力进行了再认识，并有了新的发现，研究发现碳酸盐岩母岩在一定条件下也能形成富砂优质储层，在渤海 BZ29-4-5井区沙二段取心中就发现了这样的实例，近源沉积的砂砾岩、含砾砂岩优质储层中，来自寒武系、奥陶系的碳酸盐岩砾石或岩屑占据主导地位。

总之，由于盆内隐性物源存在时间短，分布范围小，现今残存面貌与原始沉积时期差别大，隐蔽性较强，直接识别和刻画比较困难。时间上的隐性物源的分析关键在于提高层序地层的分析精度，只有在高分辨率层序地层分析的基础上进行古地貌恢复，才能在没有物源区的地方找到物源；同时，在构造恢复的前提下，还需要建立一定的地质模式，尽可能地还原原始物源区的面貌。将物源区的变化与层序发育和解释有机地结合在一起，解决了精细的沉积体分布的物质基础问题，在静态分析认为不可能有砂的地方找到砂体。

3.2.2　搬运通道子系统

物源区风化剥蚀形成的沉积物，需经历搬运通道的运输到达沉积区继而卸载沉积，搬运通道子系统一般包括古沟谷和古坡折，而根据不同的古沟谷和古坡折的平面组合样式，可以发育不同类型的输砂转换带。

1. 古沟谷

通常情况下，砂质沉积物沿残留可容纳空间发育区优先充填，泥质沉积物则以片流或漫流的形式在残留可容纳空间发育区以外沉积。渤海海域大型侵蚀沟谷主要发育在剥蚀区，主要发育 5 种类型的沟谷体系，即“U”型沟谷、“V”型沟谷、“W”型沟谷，以及与断裂作用相关的单断槽、双断槽（图 3.5），不同的沟谷体系输砂能力不同，其中“U”型沟谷和双断槽的输砂能力较强。在渤海海域古近系除剥蚀区的侵蚀沟谷是重要的沉积物搬运通道外，大型凸起之间的洼地也往往是水系发育的地方，渤海海域东二段三角洲体系都发育在大型凸起之间，如辽西凸起和渤东凸起之间的秦皇岛水系三角洲、辽东凸起中南段之间复州水系三角洲、沙垒田凸起与石臼坨凸起之间的滦河水系三角洲、沙垒田与埕北凸起之间的埕北水系三角洲、埕北凸起与渤南凸起之间的黄河口水系三角洲。

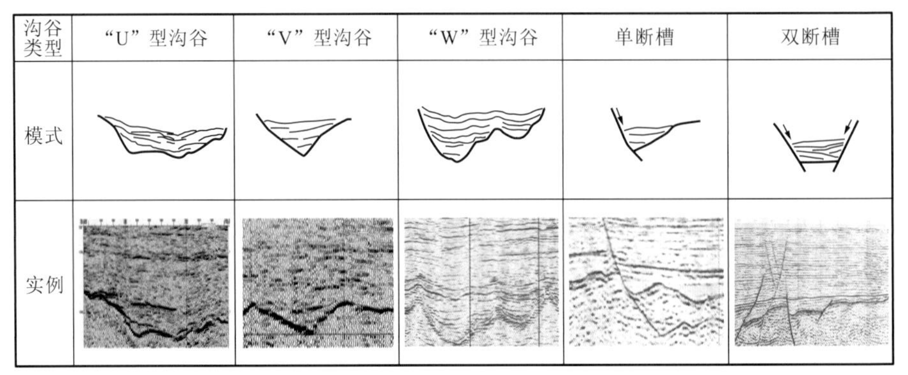

图 3.5　渤海海域常见的沟谷类型

2. 古坡折

坡折控砂是沉积学研究的重要认识，对于砂体预测起到关键的指导作用，也是搬运通道子系统研究的主要内容之一。渤海海域盆地构造演化具有多幕裂陷、多旋回叠加、多成因机制复合的特征，盆地中不同时期发育的不同尺度、不同产状、不同性质的断层纵横交错和上下叠置，使得渤海海域古近系构造极其复杂而有层次，造就了渤海海域极具特色的坡折类型。根据坡折带的成因、平面组合样式及控相的差异性，可将渤海海域古近系坡折带划分为伸展型边界断裂坡折带、走滑型边界断裂坡折带、沉积坡折带和基底先存地形坡折带 4 种类型，其中以发育伸展型断裂坡折与走滑型断裂坡折为主，而伸展型断裂坡折又可以划分为陡坡型断裂坡折、缓坡型断裂坡折及传递构造坡折带。根据断裂的平面组合样式，伸展型断裂可以划分为平直型、墙角型、同向消减型、走向斜坡型等几种类型。不同类型的断裂性质及平面组合对沉积体的搬运与汇聚具有差异性的特征（徐长贵 等，2008；徐长贵，2006）。

3.2.3　基准面转换子系统

基准面转换子系统指的是在高分辨层序格架内，沉积基准面旋回从上升到下降的整个转变过程，以及在此转换过程中对物源子系统（范围、供源方式、供给强度）、输砂子系统（河道稳定性、坡折类型）、沉积子系统（砂体发育时期、位置、规模）等产生的变化作用（图 3.6）。在基准面下降期或稳定期，凸起区面积较大，剥蚀作用较强，上坡折处于基准面之上，可提供物源，下斜坡接受沉积，凹陷区沉积作用以进积为主（图3.6）；随着基准面的持续上升，凸起区供源范围与供源能力下降，坡折带也逐渐下降至基准面之下，成为沉积物卸载与沉积作用发生的主要场所，沉积作用表现为逐渐的退积（图3.6）。

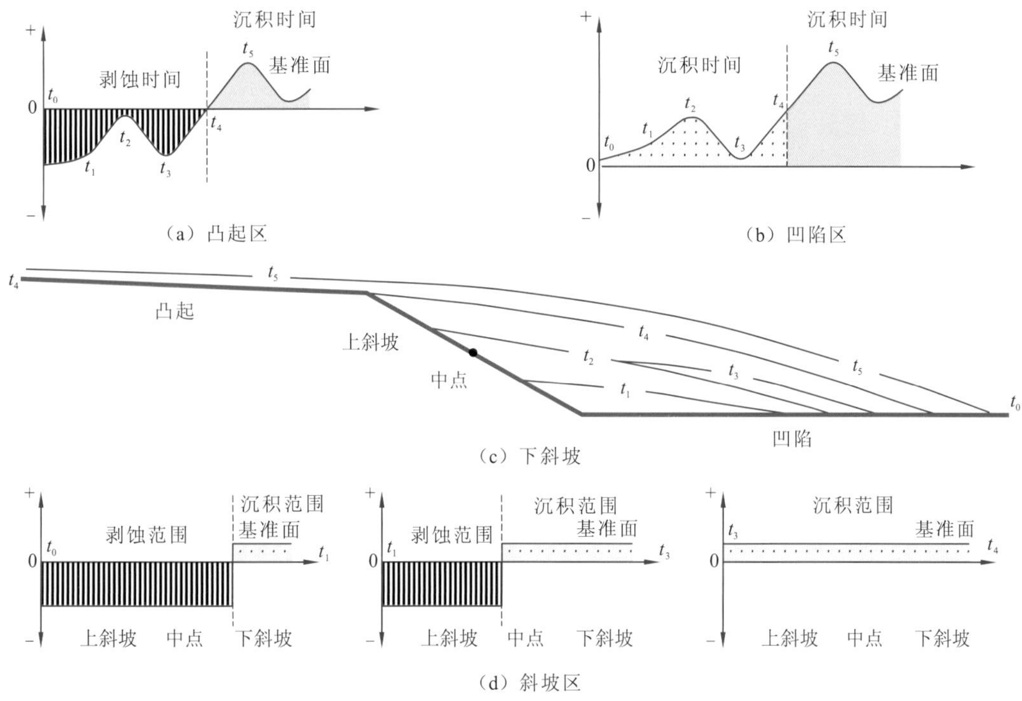

图3.6　基准面转换子系统对剥蚀与沉积的控制作用

基准面转换子系统通过控制物源子系统和坡折子系统的变化来控制沉积作用。不同的凸起—凹陷过渡带类型在基准面变化过程中会受到不同的影响作用。在单断陡坡带，往往由一条活动非常强烈的断层控制下降盘的沉积，沉积中心位于断层活动“强—弱”交替中“强”的下降盘位置，随着基准面上升，沉积物沿断层下降盘堆积，但极难迅速越过断层，沉积中心位置往往继承性发育。因此，这种位置，基准面转换子系统对物源区的控制作用不明显；但物源区母岩会随着基准面变化逐渐被剥蚀。

在缓坡带、断阶带，由于发育多个台阶，且随着基准面的上升，砂体沉积很容易越过低台阶并向高台阶逐渐迁移，而物源区的范围逐渐缩小，沉积中心向物源区方向发生迁移，假如物源区出露的母岩类型较多，随着沉积向高台阶的迁移，为沉积区砂体提供碎屑物的母岩也会发生变化。断阶带与缓坡带随着地质时间的推移可以发生转换，对物源区、沉积中心及砂体规模的控制也会发生相应的变化。

（1）早期以单断的断阶带为主[图3.7（a）]，沉积中心位于单断的断阶带下降盘，随着基准面的上升，沉积中心向物源区方向迁移，而沉积物同样逐渐越过断层逐渐向无断层的物源区推移，坡折类型逐渐由单断转换为缓坡型[图3.7（b）]，物源区范围逐渐减小，砂体主要沿着早期断裂坡折带下降盘和缓坡带沉积，且断裂坡折附近砂体厚度较大。

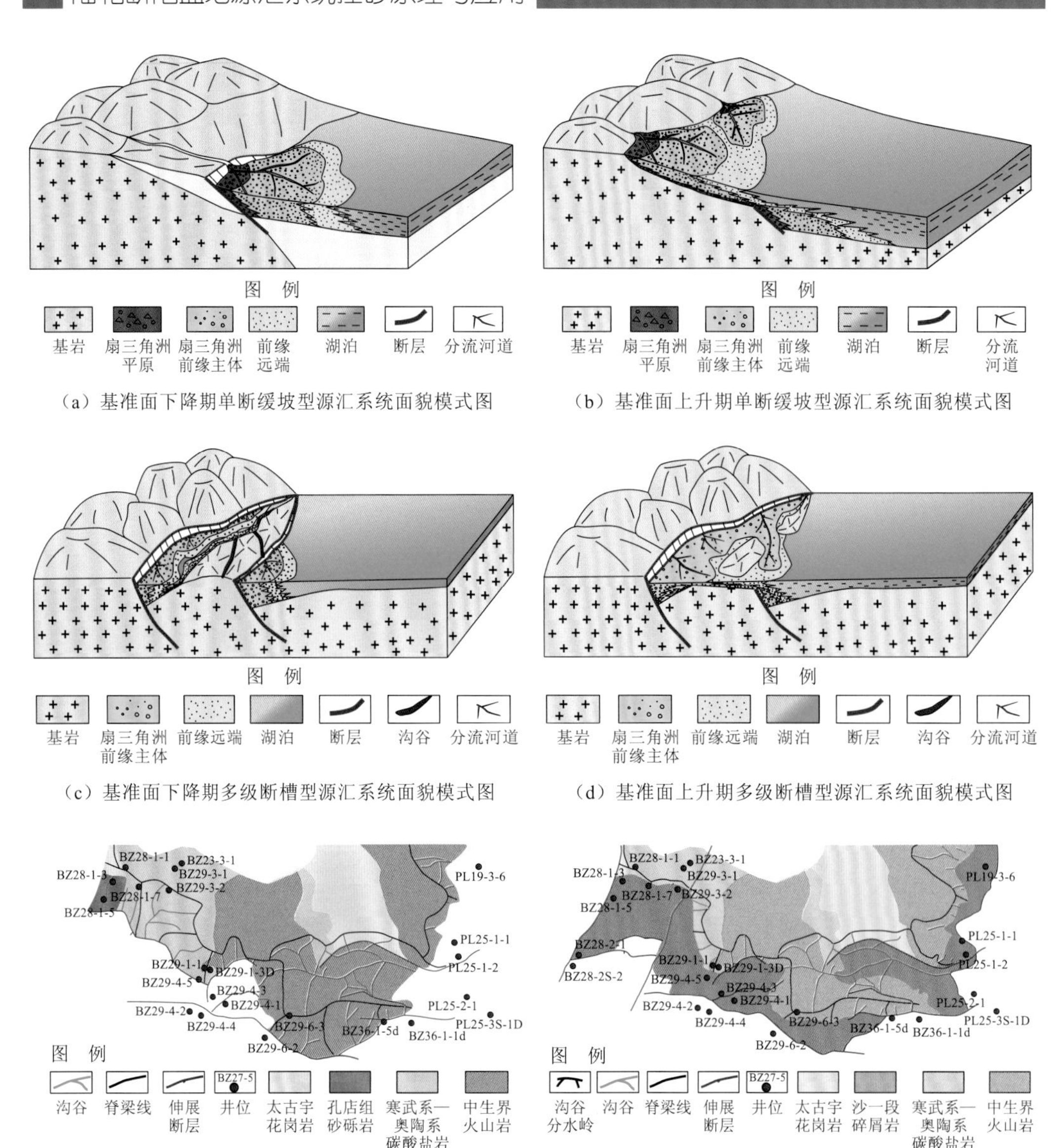

图 3.7 基准面转换子系统对物源区、坡折带类型、沉积中心迁移的影响

(2) 早期以多级断槽型坡折带为主[图 3.7 (c)], 发育多个沉积中心, 主物源区和附近的局部小物源区为沉积区提供碎屑物, 砂体主要沿着断层下降盘分布, 且紧挨断层附近的砂体厚度较大, 随着基准面的上升, 坡折带类型逐渐转变为以单断陡坡型与局部缓坡型为主[图 3.7 (d)], 沉积中心主要位于单断陡坡型坡折带附近, 主物源区为沉积区提供大量的碎屑物, 且沉积区砂体越过小物源区向湖盆方向进积。

在渤海海域古近纪, 随着基准面的变化, 源汇系统中的物源子系统、坡折子系统和沉积子系统也发生响应的变化, 尤其是物源子系统变化更为明显。例如, 黄河口凹陷北部陡坡带古近系沉积时期, 沙三段至沙二段沉积期以单断陡坡带为主[图 3.7 (e)], 沉积中心多位于断层下降盘, 物源区范围较大, 砂体往往沿断层呈线状分布, 形成延伸较短的扇三角洲储层，厚度大；沙一段沉积期，基准面明显上升，坡折带由单断陡坡带转换为缓坡型[图 3.7（f）]，物源区范围明显缩小，局部花岗岩被沙一段沉积覆盖，无法提供物源，该时期以扇三角洲砂体为主，但规模明显变小，厚度薄，混合沉积发育；东三段沉积期，基准面下降，断层活动增强，坡折带类型以单断陡坡带为主，沉积中心向湖盆方向迁移至断层下降盘，沙一段泥岩为东三段提供部分物源，且范围较大，在沙一段泥岩不甚发育的物源区附近，形成点状扇三角洲砂体沉积。

3.2.4　沉积汇聚子系统

物源区被风化剥蚀后产生碎屑物质，经过有效搬运通道进行搬运，在有利的卸载区堆积下来，便构成砂岩的有效沉积汇聚子系统。不同的坡折类型对沉积体的卸载与汇聚具有不同的控制作用。

总之，从沉积体类型及展布模式来看，陡坡带一般发育近源扇三角洲沉积，沉积厚度较大，但展布范围较小，区域物源区的大型缓坡带及盆内局部物源区的缓坡带，发育辫状河三角洲沉积体系，沉积体展布范围较大，对于走滑坡折子系统而言，一般发育辫状河三角洲沉积，砂体以侧向连续展布为特征（图 3.8）。

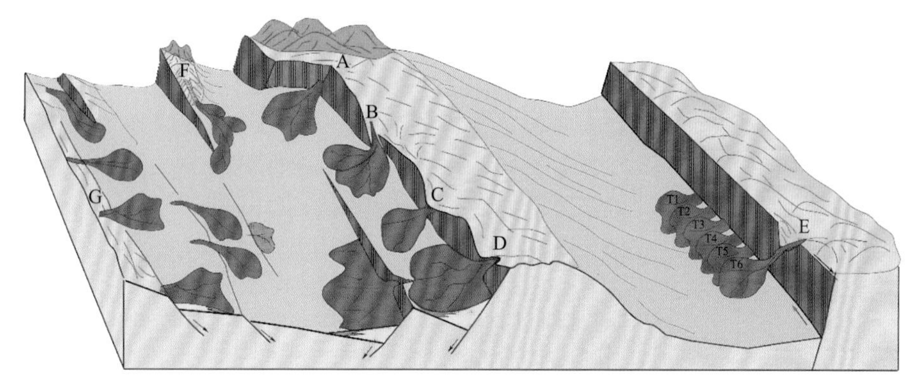

图 3.8　渤海海域古近系源汇系统控砂模式

A 为盆缘断裂墙角式源-汇体系（秦皇岛 35-2）；B 为盆缘断裂走向斜坡式源-汇体系（秦皇岛 29-2）；C 为盆缘断裂同向消减式源-汇体系（锦州 25-1）；D 为盆缘断裂沟谷式源-汇体系（垦利 10-1）；E 为走滑源-汇体系（JX1-1）；F 为凸起轴向沟谷式源-汇体系（锦州 20-2 北）；G 为缓坡沟谷式源-汇体系（辽西凹陷西斜坡）

在陡坡断裂带，早期的主干断裂为盆缘断裂，断裂外侧为直接提供物源的凸起。沿下降盘一侧粗碎屑沉积物垂向加积，随着湖水加深，边缘发育的扇体从早期的冲积扇向扇三角洲、深水扇三角洲或湖底扇（沙三中至沙二沉积时期）演化。在低水位期，水系可越过早期的堆积高地向盆地方向推进，形成低水位的进积扇三角洲沉积体。在高水位期，沿陡的扇三角洲前缘—前扇三角洲的重力滑动产生再搬运，可发育湖底扇沉积（图 3.9）。

晚期发育的上部层序（东营组层序）向凸起上超，湖侵体系域（transgressive systems tract，TST）和高位体系域（highstand systems tract，HST）超覆于断裂带处，原来的盆缘断裂成为盆内断裂坡折带。晚期发育的层序内以辫状河三角洲或正常的曲流河三角洲、

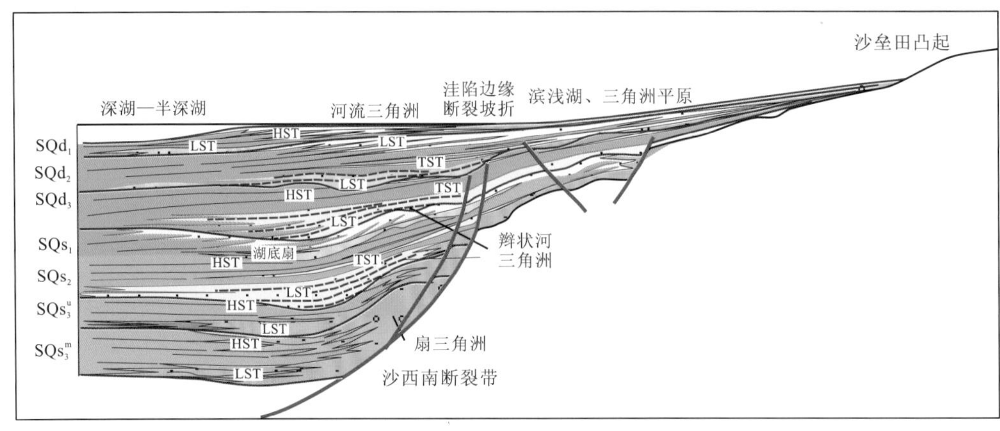

图 3.9 渤海海域古近系陡坡断裂带沉积体系发育模式

LST.低位体系域；TST.湖侵体系域；HST.高位体系域

滑塌浊积扇和低位域扇三角洲等为特征。断裂坡折带控制相对沉降带，控制低位域的主要分布范围；高位域三角洲向盆地方向进积，三角洲前缘的砂质沉积中心也常常沿断裂坡折带形成相对沉降的低地貌分布。

缓坡断裂带的组合样式及其形成的古构造地貌和演化共同制约着砂体的展布。断阶缓坡带常发育 2～3 个断阶，缓坡边界断裂构成凸起与斜坡的分界，盆地内构成斜坡与深洼区边缘的断裂坡折带，长期形成深湖与浅湖沉积的分界，次级断裂坡折带一般控制着辫状河三角洲前缘砂体的沉积中心或加厚带。由于盆地边缘是不断发生变化的，早期发育的层序和晚期发育的层序具有不同的沉积构成特征。早期层序形成期，位于盆地深洼区的边缘断裂，可能构成早期盆缘边界，控制着该期边缘冲积扇或扇三角洲的沉积边界。随后盆地扩张，地层上超，洼陷边缘断裂坡折带控制着低位体系域三角洲前缘沉积带的分布，而凸起边缘的一级、二级坡折则控制着高位域三角洲前缘加厚带的展布。洼陷边缘断裂坡折带之上为不整合面，发育下切水道沉积（图 3.10）（徐长贵 等，2008）。

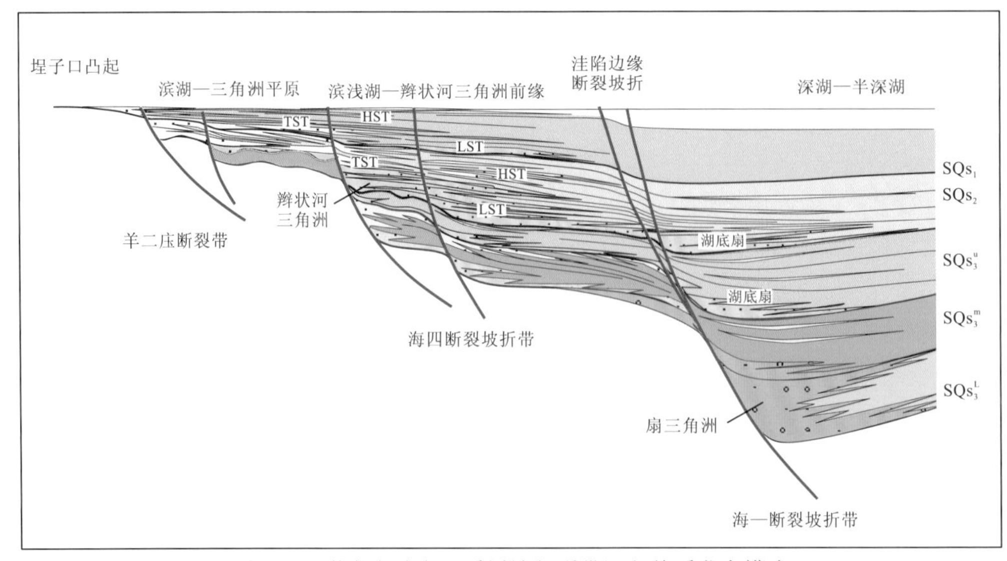

图 3.10 渤海海域古近系缓坡断裂带沉积体系发育模式

走滑型边界断裂坡折一般都比较陡直，向上演化成花状构造。在渤海海域，走滑型边界断裂坡折常常同伸展型边界断裂坡折相互交切，形成复杂的复合断裂坡折系统。走滑型边界断裂坡折对沉积汇聚体系的影响主要表现在以下三个方面。

（1）错开走滑运动之前形成的沉积体。由于渤海海域古近纪的走滑活动是在渐新世早期开始的，渐新世早期及以前形成的沉积体都会因走滑活动而被不同程度的错开，渤海海域辽东带沙二段形成的三角洲被营潍断裂辽东带错开即是一个典型的实例。

（2）走滑运动使沉积相带分布产生横向迁移。走滑运动使碎屑物质在凹陷内的位置产生相对横向迁移，进而使沉积体系沿走滑断裂产生横向迁移，使得所接受的沉积越来越新（图3.11）（徐长贵，2017a）。

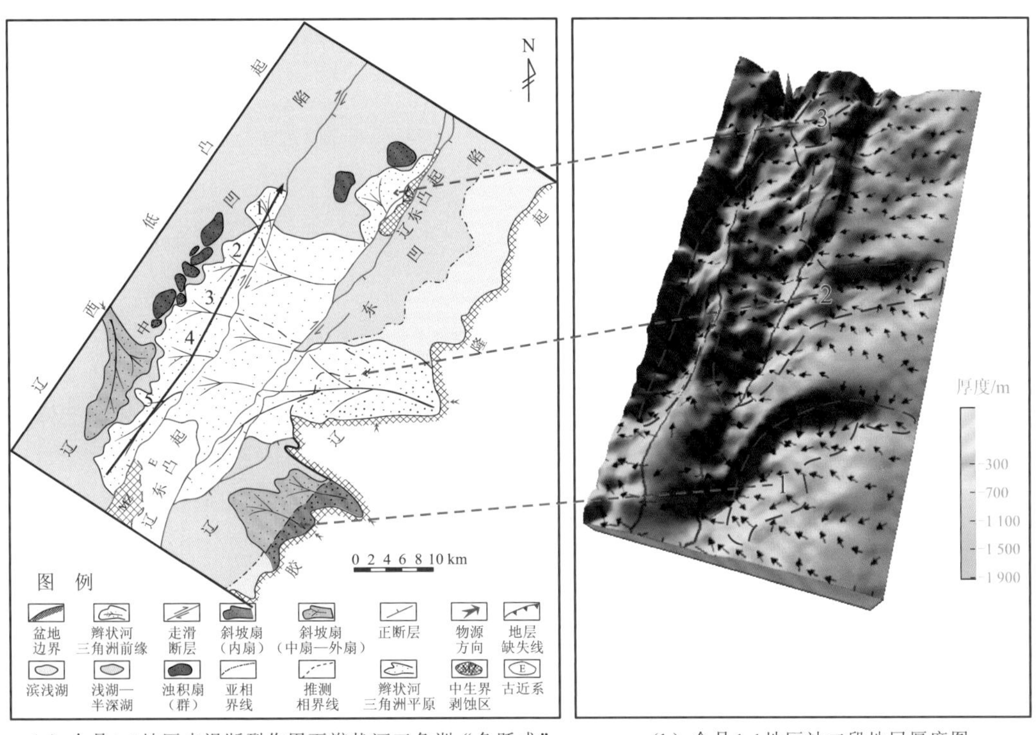

（a）金县1-1地区走滑断裂作用下辫状河三角洲“鱼跃式”迁移平面分布图　　（b）金县1-1地区沙二段地层厚度图

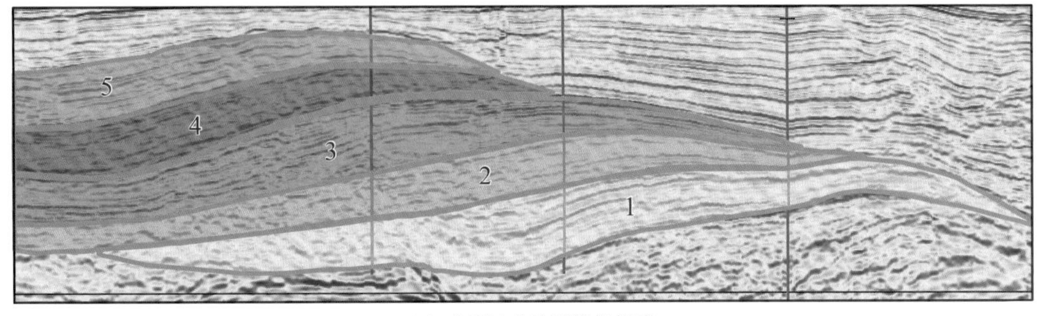

（c）典型过井地震格架剖面

图3.11　渤海海域金县1-1地区走滑断裂水平位移与辫状河三角洲“鱼跃式”迁移

（3）走滑断裂坡折处的扇体进积特征不明显。走滑运动使碎屑物质主要发生横向迁移叠覆，因而位于走滑断裂坡折带凹陷一侧的辫状河三角洲的进积作用不明显（徐长贵 等，2008）。

3.3 源汇系统类型

剥蚀地貌和沉积地貌之间被沉积物路径系统联系在一起，共同构成了地表源汇系统，完整的源汇系统包括了物源子系统、搬运通道子系统、基准面转换子系统、沉积汇聚子系统四个方面。在不同的地球动力学背景下，塑造了不同的沉积盆地类型，以及复杂多变的地貌形态，最终形成了源汇系统的多样性和复杂性。正因如此，源汇系统的分类是非常复杂的，依据不同的分类标准会有不同的分类方案，目前关于这方面的研究还比较少，仅有部分学者在综述性研究文章中有所涉猎（操应长 等，2018；朱红涛 等，2017；徐长贵，2013）。

朱红涛等（2017）将陆相盆地源汇系统分为洋陆边缘盆地源汇系统、断陷盆地源汇系统、拗陷盆地源汇系统三大类，同时探讨了源、渠、汇三者之间的耦合关系，对耦合关系差异进行了对比（表 3.1）。

操应长等（2018）在总结了前人源汇系统进展后，依据空间结构类型和成因机制进行了分类。根据地貌的空间结构特征，源汇系统可分为三种类型，即近源—陡坡—深水、远源—缓坡—深水和远源—缓坡—浅水三类（图 3.12）。近源—陡坡—深水系统水体深（＞500 m），地势陡峭，而汇水系统长度较短（＜100 km）。远源—缓坡—深水系统水体深达千米级别，地势平缓，高海拔源区和沉积区之间由大陆级别汇水系统连接（1 000～7 000 km）。远源—缓坡—浅水系统水体浅（10～102 m），地势平缓，源区与沉积区之间发育大型汇水系统（100～1 000 km）。不同地表动力学背景在塑造上述三类源汇系统的同时也构建了不同的沉积特征。近源—陡坡—深水系统和远源—缓坡—深水系统的沉积特征主要受构造作用控制。近源—陡坡—深水系统多发育于活动板块边界，强烈构造变形下物源供给充沛，大量沉积物多沿陡—窄坡折快速搬运至末端深水区形成大规模沉积体。远源—缓坡—深水系统则多发育于构造稳定的被动大陆边缘，地势平坦，发育大陆级别河流供源和广阔的滨岸平原。远源—缓坡—浅水系统则不同于前两者，沉积物供给及其空间属性决定系统的沉积特征。

朱红涛等（2019）按成因、物源区流域单元和沉积区沉积单元组合形态将源汇系统分为哑铃型和球拍型（图 3.13）。①汇聚型集水单元控制下的流域区面积和汇水区沉积体面积基本相当，以搬运渠道为桥梁形成哑铃组合形态，定义为哑铃型源汇耦合样式，其发育大型内陆泄水盆地作为源区，盆外河流作为供源通道，物源供给充沛，形成大型沉积体，而沉积物搬运和沉积过程受源区演化控制。②单一干流控制下流域区面积和汇水区沉积体面积不对等，形成球拍组合形态，定义为的球拍型源汇耦合样式，其由盆内下切谷提供少量沉积物并搬运至沉积区，形成小规模沉积体。

表 3.1 洋陆边缘盆地与陆相盆地源汇系统要素及耦合关系差异对比（朱红涛 等，2017）

源汇系统类型				洋陆边缘盆地	断陷盆地		拗陷盆地	参考文献
					陡坡带	缓坡带		
要素	源	供源差异		单侧物源注入；远源	多侧物源注入；近源		多侧物源注入；近源	Sømme 等（2009a, 2009b） 张美华（2014） 朱红涛等（2010）
		流域面积/km^2		10^3～6×10^6	10^2～10^4		10^2～3.9×10^5	
		高差/m		500～2 000	>2 000		200～300	
	渠	水系	类型	曲流河为主	辫状河为主		曲流河＋网状河	林畅松等（2015） 朱红涛等（2013） 朱筱敏等（2012）
			规模	延伸距离远、规模大	延伸距离小、规模小		20～100 m	
			组合	稳定性曲流型为主			稳定性曲流型、游荡性网状型、渐弱性改造型	
		沉积物搬运通道	沟谷	√	√		√	
			断槽	×	√		×	
			构造转换带	×	√		×	
		坡降/℃		2～6	15～60		<1	
	汇	沉积体系类型		以海相沉积体系为主	冲积扇、斜坡扇、近岸水下扇、扇三角洲	缓坡楔状体、三角洲沉积体系（朵状）	冲积体系（少）、三角洲体系（河口坝沉积不发育）	Sømme 等（2009a, 2009b） Wilson（2012） 张美华（2014） 朱红涛等（2010） 朱筱敏等（2013）
		扇体面积/km^2		60～3 000	1～1 000		2～20 000	
		最大水深/m		200～3 000	20～200		6～110	
耦合关系		构造沉降		次控因素	主控因素	次控因素	次控因素，构造活动弱	范兴燕等（2015） 朱红涛等（2010）
		湖/海平面变化		主控因素	次控因素	主控因素	主控因素	
		沉积物供应		主控因素	次控因素	主控因素	主控因素	
		古地形（貌）		次控因素很弱	次控因素	次控因素	次控因素	
		气候		主控因素	次控因素	次控因素	主控因素	

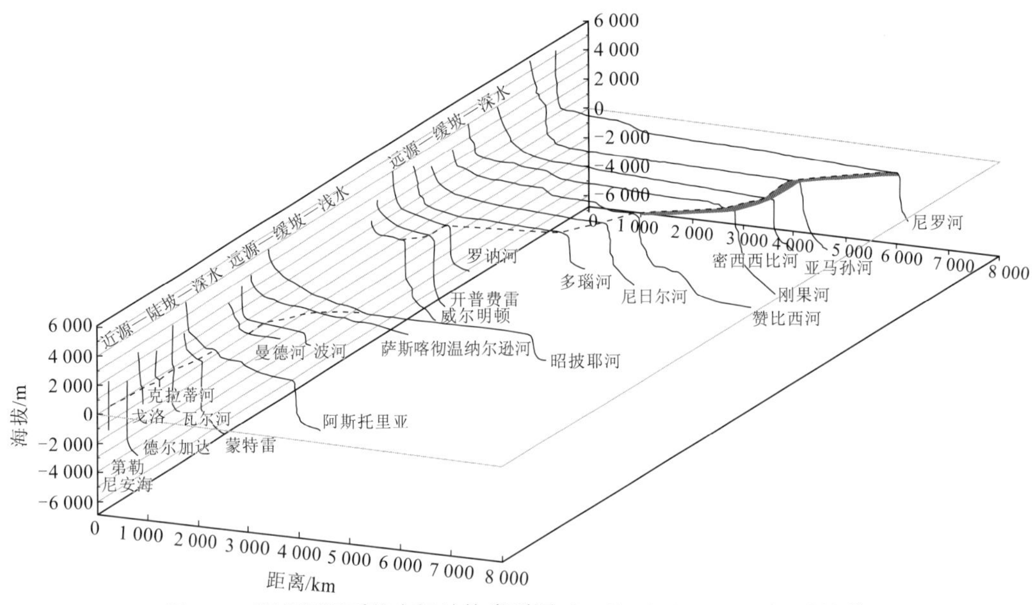

图 3.12　现代源汇系统空间结构类型图（Helland-Hansen et al.，2016）

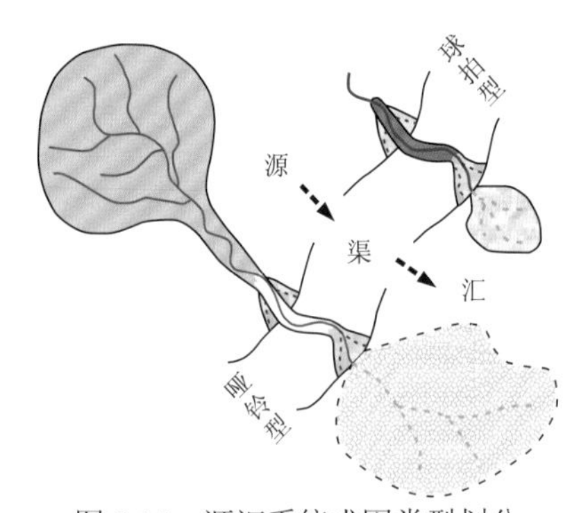

图 3.13　源汇系统成因类型划分（朱红涛 等，2019）

哑铃型源汇耦合样式的源区及汇区面积比大于 1∶1，一般为 1∶1.1～1∶1.6。①源区往往呈现向沉积区聚拢的圆形或箕形形态，发育组合型辐合状多分支河道的流域集水系统，总体向出水口方向汇聚；②搬运通道可以为侵蚀下切能力较强、水动力条件和携砂能力较强的“U”型及“V”型沟谷，侵蚀下切能力、水动力条件和携砂能力较弱的“W”型沟谷，受构造控制的断槽及转换带，一般具有稳定持续的输砂能力；③受到源区及搬运通道等多因素影响，汇区沉积体呈现扩散性朵叶状形态，储层物性较好。与之相对，球拍型源汇耦合样式的源区及汇区面积比小于 1∶1，一般为 1∶0.6～1∶0.9。①源区为条带状或短棒状下切谷，发育单一干流状集水单元；②搬运通道主要为侵蚀下切能力较强、水动力条件和携砂能力较强的“U”型及“V”型沟谷，少见受构造控制的断槽及转换带，输砂能力有限；③受源区规模、组合关系及单一沟谷的控制，汇区沉积体规模较小，砂体搬运距离有限，难以形成大型优质储集体（图 3.14）。

基于源区流域集水单元类型、数量、规模及组合形态，搬运通道类型及构造因素影响，我们所提出、构建的哑铃型与球拍型是基于有效物源通道搬运、衔接，其中，哑铃型源汇系统具对称性耦合形态，具大源大汇的特点，沉积物在源区经过组合型辐合状多分支河道向出水口汇聚，在沉积区卸载，形成规模大于源区的沉积扇体；球拍型源汇系统属非对称性耦合形态，具小源小汇的特点，沉积物从源区由单一干流状沟谷搬运，通过出水口在沉积区卸载，形成规模小于源区的沉积扇体。与此同时，在沉积物的搬运和输送过程中哑铃型搬运距离与水动力强度等改造条件较球拍型占优，其形成的沉积砂体

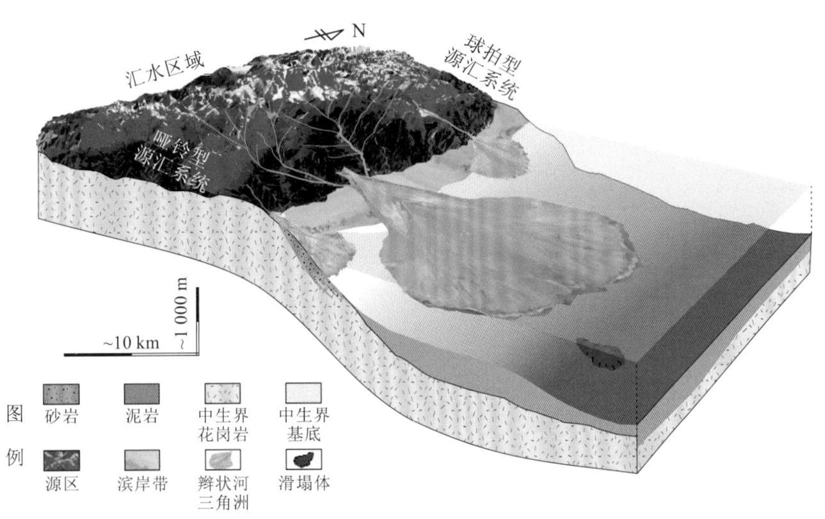

图 3.14　典型哑铃型和球拍型源汇耦合样式

在质量及储集物性方面更具优势。此外，针对大沟大扇、小沟小扇等传统认识，在实际研究过程中需注意其局限性，单凭沟谷规模判断沉积扇体大小是片面的，大沟不一定对应大扇，需要考虑沟谷的数量规模及组合方式、流域面积、垂向集水高差及相互有效衔接等因素，从源汇耦合响应的尺度上有效判定沉积扇体的规模及质量。总体来说，虽然目前对源汇系统分类没有统一的标准和方案，但各式源汇系统之间存在的共性为分类提供了依据。根据不同分类准则，归纳源汇系统类型，总结不同类型的源汇系统特征，对于研究复杂多样的源汇系统具有重要的指导意义。

目前国内以渤海海域为代表的陆相断陷盆地源汇系统的研究中，其主要目的是预测富砂储层发育区为油田勘探开发服务，鉴于这一需求，考虑到陆相断陷盆地物源体系、沉积物输导体系和沉积区背景复杂性，本书提出一种据盆缘样式、坡折带类型（含走滑带）的分类方案（表 3.2）。

表 3.2　陆相断陷盆地源汇系统划分方案与原则表

	动力机制	盆缘样式	坡折带类型	源汇系统
陆相断陷盆地源汇系统	伸展型源汇系统	陡坡型源汇系统	墙角型	墙角型源汇系统
			轴向斜坡型	轴向斜坡型源汇系统
			同向消减型	同向消减型源汇系统
			陡坡沟谷型	陡坡沟谷型源汇系统
		缓坡型源汇系统	轴向沟谷型	轴向沟谷型源汇系统
			简单缓坡	简单缓坡型源汇系统
	走滑型源汇系统	走滑型源汇系统	“S”型走滑断裂带	“S”型走滑断裂带源汇系统
			帚状走滑断裂带	帚状走滑断裂带源汇系统
			叠覆型走滑断裂带	叠覆型走滑断裂带源汇系统
			共轭走滑断裂带	共轭走滑断裂带源汇系统

该分类方案具有以下两点优势。

（1）该方案划分级别适中。无论是按照盆地类型划分，还是按照空间类型或者按照成因类型划分，原有的划分方案都过于宏观笼统，只能代表一大类盆地类型或者成因的源汇系统基本特征，过于宏观的分类方案不利于实践中推广应用，在油气勘探实践中也缺乏指导意义。

（2）该划分方案简洁实用。依据不同动力背景下盆缘样式及坡折带类型差异划分源汇系统，主要考虑到了坡折带在源汇系统中的重要地位和关键作用，坡折带是连接物源体系与沉积区的桥梁和纽带，同时控制砂体的优势运聚方向，是决定砂体富集的重要因素。这一划分方案即避免了同时将物源体系、输导体系和沉积体系纳入分类的复杂性，又兼顾了源汇系统对砂体富集模式的预测，可以说是非常简洁实用的一种分类方案。该方案目前已经在渤海海域成功推广应用，对油气勘探起到了积极作用。

3.4 源汇系统级次

源汇系统具有级次性，源汇系统的级次划分是源汇定量分析的基础。源汇系统级次划分是在古地貌刻画的基础上，通常分别以分水岭、分水线和脊线作为划分一级、二级和三级源汇系统的界线和依据。

在自然地理科学领域，分水岭是指分隔相邻两个流域的山岭或高地；分水线是指由于地形向两侧倾斜，使降水分别汇集到两条河流中去的脊岭线。脊线是在气象学领域，指在海拔相同的平面上，气压高于毗邻三面而低于另一面的区域。根据三者的初始定义，我们在三级源汇系统级次划分过程中，进一步明确分水岭、分水线和脊线的地质含义，尤其是从自然地理科学领域对脊线的地质意义进行重新定义、解释，用于源汇系统的级次划分。

（1）在一级源汇系统划分中，通过凸起轴向展布与两侧坡向的变化，在源汇系统长轴方向追踪山脉最高点连线作为分水岭（图 3.15 红色虚线）。分水岭是指分隔相邻两个流域的山岭或高地，是源汇系统中划分水系方向进而划分一级源汇级次的分界线。源汇系统中垂直或近垂直于分水岭的水系被分为流向相反的流域，两片或几片流域及其对应的沉积区组成两个或多个一级源汇系统。

（2）基于一级源汇系统的划分结果，考虑是否为单支区域性水流，在源汇系统短轴方向追踪分水线（图 3.15 黄色虚线）。分水线在一级源汇系统中分隔区域性水流流域是划分二级源汇单元的分界线，分水线的末端与分水岭相连。一级源汇系统水系被分为若干单支水系及其对应的沉积区，进而组成多个二级源汇系统。

（3）基于二级源汇系统的划分结果，通过考虑地形坡度、主水系与分支水系的组合关系，在二级源汇系统中，可进一步选取三级源汇系统界线，称为脊线（图 3.15 黄色实线）。脊线分隔二级源汇系统中的分支水系是划分三级源汇系统的分界线，脊线的末端与分水线相连。二级源汇系统被分为若干分支水系和其对应的沉积区，进而组成多个三级源汇系统。据此可通过分水岭、分水线和脊线将所研究的源汇系统依次划分为一级、二级和三级源汇系统。

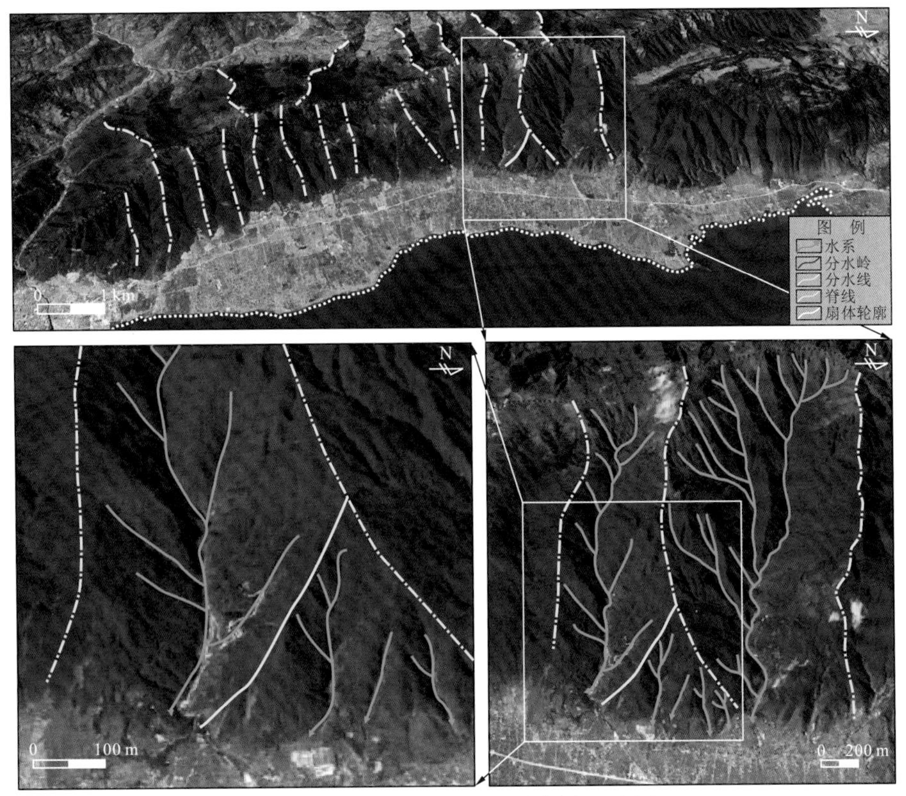

图 3.15　三级源汇系统级次划分示意图

3.5　源汇系统动力学机制

造山带或隆起区的剥蚀地貌和盆地区的沉积地貌，是地球表面的两个基本地貌单元。剥蚀地貌与沉积地貌之间的物质变迁和交换是通过沉积物搬运系统或路径来进行的。构造作用、气候及海平面变化，不断塑造、改变着地球表层的物质组成和地表形态。这些变化是地球表层动力学过程的表现，包括各种地质营力和多种生物地球化学的循环作用（林畅松 等，2015）。对于陆相断陷盆地而言，驱动源汇系统运转的地质营力主要包括构造运动、剥蚀作用及基准面的转换。

3.5.1　风化剥蚀作用与沉积响应

陆相断陷盆地的剥蚀—沉积响应是指物源区的剥蚀产物通过运移通道搬运到汇水盆地沉积的一个完整的源汇过程（操应长 等，2018；徐长贵 等，2017b），并且随着地质历史的演化，剥蚀与沉积过程也是不断变化的。国内外对剥蚀—沉积响应的研究主要集中在现今物源区面貌的刻画、不同地质时期的砂体物质来源方向及其两者之间的对应关系（刘强虎 等，2016；马旭东 等，2016；刘杰 等，2014；林潼 等，2013；罗静兰 等，2010），很少涉及局部物源区母岩的恢复及剥蚀—沉积动态响应的分析。渤海海域古近系为典型的陆相断陷湖盆，发育一系列剥蚀—沉积响应，杜晓峰等（2017a）和庞小军等（2017）对渤海海域渤中坳陷沙一二段剥蚀—沉积响应进行了详细研究。

剥蚀—沉积过程是一个动态变化的过程，当物源区持续抬升时，从上向下依次剥蚀 t_1、t_2、t_3、t_4，剥蚀沉积物被搬运至沉积区，在沉积区自下向上依次沉积 t_1、t_2、t_3、t_4，与物源区地层顺序相反。剥蚀与沉积响应过程是利用剥蚀作用与其对应的沉积体之间的关系，再现剥蚀—沉积演化及其沉积盆地中粗碎屑沉积过程（图 3.16）。利用该方法可以推测纵向上的富砂层段及平面上富砂区分布的位置。对于一个封闭或半封闭盆地，剥蚀作用与沉积是一个动态响应的过程，要查明剥蚀与沉积的对应关系，首先要对剥蚀区的历史剥蚀过程和岩性进行恢复，进而确定剥蚀过程中的剥蚀期次和岩性组合，结合沉积过程，最终建立剥蚀—沉积响应之间的关系。

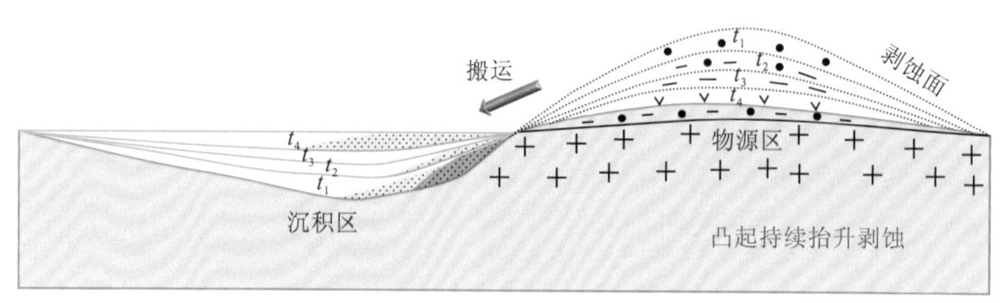

图 3.16　剥蚀—沉积响应过程模式图

3.5.2　基准面转换作用与源汇响应

陆相断陷盆地沉积基准面变化对源汇过程具有明显的影响，沉积基准面的升降运动决定了盆地的物源范围、搬运形式和沉积作用。在纵向上，主要体现在源区范围、不同类型母岩范围、搬运通道、坡折带类型、沉积形式、岩性纵向变化等方面。主要的研究步骤：①按照研究的时间尺度，利用三维地震剖面，结合钻井，确定基准面在不同时间尺度之间界面处的发育位置，将该界面在平面上进行追踪，得到不同时间尺度基准面的平面分布；②结合不同时间尺度的物源范围、母岩岩性、搬运通道、坡折类型、砂体展布、岩性组合等，将各地质时期的基准面与源汇系统叠加在一起；③利用各地质时期基准面与源汇系统间的演化关系，建立典型的基准面转换与源汇过程模式，分析基准面转换对源汇各要素的控制关系。

1. 基准面转换影响源区范围、不同类型母岩范围

基准面转换影响着物源区的扩张和缩减，平面上，由于物源区的母岩往往是由多种岩性组成，随着基准面的变化，物源区的母岩分布和组合也在不断变化，进而影响着沉积物的分布及砂岩骨架颗粒的成分。

在低水位期，湖平面降低，沉积范围退缩，物源区扩大，除持续提供沉积物的区域性主物源外，一些近盆地的局部高地或低凸起演变为局部物源区，形成近源沉积作用。

低水位期，河道下切作用强烈，沉积物在陡倾河壁的限制下可直接输送到盆地斜坡带至盆地中心。高水位期，由于沉积范围扩大，局部小物源的作用减弱或消失，该阶段主要是源远流长的区域性物源继续起作用（樊太亮 等，2000）。

在凸起和斜坡区，物源范围的大小受基准面变化的影响尤为敏感。在渤海海域埕北低凸起、沙垒田凸起、石臼坨凸起等凸起区东二下亚段，基准面上升初期，即低水位时期，往往形成粗粒的近源沉积物，如近源浊积扇、浊积水道等，随着基准面的进一步上升，局部物源逐渐被淹没，沉积物主要为浅湖泥质沉积或泥质粉砂沉积；在高水位时期，大多数地区只能接受远源、区域性物源供给的碎屑物质，一般是以细砂岩为主的三角洲沉积（徐长贵 等，2017b）。

2. 基准面转换影响搬运通道

随着基准面的上升，原先发育在物源区的沟谷可能被水体淹没，无法继续承担搬运通道的功能；而在其他位置重新发育新的沟谷和河道，进而影响着砂体的分布位置。

另外，河流的性质随着沉积基准面升降变化而不断转换，相应地影响到沉积物源供给型式的改变。沉积物源的补给方式可以分为三种，即点源、线源和面源。在基准面处于低水位期，河流的强烈下切作用使得河道不易发生决口和改道，沉积物以点源补给型式发挥作用，这种物源常常通过较大的河谷、地堑和盆底水道，将沉积物输送到盆地斜坡中下部，甚至盆底。在河谷出口处形成孤立的、厚度较大的椭圆状或长条状扇体。在基准面处于高水位期，河道因加积充填作用而变浅，河流溢岸、决口和改道作用频繁，沉积水系变得细小而分散，物源补给方式演变为线源或面源型式，沉积物主要分布在盆地斜坡中上部或顶部，对应的沉积体呈面积较大的扇形，而厚度规模较小。例如，在石臼坨凸起东倾没段东二下亚段，低水位时期，物源近，河道下切作用强，沉积的扇三角洲分布范围较小，而东二下亚段高位体系域三角洲沉积范围非常大。

3. 基准面转换影响坡折带类型

在不同地质时期，随着基准面的转换，坡折类型既有继承性发育的，也有发生明显变化的。例如，渤海海域古近系沙三段和东三段沉积时期，为主要的断陷期，在石臼坨凸起、沙垒田凸起、渤南低凸起南部陡坡带主要发育单断或多级断裂坡折带，但到了沙一二段和东二下亚段晚期至东一段沉积时期，凸起的部分位置由单断或多级断裂坡折带逐渐转换为断层不活动的沉积坡折带，进而对砂体的分布和厚度具有明显的影响。

4. 基准面转换影响砂体的分布和规模

在地质历史时期，同一位置的基准面在不同的沉积时期可能会发生变化，在陆相断陷湖盆中具体表现为水进和水退的变化，在层序的体系域中表现为低位体系域、湖侵体系域和高位体系域的不断变化，这种变化控制着物源区范围、母岩岩性平面组合、沟谷体系、坡折带类型及沉积可容空间等的变化，最终导致砂岩的分布、厚度和规模在平面、垂向和空间上发生变化。

另外，基准面旋回级别是由层序界面的剥蚀强度决定的，层序界面剥蚀的时间越长、剥蚀强度越大、剥蚀范围越大，旋回级别就越大，如二级层序的边界要比三级层序边界经历的剥蚀时间要长得多，剥蚀的范围要广得多。显然，物源区剥蚀的时间越长，那么被剥蚀的碎屑物质就会更多，因此，剥蚀时间越长的界面附近砂体更容易发育，砂体规模也会更大，即基准面旋回级别越大，砂体越易富集。在渤海海域古近系，SB_5（沙二段底界面）、SB_2（东营组顶界面）都是二级层序边界，界面附近的沙二层序、东二上—东一层序砂体发育，分布范围广，而 SB_3^1/SB_3^2/SB_4 等三级层序界面附近砂体的分布范围就要小得多。

第4章

陆相断陷盆地源汇系统控砂机制与控砂模式

陆相断陷盆地源汇系统划分为伸展型源汇系统和走滑型源汇系统两大类。伸展型源汇系统可以进一步划分为陡坡型源汇系统、缓坡型源汇系统，陡坡型源汇系统根据坡折带类型进一步划分出墙角型源汇系统、轴向斜坡型源汇系统、同向消减型源汇系统、陡坡沟谷型源汇系统，缓坡型源汇系统可划分为轴向沟谷型源汇系统、简单缓坡型源汇系统；走滑型源汇系统划分为“S”型走滑断裂带源汇系统、帚状走滑断裂带源汇系统、叠覆走滑断裂带源汇系统、共轭走滑断裂带源汇系统。不同的源汇系统控砂机制不同，砂岩分布规律也不同。

4.1 伸展型源汇系统

4.1.1 伸展型源汇系统控砂机制

1. 湖盆边缘构造样式决定了层序充填及源汇系统基本特征

不同湖盆边缘的构造活动方式和构造演化过程是各不相同的，因而其所形成的地貌形态具有较大的差别，其可容空间和沉积基准面的变化也各具特色（Vail et al.，1977），从而导致不同构造样式的湖盆边缘具有不同的沉积层序构成模式。

根据断裂的成因、形态及样式，渤海海域湖盆边缘的构造样式可划分为伸展型湖盆边缘和走滑型湖盆边缘两大类。伸展型湖盆边缘在全区各大凹陷均可见，走滑型湖盆边缘仅发育在盆地的东部地区，主要受郯庐断裂带的控制。伸展型湖盆边缘又可划分为陡坡断裂型湖盆边缘、缓坡断裂型湖盆边缘、简单缓坡带型湖盆边缘和轴向斜坡型湖盆边缘（徐长贵 等，2008）。

1）陡坡断裂型湖盆边缘的层序构成模式

陡坡断裂带的沉积层序发育首先与主干同生断裂的活动历史和组合样式有关（任建业 等，2004；林畅松 等，2000）。在渤海，一种层序是由主干断裂一直构成盆地边界；另一种层序是地层上超至原来的盆缘断裂后发育的，原来的盆缘断裂构成深洼陷区与缓坡之间的断裂坡折带，沉积边缘由新的盆缘断裂所限，或为简单的上超边缘（徐长贵，2006）（图 3.9）。渤海海域的陡坡带，如辽西凹陷辽西 1 号陡坡断裂带和渤中凹陷石南 1 号陡坡断裂带、沙南凹陷北部陡坡带等，早期往往发育第一种沉积层序，随后向盆地边缘上超，发育第二种沉积层序。

2）缓坡断裂型湖盆边缘的层序构成模式

沿缓坡带，不同级别的同沉积断裂的发育可形成复杂的古构造地貌。总体上，发育多个断阶的缓坡带常控制着多个相带的展布。在旋转断块下降盘一侧为相对低洼的较深水区，常成为河流或扇三角洲的沉积中心；沿掀斜断块上倾方向至隆起水体变浅。在深水湖盆发育阶段，靠近洼陷边缘的断裂坡折带或构造低地控制着湖底浊积扇和低位体系域三角洲前缘沉积体的分布；而凸起边缘一带的断阶坡折低洼带则成为近岸水下扇或河流—三角洲的沉积中心（图 3.10）。

3）简单缓坡带型湖盆边缘的层序构成模式

渤海海域许多凸起斜坡上都可见到简单的缓坡类型，如辽西低凸起的东部斜坡带、埕北低凸起的北部斜坡带、沙垒田凸起的北部斜坡带及渤南凸起的北部缓坡带等。根据其对层序类型和地层结构特征的控制及地貌特征与成因，可将简单缓坡带分为具有坡折带型的缓坡带和不具有坡折带型的缓坡带。具有坡折带型的缓坡带的成因比较复杂，可能是构造活动的差异性及风化剥蚀的差异性等多种作用过程综合的结果（刘豪 等，2004；王英民 等，2003，2002；肖军 等，2003）。不具有坡折带型的缓坡带由于缓坡带基底的下沉速率较为一致，从而未形成明显的坡折带，其坡度也较小。

具有坡折带型的简单缓坡带沉积层序模式，最为典型的是埕北低凸起缓坡坡折带，坡折带之下为低位体系域扇体、湖侵泥岩及高位域，坡折带之上为下切谷、湖侵泥岩及高位体系域。

单纯由不具有坡折带型的简单缓坡带的沉积层序模式构成的缓坡带比较少见，因为断陷盆地缓坡基底的沉降速率常常是不一致的，只有在局部地带的局部缓坡段上才能见到此类型。这种缓坡带背景下的地层层序在基准面下降时容易暴露地表，暴露带多发生过路不沉积现象，而无明显的下切，低位体系域也不发育，沉积厚度薄。湖侵体系域和高位体系域是该类型缓坡带的主要体系域，以滨浅湖砂泥岩或三角洲沉积为主，地震反射为强振幅高连续平行—亚平行反射。

4）轴向斜坡型湖盆边缘的层序构成模式

轴向斜坡发育于箕状断陷的长轴方向，是凹陷长轴方向上洼陷区与凸起区的过渡地带。洼陷区构造活动较弱，地层发育情况相对简单，以较深水的细粒沉积物为主，当盆地轴向边缘有较多物源供给时，洼陷区被以轴向进积三角洲为主体的轴向带逐步代替。轴向带系指在断陷盆地轴向上发育的、以大规模的进积充填为特征的沉积作用带（徐长贵，2006；张善文 等，2003）。在大规模的进积充填过程中，由于差异压实作用往往会形成沉积坡折带。

在湖盆断陷期，即东二段沉积时期以前，湖盆水体较深，物源供给少，轴向带大部分地区处于深湖—半深湖区，沉积厚度小，仅在轴向物源输入处发育小型扇三角洲和三角洲沉积，有时可见浊积扇沉积，该时期轴向带主要发育湖侵体系域。在层序发育后期，即东二段沉积时期，盆地拉张作用减弱至基本停止，沉积物供给速率大于可容纳空间增加速率，沉积物向盆地进积，同时，相对湖平面降低，水体变浅，湖水不断后退，形成高位体系域沉积，地震剖面上表现为明显的、强烈的各种前积反射特征。此时在盆地轴向带上，主要发育曲流河三角洲及滑塌浊积扇沉积。随着湖平面的进一步下降，先期形成的三角洲暴露地表遭受剥蚀或发生沉积物过路作用而造成沉积间断，形成层序界面，地震剖面上表现为明显的顶超或削截反射。渤海莱州湾凹陷在沙三段沉积末期发育轴向带三角洲沉积。

2. 各类构造转换/调节带控制了优势汇聚体系的形成及发展

构造转换带目前已成为含油气盆地，特别是裂陷盆地断裂构造分析的重要研究内容之一，国内外众多学者针对构造转换带的基本特征、分类、演化及其对沉积体系和油气成藏的控制作用等方面已进行了大量研究，并取得了丰硕成果。渤海湾盆地是位于我国东部沿海地区的重要裂陷盆地，内部发育大量不同类型的构造转换带（图 4.1）。而目前的勘探实践也已证实，渤海地区的构造转换带对富砂沉积体疏导及分布有重要控制作用（徐长贵，2016，2006；林畅松 等，2000）。

研究表明，裂陷盆地中的同生正断层对盆地的沉降—沉积作用有直接的影响。裂陷盆地的沉降作用受主干正断层位移诱导的断块升降运动影响，在水系需要穿越断层带进入盆地的情况下，河流会自然地选择在地形相对平缓的构造转换带位置注入湖盆。而在主要河流平行于主要构造线方向发育的情况下，河流会自然选择主干断层尖灭端部位进入断层上盘断陷湖盆中。所以说，转换带往往是河流进出盆地的位置，对沉积扇、三角洲的发育有明显的控制作用。

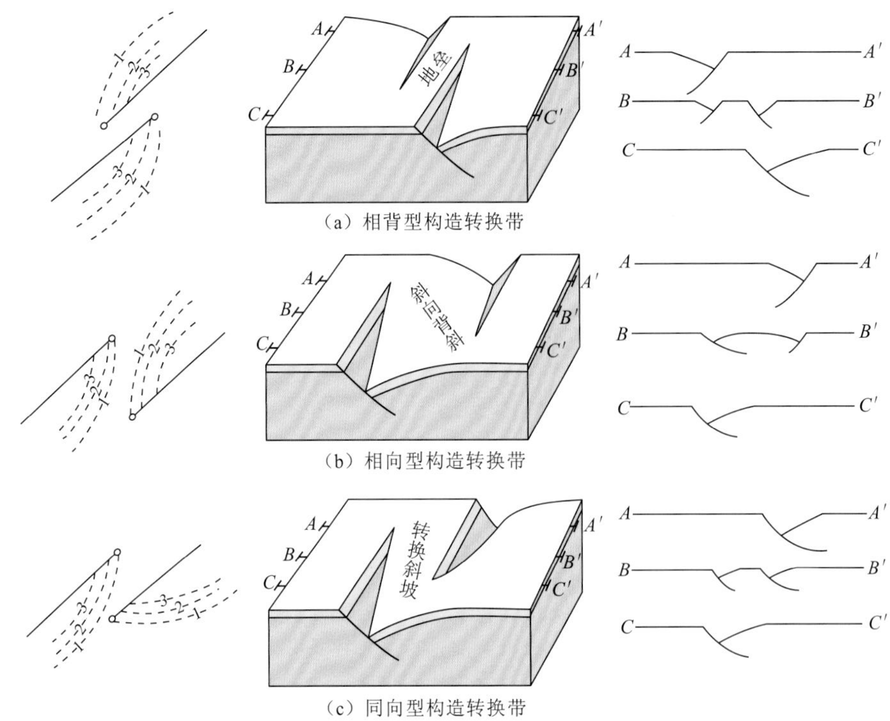

图 4.1　渤海湾地区构造转换带类型示意图

渤海湾地区北西向断裂带常常是山间河流进入盆地的入口处，这与首尾主断层中心地带断层位移量大，其下盘为幅度较大的凸起，而在其末端转换带处断层位移量减至最小有关。转换带处呈现出地势高差减小，主水系通常利用此横向转换带较低的地形作为通道进入盆地，并沿陡坡发育扇三角洲，而后横越盆内纵向正断层进入湖盆中心，发育滑塌浊积扇砂体。

从渤海湾地区不同时期的地层分布状况来看，充当区域离散转换断层的北西向张家口—蓬莱断裂带和秦皇岛—旅顺断裂带对沉积体系的控制作用在早期表现得非常明显，而在晚期有所减弱。如孔店组和沙四段的分布特征在张家口—蓬莱断裂带两侧具有明显的差异，在断裂带西南侧，地层基本呈北西向展布，而在断裂带东北侧，地层都是呈北东向展布，而断裂通过的地区基本属于隆起剥蚀区。

此外，发育在分段正断层叠置区内的局部构造转换带对沉积体系也有重要的控制作用。该类转换带是重要的水系出口，也是沉积物源进入沉积区的主要通道，并可在不同部位形成不同类型的层序构成样式（图 4.2）。

4.1.2　陡坡型源汇系统控砂模式

1. 墙角型源汇系统控砂模式

断陷盆地主要受盆缘断裂的控制，边界同沉积断裂活动是断陷盆地构造沉降与沉积空间演变的主导控制因素。通常在盆内大凸起与局部物源发育区，主要发育陡坡型的断

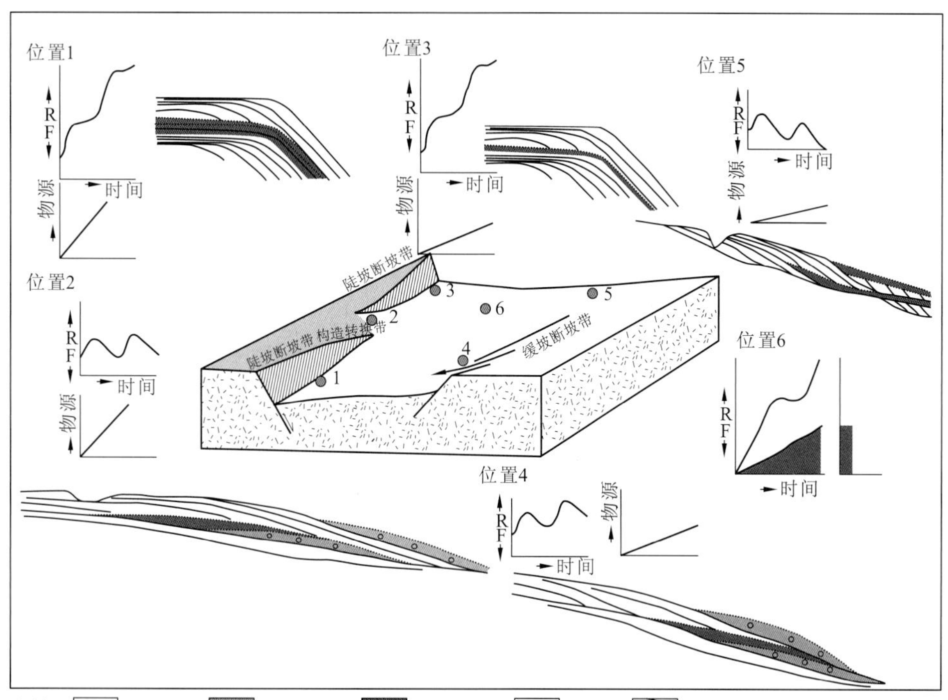

图例　层序界面　低位体系域　湖侵体系域　湖泛面　高位体系域　R=上升　F=下降

图 4.2　构造转换带不同部位发育的层序构成样式（蔡希源和辛仁臣，2004a）

裂类型，类型较为简单，但这种陡坡断裂并不是单一的断裂，多表现为张性与剪张性复合、平直形与弧形交互，活动时间也存在差异。研究表明，弧形断裂的形成主要与断裂的活动性强弱、构造应力的方向突变等有关。对于渤海海域来说，受凸起与凹陷的差异隆升和沉降的影响，形成隆拗相间的格局，特别是在盆内大凸起周围形成了多个局部物源体系。由于受多个方向的构造拉张与挤压，其物源区的边界表现为隆凹的墙角状特征（图 4.3）。

如石南断裂带就表现多个墙角型断裂坡折，其分段性明显，可以分为东段、中东段、中西段和西段。西段受张家口—蓬莱左旋走滑断裂和黄骅—德州右旋走滑断裂的影响，具有张扭性断裂的特征，晚期断裂发育，晚期断裂与主干断裂组成花状构造。东段和中西段构造样式简单，为简单的张性边界大断裂，断层晚期活动较弱甚至不活动。中东段具有与西段类似的构造样式。东段和中西段边界断层平面上呈弧形展布，其他段均为较平直展布。而从剖面断裂样式及其组合特征看，墙角型坡折处水系方向一般是由两个或两个以上的方向向墙角处汇聚，砂体无论在垂向上还是在平面上规模都很大。与平直断裂坡折水系方向单一有较大的差异。需要指出的是，平直型断裂坡折带在局部断层带同样可以出现墙角型陡坡坡折带，大型墙角型陡坡坡折带在局部断层带同样也可以出现平直型陡坡坡折带。

勘探实践证实，由墙角状构成的局部双物源区及墙角型坡折类型对层序的构成和砂体富集具有一定的控制作用。墙角型坡折由于受断裂活动性和应力的转换，在凸起区和倾末端的拐角处地层的稳定性变差，位于凸起区的母岩更容易破碎，遭受风化剥蚀，沟

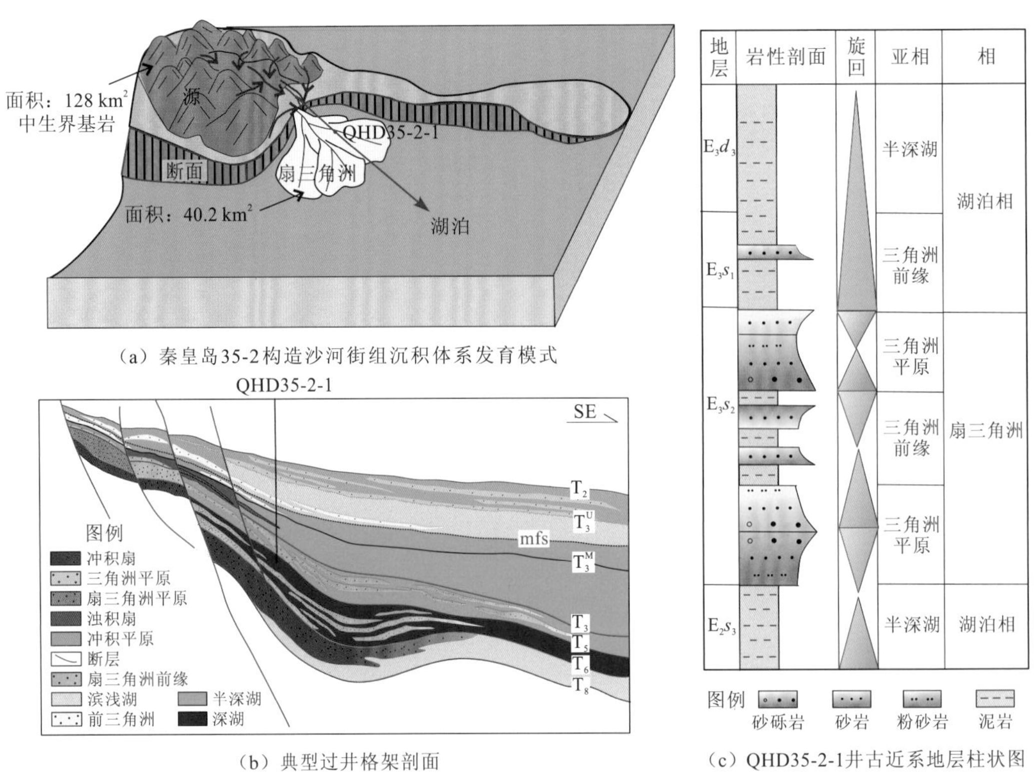

（a）秦皇岛35-2构造沙河街组沉积体系发育模式

（b）典型过井格架剖面

（c）QHD35-2-1井古近系地层柱状图

图 4.3　墙角型源汇系统控砂模式

mfs.最大湖泛面

谷也比较发育，为墙角处提供充足的物源。在构造应力作用下，拐角处的岩石首先破碎遭受剥蚀，形成多种类型的沟谷，为更远处的物源提供了输送通道。沉积物到达“墙角处”后，此时湖面变得开阔，可容纳空间变大，水流变缓，牵引力减弱，大量的沉积物在此卸载，可以形成近源多期的扇三角洲或者辫状河三角洲，由于搬运距离较近，岩性以砂砾岩为主。另外，由于大量的沉积物在很短的时间内得以卸载沉积，沉积物在没有充分压实的情况下就已经成岩，因此即使在埋藏深度较深的情况下，储层的物性仍然很好，具有较高的孔隙度和渗透率，为油气成藏提供了良好的储层条件（图 4.3）。

在渤海海域，秦皇岛 35-2 油田和渤中 2-1 油田就是典型的墙角状源—坡联合控砂模式。秦皇岛 35-2 油田古近系的沙一二段，在石臼坨凸起区出露地表，凸起岩性以花岗岩为主，来自凸起上的大量沉积物卸载，在位于墙角处的秦皇岛 35-2 构造周围沉积了大范围的扇三角洲。而处于墙角处的下降盘的渤中 2-1 构造围区在东营组时期主要为辫状河三角洲沉积，在水位下降时期沉积物岩性变粗，与湖相泥岩形成良好的储盖组合。

在该模式指导下，秦皇岛 35-2 构造和渤中 2-1 构造分别在沙一二段和东二下亚段取得了良好的勘探效果，也验证了墙角型源汇系统控砂模式的正确性，为今后在类似地质情况下开展油气勘探提供了地质指导模式。

2. 轴向斜坡型源汇系统控砂模式

在陆相断陷盆地内，断裂构造十分发育，常发育一种转换带的构造类型，它主要是指表征控凹主断层沿轴向通过其他形式的构造（分支断裂、凸起、走向斜坡或撕裂断层等）传递或转换为另一条控凹主断层，以保持应变和位移量（伸展量）守恒。转换带类型丰富多样，大量勘探实践证明，在同一物源条件和同一条控凹断层的下降盘，不同部位的扇三角洲或水下扇砂体的规模悬殊，以粗碎屑为主的大型扇三角洲或水下扇砂体往往只在局部发育，而其他部位仅发育由粉-细砂岩组成的小型砂体。对伸展构造体系中的转换带研究表明，这种大型扇三角洲或水下扇储层的发育普遍受转换的制约，转换带对物源的导入及其向凹陷中心多级分散具有明显的控制作用。

前人对断陷盆地转换带的研究主要包含了两种类型：一种是发育于同一条控盆断裂活动减弱部位的同向型横向凸起传递带，另一种是盆缘侧列断层构成的同向叠覆型轴向斜坡传递带。对于轴向斜坡传递带来说，它的识别特征主要从底面埋深图、地层等厚图，获取断裂的产状（断层倾向的同向、背向或对向）、组合样式（趋近、叠覆或共线等不同叠覆程度）及活动性信息。轴向斜坡型坡折带发育于倾向相同叠覆断层的叠覆段，连接一条断层的上盘和另一条断层的下盘，通过变形和重新定向使叠覆段地层在两条断层的上盘和下盘之间保持连续，使两者平缓过渡，对应于地层厚度较小的部位，而其两侧断层位移最大处对应的地层厚度最大，在进行精细的古地貌恢复和分析时，可以有效地识别它（图 4.4）。

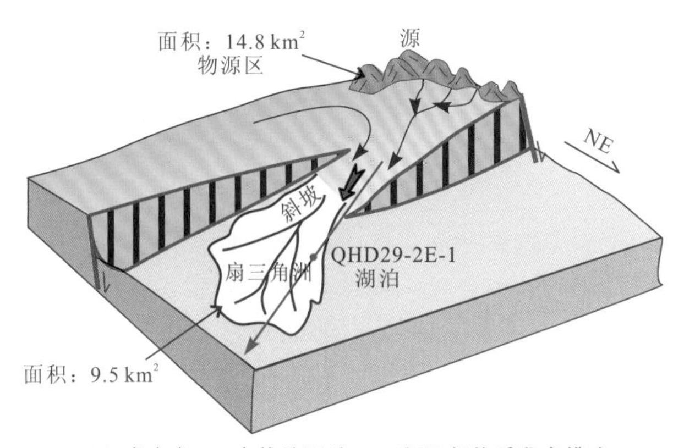

（a）秦皇岛29-2东构造区沙一二段沉积体系发育模式

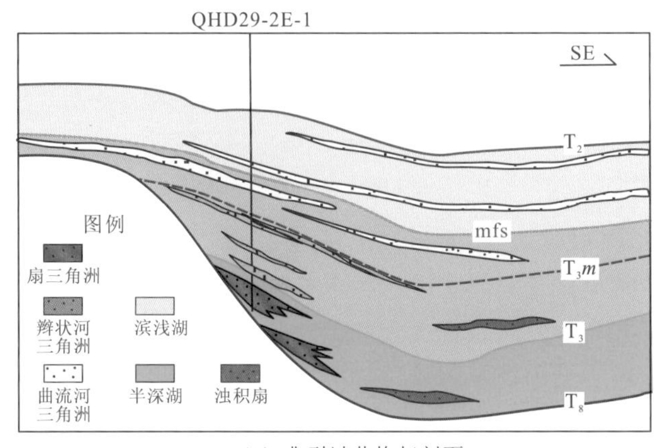

（b）典型过井格架剖面

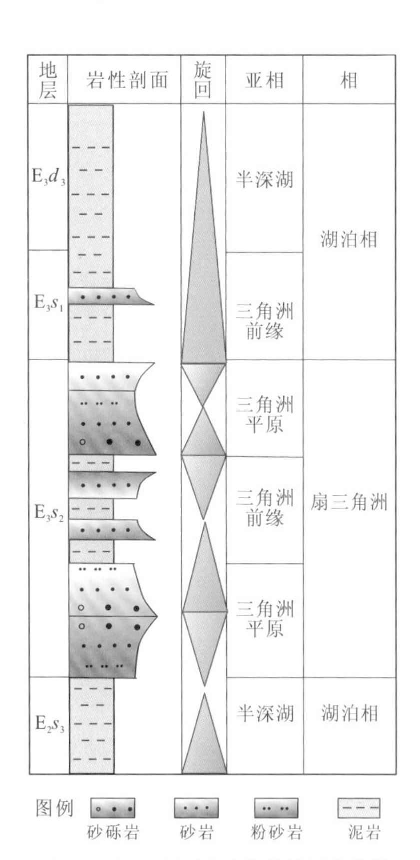

（c）QHD29-2E-1井古近系地层柱状图

图 4.4　轴向斜坡型源汇系统控砂模式

研究表明，轴向斜坡型转换带的主断层表现为强烈的活动，一方面可以导致断层上盘强烈沉降形成深洼；另一方面导致下盘均衡抬升，形成幅度较大的局部凸起。当断层活动性沿走向减弱直至消失时，下盘隆起逐渐消失，形成相对低地或缓坡；上盘则呈相对凸起。因此，在发育轴向斜坡型转换带时，多以局部物源为主。在主断层断距较大的部位，其下盘的凸起阻碍了物源的导入；而在主断层断距较小的部位，其下盘形成漏斗状的相对低地或缓坡，对物源水系汇聚，并成为水系进入盆地的入口，之后在上盘凸起上向四周分散。转换带控砂作用表现为同沉积正断活动引起的转换带与邻区古地貌差异，尤其是转换带部位断层下盘的相对低地、沟槽对物源水系起着引导、汇聚的作用，而转换带部位断层上盘的高地、凸起则影响储层砂体的分散（图 4.4）。反之，一些转换带表现为地形高地或凸起，则会阻碍或限制物源供给。最终，结合不同级别、不同类型转换带及转换带组合，分析转换带及周缘的古地貌特征，就能分析沉积物供给和分散的优势路径，由此对储层砂体的展布进行合理的预测。

此外，转换带造成了拗陷内部分带、分块和分段现象。不同级别、不同类型的转换带或转换带叠加组合的控砂作用大小和作用方式不同，其控砂作用的根本原因在于同沉积断裂活动导致断层上、下盘古地貌差异，并由此对沉积物供给水系及其在盆内的分散起着汇聚、引导或阻碍的作用。在实际研究中，需要结合层序地层学的概念，才能对储层砂体发育的时间及横向上和纵向上的展布形成完整的认识，使储层砂体预测的准确性进一步提高。

渤海海域秦皇岛 29-2 东构造区就发育典型的轴向斜坡型转换带（图 4.4）。它处于 428 构造东西两个次凸两组断裂的应力转换带上，在这种转换带的控制下该区发育了轴向斜坡型的坡折带类型。由 428 构造东西两侧以局部物源为主，该区处于一个明显的应力转换区，导致该处地层相对东西两侧明显下沉，同时岩性受应力作用更易破碎遭受剥蚀，提供的碎屑物质经过搬运，在轴向斜坡型的转换带处汇聚并进入盆地。受局部物源与轴向斜坡型转换带类型对沉积物的控制作用，秦皇岛 29-2 东构造在沙一段、沙二段层序主要发育辫状河三角洲沉积体系，与湖相泥岩构成了良好的储盖组合，为斜坡区形成优质的规模油气藏提供了良好的保存条件。该富砂模式指导秦皇岛 29 构造带勘探均获得成功，再次证实了局部物源主导下轴向斜坡型转换带对砂体的富集和控制作用。

3. 同向消减型源汇系统控砂模式

转换带另外一种重要的类型就是同向消减式断裂组合，它也是盆缘构造的一种重要样式，在横向低凸起和凸起边缘比较常见，是断陷盆地一种重要的输砂构造类型。按照传统观点，断陷湖盆大型砂体的发育多与盆外水系的注入和大隆起（或大凸起）的剥蚀有关。而横向低凸起，由于其残存面积小，主要起着遮挡和分配盆外物源的作用，其对物源的供给能力很少引起关注。因此，对于横向低凸起形成的局部物源和发育的同向消减式转换带，对砂体的汇聚和富集成为需解决的核心问题。

伸展裂陷幕时期，构造活动强烈，在断层水平伸展、差异升降及块断掀斜等共同作用下，表现为不同的构造单元和古地貌组合，构建出多种形式的物源通道和汇聚体系。其中，横向低凸起的孤立线性分布，边界主干断裂并非同一断层，只是由于后期断裂活动将其改造为现今的一条断层，表现出一定的分段性。与轴向斜坡型转换带的形成机制和发育特征存在明显的不同，同向消减型转换带主要是由两条或多条趋向直线的断层，受构造应力或活动性的变化而形成。通过精细的断裂解释和活动性分析，可以发现具有明显的消减趋近的位置，并且在垂向位移和上下盘地层厚度呈现明显的“镜像”关系。即垂向位移最大的位置，沉积地层在上升盘最薄，下降盘最厚；垂向位移最小的位置，沉积地层在上升盘较厚，下降盘较薄。这一沉积特征反映了边界断层活动的差异翘倾作用，也说明了在同向消减的低洼处对应着输砂的有利方向（图 4.5）。

在辽西低凸起中北段，前人主要根据辽西中洼西部的钻井资料和地震相分析，认为辽西中洼仅有西部古兴城水系的物源补给，砂体局限性分布在中洼的西部，辽西低凸起基本没有物源贡献。根据新钻井的地质资料和三维地震的解释成果，以物源为出发点，引入隐性物源概念（宋章强 等，2017；徐长贵，2013），以汇聚体系分析进行约束，识别出物源方向及砂体分配模式。认为横向低凸起在特定的时间范围内也具有较好的供源能力，即辽西低凸起在沙二段沉积时期，受层序时间的影响，早期低位域物源区部分出露水面，可以提供物源。而在锦州 25-1 油田的 3 井区，两个局部物源区之间发育了同向消减型转换带类型，来自辽西低凸起的局部物源，通过强烈的风化剥蚀，在同向消减型转换带下方形成了厚层的扇三角洲沉积。通过上述工作，建立了局部物源—同向消减型源汇系统控砂模式（图 4.5），明确了该地区控砂机制及砂体富集规律，解决了制约该地区勘探的关键性难题，并在多个井区取得了较好的油气发现。

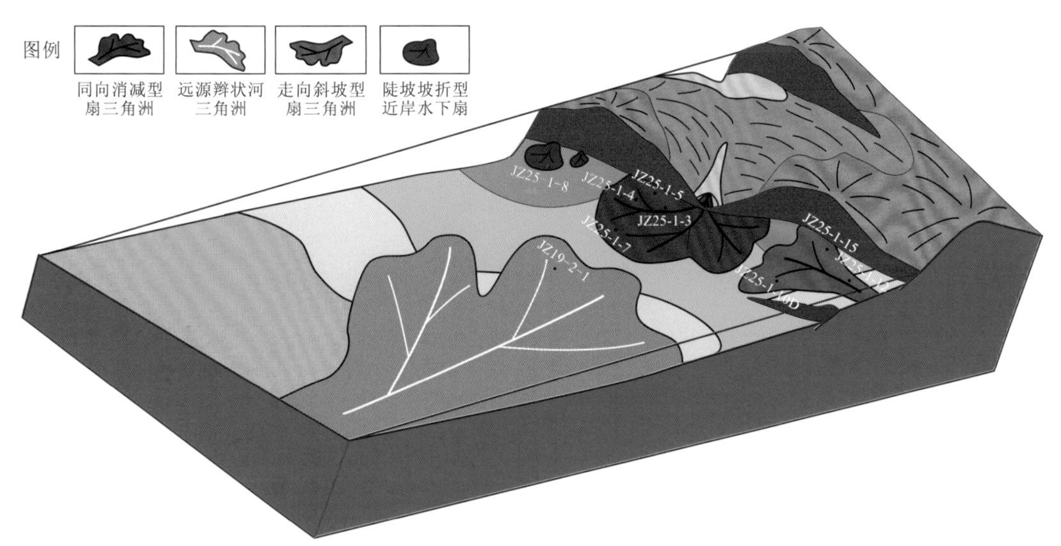

（a）锦州25-1构造区沙三段中亚段沉积体系发育模式

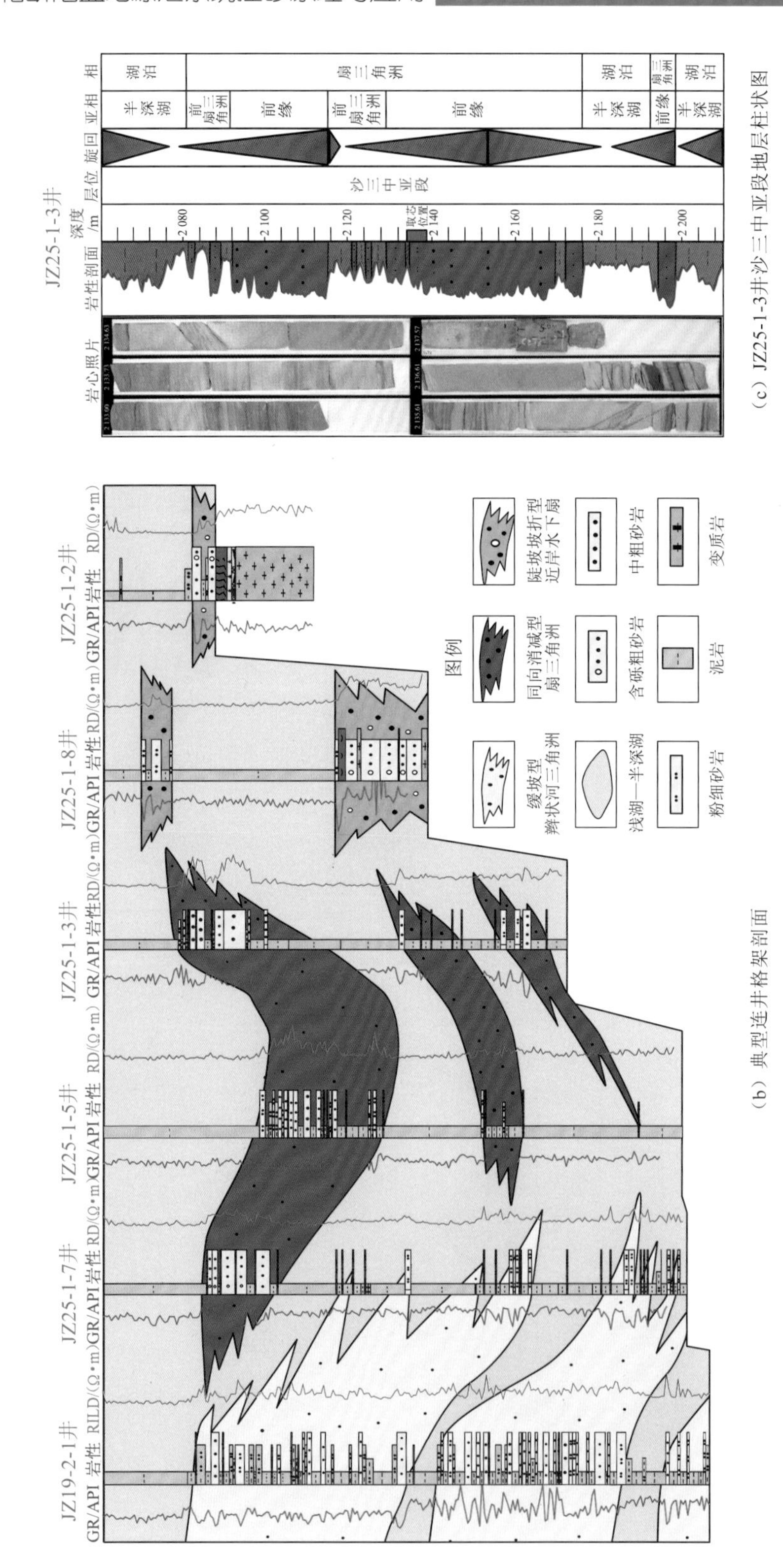

（b）典型连井格架剖面

（c）JZ25-1-3井沙三中亚段地层柱状图

图4.5 同向消减型源汇系统控砂模式

4. 陡坡沟谷型源汇系统控砂模式

盆缘陡坡沟谷型源汇系统在断陷盆地强断陷期广泛发育，在大型区域物源大型沟谷继承性发育区，其源汇系统易于识别描述，一般呈简单的“沟扇对应”关系。而在短时期发育局部（隐性）物源区，其物源和沟谷发育都具有隐性特征，其识别比较困难，这里以莱北断裂带沙三段沉积时期为例，说明盆缘陡坡沟谷型（隐性）源汇系统特征及控砂模式。

莱北断裂带位于莱州湾凹陷北部，北临莱北低凸起，南接莱州湾凹陷。沿莱北断裂带断根向斜坡发育多种类型的沟道体系，如双断式“U”型、单断式“U”型和“V”型沟道等（图 4.6），构建了北部物源的主要汇聚通道，顺上述沟道体系，为三角洲沉积体的加厚区和优质相带的赋存区（图 4.7）。

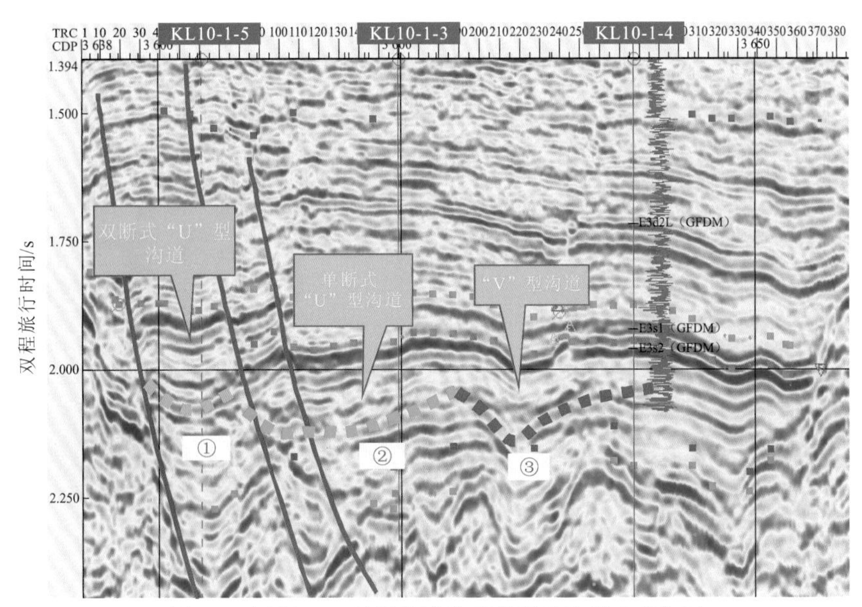

图 4.6　垦利 10-1 构造沟道体系类型及地震响应特征

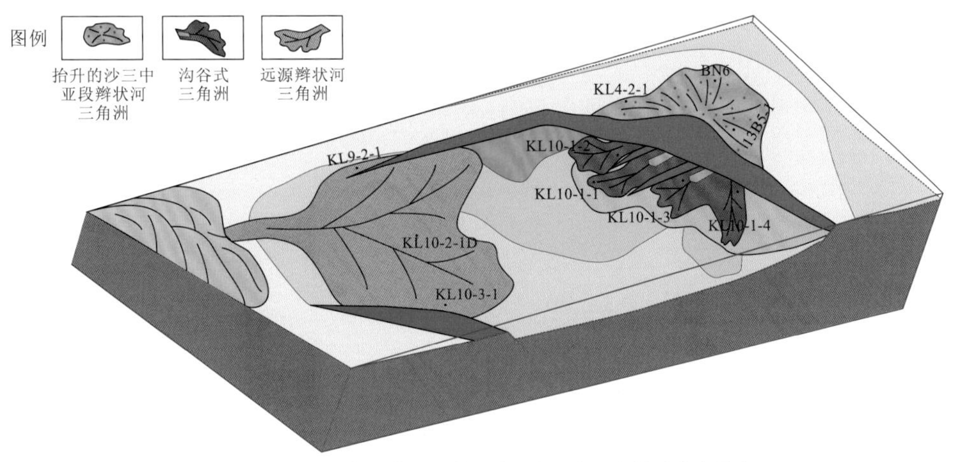

（a）垦利10-1构造及周区沙三上亚段沉积体系发育模式

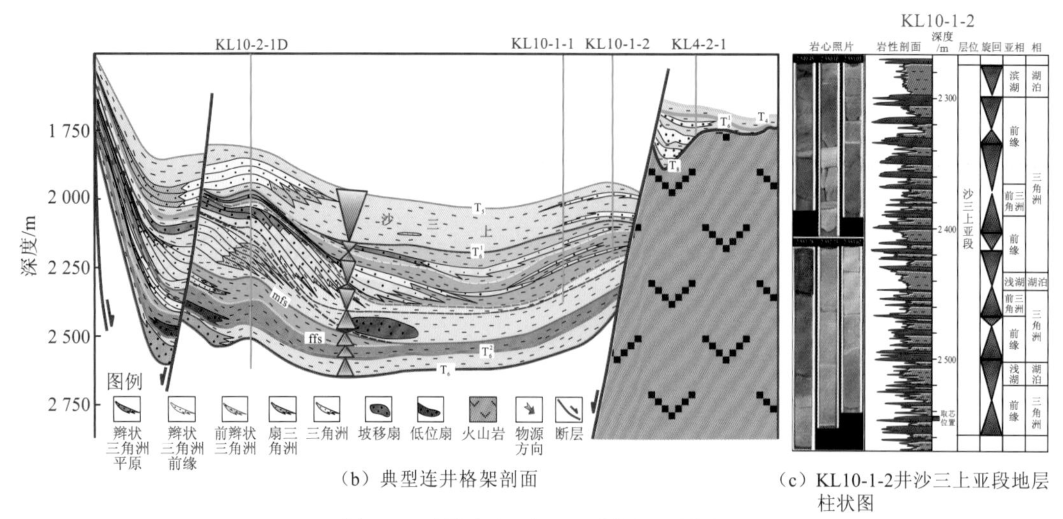

（b）典型连井格架剖面

（c）KL10-1-2井沙三上亚段地层柱状图

图 4.7　陡坡沟谷型源汇系统控砂模式

mfs.最大湖泛面；ffs.初始海泛面

莱北低凸起在沙三中亚段沉积时期淹没于水下而接受沉积，被盖层披覆后很容易被认为不能为后期提供物源，因此是一种隐蔽性很强的物源。但是，沙三上亚段具有区域抬升的背景，同时莱北低凸起边界断裂在该时期活动性较强，因此是完全有能力提供物质基础的。为找到遭受剥蚀的直接证据，对沙三中亚段域沉积体系进行研究，落实了低凸起上方沙三中亚段发育残缺的辫状河三角洲沉积，高部位钻井也有遭受剥蚀的记录。将上升盘残缺区与下降盘沉积区的位置和岩性比对，对应关系很好，充分证实了北部物源的可靠性。沟谷体系往往在物源区或高势区比较常见，在沉积区比较少见。垦利 10-1 构造沙三上亚段三角洲砂体的成功预测，很好地证实了盆缘断裂沟谷型（隐性）源汇时空耦合对沉积体系的控制作用。

渤海海域目前已在多个地区发现受沟道作用控制的三角洲体系，这可能与断陷盆地沉积背景有关。在裂陷中晚期，断陷湖盆往往沉积速率较高，基底地层普遍较软。同时，断陷湖盆规模小，物源补给距离较近，累计重力势能迅速释放时，下切作用强，有利于沟道体系形成。垦利 10-1 构造就发育三支受沟道控制的三角洲体系，这种控制作用既指示了物源的方向，也决定着砂体的加厚位置和主要富砂相带的展布。莱北低凸起的先期沉积—中期抬升—后期剥蚀的快速耦合模式，表明了断陷盆地物源体系的多样性和复杂性。这就要求在开展沉积学工作时，必须立足于区域构造—层序充填演化研究，吃透钻井、测井、地震和化验资料信息，抓住源汇时空耦合这个关键点。

4.1.3　缓坡型源汇系统控砂模式

1. 轴向沟谷型源汇系统控砂模式

对于盆外大物源和盆内大型凸起而言，渤海的局部物源范围和规模较小，多以条带状展布。传统陆相沉积学观点认为，物源区的短轴方向是碎屑岩储层发育的优势方向，而长轴方向碎屑岩储层发育程度差。如石臼坨凸起东倾末端，在南北两侧的短轴方向发育了多个近源的扇三角洲沉积，而在长轴方向不利于砂体的发育。在实际研究中发现，不同地貌单元之间可以相互作用，相互影响，特别是在复杂的断陷盆地中，只要存在有效物源体系和高效汇聚通道在时空上耦合，就一定能找到砂岩富集区。从这可以看出，物源与输砂通道的耦合关系很重要，与长轴和短轴无关。

辽西低凸起锦州 20-2 气田地区，分布一定厚度的沙一段、沙二段，局部甚至存在沙三段。因前人研究认为沙河街组沉积时期辽西低凸起不能作为有效物源区且储层不发育。然而通过对沙河街组不同时期进行精细的古地貌恢复，查明了沙三下亚段、沙三中亚段、沙一二段不同时期的古地貌特征。同时据辽西低凸起北倾末端已钻井信息及地震剖面追踪，勾勒出最大物源发育区，初步判定辽西低凸起在沙三段与沙二段早期为剥蚀区，面积较大，具有一定的供源能力。辽西低凸起北段基底岩性主要有两种，即元古界变质岩系和中生界火山岩，通过渤海油田勘探实践发现这两种母岩类型经受侵蚀搬运后，都容易形成碎屑储集砂体。辽西低凸起沙二段早期以前存在的剥蚀区及良好的母岩类型，构成了研究区有效的隐性物源体系，为围区砂体的形成提供了物质基础。

通过精细的古地貌分析发现，沙三中亚段到沙二段早期剥蚀区长轴方向的南北两侧均发育可以作为砂体输运通道的沟谷。锦州 20-2 气田 JZ20-2-5 井沙二段岩心发现分选很差的细砾岩，为明显的沟道滞留沉积。古输砂通道是沉积物搬运的直接证据，良好的沟道保证了沉积区砂体通畅并持续的供应，进一步验证了辽西低凸起沙二段早期可以作为物源区。从沙三段至沙二段早期持续发育作为古输砂通道的沟谷，保证了砂体从物源区搬运至凸起陡坡带沉积下来（图 4.8）。

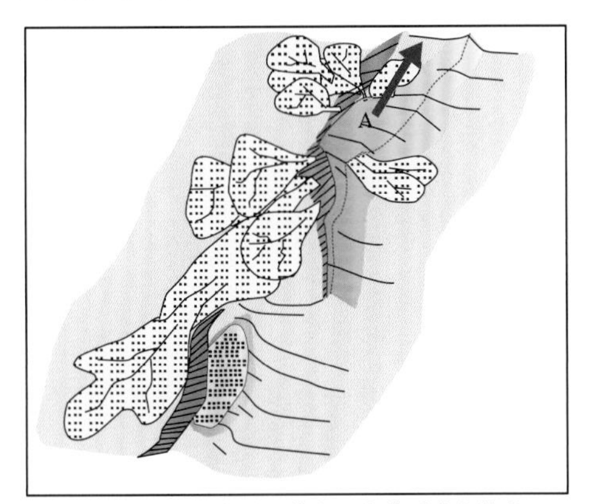

（a）辽西低凸起沙河街组沉积体系发育模式

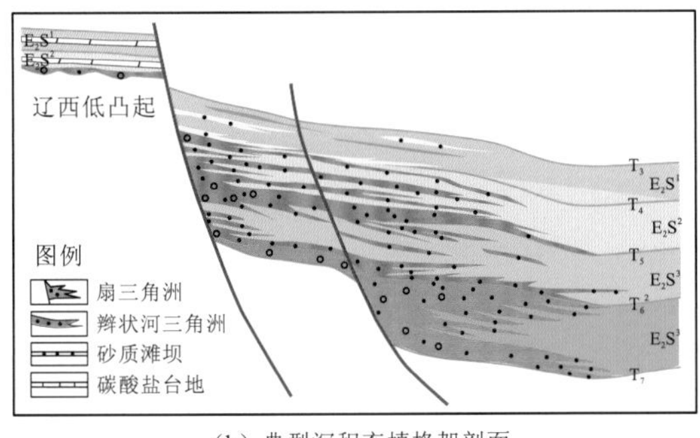

（b）典型沉积充填格架剖面

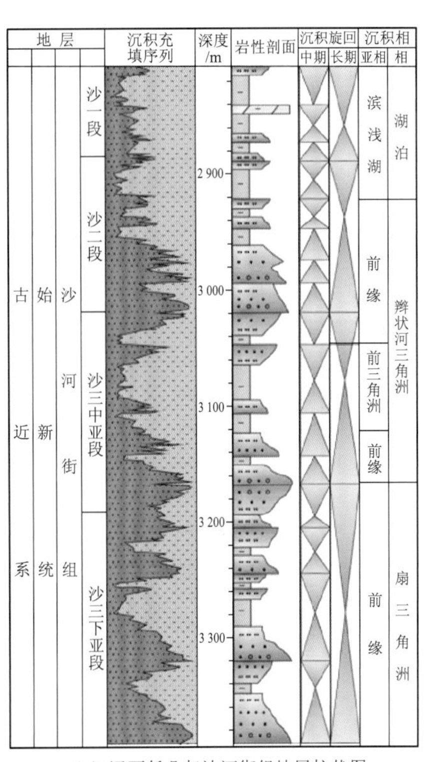

（c）辽西低凸起沙河街组地层柱状图

图 4.8　轴向沟谷型源汇系统控砂模式

沙三下亚段沉积时期，为主裂陷早期，辽西低凸起西侧发育东断西超的箕状断陷，辽西低凸起区及以东地区均为剥蚀区，构成大型物源—断坡简单的砂岩分散体系，来自辽西低凸起物源的粗碎屑物质直接在断坡带沉积下来，形成扇三角洲沉积；沙三中亚段沉积时期，盆地进入主裂陷期，辽西低凸起北段四周均已沉没于水下，高部位剥蚀区整体呈条带状北东向展布，凸起除边界断层发育外，在凸起的南北两侧断层开始发育，形成断阶坡折带，此时，在剥蚀区长轴方向的南北两侧均发育可以作为砂体输运通道的沟谷，呈现小型物源—长轴沟谷—多阶坡折砂分散体系，砂体通过沟谷在剥蚀区南北两端沉积下来，发育辫状河三角洲沉积；沙二段沉积时期，盆地进入裂陷后热沉降期，沙二段早期剥蚀区范围减小，剥蚀区南北两端继承性发育沟谷，砂分散体系基本与沙三中亚段沉积时期相同，沟谷控制了辫状河三角洲沉积的分布，低凸起已钻井发现明显的砂砾岩沟道滞留沉积。沙二段晚期至沙一段沉积时期，湖平面上升，辽西低凸起没于水下，成为水下高地，断层也不发育，坡折地带逐渐消失，没有明显的砂分散体系，主要发育滨浅湖碳酸盐台地沉积。

通过对该区进行精细的砂分散体系分析，建立了局部物源—轴向沟谷型源汇控砂模式（图 4.8），进而在研究区锦州 20-2 北、锦州 20-5 等构造找到优质储层发育区，解决了勘探面临的关键问题，发现了一系列大中型油气田及潜在目标，推动了辽西凹陷的勘探进程。

2. 简单缓坡型源汇系统控砂模式

大量勘探实践发现，盆外水系大多以缓坡带的形式与凹陷过渡。与陡坡带不同的是，缓坡带往往在盆地边缘地带发育下切沟谷，在盆地过渡带发育较少的断层，断裂的活动性也较弱，形成的坡折类型较为简单。比如低角度的单一坡折型缓坡带和多级坡折型缓坡带。前者主要以沉积坡折为主，后者主要是由多条同倾断层组成的断阶带。受盆外大水系的注入，缓坡带具有“平盆浅湖”的沉积特点，碎屑物质供应充足，经过长距离的搬运，在低位体系域发育以曲流河（辫状河）三角洲、滨浅湖相、滩坝等为主，少量发育低位扇体；湖侵体系域以深湖—半深湖、碳酸盐岩沉积为主，高位体系域则以滨浅湖砂泥岩或三角洲沉积为主，形成曲流河（辫状河）三角洲向盆地的进积或加积。

渤海海域的莱州湾凹陷就表现为典型的缓坡带特征。通过重矿物对比、岩石矿物分析、地震前积方向及古地貌分析认为，莱州湾凹陷区域的物源方向主要来自西侧的垦东凸起方向。在沙三中层序沉积时期，莱州湾西次洼为局部的沉积中心，来自垦东凸起方向的物源发育了大型的前积型辫状河三角洲沉积，延伸至垦利 10-1 油田，三角洲呈北东—南西向展布；受南部斜坡带东西向脊梁的分割，在沙三上层序低位到湖侵体系域，辫状河三角洲自西向东展布，垦利 10-4 构造主体区砂体发育；到高水位时期，主物源向东北迁移，垦利 10-4 构造主体区北侧砂体相对发育。在沙一二层序沉积时期，西侧辫状河三角洲范围明显缩小，富砂区仅延伸到 KL10-2-1D 井附近，但沿斜坡带呈三角洲裙带状连片分布。从纵向上看，从沙三中层序到沙一二层序整体上呈砂体逐层发育的特点；平面上，继承性地发育了来自西部肯东凸起物源和南部潍北凸起的辫状河三角洲，朵叶体和富砂区展布范围有所差异。

4.2　走滑型源汇系统

4.2.1　走滑型源汇系统控砂机制

渤海湾盆地海域部分是在伸展—走滑双动力源背景下形成和发育的，两条重要的大型走滑呈共轭状贯穿其中，其构造格局更为复杂。长期以来，渤海复杂走滑带的储层预测是按照典型断陷盆地断裂控砂模式下开展研究的，主要控砂模式多是按照张性断陷盆地建立，没有考虑走滑断裂控砂作用的特殊性。其次，走滑断层和储层预测一直是并行研究，它们之间的内在联系少有探索，走滑断层对沉积的控制仅仅停留在平移错开等表面现象的认识，缺乏对走滑断层控制砂体迁移变化更深入的研究，走滑断裂带控砂富砂机理不清。随着石油勘探由凸起区向凹陷区，从构造型圈闭向岩性地层型圈闭的发展，对储层研究的要求越来越高。尤其近年来，渤海海域的优质储量增长点集中在走滑活动断裂带，急需系统梳理复杂走滑带的优质储层发育机理，提高储层预测的精度。为此，必须从复杂走滑带控制储层成因上入手，从形成的砂体母源开始，综合研究砂体优势汇聚通道，最终预测富砂沉积体的位置变迁，以求更加全面认识复杂走滑带控制优质储层的成因和富集模式。

1. 走滑断裂活动的增压作用控制盆内局部物源体系发育

走滑断裂的发育受控于平面上大型块体的运动。随着走滑位移量的增加及断层规模的扩大，原先雁行排列的断裂开始彼此连接在一起，并且在走滑断裂系统中连接的区域沿主走滑位移带呈现局部聚敛和离散交替的现象。通常我们认为拉张型和汇聚型断裂弯曲段是边界走滑断裂在断面连续和多弯情况下形成的补偿区域。调节局部挤压构造的弯曲段为增压段，而调节局部伸展构造的弯曲段为释压段。走滑释压段和增压段是走滑断裂系统中普遍发育的构造现象，依据几何学特征，释压段和增压段又可根据演化程度的不同细分为多个亚型。在不同构造尺度条件下，走滑释压段和增压段均发育，能够形成典型的地貌学特征。

渤海海域发育两条大型走滑断裂系统。郯庐断裂带从渤海海域南部的青东地区进入渤海，经过莱州湾、黄河口、渤中、渤东、辽东湾等地区后，从渤海海域北部的营口地区出海，呈北东东方向延伸，横贯整个渤海海域东部地区，南北长度达 400 余千米，东西宽 50～80 km，涉及渤海海域东部地区众多凸起和凹陷。张家口—蓬莱断裂带发育在渤海西部海域，由一系列断续相连的北西向至近东西向断裂组成，总体走向为北西 60°左右，海域长 200 余千米，宽 50～100 km。这些断裂往往是古近纪断陷盆地的边界，古近纪时主要表现为伸展活动，新近纪以来随着构造应力场的变化，出现左旋平移的活动特性，平面上出现一系列斜列的羽状构造。正是郯庐断裂的走滑作用与盆地的伸展作用、郯庐断裂的走滑作用同张家口—蓬莱断裂带的走滑作用相互叠加、相互影响，形成了复杂多样的走滑转换带，这些走滑转换带对沉积体的发育具有重要的影响和控制作用。

根据断层的相互作用及转换带的形态，可以将渤海海域转换带分为“S”型转换带、帚状转换带、叠覆型转换带、双重型转换带、共轭转换带、叠瓦扇型转换带及复合转换带7种类型。转换带虽然类型多样，但从转换带内的应力状态看主要有两种类型，一种是增压型转换带，如右旋左阶走滑“S”型转换带、右旋左阶走滑叠覆型转换带、右旋左阶走滑双重型转换带等；另一种是释压型转换带，如右旋右阶走滑“S”型转换带、右旋右阶走滑叠覆型转换带、右旋右阶走滑双重型转换带（图4.9）。

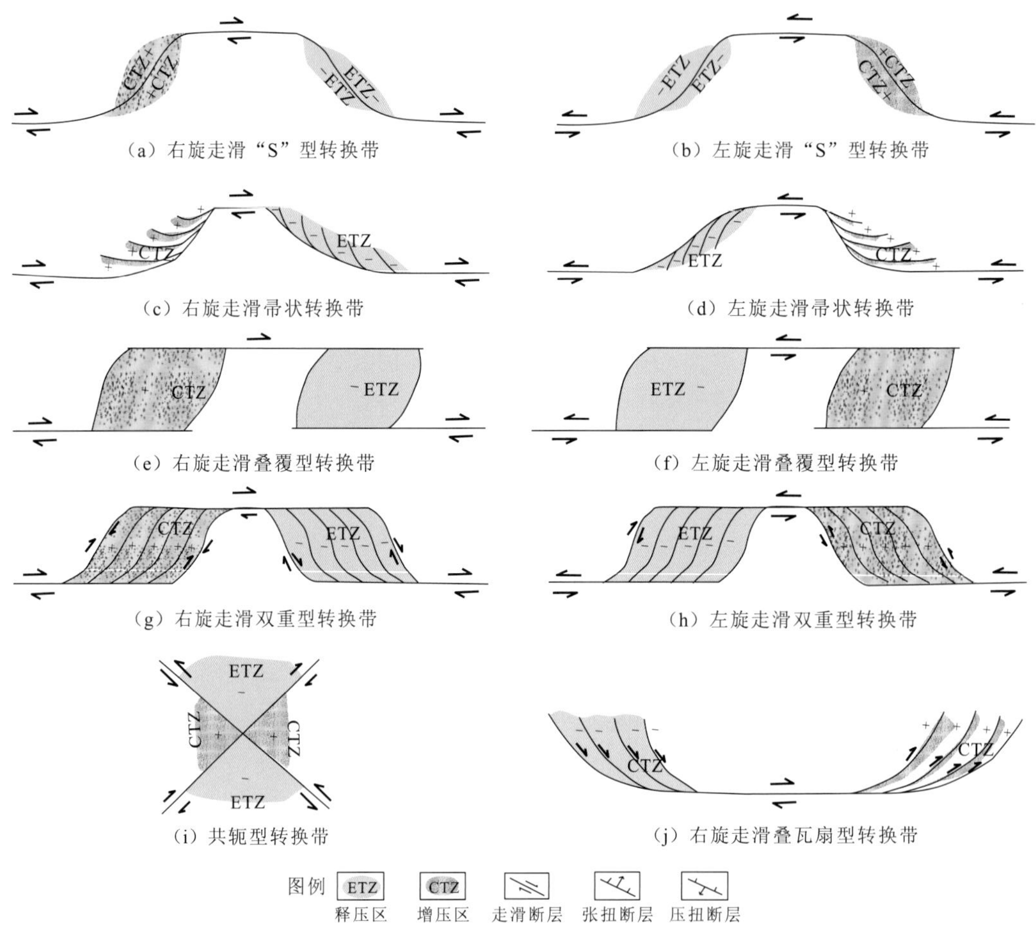

图4.9　渤海海域增压型走滑转换带与释压型走滑转换带发育模式图

因为增压段发育位置常伴随地貌的抬高或者褶皱造山带的形成，以及受断裂控制的深部地壳岩石的出露带，甚至包括某些地方变质岩的出露，所以增压段是易于识别的。物理模拟实验也表明，在走滑断裂的增压段，断裂处于挤压构造应力场中，呈闭合状态，随着走滑位移量的增大，调节断裂的挤压幅度逐渐变大，断裂逐渐封闭，并出现旋扭的现象，使增压型走滑转换带具备了隆升成为局部物源区或者大型水系的分流区。总之，增压段为地形隆升、地壳缩短和基底剥露的环境，控制了盆内狭长型局部物源区的形成与分布，在特殊的地史时期（裂陷间歇期）可以提供有效物源，从根本上决定了沉积储层的发育规模、分布位置和储层质量，因此走滑断层和古物源体系研究也是油气勘探地质研究中的重要部分。

2. 走滑活动释压作用控制有利汇聚体系的形成与分布

由于构造应力在空间上的均衡作用，三级转换带两种应力状态的出现往往具有对偶性，有增压区，必定在某个地方存在释压区（图4.10）。渤海海域郯庐断裂在古近纪以来为右旋走滑断裂，所以在郯庐断裂带中，右旋右阶型转换带处于伸展应力状态，属于释压型转换带；张家口—蓬莱走滑断裂古近纪以来为左旋走滑断裂，所以在张家口—蓬莱断裂带中，左旋左阶型转换带处于伸展应力状态，属于释压型转换带。

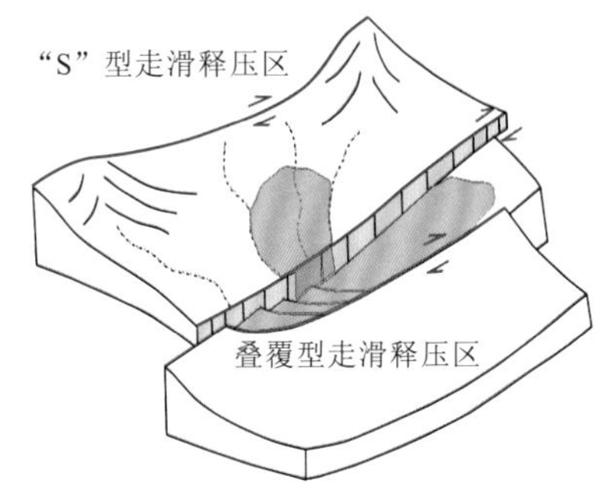

（a）"S"型走滑与叠覆型走滑释压控汇模式

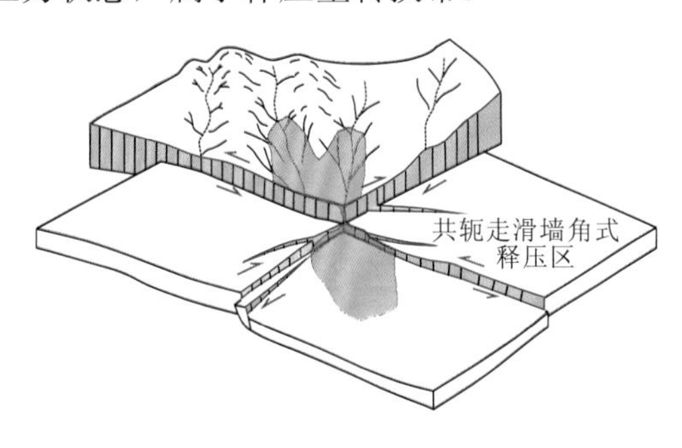

（b）共轭走滑墙角式释压控汇模式

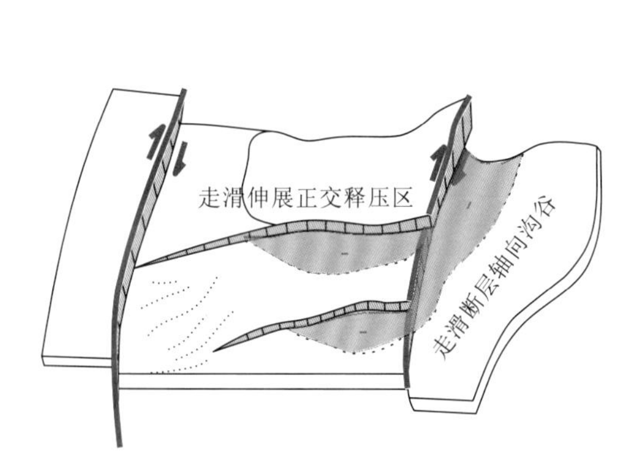

（c）拉张正交叠加释压控汇模式

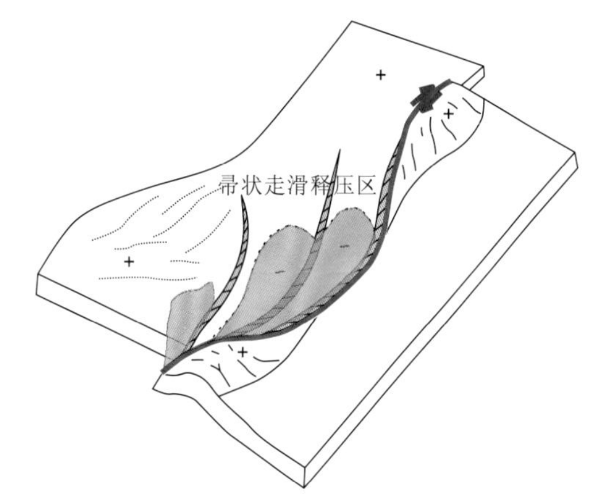

（d）帚状走滑释压控汇模式

图4.10　渤海海域释压型走滑转换带控汇模式图

物理模拟实验表明，在走滑断裂的释压段，断裂处于伸展构造应力场中，呈开启状态，随着走滑位移量的增大，调节断裂的伸展幅度逐渐变大，断裂逐渐开启，并出现裂陷的现象。走滑运动量较小时，释压区呈现出低势区特征；走滑量逐渐增大时，可以形成低势沟谷或者小型洼陷，最大时可以形成大型的拉分盆地。渤海海域发育5种典型的走滑断层的转换释压区："S"型走滑释压区、叠覆型走滑释压区、共轭走滑墙角式释压区、拉张正交叠加释压区、帚状走滑释压区（图4.10），这些释压区地势低洼，可容纳空间极大，成为优势的汇水通道及汇水区，是富砂沉积体优势发育的地带，且周围对偶出现的增压区所产生的高地也可形成局部物源，往往向可容纳空间较大的释压区提供近源沉积，发育良好的储盖组合。

3. 走滑作用水平位移造成富砂沉积体的平移叠覆特征

由于渤海海域古近纪的走滑活动是在渐新世早期开始的，那么古新世、始新世等早期沉积必将被后期走滑作用改造，表现为走滑活动错开早期沉积体，使得沉积体与物源区不对应或同一个沉积体被走滑错段分开，形成沉积体的“断头”效应，造成现今的沉积体与原始物源—坡折背景不对应的现象（图 4.11）。在走滑断层发育中期，随着物源持续供给沉积体不断形成、走滑作用的持续，来自同一物源水系的不同期次的沉积体不是形成简单的垂向叠加，而是同时出场垂向叠加和水平叠覆现象，在平面上形成多个不同期次的沉积体朵体，砂体沿着走滑断裂呈“鱼跃式”有规律的分布。渐新世晚期走滑活动逐渐减弱，虽然不再会产生对早期沉积体的错段或者同沉积走滑的迁移叠覆现象，但走滑作用对沉积的影响作用依然存在，主要表现为因走滑运动形成的晚期凸起，这类凸起因形成时间晚，自身供源能力差，同时对外源水系有阻挡作用，使得晚期凸起边界在大断层下缺乏良好的储层砂体，这一点是与前面提到的隐伏物源、局部物源有显著差异。

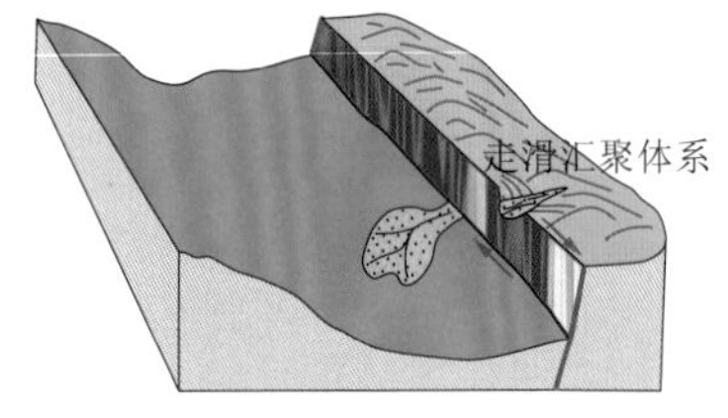

（a）走滑对早期沉积的改造

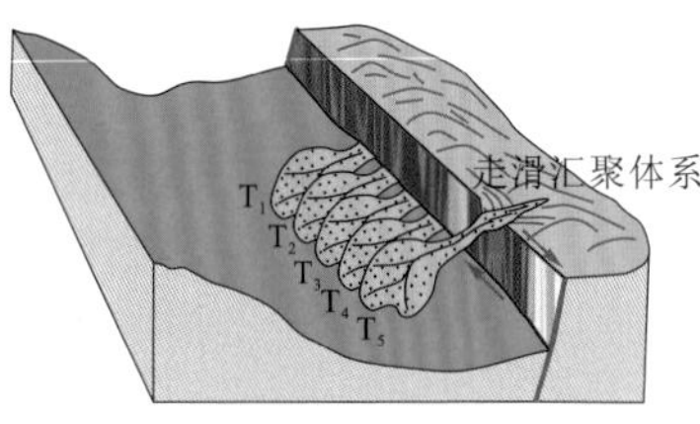

（b）同沉积走滑作用

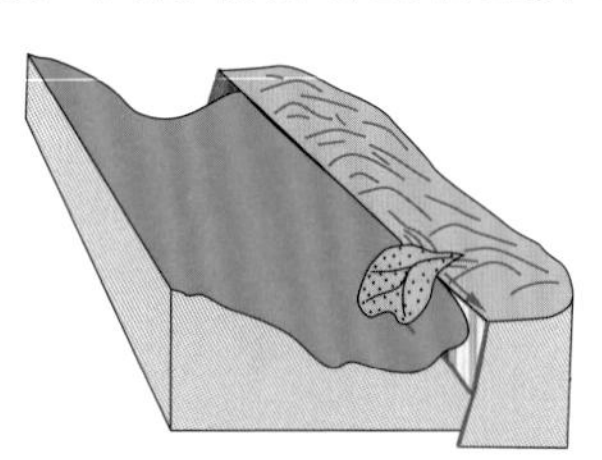

（c）走滑形成的晚期凸起对盆外水系的阻挡作用

图 4.11　走滑带砂体富集模式图

4.2.2　走滑型源汇系统控砂模式

1.“S”型走滑断裂带源汇系统控砂模式

“S”型走滑是典型走滑构造样式之一。由于走滑断裂走向的改变引起扭动方式的不同，同一条断裂的不同部位可以表现为平行、离散和聚合三种类型的扭动方式，在平面呈波状或“S”型延伸。郯庐断裂在渤海海域北部辽东湾段就属于这一类型，两条近乎平行的断裂整体呈北东—南西走向，其走滑应力可以分解为近东西向的压应力和近南北向的张应力，由于边界条件及断裂沿走向上的变化，走滑断裂两侧的断块不能始终都与走滑方向保持一致性，走滑断裂沿走向上常呈“S”型弯曲展布，由此造成了沿走滑断裂带走向上不同部分的局部应力场与应变差异，进而发育形成不同的次级构造样式，并对富砂沉积体的形成起控制作用。

在走滑增压弯部位，即右行走滑断裂的“S”型弯曲部分，此处压应力最为集中，挤压作用最强，应变的结果是走滑断块发生汇聚，走滑断裂两侧地层因东西向挤压而拱生形成压扭型断鼻等正向构造，在一定条件下会遭受剥蚀，具备提供碎屑物质的能力，可以作为有效物源区。在走滑释压拉张部位，即右行走滑断裂的反“S”型弯曲部分，此处张应力的拉张作用最强，应变的结果是走滑两侧断块在释张区发生离散，形成张扭性断槽等负向构造，当应变达到一定程度，形成一组雁行伸展断裂，这些发育雁行伸展断裂的负向地质单元，可以作为有利的输砂通道及砂体汇聚区，对沉积水系及富砂沉积体的输导发育起明显的控制作用。同时，受同沉积走滑或后期走滑作用的影响，沉积体往往沿走滑方向有不同程度的横向迁移[图 4.12（a）]。

辽东低凸起就是在渐新世早期由走滑与伸展共同作用下形成的，由于走滑带上应力场性质的不断转换，将整个辽东低凸起分成了多个增压区和释压转换区。增压形成的凸起区为富砂沉积提供了物质基础，经风化剥蚀后的碎屑物质，沿断裂、沟谷等有利输砂通道，在释压区形成的各类断裂波折处沉积下来。走滑断裂继承发育，最终在断层下降盘形成多期叠加的厚层富砂扇体[图 4.12（b）]。

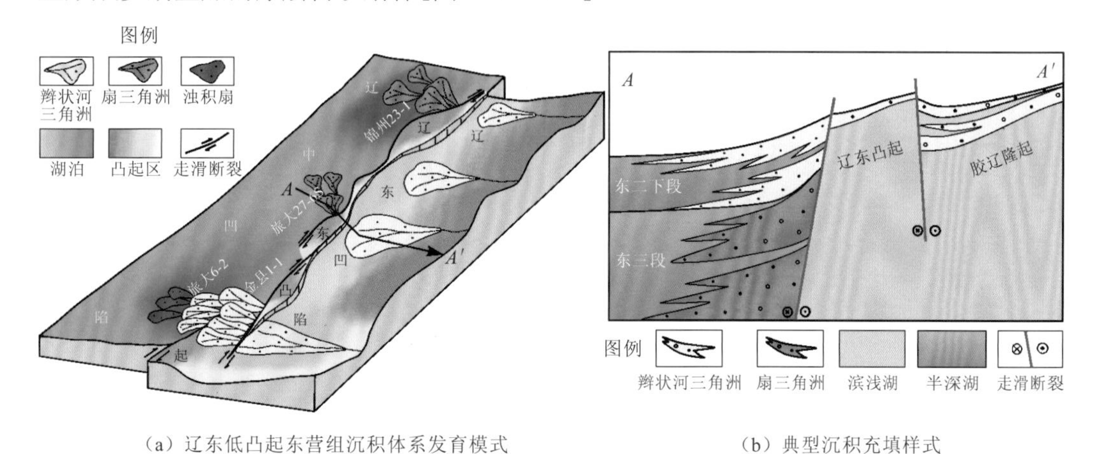

（a）辽东低凸起东营组沉积体系发育模式　　　　（b）典型沉积充填样式

图 4.12　“S”型走滑断裂带源汇系统控砂模式图

2. 帚状走滑断裂带源汇系统控砂模式

帚状走滑带是局部地区、局部应力作用方式和总体走滑构造应力场联合形成的产物。渤海海域辽东湾地区辽西低凸起中北段帚状走滑带是在伸展和走滑双重应力背景下形成的。沿主干走滑断层派生出一系列次级断层，整个帚状走滑带由一条主走滑断裂和若干条弧形断层组合而成，一端撒开，另一端收敛于主走滑断裂之上，平面组合具备帚状断层的形态。帚状断层受主干断层控制，具有张扭性质，收敛中心即为旋扭中心。从动力学机制而言，北东向走滑断裂的右旋张扭，具有“S”型的扭动构造特征，不均一走滑活动派生的挤压和拉张作用是帚状断层形成的主要机制之一。

古近纪中后期，在走滑断裂增压段受局部应力挤压形成了局部高地，辽西低凸起经历了整体抬升并遭受一定程度的侵蚀；而受辽西低凸起的遮挡，在释压段由于应力的释放，有明显的差异沉降，构成了相对洼地。在主断层右行走滑应力作用下，一方面断层上升盘产生形变形成的高地成为物源区，局部遭受侵蚀形成古沟谷，可以提供输砂通道，控制着物源供给水系的方向；另一方面在帚状断层下降盘发散部位形成构造低地貌，并产生一系列调节断层，从而形成一系列的断沟，成为良好的砂体赋存场所和输运通道，成为有利的沉积物导入口，一般控制着砂体的沉积中心（图 4.13）。沿主断裂的上游端其水系易于注入，碎屑物质向洼陷区推进，易于形成砂岩上倾尖灭圈闭、透镜体圈闭、断层-岩性遮挡圈闭。

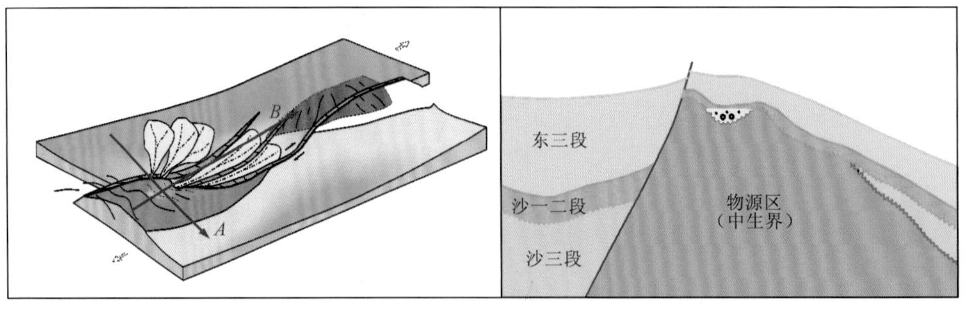

（a）锦州20构造带沙河街组沉积体系发育模式　　（b）剖面A：轴向沟谷发育模式示意图

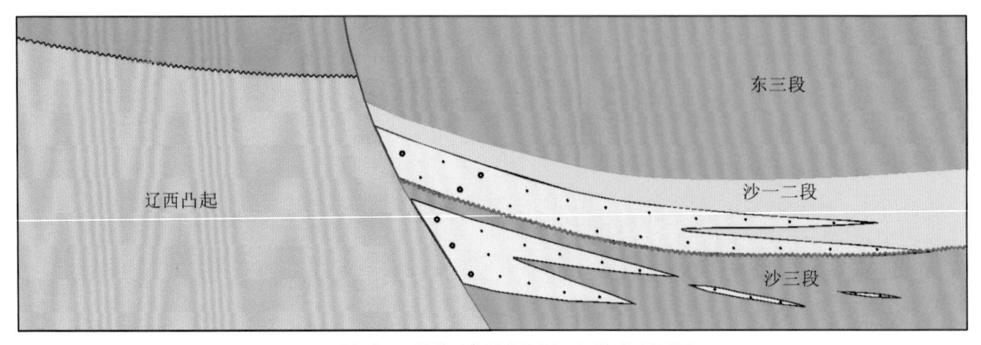

（c）剖面B：帚状走滑断裂带沉积发育剖面图

图 4.13　帚状走滑断裂带源汇系统控砂模式

锦州 20 构造带处于渤海辽东湾辽西低凸起东支北倾末端，受郯庐断裂的影响，在辽东湾发育多条北东向走滑断裂。受主断裂及派生断裂的影响，各个断块圈闭均发育多个构造高点，且圈闭最高点均在南西侧收敛端汇聚，发育走滑帚状断裂体系。古地貌及构造的精细研究表明，东北侧的帚状走滑带下降盘为相对低地，对物源水系起导入作用，来自局部高地的辽西低凸起物源可以通过帚状断裂进入低地，成为水流主要卸载区和沉积物，帚状断裂对沉积物的输导和分散具有引导作用，最终形成了多期砂体的相互叠置，发育了厚层的扇三角洲沉积（图 4.13）。

3. 叠覆型走滑断裂带源汇系统控砂模式

叠覆型走滑断裂带是在多期伸展与走滑联合作用下形成的一类走滑带类型，在渤海海域南部地区最为发育，主要表现为北北东向的郯庐断裂与东西向的伸展断裂呈正交切割，在走滑与伸展双重作用下，平面上形成“H”型或“田”型组合，连续性差。这种伸展与走滑叠覆作用下的特定构造样式，在砂体富集模式方面有其自身的特点，主要表现为“沟谷输导、高地分流、阶地富集”的特征（图 4.14）。

沟谷输导是指受南北向展布的走滑断裂带控制，形成断槽型沟谷，为有利的砂体输送通道，特别是在断槽两侧断裂活动差异的影响下，可形成沿断槽分布的狭长型沟谷，为砂体长距离搬运提供了有利条件。其中，盆内凸起或低凸起经风化剥蚀后形成的碎屑物质，可沿狭长型断裂沟谷长距离输导。

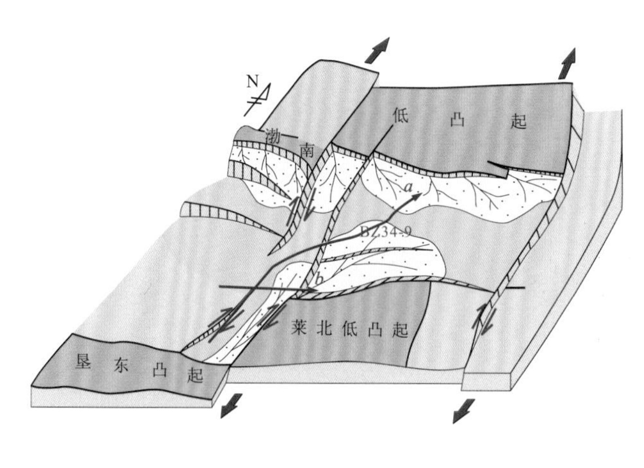

（a）渤中34-9构造沙河街组沉积体系发育模式

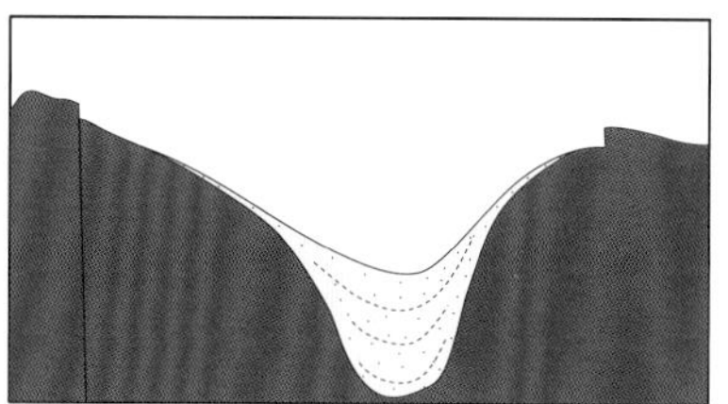

（b）轴向沟谷发育模式示意图

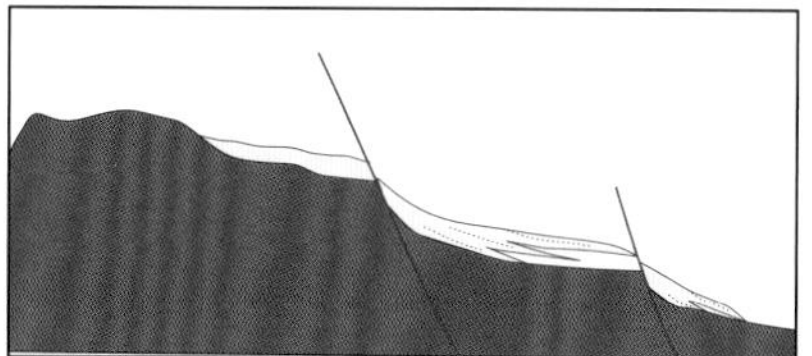

（c）伸展走滑带沉积发育剖面图

图 4.14　伸展走滑正交叠覆型控砂模式图

高地分流是指砂体经断槽型沟谷输送，从凸起区经斜坡带逐渐下凹陷处搬运，走滑带增压部位形成的凹中隆起带，对砂体进一步运移起到阻碍作用，砂体必然改变原来的沿走滑走向的运移方向，向两侧分流输导。

阶地富集是指位于凸起区与凹中隆起带两个增压带之间的释压部位，往往是走滑与伸展作用的交会部位，叠覆带形成的多级断裂阶地最终成为砂体的有利聚集部位，砂体较为发育。

4. 共轭型走滑断裂带源汇系统控砂模式

渤海海域发育北北东向郯庐走滑断裂带和北西向张家口—蓬莱断裂带两套大型走滑断裂带，并对早期的伸展构造体系进行了叠加和改造，造就了渤海海域的独特性与复杂性。目前有关渤海海域走滑断层的研究多集中在东部北北东向郯庐右行走滑断层，并取得了丰硕成果，而对西部北西向走滑断层对沉积的研究较少。

渤海海域西部处于渤海湾盆地北北东向构造与北西向构造的交汇部位，不但受北东向郯庐走滑断裂带的影响，而且受北西向张家口—蓬莱断裂带构造作用的影响，北北东向和北西向断裂带组成共轭剪切带（图 4.15）。北北东向构造带是右行走滑构造，同时发育小规模的北东东向断层，两者呈锐角相交。北西向构造带表现为左行走滑特征，明显受张家口—蓬莱断裂带控制，同时发育小规模断层，多呈北西西向展布，与主断裂锐角相交。北西向断裂与北东向断裂在凸起边界通常表现为正断层活动，随着构造应力场的变化，开始平移活动，在共轭交接处为释压段，表现为拉张活动，地震剖面上显示发育宽缓的斜坡特征。远离走滑断裂共轭处为增压段，凸起的地震剖面上表现为高隆起伏，古沟谷发育，边界断裂陡坡带在剖面上表现为座椅式或坡坪式构造样式，呈现出挤压的特征。平面上发育了一系列斜列的羽状构造，与主干断裂近乎垂直，对沉积区地貌进行了改造，形成了洼槽与脊梁相间的地貌格局。

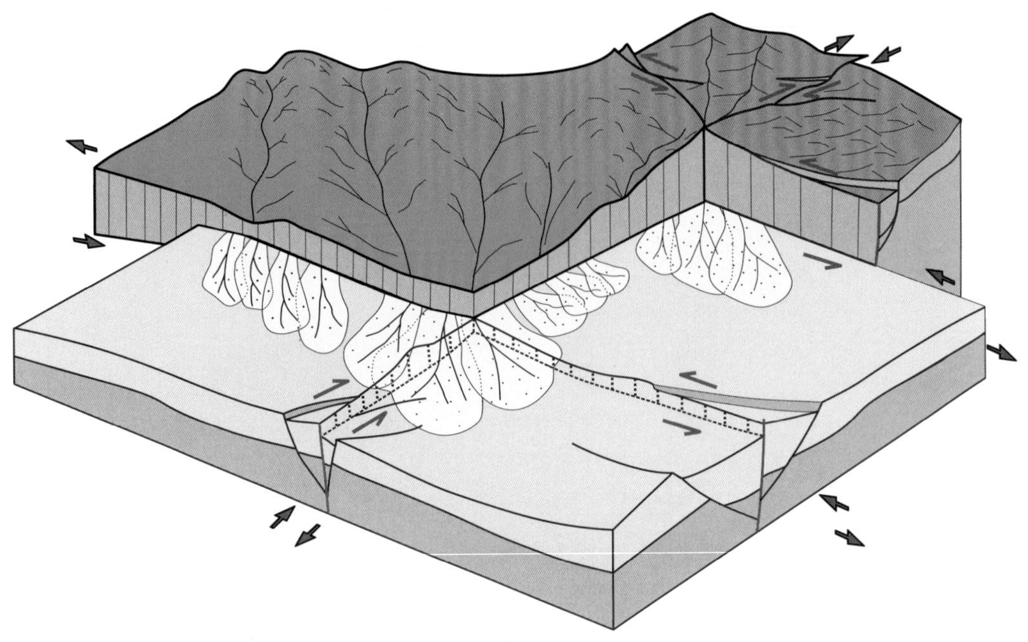

图 4.15 共轭走滑断裂带控砂模式

在古近纪渐新世，断裂活动表现为“伸展—走滑”共同作用。在共轭走滑活动强烈的影响下，东西两侧受挤压形成沟谷化的高隆地貌。共轭交接处形成的“宽缓斜坡”，表现为相对低地，成为物源供给的有利输砂方向（图 4.16）。陆源碎屑物质通过古沟谷及“宽缓斜坡”，随陡坡带直接进入湖盆，在洼槽处形成了多期厚层的扇三角洲沉积。这时期砂体的富集除受伸展型断裂坡折控制外，还受走滑形成的断裂水平活动影响，使进入盆地内的碎屑物质随着走滑活动产生的水平位移而横向迁移（图 4.16）。

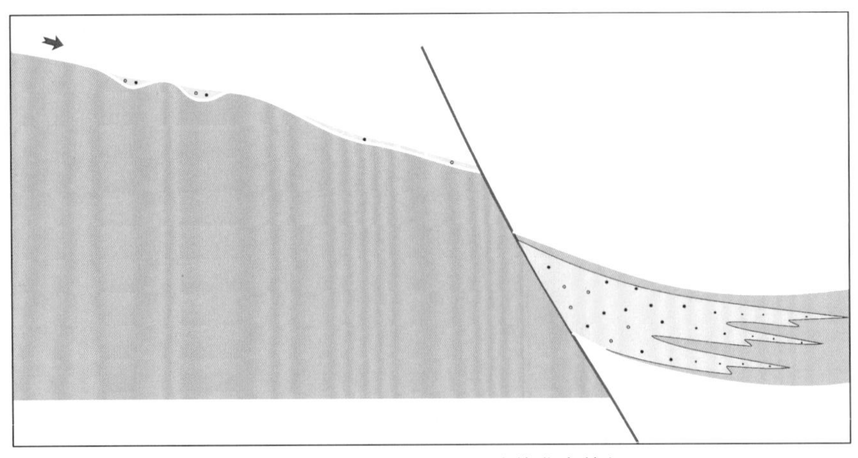

图 4.16 共轭走滑释压段砂体发育特征

4.3　陆相断陷盆地源汇系统分布模式

渤海海域是复杂的断陷盆地，其构造演化具有多幕裂陷、多旋回叠加、多成因机制复合的特征，据渤海油田多年的勘探实践，总结出了陆相断陷盆地源汇系统预测模型（图 4.17、图 4.18）。

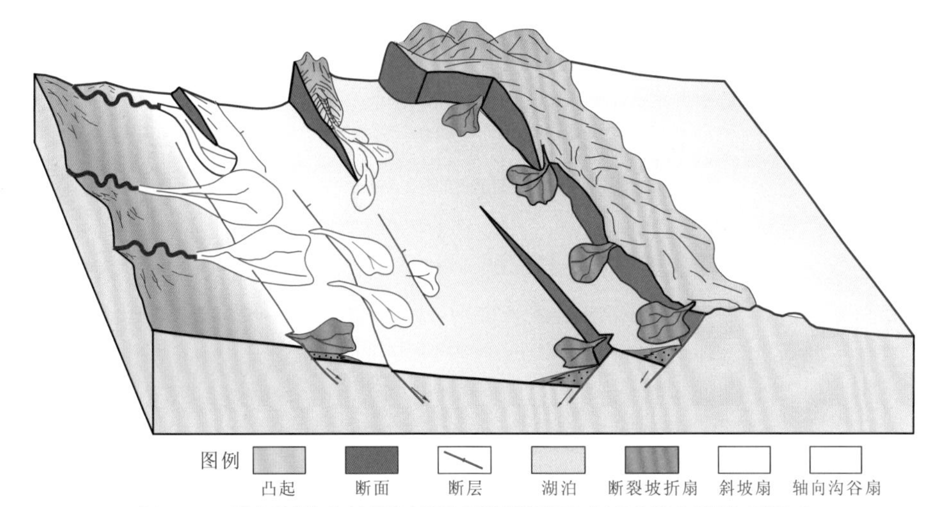

图 4.17　陆相断陷盆地源汇系统预测模型及典型砂岩汇聚体系模式

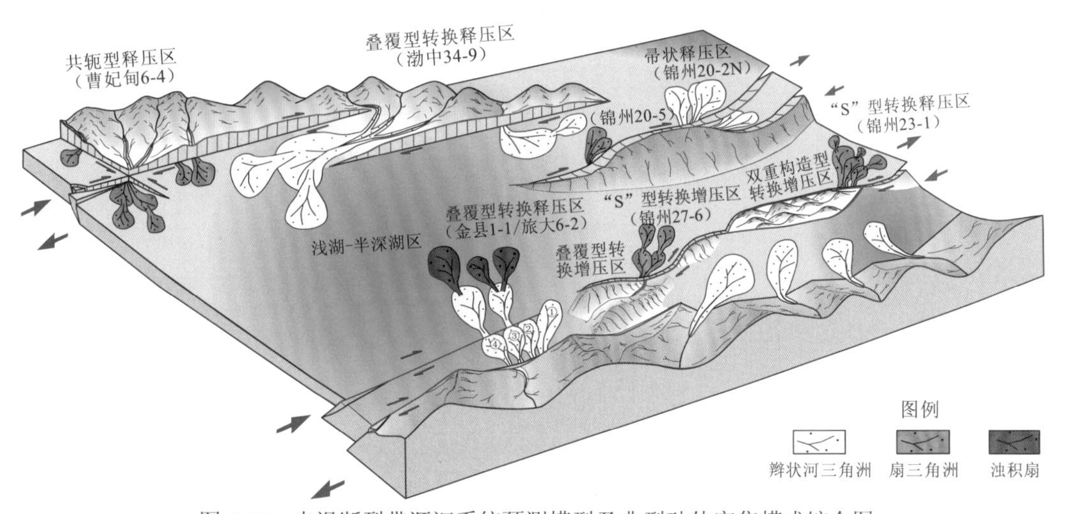

图 4.18　走滑断裂带源汇系统预测模型及典型砂体富集模式综合图

以伸展断裂发育为主的断陷盆地，在盆地边缘斜坡发育简单缓坡型源汇系统；在盆内长轴型局部物源轴向缓坡带，轴向沟谷式源汇系统发育；而在复杂断裂带，受控于坡折带类型的差异，主要发育有盆缘断裂墙角型源汇系统、盆缘断裂走向斜坡型源汇系统、盆缘断裂同向消减型源汇系统和盆缘断裂沟谷型源汇系统，其物源即可以是大型区域物源，也可以是短期发育隐性物源区；而在强走滑带，则表现为更为复杂的走滑型源汇系统特征。斜坡型源汇系统、陡坡型源汇系统、走滑型源汇系统，共同构成了复杂的陆相盆地源汇系统及耦合富砂模式（图 4.17）。

走滑断裂在渤海海域广泛分布，深刻影响着沉积盆地的形成与演化，同时也深刻影响了源汇系统的形成和演化，走滑断裂带源汇系统特征远比简单的伸展断裂带源汇系统复杂。走滑断裂对源汇系统的控制作用主要表现在：走滑断裂压扭作用控制了局部物源体系的形成；走滑断裂的张扭作用控制了沟谷低地的形成；走滑断裂的水平运动控制了源汇系统的横向迁移，即“走滑压扭成山控源，走滑张扭成谷控汇，走滑平移砂体叠覆”（图 4.18）。走滑断裂带源汇系统复杂多变，常见的源汇系统发育模式有“S”型走滑断裂带源汇系统模式、叠覆型走滑断裂带源汇系统模式、帚状走滑断裂带源汇系统模式及共轭走滑断裂带源汇系统模式。对于“S”型走滑断裂带源汇系统，其物源体系常表现为多山头的“链状岛”特征，砂体主要沿紧邻各山头的右旋右阶走滑的弯曲部位富集，并沿走滑方向往往有一定的横向迁移；对于叠覆型走滑断裂带源汇系统，各支走滑断层的主走滑部位常对应物源体系，而末梢的叠覆位置对应发育沿断槽分布的狭长沟谷，两者的耦合控制了砂体的长距离搬运和富集；对于帚状走滑断裂带源汇系统，主走滑断裂的挤压控制了凸起的抬升和物源剥蚀作用的加强，多条弧形断层控制了沟谷低地或断沟，两者的耦合决定了砂体的汇集方向和优质储层的分布；对于共轭走滑断裂带源汇系统，处于拉张作用的凸起区常发育沟谷低地，对应湖盆区发育大型扇三角洲，砂体延伸远，平面分布范围大，处于压扭作用的凸起区遭受抬升，对应湖盆区发育小型扇三角洲，砂体延伸不远，相带窄。

复杂走滑断裂带源汇系统模式很好地指导了渤海古近系走滑带的储层预测，并推动了一批大中型油气田的勘探发现。上述成果对类似盆地的源汇研究和储层预测具有很好的借鉴意义。

第5章

陆相断陷盆地源汇系统控砂原理工业化应用方法

源汇系统理论在古代沉积研究中仍然处于探索阶段，还没一个具有指导意义的工业化应用指南，在实际工业化应用中存在术语混乱、研究主要内容不统一、关键技术不成体系等，不利于源汇系统思想的推广应用，特别是不利于在油气勘探中的工业化应用。笔者在渤海复杂陆相断陷盆地古近系沉积体系的研究中较早地应用源汇系统控砂理论，并在油气勘探实践中获得了良好的效果，本章将渤海陆相断陷盆地源汇系统沉积的研究思路、主要研究内容做一个初步的总结，希望为类似盆地中开展源汇研究提供一个借鉴。

5.1 源汇系统研究思路

在陆相盆地中预测砂体要追溯至沉积的源头即物源区开始，然后分析碎屑物质搬运的通道、沉积的场所和沉积的时间，要分析这些要素在时间和空间上的耦合关系，而不是分析某一个单一要素对沉积体的控制作用，这样才能比较准确地预测富砂沉积体的分布特征，提高预测精度。

源汇耦合控砂的基本思想决定了源汇系统研究的基本思路，即必须遵循从“源”到“汇”的研究思路，对源汇系统中的物源子系统、搬运通道子系统和基准面转换子系统逐次分析研究，并进一步分析它们之间的耦合关系。同时也必须重视源汇过程分析，将沉积物从剥蚀到搬运、堆积的整个沉积动力学过程看成一个完整的源汇系统来探讨富砂沉积体的形成。只有在正演的思路指导下，遵循源汇过程分析，才能在复杂的陆相断陷盆地中找到真实完整的源汇耦合系统，进而准确地预测砂体富集区。

5.2 源汇系统工业化应用主要研究内容与方法

陆相断陷盆地源汇系统工业化应用的主要研究内容包括源汇系统的层序地层格架建立、物源子系统分析与物质供给通量表征、源汇系统划分与物源供给通量表征、输砂通道子系统分析与搬运通量表征、坡折子系统描述与表征、源汇系统耦合模式与沉积响应分析。

5.2.1 源汇系统层序地层格架建立

层序地层是源汇系统研究的基础，层序地层研究的准确性和精度直接影响源汇系统研究的准确性和精度。关于层序地层学的研究理论、技术方法已经有非常多的文献涉及，具体研究方法不再赘述。这里需要强调的是，在储层精细预测中需要恢复出精细古物源区，特别是在厚度较薄的地层格架内的沉积体系分析中，要进行高精度层序地层的识别，分析隆起区层序发育与湖盆沉积区层序发育的差异，进而识别出隐性物源。

源汇系统层序地层格架建立要形成的关键成果图件是源汇系统层序地层格架综合图（图 5.1），图 5.1 是一个渤海沙南地区源汇系统层序地层格架综合图的一个实例，从该综合图中可以清晰地了解本地区的物源基岩年代、层序发育的基本情况、层序的基本结构等信息。

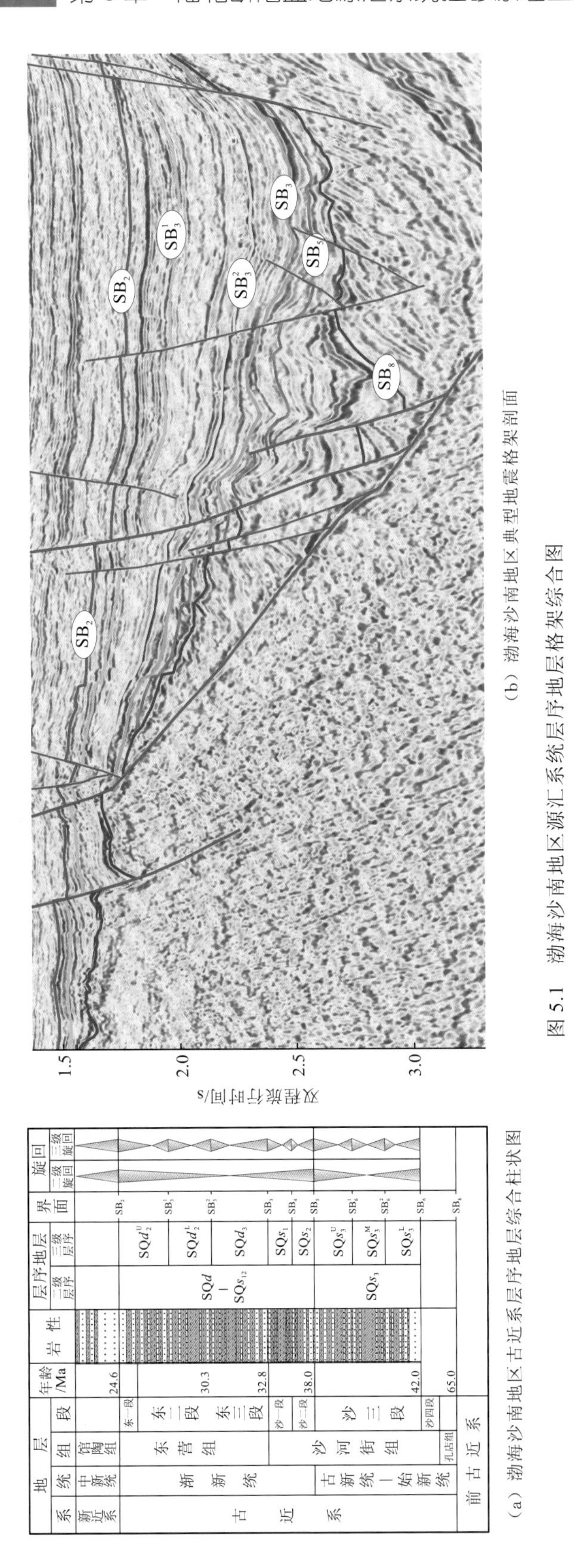

（a）渤海沙南地区古近系层序地层综合柱状图

（b）渤海沙南地区典型地震格架剖面

图 5.1　渤海沙南地区源汇系统层序地层格架综合图

5.2.2 物源子系统分析与物质供给通量表征

物源是沉积物供给之源，是储集砂体存在的物质基础。沉积物源供给对陆相盆地砂体的分布具有极其重要的影响，物源的整体分析与表征也是传统沉积体系分析中常常忽略的一个内容，因此，对物源系统进行精细的刻画表征是源汇系统分析的基础和关键。物源系统表征的内容主要有物源类型识别、物源区古地理格局确定、物源区基岩地质年代与物质组成分析、物源示踪分析 4 个方面。

1. 物源类型识别

物源类型的识别是物源研究的基础。在陆相断陷盆地，物源类型多样，不同类型的物源对砂体的控制作用不尽相同，物源古地貌恢复的方法也不完全相同。

按照物源所处的盆地位置不同，可以分为盆外物源和盆内物源。盆外物源多为盆地外围的造山带、隆起带或褶皱带，如渤海海域北部的燕山褶皱带，渤海海域东部的胶辽隆起带；盆内物源是指盆地内部分割不同凹陷或者洼陷的凸起区、低凸起区或者局部高地。盆内物源按照其规模大小可以进一步细分为区域性物源和局部性物源。区域性物源多为大型的凸起区或低凸起区，物源规模较大，剥蚀时间较长，可以作为长期物源；局部性物源是指规模较小、遭受剥蚀较短的盆地内部或周缘的小型古高地、凸起倾末端、低凸起、凹中低隆等次级正向地貌单元，它们剥蚀时间较短，实际工作中往往难以识别，具有较强的隐蔽性，但因其多处于生烃凹陷附近甚至被生烃凹陷包围，因此，局部性物源供源形成的砂体往往具有良好的成藏条件，在油气勘探中应加以重视。

复杂断陷盆地物源系统是动态的，源和汇之间在特定的条件下可以发生转换。按照活动的方式不同，陆相断陷盆地的物源可以分为垂向隆升性物源和走滑性物源。垂向隆升性物源是受生长性断层的控制，相对盆地同沉积下降，物源同沉积隆升。走滑性物源是在走滑断裂发育区，受断裂走滑活动的影响，物源的位置相对凹陷汇水区位置发生有规律性的变化。

2. 物源区古地理格局确定

古地理格局是受研究区构造变形、沉积充填、差异压实、风化剥蚀等综合作用的影响结果，古地理格局的确定与划分是源汇研究的一个重要环节。在源区古地貌恢复的基础上，结合断裂与斜坡体系类型、展布及地层叠置特征综合确定古地理格局，划分构造—沉积单元，分析各三级（或四级）层序中不同构造—沉积单元内地层的展布特征、厚度变化及沉积中心演化、迁移规律。具体步骤可概括为：①建立研究区构造-层序地层格架；②应用沉降回剥分析技术恢复不同层序发育时期的古地貌；③恢复研究区各目的层的层序发育时期古地理格局；④综合断裂与斜坡体系类型、展布及地层叠置特征，划分构造-沉积单元。这一研究主要图件包括古地理格局图、三级层序地层古厚图、断裂体系平面分布及生长指数统计图等。

图 5.2 是基于高分辨率三维地震数据体根据上述步骤做出的渤海海域沙垒田凸起及围区沙河街组古地理格局图，图中可以直观地观察、分析各沉积要素（或单元）独特的

形态。通过古地理格局分析，可以很清楚地识别出研究区的正向古地貌单元（古隆起、古凸起）、负向古地貌单元（沟谷、河道）和沉积区。古隆起等正向古地貌单元可以作为物源区，而负向古地貌单元是沉积物运输的通道，是连接物源区与沉积区的纽带。

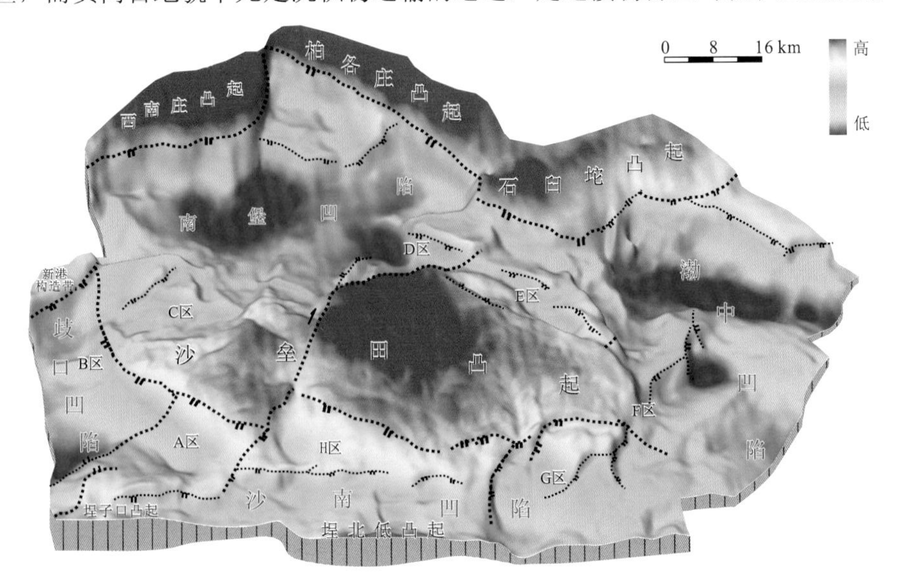

图 5.2　渤海海域沙垒田凸起及围区沙河街组古地理格局图

A 区.沙西南构造区；B 区.沙西构造区；C 区.沙西北构造区；D 区.沙北构造区；E 区.沙东北构造区；F 区.沙东构造区；G 区.沙东南构造区；H 区.沙南构造区

3. 物源区基岩地质年代与物质组成分析

源区基岩的组成直接决定了沉积区内物质的组成，因不同基岩类型抗风化、剥蚀能力存在差异，汇水区内沉积砂体发育的质量和规模也存在差异。源区基岩地质年代的确定、岩性组成及分布的研究是源汇系统的重要部分，它可以指导预测不同区带储层的物性特征。源区基岩组成的研究包括基岩年代学研究和基岩岩石学研究。

基岩岩性的确定主要根据钻井岩心、岩屑的观察与镜下鉴定，基岩年代的确定常用锆石 U-Pb 同位素测年，基岩分布的研究主要依据地震反射特征结合钻井标定。在海上探区钻井资料稀少的情况下，可以通过研究区之外的地震反射特征类比确定基岩的年代与基岩的岩石类型。

4. 物源示踪分析

在陆相断陷盆地中，沉积区内的沉积物质往往受到多个物源的影响，因此，要弄清楚沉积区的物质来源，需要对沉积物进行物源示踪分析。主要方法是利用沉积区钻井不同层序的岩屑组成特征明确沉积交汇区内原始物质的组成，应用碎屑锆石 U-Pb 定年分析精细判断年龄分布特征，精细分析地震反射终止关系指示的交汇区物源供给强弱，从不同角度、层序进行物源示踪分析，厘清交汇区内物源供给特征及垂向演化规律。图 5.3 是在渤海石臼坨西段经过物源恢复、基岩组成、物源示踪综合分析的基础上确定的三个主要沉积时期的古物源分布情况。

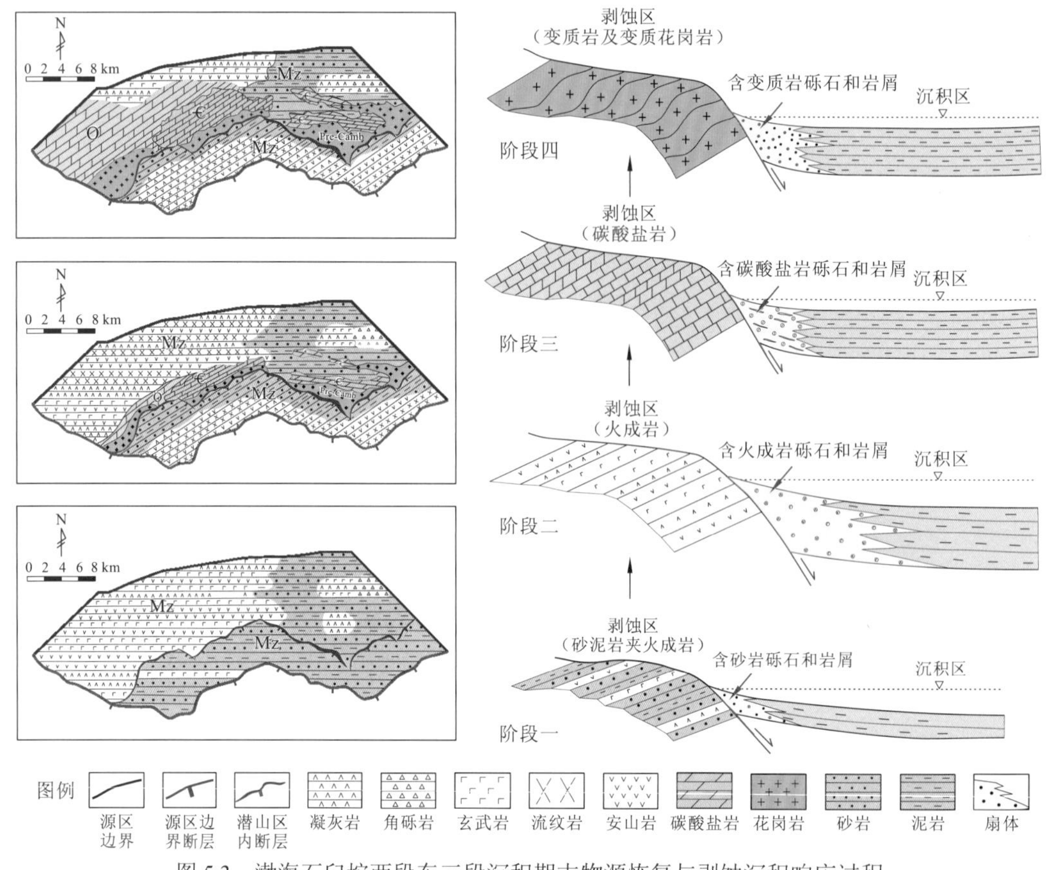

图 5.3 渤海石臼坨西段东三段沉积期古物源恢复与剥蚀沉积响应过程

5.2.3 源汇系统划分与物源供给通量表征

1. 源汇系统划分及其级次确定

源汇系统划分是源汇定量分析的基础，包括源汇系统划分、物源区基岩岩性、物源区的汇水面积与垂向高差（物源区内最高点与最低点差值）描述、物源区边界样式等。

源汇系统划分是在古地貌刻画的基础上，以分水线为界线来确定。一个物源区分水线级次控制的源汇系统的规模也不同，分水线的级次通常分为三级（图 5.4）。一级分水线是指一个物源区的中央分水岭，将物源区分割为水流流向完全相反的两个大的水系，一级分水线控制一级汇水单元，也称为一级源汇系统；二级分水线是在一级分水线的基础上，分割区域性水流流域的分水岭，这一流域内往往由多条水系构成，这些水系最终汇成一个具有相同水流方向的河流，二级分水线控制二级汇水单元，也称为二级源汇系统；三级分水线就是单个河流之间的分水岭，三级分水线控制三级汇水单元，也称为三级源汇系统。

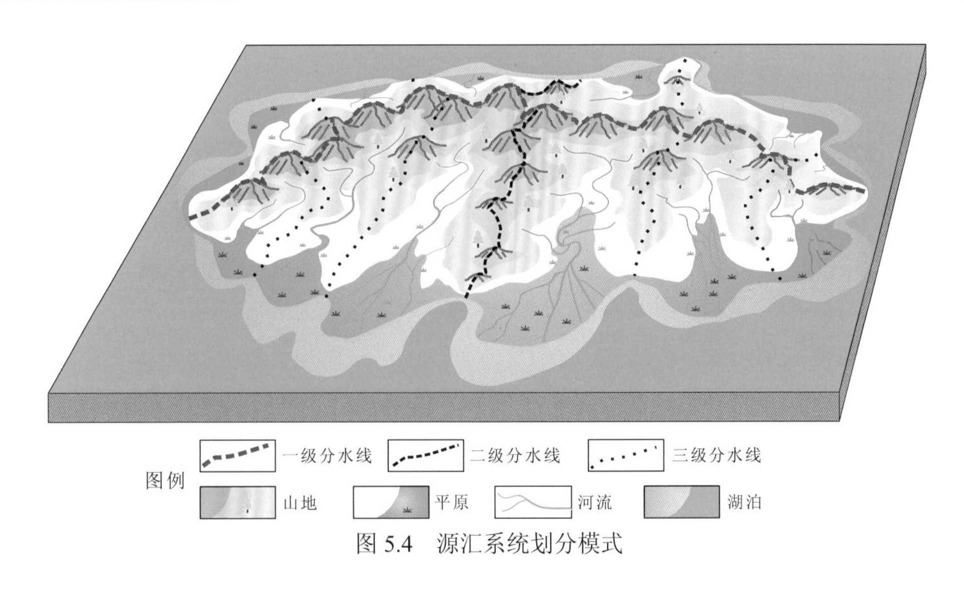

图 5.4　源汇系统划分模式

2. 物源供给通量表征

源汇系统划分后就可以定量表征一个汇水系统内的物质供给通量，包括物源区的汇水面积与垂向高差。在基岩组成、物源通道类型与规模及边界样式相近的条件下，系统内物源区的汇水面积与沉积扇体规模间呈现正相关关系，即汇水面积越大，沉积区扇体规模越大，与此同时，垂向高差越大，对应物质的供给通量越大，在沉积凹陷内对应扇体的展布面积相应越大。

沙垒田凸起自西向东（顺时针方向）划分为 22 个源汇系统（*a*～*v*），其中包括 2 个一级源汇系统，7 个二级源汇系统。其中 *a*～*l* 区位于沙垒田凸起北部，物源区南高北低，水流流向虽有差异，但整体向北，水流最终注入沙北沉积凹陷内；*m*～*v* 区沙垒田凸起南部（图 5.5），水流最终注入沙南沉积凹陷内。在源汇系统划分基础上，可开展物源区的汇水面积与垂向高差等源汇要素定量分析。

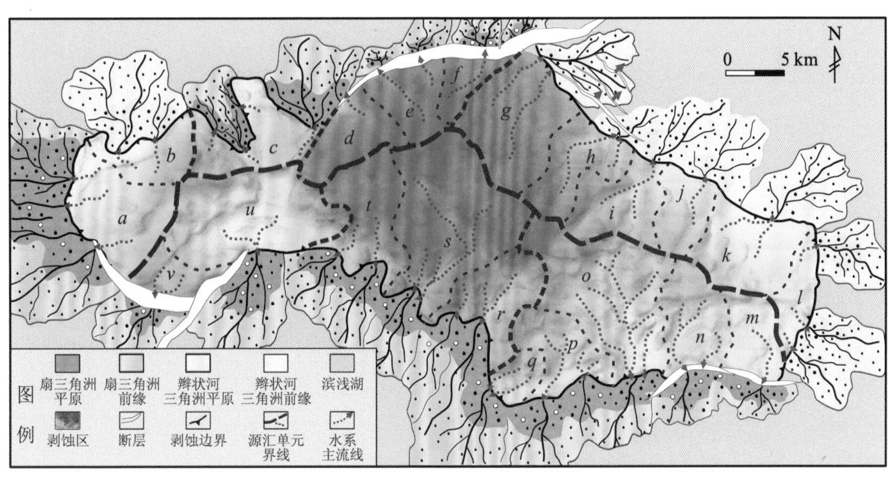

图 5.5　沙垒田凸起源汇系统级划分与扇体分布

5.2.4 输砂通道子系统分析与搬运通量表征

输砂通道系统连接物源系统和盆地沉积凹陷区，输砂通道系统的类型、规模及其与物源区基岩的配置关系控制着沉积体系的规模及其储集物性，因此输砂通道系统的分析是源汇系统分析的关键。输砂通道系统分析的主要内容包括输砂通道类型识别、沉积物搬运通量表征、输砂通道与物源的配置关系分析。

1. 输导通道类型识别

陆相断陷盆地常见的输砂体系主要有断面、侵蚀沟谷、山间洼地、断槽和走向斜坡5种类型，断面是碎屑物质的线状供给方式，其他4种都是点状供给方式，这4种类型可以是单一存在，也可以组成复合的输砂体系类型，不同类型的输砂体系可以相互转化。不同输砂通道的输砂能力取决于其横断面积的大小及其坡度的大小。

输砂通道的识别可以从地震单剖面上直接识别，单剖面上识别后进行平面组合，确定输砂通道的平面分布；输砂通道也可以通过古地貌图识别判断。断槽型沟谷因断槽在垂向上存在明显高差，在沉积古地貌刻画基础上，可以辅助应用相干体属性进行拾取。通过相干体属性可以有效凸显不连续的特征，指示断层展布和断面及典型古沟谷的特征，提高其解释精度。

2. 沉积物搬运通量表征

沉积物搬运通量表征参数主要包括沟谷长度和宽度、沟谷下切深度、宽深比及平均通道截面积等参数（表5.1），沟谷长度和宽度可以从古地貌图上直接读取，但是下切深度需要从地震剖面上读取统计。在物源区产状、基岩等条件相近的背景下，物源通道规模（宽/深/长度）越大，其输导、搬运沉积量越大。

表5.1 渤海海域石南陡坡带沟谷定量表征

沟谷编号	V1	V2	V3	V4	V6	V11	V18	V19	V20	V21	V22	V23	V24	V25
沟谷长度/m	3 520	1 700	1 650	1 720	5 000	3 600	2 160	3 980	2 400	2 410	1 980	2 150	2 420	2 410
平均宽度/m	880	370	470	634	1 650	997	564	892	660	787	980	848	819	810
平均深度/m	138.6	52.36	30.8	49.28	123.2	175.56	80.08	120.12	104.72	86.24	58.52	52.36	52.36	64.68
宽深比	6.3	7.1	15.3	12.9	13.4	5.7	7.0	7.4	6.3	9.1	16.7	16.2	15.6	12.5
平均通道截面积/m^2	60 984	19 373	7 238	15 622	101 723	87 517	22 583	53 573	34 558	33 935	28 675	22 201	21 441	26 195

3. 输砂通道与物源的配置关系分析

输砂通道与物源的配置关系非常重要，输砂通道与物源的配置关系决定了沉积体碎屑物的岩石构成，因而直接影响储集体的物性。图5.6是渤海旅大29地区沟谷与物源的配置关系图，钻探实际表明，LD29-1N-1井沙二段辫状河三角洲是由切过元古宇碳酸盐岩的沟谷供给物源，砂体储集物性极差；LD29-1-1Sa井沙二段辫状河三角洲是由切过中生界火山岩的沟谷供给物源，储集物性要好得多，测试获得了高产；LD29-1-2 井则是两者的混源，其储层物性介于两井之间。可见，沟谷与物源区基岩性质的配置关系对储集物性有着重要的影响。

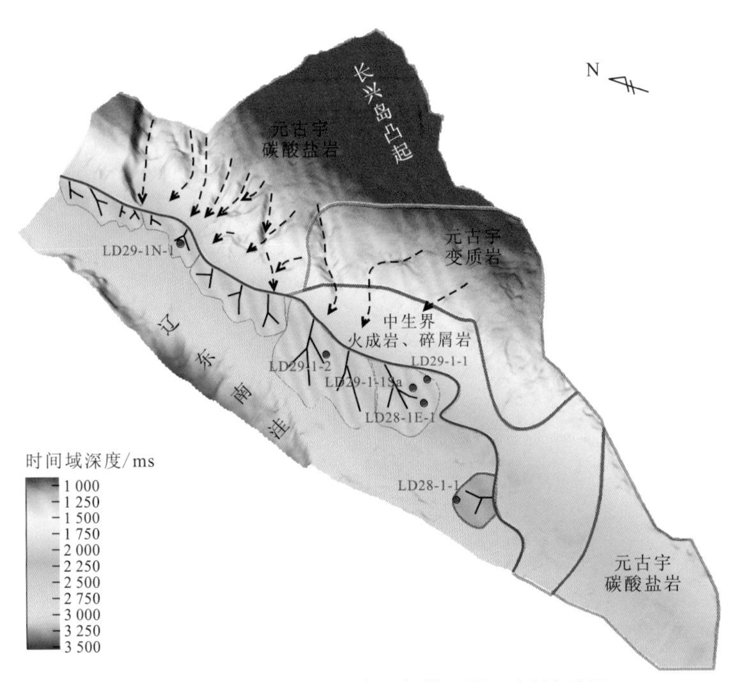

图 5.6　旅大 29 地区沟谷与物源的配置关系图

5.2.5　坡折子系统描述与表征

坡折带的概念最早起源于地貌学，指地形坡度发生突变的地带，在源汇系统中坡折带具有重要的意义，它是物源体系、输砂通道体系与沉积物汇聚体系的地貌分界，更是沉积物卸载的地方。

1. 坡折类型识别

渤海海域古近系坡折带划分为伸展型边界断裂坡折带、走滑型边界断裂坡折带、沉积坡折带和基底先存地形坡折带 4 种类型。据伸展型边界断裂平面组合样式可进一步划分出单断式陡坡坡折带、断阶式坡折带和传递构造坡折。不同类型的坡折带对沉积体系的控制作用明显不同。

断裂坡折带的识别主要根据古构造图进行识别，而不能依据现今地貌进行识别，特别是断裂坡折，如果断层不控制沉积，那么就不能作为坡折带；沉积坡折带和基底先存地形坡折带要根据地震剖面和古地貌图结合起来判别。

2. 坡折产状表征

在陆相盆地中，坡折带泛指从坡折和坡脚及其附近明显受斜坡控制的侵蚀和沉积作用活跃地带，包括坡折、斜坡和坡脚三个部分。坡折产状表征主要包括斜坡的产状和坡脚的产状（倾角、倾向）。

坡折带斜坡坡度大，其控制的扇体呈现面积小、厚度大、粒度粗的特征；而坡折带斜坡坡度越小，其控制的扇体呈现出面积大、沉积厚度相对薄、粒度偏细的特征。根据坡脚产状的差异，可以将坡脚分为上倾型坡脚单断坡折带和下倾型坡脚单断坡折带，下倾型坡脚单断坡折带容易产生由滑塌作用形成的滑塌浊积扇。

在完成物源子系统、输砂子系统和坡折子系统的相关研究后，要编制一张物源供给系统古地理综合图，图中需要包含物源区母岩岩性要素、古地貌要素、汇水单元要素、源汇系统划分要素、坡折类型要素五大要素（图 5.7）。

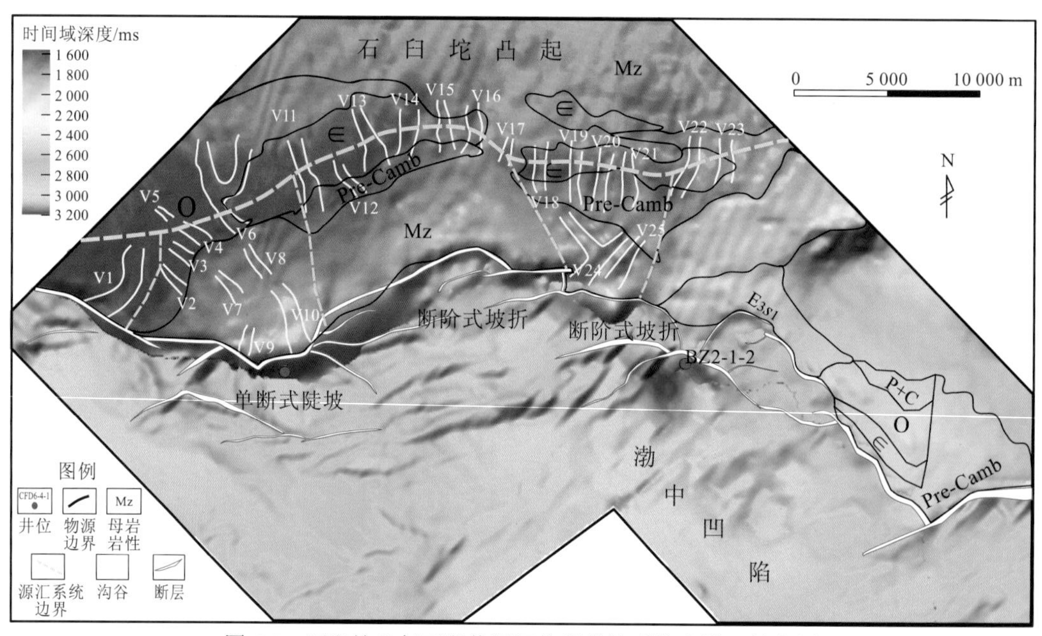

图 5.7　石臼坨凸起西段物源区物源供给系统古地理综合图

5.2.6　源汇系统耦合模式与沉积响应分析

基于目标区目的层段“源—渠—汇”各单元的刻画、统计，综合源区定量示踪、物源搬运通道精细识别、沉积砂体多尺度刻画、构造—沉积—层序一体化模式论证，建立研究区不同类型的“源—渠—汇”系统耦合模式。

源汇系统耦合模式与沉积响应分析具体步骤如下：①“源—渠—汇”系统控制因素分析，分析内容包括物质组成及供给通量、优势堆积方向及搬运通量、沉积充填样式及可容通量，明确构造—层序边界样式对“源—渠—汇”系统要素的控制作用。②“源—渠—汇”系统类型与特征。研究重点参照源区（汇水体系）、物源搬运体系及其与汇区之间衔接处的边界样式差异，将沙垒田凸起“源—渠—汇”系统划分为断裂陡坡型“源—渠—汇”系统、断裂缓坡型“源—渠—汇”系统及斜坡型“源—渠—汇”系统三大类。

其中断裂缓坡型“源—渠—汇”系统可以进一步划分为单一断裂缓坡型“源—渠—汇”系统与多级断裂缓坡型“源—渠—汇”系统。主要图件有不同类型“源—渠—汇”体系模式图、不同层序“源—渠—汇”系统耦合模式图等。

在源汇系统理论指导下，结合钻/测井和地震识别的沉积相类型标志，通过区域连井—地震剖面的沉积相解释及重点区带地震沉积学的精细解剖，综合编制以三级层序为单位的全区源汇沉积体系平面分布图，进而在层序格架内分析沉积相与沉积体系的发育分布特征（图 5.8）。

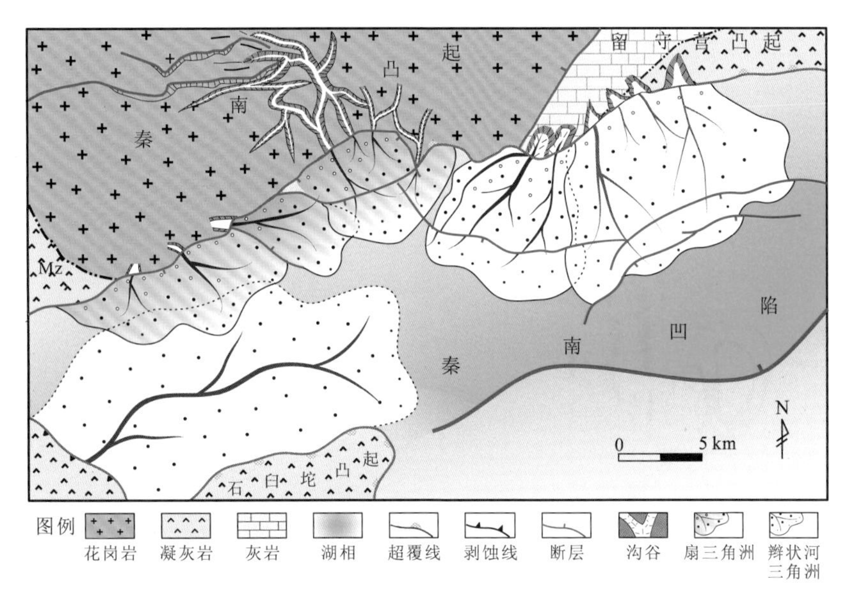

图 5.8　渤海秦南地区沙三段源汇沉积体系平面分布图

第6章

源汇系统主要研究技术方法

源汇耦合控砂的基本思想决定了源汇系统研究必须遵循从“源”到“汇”的研究思路，对源汇系统中的物源子系统、搬运通道子系统和基准面转换子系统逐项分析研究，并进一步分析它们之间的耦合关系；同时也必须重视源汇过程分析，将沉积物从剥蚀到搬运、堆积的整个沉积动力学过程看成一个完整的源汇系统来探讨沉积体系的形成。因此，基于正演思路，遵循源汇过程分析，在复杂的陆相断陷盆地中找到相对完整的源汇耦合系统，进而准确地预测砂体富集区。通过在渤海海域多个地区的实践应用，逐步集成了一套源汇系统研究的储层预测技术方法与组合，主要包括高精度层序地层分析技术组合、古地貌恢复技术、物源区母岩恢复技术、地震沉积学技术、沉积通量计算技术、源汇约束下的沉积模拟技术等多项技术方法。

6.1 高精度层序地层分析技术组合

层序地层学是从20世纪80年代以来在地震地层学的基础上发展起来的一门新兴边缘学科（Posamentier and Vail，1988），源于海相被动大陆边缘盆地的层序地层学理论，经过30多年的发展，得到了不断的丰富、拓延和进展。层序地层学理论把沉积过程纳入盆地演化的时空框架中研究，把沉积演化与地球的多旋回或节律演化结合起来，在更为精确的时空格架上研究古构造和古地理的演化，促进了人们对盆地沉积结构及其成因的系统探索（Catuneanu，2006；Gawthorpe and Leeder，2000；Vail，1983）。

层序地层学已在陆相地层研究中得到了广泛应用。油气勘探目标从构造圈闭到非构造圈闭的转变，也促使陆相层序地层的研究朝着更加精细化的方向发展。同时，由于相关学科及交叉学科（油气地质学、沉积学、海洋地质学、古气候学、古生物学、地球物理、同位素测年、地球化学、计算机模拟）的发展，使层序地层学的自身理论学科也得到了进一步的完善和发展，形成了生物层序地层学、高分辨率层序地层学、层序充填动力学、应用层序地层学、定量层序地层学分析和层序地层学模拟等一些新的发展方向（林畅松 等，2010；Fome，2010；朱红涛 等，2007；姜在兴，1996），总体表现出由宏观向微观、由手工向智能、由理论向应用、由静态向动态、由单学科向多学科、由定性向定量的发展趋势，为源汇系统的研究奠定了格架基础。

由于我国陆相盆地类型多样性（郑荣才 等，2000；解习农和李思田，1993）、层序充填过程独特性及其控制因素多变性（朱红涛 等，2008；Catuneanu，2006），不同的专家、学者基于自己的地质观点、层序划分原理、旋回识别原理，对同一套地层，可以划分出不同的层序和旋回，造成了层序划分方案、层序边界、层序内部界面（体系域界面）的混乱和矛盾，这些定性的解释很难证明哪一套方案更合理（王英民，2007）。因此，很多专家基于地震资料、测井资料、地球化学资料开展层序地层单元定量识别研究，以期消除人工划分层序的不确定因素，提高旋回划分、对比的精度和准确性，逐步实现层序旋回划分从定性、半定量到定量的过程（朱红涛 等，2011；林畅松 等，2010；王英民，2007）。

6.1.1 地震层序识别与划分

地震资料是开展层序地层学研究的核心资料，可有效揭示钻井之间的层序发育样式，目前地震资料定量解释技术包含时频分析技术（Gabor，1946）和产状预测技术（Fomel，2010）。时频分析技术始于Gabor（1946）提出的短时窗傅里叶变换，即将频率域信息和时间域信息联系起来进行信号分析。与传统定性划分层序界面方法相比，时频分析基于不同级别的层序体内部在沉积上具有旋回性，能够将微小的时频差异显现出来，实现地震旋回体的解释，减少人为因素的影响。Fomel（2010）提出的产状预测技术即利用地震数据体中产状信息进行精细的层位追踪，结合内部层序反射终止方式与Wheeler域转换实现层序单元的定量划分。基于产状预测技术和OpendTect软件SSIS（Sequence Stratigraphic

Interpretation System）模块，刘强虎等（2013）对珠江口盆地恩平凹陷古近系文昌组地震层序地层单元定量识别进行了实验，通过无井控条件下的恩平凹陷古近系文昌组的地震层序地层单元定量识别研究，建立了等时地层单元及组合形态的地质模式（图 6.1）。

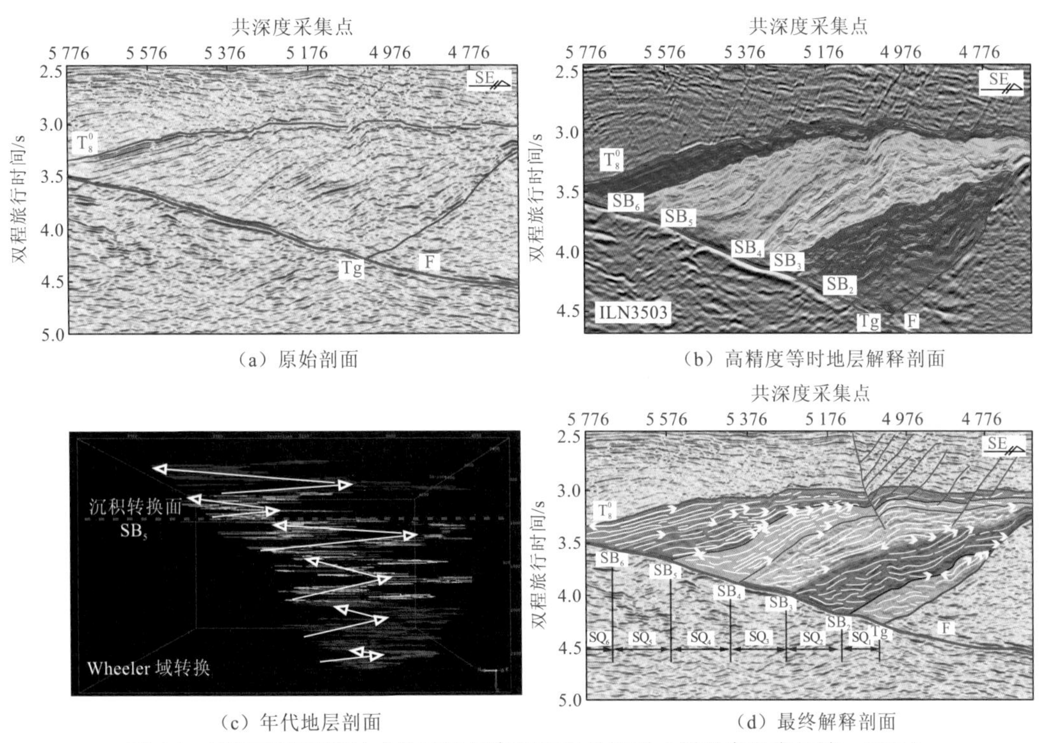

（a）原始剖面　　（b）高精度等时地层解释剖面

（c）年代地层剖面　　（d）最终解释剖面

图 6.1　基于产状预测技术的三级层序界面定量识别（刘强虎和朱红涛，2013）

6.1.2　测井层序识别与划分

测井资料蕴含丰富的地质信息，测井曲线的形态、幅度能够敏感连续地反映所测地层的成层性和旋回性特征。但是，测井曲线分层标志有时并不清楚，加之不同时期相似陆相沉积环境中的沉积物的测井响应具有相似性，而陆相沉积环境的多变性又使砂层尖灭或被剥蚀的情况经常出现，使得这些体现地层岩性、沉积旋回变化等丰富的地质信息没有被充分地挖掘出来。因此，很多专家借用地球物理高分辨率处理手段，开展测井资料的层序地层单元定量识别技术，以期消除人工划分层序的不确定因素，提高旋回划分、对比的精度和准确性，逐步实现层序旋回划分从定性、半定量到定量的过程（朱红涛等，2011；王英民，2007）。目前国内外利用测井资料定量识别层序地层单元的主要技术和方法有时频分析技术、测井曲线分形分析（Belfield，1998）、小波分析技术（Zhang et al.，2003）、经验模态分解法（Patrick et al.，2004）、综合预测误差滤波分析（integrated prediction error filter analysis, INPEFA）技术（Nio et al.，2005）和测井多尺度数据融合方法（Gifford and Agah，2010）等。其中，INPEFA 技术应用于层序地层研究的基本思路是：首先根据曲线趋势及转换点（拐点）判断水进、水退和较高级别的地层界面，然后在较高级别的地层界面内划分较低级别的地层界面。在具体应用时分别采用整体 INPEFA 分析、分段 INPEFA 分析、局部 INPEFA 分析。朱红涛等（2011）结合 INPEFA 定量识别方法对西湖凹陷钻井层序地层单元定量识别进行实例分析（图 6.2），划定研究区三至四级层序地层单元，效果良好。

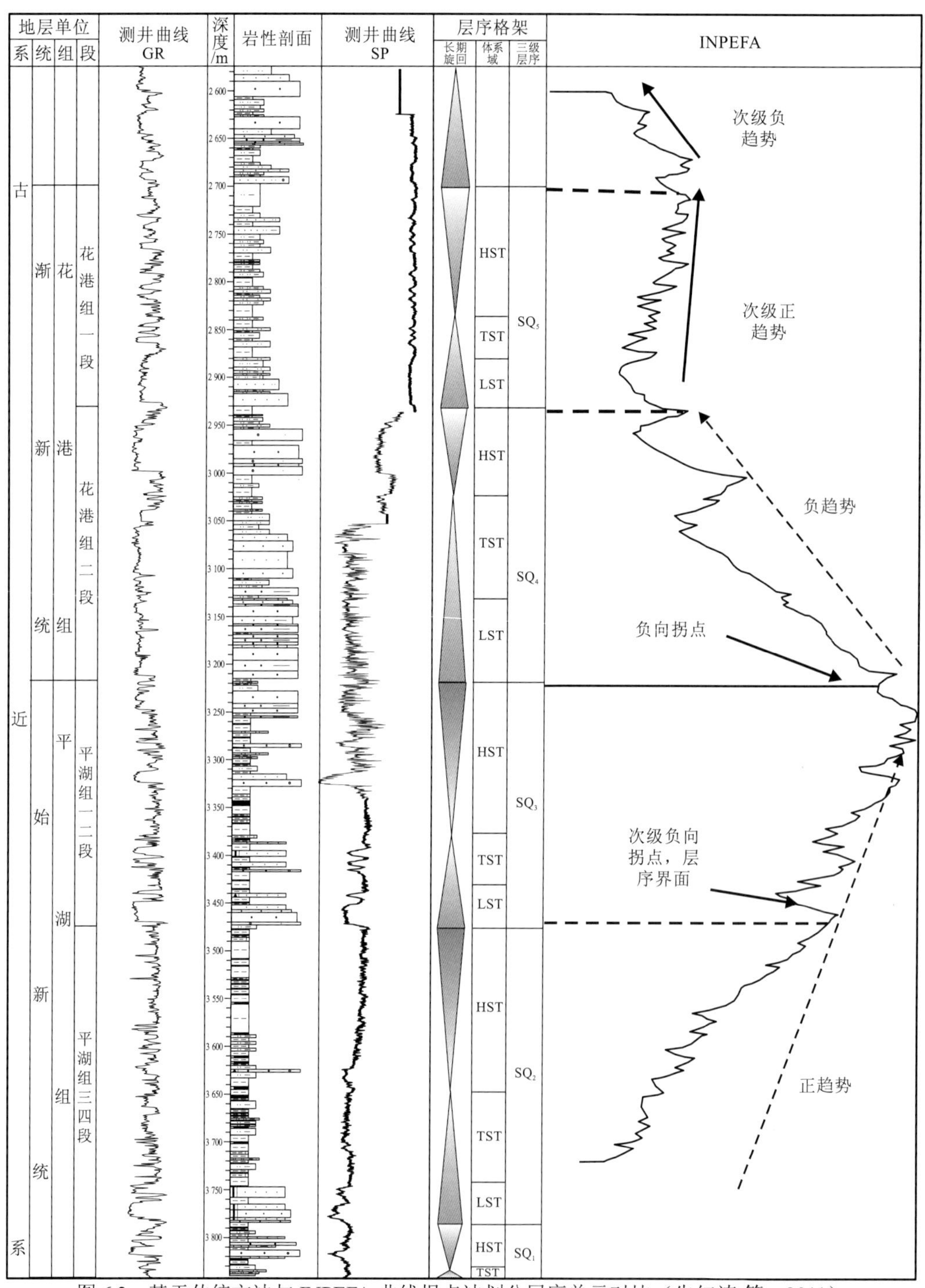

图 6.2　基于传统方法与 INPEFA 曲线拐点法划分层序单元对比（朱红涛 等，2011）

6.1.3　地球化学层序识别与划分

应用地球化学方法是开展层序地层单元定量识别的方法之一。地壳中元素的迁移富集规律，一方面取决于元素本身的物理性质，另一方面取决于地质环境的影响（赵俊青 等，2004）。黏土矿物、微量元素普遍存在于各种类型的沉积物和沉积岩中，它们对环境的变化极为敏感，它们的沉积分异、组合特征、矿物成分及其质量分数都从不同的角度记录了形成过程中各种环境因素的变化（纪友亮 等，2004）。三级层序地层单元及更高级别层序的发育主要受控于湖平面、气候等因素，而沉积物中化学元素的富集和迁移与湖平面、气候的变化有一定的响应关系，因此，可以应用沉积物中化学元素的规律性变化进行层序地层单元的识别和划分。在调研国内外相关文献的基础上，总结前人的研究成果，可知应用地球化学指标识别层序地层单元的方法有：碳氧同位素法（纪友亮 等，2004）、黏土矿物法（赵永胜，1993）、胶结物含量法（韩登林 等，2010）、微量元素法（赵俊青 等，2004）、稀土元素法（操应长 等，2003）、TOC 识别法（白斌 等，2010）、镜质体反射率法（王敏芳 等，2006）等。朱红涛等（2012）总结出了各方法所使用的地球化学指标与体系域、基准面旋回响应的模式图，如图 6.3 所示。图 6.3 中稀土元素（rare earth elements，REE）

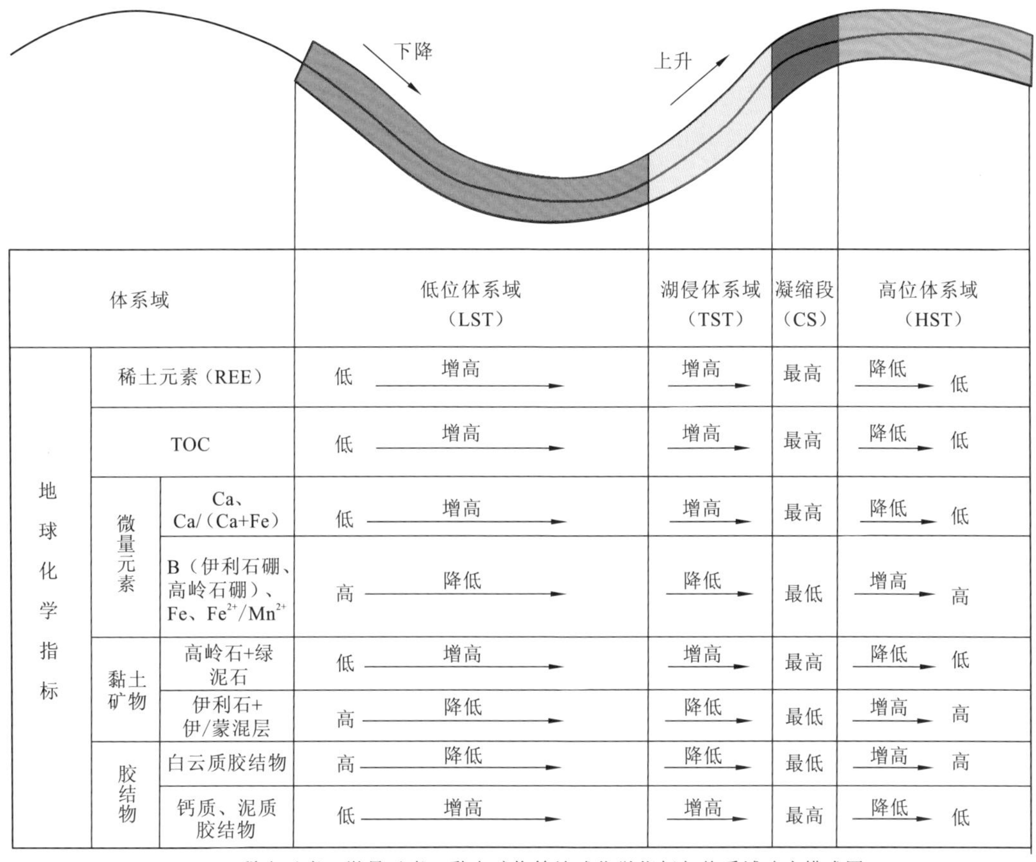

体系域			低位体系域（LST）	湖侵体系域（TST）	凝缩段（CS）	高位体系域（HST）
地球化学指标	稀土元素（REE）		低 增高→	增高→	最高	降低→ 低
	TOC		低 增高→	增高→	最高	降低→ 低
	微量元素	Ca、Ca/（Ca+Fe）	低 增高→	增高→	最高	降低→ 低
		B（伊利石硼、高岭石硼）、Fe、Fe^{2+}/Mn^{2+}	高 降低→	降低→	最低	增高→ 高
	黏土矿物	高岭石+绿泥石	低 增高→	增高→	最高	降低→ 低
		伊利石+伊/蒙混层	高 降低→	降低→	最低	增高→ 高
	胶结物	白云质胶结物	高 降低→	降低→	最低	增高→ 高
		钙质、泥质胶结物	低 增高→	增高→	最高	降低→ 低

（a）稀土元素、微量元素、黏土矿物等地球化学指标与体系域响应模式图

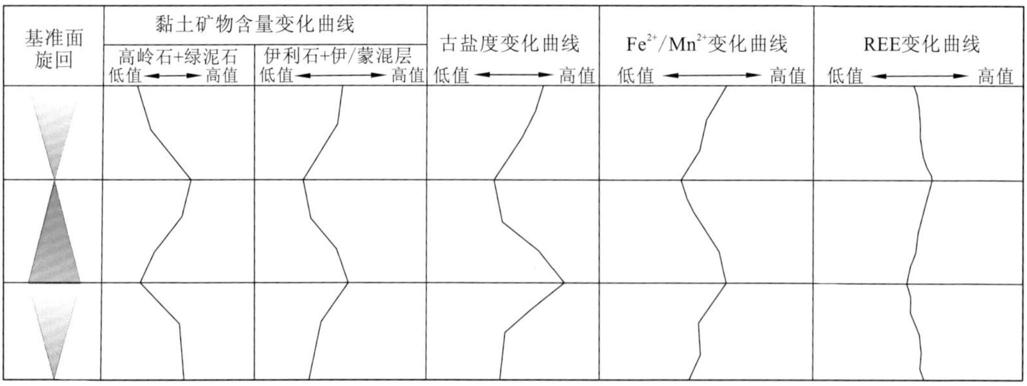

基准面旋回
黏土矿物含量变化曲线
高岭石+绿泥石 低值 高值
伊利石+伊/蒙混层 低值 高值
古盐度变化曲线 低值 高值
Fe^{2+}/Mn^{2+}变化曲线 低值 高值
REE变化曲线 低值 高值

（b）稀土元素、微量元素、黏土矿物等地球化学指标与基准面旋回响应模式图

图 6.3　稀土元素、微量元素、黏土矿物等地球化学指标与体系域、基准面旋回响应模式图

含量，TOC 含量，Ca/（Ca+Fe），高岭石＋绿泥石，钙质、泥质胶结物等地球化学指标在从低位体系域—湖侵体系域—高位体系域的变化过程中呈现低值—最高值—低值的变化；而 B（伊利石硼、高岭石硼）、Fe、Fe^{2+}/Mn^{2+}，伊利石+伊/蒙混层，白云质胶结物等地球化学指标在从低位体系域—湖侵体系域—高位体系域的变化过程中呈现高值—最低值—高值的变化；因此，高岭石+绿泥石、稀土元素（REE）变化曲线的正向拐点（曲线从降低到升高）对应于层序界面，负向拐点（曲线从升高到降低）对应于最大湖泛面；伊利石+伊/蒙混层、古盐度、Fe^{2+}/Mn^{2+}变化曲线的正向拐点对应于最大湖泛面，负向拐点对应于层序界面。值得注意的是，不同级别的拐点对应于不同级别的层序界面，图 6.3 中所示仅为地球化学指标与沉积旋回响应的模式，并没有针对具体级别的层序。

6.2　古地貌恢复技术

古地貌恢复是盆地分析的一项重要内容。古地貌是构造变形、沉积充填、差异压实、风化剥蚀等综合作用的结果，特别是构造运动，往往导致盆地面貌的整体变化，是其中最大的影响因素。作为沉积地层发育的背景，古地貌对后期源汇系统的输导、分配起着明显的控制作用，制约着沉积体系和储集层的成因、类型和展布（张建林 等，2002）。陆相断陷盆地构造复杂，储集层相变快，开展古地貌恢复工作是进行沉积体系研究及储层预测的基础和前提。

6.2.1　古地貌恢复技术在源汇系统研究中的应用现状

古地貌恢复由构造恢复和地层厚度恢复两部分组成（叶加仁 等，1995）。构造恢复包括构造沉降量的恢复和水平走滑量的恢复，恢复难度很大（张立勤 等，2005）。目前较多采用的构造恢复方法是一维的埋藏史恢复、二维的层拉平法及平衡地质剖面法。地层厚度恢复的基本方法是回剥法，即剥去目的层以上地层使其拉平到地表并利用压实原理计算古厚度。回剥法是利用压实曲线恢复地层厚度的最精确方法。一维的埋藏史恢复是在有钻井的地点，利用井资料恢复埋藏深度，它只考虑沿深度方向的压实作用和剥蚀作用，不能反映断层、褶皱作用。而二维的层拉平法虽考虑了地层的横向变化，但其并不符合地质演化机理，在有大的断层、褶皱的条件下，会造成地层厚度及界面形态的错误计算，所以该方法仅用于构造较平静的地区，用以大致评价构造演化。实际上，绝大多致盆地拉伸变形不是单轴水平拉伸的剖面上的二维变形，而是多轴水平拉伸的三维变形，如果按单独水平拉伸前提条件去重建多轴水平拉伸盆地古构造，其结果与实际情形有较大的偏离，甚至相去甚远。因此，三维古构造恢复是未来的必然发展方向，其核心思想是：先在合适的剖面内恢复二维古构造，再将不同方向剖面二维古构造进行叠加。

地层厚度恢复包括剥蚀量恢复和去压实校正。相对而言，去压实校正对总体地貌形态影响不大，剥蚀量恢复是地层厚度恢复的关键。国内外用于估算地层剥蚀厚度的方法有很多，比较常用的有砂岩孔隙率法、泥岩声波时差法、古地温法、镜质体反射率法、沉积速率法、物质平衡法及未剥蚀地层厚度延伸法等。

（1）砂岩孔隙率法的原理是，沉积地层中砂岩的原生孔隙率在沉积期后的埋藏过程中随深度增加呈指数减小，其趋势在半对数坐标系中为斜线。据此规律，由一定埋深砂岩的孔隙率外推到地面就是其原生孔隙率。因此，地层遭受过抬升剥蚀，将曲线外推到地表，孔隙率应小于原生孔隙率，两者之差的垂直距离即为剥蚀量。

（2）泥岩声波时差法的原理如下。泥岩声波时差（Δt）与埋深（H）的关系为

$$\Delta t = \Delta t_0 e - CH \tag{6.1}$$

式中：Δt_0 为地表未固结泥岩的声波时差值，μs/m；C 为正常压实曲线的斜率；Δt 为任一埋深的泥岩声波时差，μs/m；H 为泥岩埋藏深度，m；e 为自然对数底。Δt_0 的理论值为 620～650 μs/m，某一地区的 Δt_0 可根据该区多口井正常压实曲线外推至地表的平均值求得（图 6.4）。

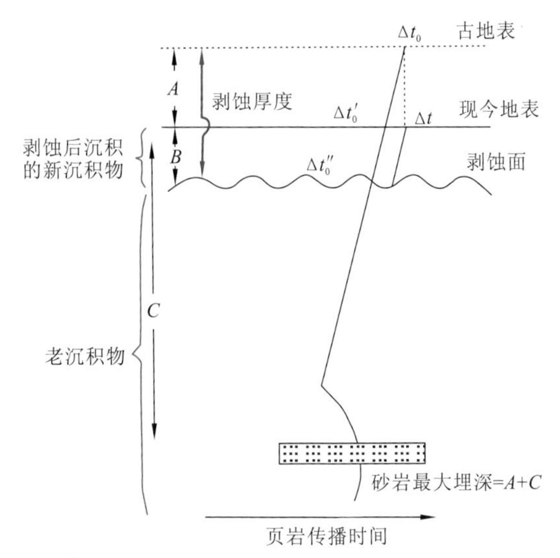

图 6.4　泥岩声波时差法的基本原理（Magara，1976）

与砂岩孔隙率法相似，不整合面以下泥岩的压实曲线外延至 $\Delta t = \Delta t_0$ 处即为古地表，古地表与不整合面之间的距离即为剥蚀厚度。

（3）古地温法包括古地温梯度法、包裹体测温法、磷灰石裂变径迹法等，是利用某些特殊矿物对温度的敏感性求出古地温，据此建立不同时期的古地温曲线，然后利用古地温梯度推算出剥蚀厚度，其数学模型为

$$Z_b = Z_r + (T_d - T_g)/(dt/dz) \tag{6.2}$$

式中：Z_b 为剥蚀厚度；Z_r 为不整合面以上地层厚度；T_d 为现今地表温度；T_g 为古地表温度；dt/dz 为古地温梯度。

（4）镜质体反射率法：镜质体反射率的大小不仅取决于埋藏深度（H），而且还取决于地温梯度和作用时间。在某种条件下，尽管埋深没有增加，但随着时间的推移镜质体反射率 R_o 将继续增大。而在剥蚀面上下地层的初始值 R_o 完全不同，因此随着埋深的增加，剥蚀面以上的 R_o 因初始值较小而增大较快，剥蚀面以下的 R_o 因为曾遭受过较高温度，R_o 增加缓慢。在 R_o-H 关系曲线上，剥蚀面上、下 R_o 的变化趋势不同，将整合面以下 R_o-H 关系曲线外推到地表，H 的变化量就是剥蚀量。这种方法一般称为 R_o-H 法。

（5）沉积速率法分为两类：一类为沉积速率比值法；另一类为沉积速率趋势法。前者根据地史过程中沉积特征的继承性和相似性进行计算，即假定相邻点的沉积速率比相等，估算剥蚀厚度；后者根据地层沉积速率并非处处相等，而是不同地质环境有其相应的沉积速率（陆架、陆坡的同期沉积物及沉积速率是完全不同的），沉积速率的平面变化也是有规律的，据此计算剥蚀厚度。

（6）未剥蚀地层厚度延伸法又称地质构造法或地质外推法，包括内插和外插法。使用此方法的前提条件是假设剥蚀前地层的厚度或厚度变化均一且有规律可循。此方法是最常用的方法之一。

另外还有物质平衡法、地质年龄差比值与残留厚度乘积法等计算方法。上述这些方法都有一定的使用条件：由于地层埋藏以后，孔隙度、压实、古地温、R_o 均是不可逆的，所以方法（1）、（2）、（3）、（4）仅适合于不整合面以上的新地层对不整合面以下的未剥蚀层施加的压力小于不整合面以上的被剥蚀地层对不整合面以下的未剥蚀地层施加的压力这一情况，并且由于钻井和测试资料往往非常有限，这些方法无法大面积使用；方法（5）仅适合有密度资料应用的探讨性研究；方法（6）有一定的适用性，但当地层厚度横向变化较大和完整地层不存在时无法使用。总之，单独使用各种方法均有这样或那样的限制，很难对一个经过多期构造运动且形成了多个不整合面的复杂盆地进行剥蚀量恢复。

6.2.2 古地貌恢复技术在源汇系统研究中的技术流程

针对各种方法的适用范围及实际资料情况，考虑到海域地震资料丰富、控制点多、可信度高的特点，采用基于大量地震资料和少数钻井资料的地层厚度恢复方法——井-震联合地层恢复法，即有井区利用泥岩声波时差法对钻井各地层剥蚀厚度进行恢复；无井区利用地震资料，在明确界面接触关系和剥蚀类型的基础上，逐层分类，主要利用未

被剥蚀地层厚度趋势延伸法，对研究区地层剥蚀厚度进行恢复。这一方法点面结合，兼顾了地震在横向的分辨能力和钻井在纵向的识别精度，能较好地实现剥蚀厚度的恢复。

以渤海海域辽东带为例，简要介绍古地貌恢复流程。

1. 现今地层厚度统计

充分利用覆盖全区的高分辨率地震资料，在各地层界面识别的基础上，分别统计古近系东一段、东二段、东三段、沙一段、沙二段、沙三段、沙四段、孔店组的现今地层厚度，无沉积区记为零。

2. 剥蚀类型分析

通过分析不同构造部位剥蚀界面与下伏地层的接触关系，总结出各时期不同位置地层的剥蚀类型。概括起来，可以分为以下 5 种类型，不同剥蚀类型采用不同的恢复方法（图 6.5）。

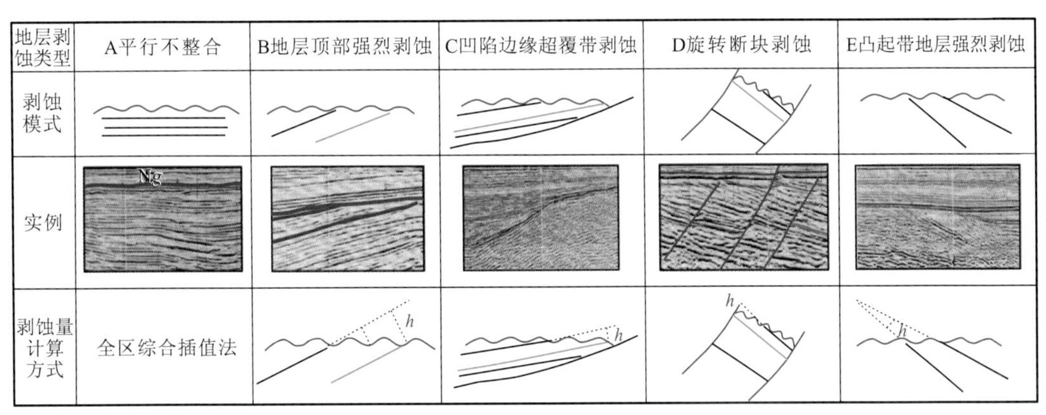

图 6.5　辽东带中南段地层剥蚀类型及其恢复方法

（1）A 类剥蚀关系是地层横向变化稳定，剥蚀面与地层层面基本平行，因此在地震资料上看不到明显的剥蚀点，这种剥蚀关系是最难恢复的一种类型。对这类剥蚀进行恢复，采取的是全区综合插值法，这样可以尽量减少人为干扰，利用地层厚度变化特征自动处理。

（2）B 类剥蚀关系的特点是地层顶部遭受强烈剥蚀，上覆地层产状明显不同，在地震特征上表现为地层顶部为削截，地层内部反射结构为平行或亚平行反射。对这类剥蚀进行恢复，采取的是沿平行线方向延伸取垂直厚度 h 的方法。

（3）C 类剥蚀关系是一般位于凹陷边缘超覆带，原始地层沉积体呈楔状发育，剥蚀面与地层层面呈较大的角度关系，因此这类地层剥蚀面在地震资料上容易识别，地层的减薄受原始沉积地层厚度变化规律和剥蚀面特征控制。零剥蚀点是在地震剖面上第一个明显的剥蚀点的位置，零沉积点是沿着残留地层顶、底面延伸的交点。确定了零沉积点和零剥蚀点，将两点内插便得到地层剥蚀量 h。

（4）D 类剥蚀关系是一般位于旋转断块顶部，剥蚀面下伏地层同相轴近乎平行，顶部削截，一般剥蚀范围有限，剥蚀前地层厚度和现今保存完好地层的厚度相当，因此，沿着同相轴延伸保存完好地层的顶线，其他位置到这条线的垂直距离 h 就是剥蚀厚度。

（5）E 类剥蚀类型一般在凸起带地层常见，原始地层内部厚度变化呈反楔型发育，地层为向上倾方向减薄的正向楔状体，有明显的零沉积点和零剥蚀点，厚度恢复方法与第二种类型相同。

3. 逐层统计剥蚀地层厚度

按照上述 5 种剥蚀类型的恢复方法，逐层对全区各地层的剥蚀厚度进行恢复，与此同时，识别并统计全区主要断层。

4. 泥岩声波时差法对有井区地层剥蚀厚度进行恢复

辽东带中南部仅有几口钻井，勘探程度偏低，揭示的古近系主要为渐新统东营组和始新统沙河街组，分为东一段（Ed_1）、东二段（Ed_2）、东三段（Ed_3）、沙一段（Es_1）、沙二段（Es_2）和沙三段（Es_3），孔店组（Ek）全区分布较为局限（图 6.6）。

根据泥岩声波时差法的原理，首先求取地表未固结泥岩的声波时差值。因为古近系和新近系存在着较大规模的不整合面，所以利用的泥岩声波时差资料是新近系的。实际运用两口井，求得地表未固结泥岩的声波时差值分别为 212 μs/ft[1]和 200 μs/ft[图 6.6(a)]，取其平均值 $\Delta t_0 = 206$ μs/ft。在此基础上，以剥蚀前地层的压实效应是否被后来的沉积地层改造为标准（周瑶琪和吴智平，2000），对区内已钻 4 口井古近系地层剥蚀厚度进行恢复[图 6.6（b）]。

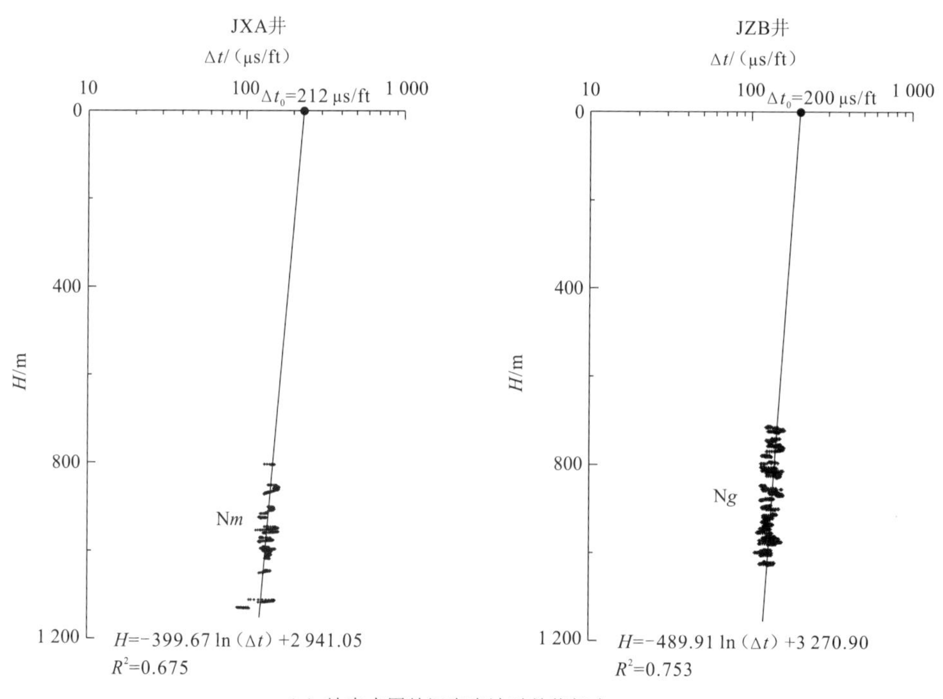

（a）地表未固结泥岩声波时差值拟合

① 1 ft = 3.048×10^{-1} m。

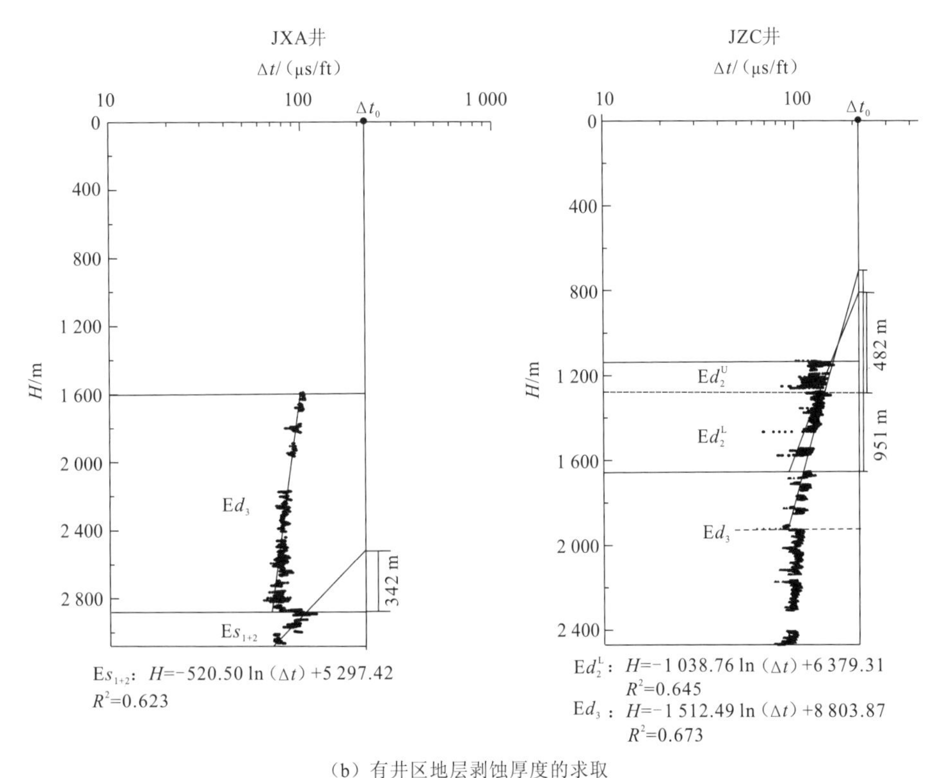

（b）有井区地层剥蚀厚度的求取

图 6.6　地表未固结泥岩声波时差值拟合和有井区地层剥蚀厚度的求取

5. 恢复古地貌

最后对已求取的现今地层厚度、无井区的剥蚀厚度和有井区的剥蚀厚度进行数学累加，得出原始地层厚度。按照沉积补偿原理，沉积地层是填平补齐的结果，原始地层厚度与古地貌近似呈负相关关系（未考虑地壳均衡、沉积速率等其他因素），利用厚度关系变化可以反映古地貌形态，地层厚度由大到小反映了古地貌由低变高，即沉积地层越厚，古地形越低；沉积地层越薄，古地形越高。因此，取原始地层厚度的负值做出厚度等值线图，就完成了研究区古近纪各时期的古地貌图（图 6.7）。

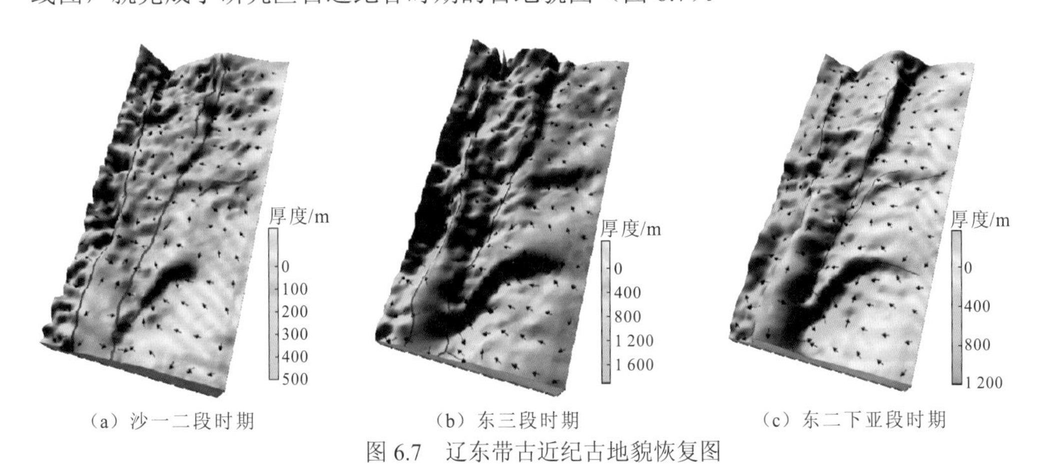

（a）沙一二段时期　（b）东三段时期　（c）东二下亚段时期

图 6.7　辽东带古近纪古地貌恢复图

6.3 物源区母岩恢复技术

在陆相断陷盆地中，沉积区内的沉积物往往受到多个物源的影响，因此，要弄清楚沉积区物质的来源，须对沉积物进行物源示踪分析。同时，剥蚀与沉积是一个动态变化的过程，现今残留的物源特征并不一定代表某一地质时期物源的真实面貌（庞小军 等，2016），必须对历史时期的母岩岩性进行恢复。

物源分析早期主要集中于沉积物的成分特征上，以 Dickinson 和 Suczek（1979）为代表的 QFL 砂岩组分判别分析法及 Morton 和 Hallsworth（1994）为代表的重矿物组合及重矿物指数分析法等传统物源分析法已相对成熟，并在盆地物源分析中应用广泛。近年来，物源分析学科进一步发展，沉积物碎屑锆石 U-Pb 定年、矿物颗粒形态学、单矿物元素分析、Nd 同位素分析等新的物源分析方法开始被普及并应用于更多的研究区域（Liu Q H et al.，2016；Clift et al.，2002）。物源示踪常与盆地内古新世—中新世的地层剖面取样分析结果对比，重建古地理格局、古源汇系统及其演化过程。基于盆地“源”与“汇”系统化、多元化的物源分析手段，最终可重建相对高分辨率的盆地物源演化史。综合运用多种方法排除了采用单一方法时难以忽略的化学风化、沉积再循环等因素的影响，不但能够再现研究区的主要物源变化，明确不同物源区物质组成性质及差异（母岩示踪），更能实现物源区演化的精细描述，甚至可以识别出仅短暂出露过的古高地源区，即“汇—源—汇”的转变过程（徐长贵 等，2017b）。多方法物源分析还可以应用于古水系重建工作中。对比古构造单元潜在物源区，综合利用重矿物组合分析、重矿物指数分析、碎屑锆石 U-Pb 定年分析、颗粒形态学分析及电气石单颗粒矿物元素分析等方法，从沉积区沉积物特征，倒推恢复古物源区，可以重建古水系分布，并进一步应用于储层预测中。在少井的深水勘探盆地，可以利用重矿物、碎屑锆石 U-Pb 年代学等资料进行物源和地层研究，结合地震资料（地震地貌学）约束，重建古物源体系，约束储层砂岩分布。以上方法中重矿物相关分析相对比较成熟，这里主要介绍元素物源示踪与锆石测年恢复技术。

6.3.1 元素物源示踪

近年来，利用微量元素中的稀土元素进行物源分析受到越来越多的重视。稀土元素包括元素周期表中 IIIB 族中的原子序数从 57 到 71［La（镧）、Ce（铈）、Pr（镨）、Nd（钕）、Pm（钷）、Sm（钐）、Eu（铕）、Gd（钆）、Tb（铽）、Dy（镝）、Ho（钬）、Er（铒）、Tm（铥）、Yb（镱）、Lu（镥）］的 15 个镧系元素，另外 39 号元素 Y（钇）因其与 REE 性质相似，也常被视为稀土元素。因沉积物在风化、搬运、成岩及蚀变过程中对 REE 影响较弱，所以 REE 的含量主要受控于物源。通常利用 REE 分析物源主要从两个方面入手：一是通过 REE 的含量、丰度、比值、总量等特征，分析物源区的构造背景、母岩等性质；二是通过 REE 的配分模式图，用标准化后的 REE 数据与疑似物源区的 REE 数据进行对比，以此分析物源区及其母岩性质。

由于稀土元素在成因过程中具有改造作用很小的稳定的地球化学特征，其分布特征可以用来恢复“原始”母岩的性质及特点，REE 的配分型式也就成为目前物源分析中应用最广、最有效的地球化学方法和手段之一（Rollinson，1993）。无论是砾岩还是砂岩、泥岩，都经常采用标准化后的 REE 数据进行对比分析和解释母岩性质。

庞小军等（2017）针对渤海海域石臼坨凸起东部采集的物源及沉积区的样本进行标准化后的 REE 数据分析。不同母岩岩性的 REE 配分模式存在差异。由此分析了不同沉积区物质来源，并建立了与原始母岩的对应关系（图 6.8）。

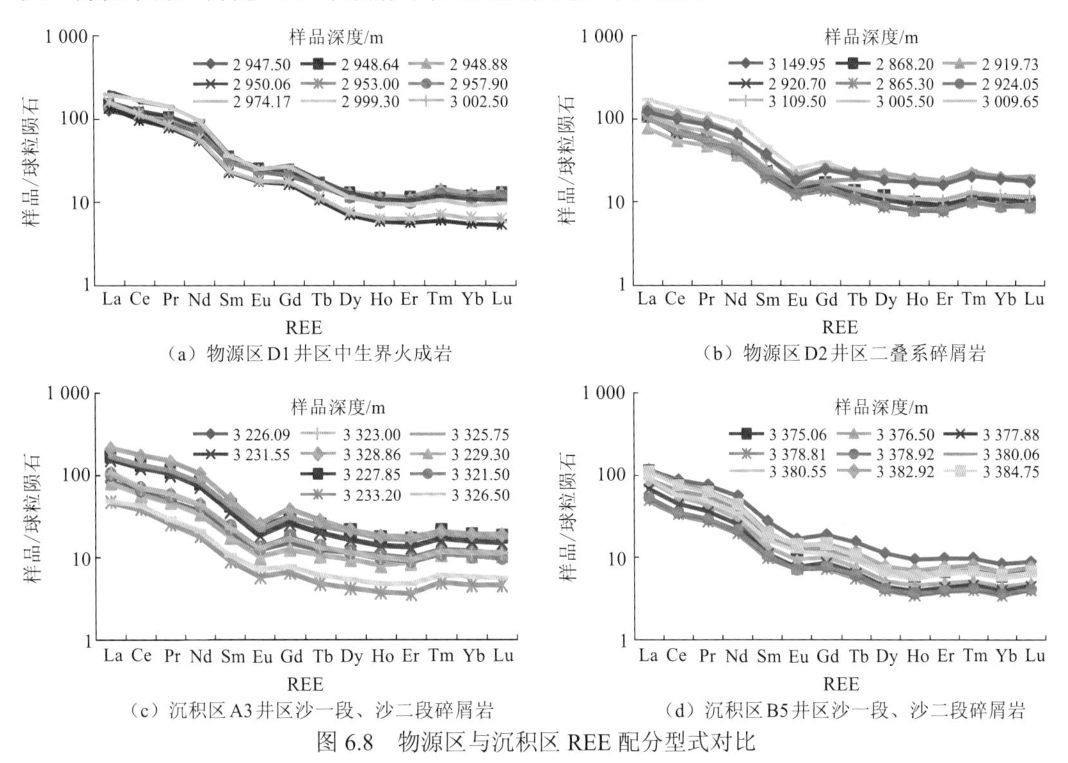

（a）物源区 D1 井区中生界火成岩　（b）物源区 D2 井区二叠系碎屑岩

（c）沉积区 A3 井区沙一段、沙二段碎屑岩　（d）沉积区 B5 井区沙一段、沙二段碎屑岩

图 6.8　物源区与沉积区 REE 配分型式对比

6.3.2　锆石测年恢复

锆石是最为稳定的矿物之一，抗风化能力强，受沉积分选过程影响小。锆石富含放射性元素，不受各种沉积循环分馏过程的影响，是反映沉积物源区的良好示踪剂，因此，通过沉积岩中碎屑锆石微区原位的年龄分布特征可以确定碎屑沉积岩的物质来源。

沉积物碎屑锆石 U-Pb 定年近年来已被广泛应用于物源演化研究，物源区台地及岩浆弧的发育决定了源区的碎屑锆石 U-Pb 年龄，从而影响着来自这些地区的沉积物中所含碎屑锆石的年龄特征，并在之后的沉积过程中保持稳定，不受搬运过程、成岩过程的影响（Burrett et al.，2014；De Graaff-Surpless et al.，2002）。因此，在盆地物源演化研究中，对盆地物源区沉积物进行系统化碎屑锆石 U-Pb 定年研究，找出其特征年龄谱，再与盆地内不同时期的沉积物碎屑锆石 U-Pb 定年研究对比，可以示踪沉积物的搬运路径，进一步重建盆地物源的演化过程。

在我国边缘海盆地，沉积物碎屑锆石 U-Pb 年龄示踪不但已先后应用于莺歌海盆地、琼东南盆地及珠江口盆地的沉积体系研究中，研究范围也从盆地沉积区逐渐深入至陆地水系汇集区（Liu Z F et al.，2016；刘强虎 等，2015；赵梦 等，2015），具有研究范围从“汇”到“源”的拓展，研究深度从“源”到“汇”体系化的趋势。在渤海湾盆地，碎屑锆石 U-Pb 定年物源示踪研究尚处于起步阶段，仅有少量数据发表（刘强虎 等，2016；李欢 等，2015），并且研究取样点井位、层位都相对分散，单个样品的谐和点数也较少，通常仅作为辅助手段应用于沉积演化研究中。

如庞小军（2017）首次对渤海湾盆地石臼坨凸起东段陡坡带扇三角洲进行了碎屑锆石年代学分析研究，识别源区不同地层的锆石年龄特征，并据此进一步建立源汇示踪关系，为认识、理解石臼坨凸起东段陡坡带扇三角洲源汇系统提供了碎屑锆石年代学证据。通过上述各种物源示踪综合分析，认为沙一二段沉积时期的物源岩性和地质时代与现今残留的物源区岩性正好相反（图 6.9），且时代不一致。因此，不能以现今残留的物源区岩性代表某一地质时期真实的物源区剥蚀岩性，只有通过各种物源示踪技术，以及仔细的地质综合分析，才能正确认识真实的物源岩性和时代特征，对勘探开发中的近源三角洲是否富砂、储层质量的初步判断具有重要的意义。

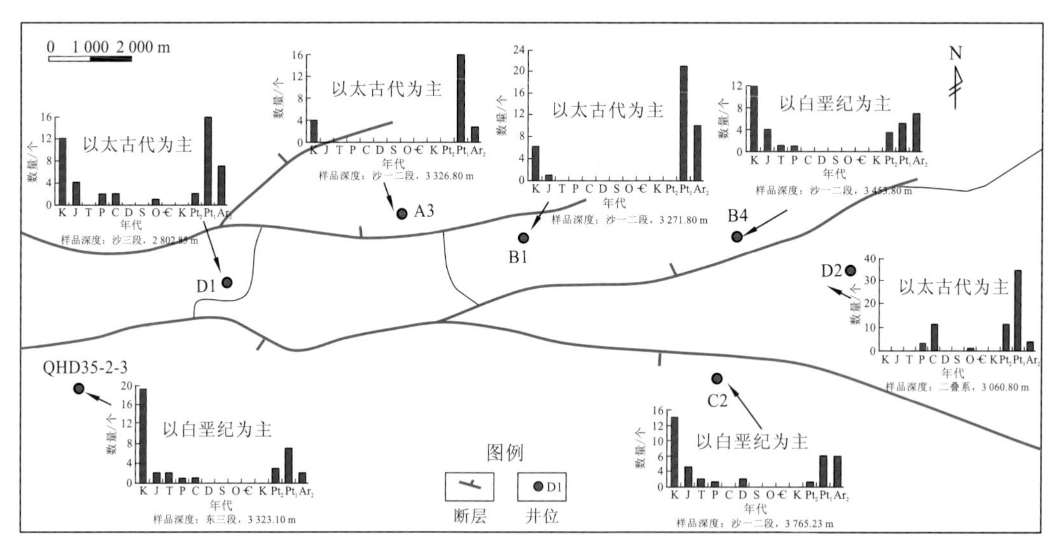

图 6.9 研究区古近系碎屑岩锆石年龄平面分布图

在常规的岩石组分分析中，由于碎屑岩中的石英（Q）、长石（F）和岩屑（R）是主要的碎屑颗粒组分，是母岩风化的产物，能有效地反映物源区母岩性质和沉积物特征。但实际往往表现为多物源沉积区，某一时期的沉积物往往是多个物源碎屑物质的混合，不同物源的碎屑物质类型和含量往往存在差异，而且即使来自同一物源的碎屑物质也会由于不同的风化环境或风化期次而存在差异。因此，仅仅通过某一时期内沉积物碎屑颗粒组分的平均类型和平均含量来判断物源得到的只是多物源或多期次沉积的综合特征，并不能将单一物源或单一期次的物源特征区分开来。因此，采用常规的岩石组分、重矿物组合等方法并不能满足复杂地区物源母岩的判别和恢复，还需要借助元素示踪、锆石测年等实验方法和手段，进行精确恢复母岩。

6.4　地震沉积学技术

地震沉积学是继地震地层学和层序地层学之后出现的一个新的地学学科，属于地质和地球物理综合研究领域（Zeng and Hentz，2004；Zeng et al.，1998）。Zeng 和 Hentz（2004）将地震沉积学定义为用地震资料研究沉积岩和沉积作用。其核心技术是地层切片（Zeng et al.，1998）、90° 相位化（Zeng and Backus，2005a，2005b）、分频技术（Zeng，2010；Zeng and Kerans，2003）。具体来说，根据目前的技术手段，是用地震资料研究岩性学、地貌学、沉积体系结构和盆地沉积史。根据中国陆相盆地实用研究的需要，Zeng 等（2011）进一步将窄义地震沉积学明确为：通过地震岩性学（岩性、厚度、物性和流体等特征）、地震地貌学（古沉积地貌、古侵蚀地貌、地貌单元相互关系和演变，以及其他岩类形态）综合分析，研究岩性、沉积成因、沉积体系和盆地充填历史学科。

6.4.1　地震沉积学在源汇系统研究中的应用现状

地震岩性学和地震地貌学是地震沉积学的两个组成部分。地震岩性学是将一个三维地震数据体转化为一个测井岩性数据体。在这个岩性数据体中，井旁地震道能在一个小误差范围内符合测井岩性曲线，以保证测井资料与地震数据在储层尺度的最佳拟合。运用地震地貌学，可以将此岩性地震数据进一步转换为含有岩性标记的地震地貌体平面图，并将其用井资料标定为沉积相平面图。

作为近年来快速崛起和推广的一门边缘学科，地震沉积学有三个优点。一是在各类地震解释方法中，地震沉积学具有最高的空间分辨率，可以用常规三维地震资料识别最薄达 1 m 的沉积砂体（图 6.10）；二是地质概念清晰，可以直接将地震振幅异常体成像为类似地表卫星照片的沉积体系，从而大大减少解释的多解性（图 6.10）；三是容易应用和推广，在任何有三维地震资料覆盖的沉积盆地均可使用，在有适量钻井资料标定的地区效果更好。

目前地震沉积学的应用主要是集中在石油勘探开发领域，并取得了较好效果，极大地推动了沉积地层学的发展，在河流储层内部（河流点砂坝叠加样式）及外部结构（储层厚度侧向变化与曲流河侧向加积间的关联性）（Carter，2003）、河道堤岸沉积体系空间展布及迁移变化（Wood and Mize-Spansky，2009）、峡谷沉积及河道沉积刻画（Dunlap et al.，2010）、重力流槽道及对应滑塌沉积体空间展布规律、河道沉积空间迁移与叠置特征的刻画和三维解析方面（Hubbard et al.，2011）开展了一系列的研究。国内的研究，朱筱敏等

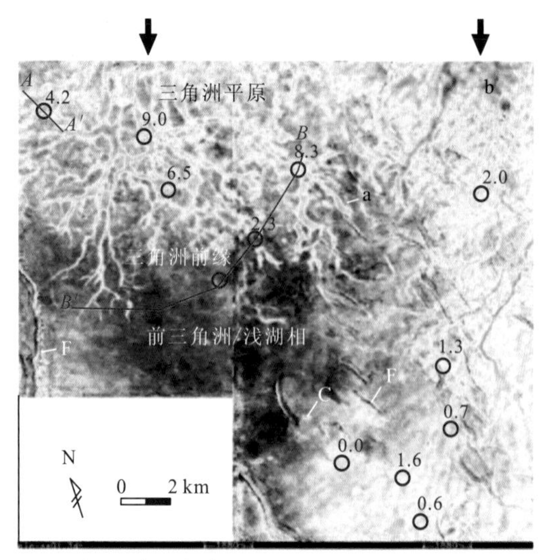

图 6.10　松辽盆地齐家凹陷白垩系浅水三角洲分流河道的振幅地层切片（Zeng et al.，2011）

（2008）、董艳蕾等（2008a，b）最早发表了陆相盆地地震沉积学系统研究案例；我国学者也对有关地震沉积学的技术局限性和存在的问题进行了探讨（刘洪林 等，2009；吴因业 等，2008；林承焰 等，2007；钱荣钧，2007；董春梅 等，2006；林承焰和张宪国，2006）。同时，我国学者也在陆相盆地进行了大量的地震沉积学的实践应用研究，沉积相带主要集中在辫状河三角洲相（朱红涛 等，2011；Zhao et al.，2011；Huang et al.，2009；董艳蕾 等，2008a，b；李秀鹏 等，2008）、河流相（张涛 等，2012；张宪国 等，2011；Zhang et al.，2010；朱筱敏 等，2009）、扇三角洲（查明 等，2010）等沉积相；赵文智等（2011）第一次将地震沉积学应用于中国陆相盆地高分辨率层序地层学和岩性油气藏勘探领域。此外，我国学者对碳酸岩沉积也进行了地震沉积学的应用研究（Chen et al.，2012；黄捍东 等，2011）

基于这些优点，地震沉积学是地下源汇系统分析的理想手段，可应用于“源”“渠”“汇”研究的各个方面。在“源”的成像方面，通过三维地震资料解释可精细刻画源区古凸起古构造，恢复侵蚀区古地貌，划分古流域和古水系，并计算物源区各项参数（流域面积、高差、梯度等）。当有钻井标定时，通过地震属性分析可确定母岩类型及其分布范围。在“渠”的识别方面，地震沉积学不仅能解释常规地震剖面上可直接识别的大型下切谷（下切 50 m 以上）和其他通道（如河道、断槽、转换带）特征，而且可分辨下切仅 10～20 m 的高等级层序下切谷。下切谷边界和下切谷内沉积物搬运河道的位置、类型和相关性都可得到有效刻画（Zeng et al.，2011）。而“汇”的研究一向是地震沉积学研究的核心内容。通过在岩性地震体内划分沉积层序，制作地层切片，解释岩性地貌体系，可恢复汇水区多个沉积层序的沉积体系类型、分布特征和纵向演化规律。尤其重要的是，通过井的标定，可定量计算从不同源区汇入沉积体的体积，进而定量探讨不同母岩源汇系统的耦合关系。

6.4.2　地震沉积学在源汇系统研究中的技术流程

以地震沉积学的基本工作流程为基础，利用测井和地震资料综合解释层序地层学、地震岩性学和地震地貌学特征，分析源汇系统内地震沉积相、沉积史和砂体分布规律，并应用于储层、圈闭和运移分析，最后落实到油田解剖，并对源汇系统格架内有利储层做出预测。整个流程在层序地层格架约束下包括 4 个方面。

1. 地震岩性学分析

地震岩性学分析的目的是将常规地震资料转换为测井岩性数据体。首先用伽马曲线与波阻抗曲线进行统计对比分析，建立波阻抗模型，并用岩心和测井解释岩性标定；然后将零相位地震道转换成 90° 地震道，实现砂泥岩层与地震道在地震薄层意义上的对比；最后对地震道再进行分频融合，实现砂泥岩与地震道在更大厚度范围内的对比。①分析分辨率和井-震地层对比关系，包括用频谱分析估计地震波有效频率范围和主频；用测井资料制作正演模型以确定薄层时间分辨厚度极限（即地震分辨率极限，它是地震沉积学最小的作图单元）及地震切片检测最小厚度（即地层切片上薄层识别的最小厚度，或切片检测率极限）；与用测井曲线识别的高等级层序对比，以评估地震沉积学研究高等级层序的可行性。②岩石物理关系分析，用岩心的实验室测定数据或关键井测井曲线统计目的层段不同岩性间的波阻抗对应关系及极性/振幅对应关系，确定地震参数预测岩性的可行性。③频率分解和融合（分频融合），因为一个典型（陆相或海相）沉积层序通常同时包括地震薄层（如高位沉积）和地震厚层（如低位沉积），我们需要将地震道振幅信息（岩性）与厚度信息综合表达，才能找到一种更方便、更准确的砂体（按地震沉积学术语，岩性地貌体）描述方法。

2. 地震地貌学研究

先用测井曲线完成高分辨率（四级）层序划分，再从地震资料得到足够的辅助反射层位，以建立高质量的层序地层格架；以此为基础，用线性内插法制作地层切片体（Wheeler 体），基于现代沉积体系的地貌特征，通过类别，确定古代沉积砂体形态及其与沉积体系之间的关系。①地震参数筛选，对多种地震参数进行试验，以确定预测岩性和沉积相的最佳地震属性参数或参数组合，结果需在地层切片上对比验证。②地层切片处理，用专用软件或用简单内插法制作地层切片；建立地层切片和高等级层序的对应关系。以地层切片或等时反射上的振幅异常为种子，在一定时窗内进行地质异常体自动追踪也属这类处理。

3. 地震沉积学分析

依据区域沉积模式，观察岩心（本次研究仅观察岩心照片），并根据测井曲线（主要是伽马曲线）特征分析岩性、粒度变化趋势和沉积构造；再用振幅切片和分频融合切片分析岩性地貌体，解释砂体类型和厚度分布；必要时可参考更多的地震参数（如相位，波形分类，等等）；最后确定沉积相分布。①厚度旋回特征（剖面）。对于碎屑岩地层而言，一个层序存在的标志是岩性、岩相和沉积环境的周期性变化，包括砂岩、泥岩厚度和分布密度的周期性变化。一般而言，在基准面上升期，总体水深而物源远，沉积物以泥岩为主，砂岩薄而稀；在基准面下降期，总体水浅而物源近，在侵蚀面上堆积的近源厚层砂岩逐渐被水淹没，进入下一个沉积周期。②三维岩性地貌体（平面、空间）。岩性地貌相（体）是指具有一定沉积相指相意义的地震岩性学信息和地震地貌特征组合，如河道状偏砂相，牛轭湖状或不规则席状偏泥相，等等。地层切片是岩性地貌相的理想载体（图 6.11）。③钻井标定。钻井资料分辨率高，提供了标定岩性地貌相沉积意义的最佳手段。对地震沉积学解释有用的钻井资料通常包括岩心和测井曲线。岩心观察是最直接的标定，但可遇不可求。对碎屑岩而言，最有用的测井曲线是能表达泥质含量的曲线，如伽马、自然电位等。对测井曲线的分析包括岩性、厚度、粒度变化趋势等。

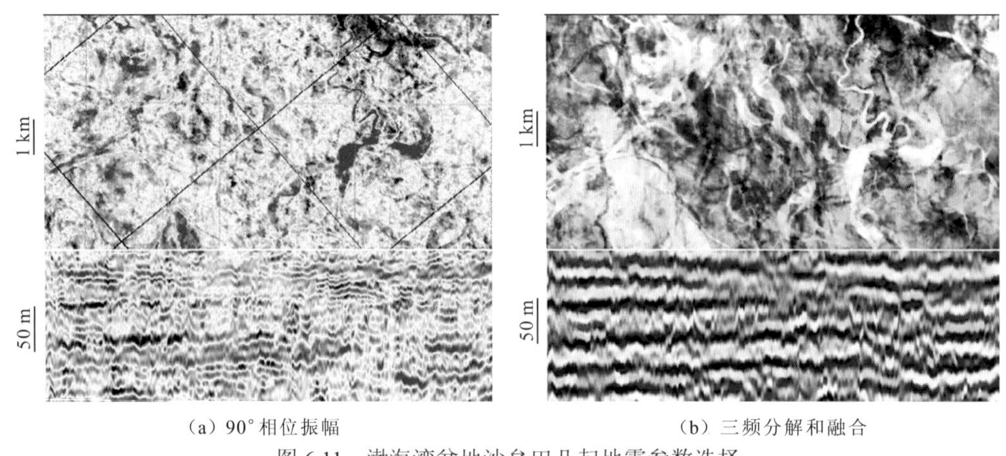

（a）90° 相位振幅　　（b）三频分解和融合

图 6.11　渤海湾盆地沙垒田凸起地震参数选择

4. 建立沉积体系发育模式，分析沉积演化史，预测砂体分布规律

①区域沉积模式。沙垒田凸起新近系是盆地消亡期产物，前人工作一致认定本区新近纪湖盆水体基本或完全消失，因此河流体系是大的沉积背景。地层切片的解释也不应超出这个一般性结论。②沉积体系演化规律及模式。重点关注高频层序内河型的变化，砂泥频繁间互的高频沉积层序内部变化（单河道向复合河道的转换）及层序内部物源体系的变化，综合构建馆陶组至明下段的沉积模式。

当然，地震沉积学也有其局限性，主要是需要大面积高品质的三维地震资料，其能够完整反映从物源区到沉积区的高差、水系范围和特征、搬运路径，以及沉积体变化。地震分辨率的限制使得岩性和沉积体系解释需要一定数量的钻井资料标定。

6.5　沉积通量计算技术

6.5.1　物源剥蚀通量计算技术

长期以来，对于位于山脉或高原的物源区（或汇水区）的剥蚀作用的研究一直没有可靠的技术方法和手段，多是从概念或逻辑推理出发，认定剥蚀作用的影响。但是，近年来在研究山脉剥蚀作用的方法方面也有创新。在短周期剥蚀作用的研究方面，主要通过实际测量年降水量、汇水量和输沙量的变化，精确定量地刻画剥蚀作用；在长周期剥蚀作用的研究方面，以裂变径迹法、宇宙核素法等热年代学数据（李英奎 等，2005 ）为主要手段，研究剥蚀速率和剥蚀量。此外，高精度数字高程模型（李勇 等，2006，2005）、地壳均衡模拟技术（李勇 等，2006）和剥蚀卸载模拟技术（李勇 等，2005）已成功地应用到山脉的剥蚀作用的研究过程中。

复杂地表动力学背景（构造、气候和古地理背景）使物源供给研究异常困难。但在长期沉积学发展中，诸多学者也针对不同时间尺度研究发展了较为完善的源区古地理重构与物源供给研究方法（Helland-Hansen et al.，2016）。浅时系统地层记录完整，诸多参数获取简便，常规的沉积分析法即可满足研究需要。深时系统研究中针对地层记录缺失和参数获取困难的特点，诸多学者则提出了多种基于不同资料的研究方法，总体可归为四类。

（1）地质年代学法。它包括地质热年代学法和宇宙成因核素测年法。地质热年代学法如裂变径迹测年法可获得样品点的剥蚀速率，结合源区规模可获得源区物源供给量和源区隆升高度（操应长 等，2018）。宇宙成因核素测年法则可通过 ^{10}Be 或 ^{10}Be-^{26}Al 核素对测年计算整个源区的剥蚀速率，获得物源供给量与源区隆升高度（Wittmann et al.，2009）。

（2）将今论古法。它包括地貌规模法、扩散模型法和 BQART 法。地貌规模法利用现代"源—汇"系统地貌参数与沉积参数之间线性关系，重构源区或预测沉积规模（Sømme and Jackson，2013）。扩散模型法则在提取坡度、平均降水量、流动长度等参数基础上，利用现代地貌学山坡模式计算物源供给速率（Allen and Allen，2013）。BQART 法是在分析数百个现代"源—汇"系统沉积通量控制因素基础上，建立更为精准的定量计算模型，用以进行河口处物源供给速率计算（Allen and Allen，2013；Syvitski and Milliman，2007）和古海拔恢复（Carvajal and Steel，2012）。

（3）水文学法。它主要包括古水文比例法和支点杠杆法。古水文比例法是利用现代河流中水文参数与源区参数之间的线性关系，恢复源区参数。在此基础上对比源区参数与古源区特征，可厘定沉积路径。支点杠杆法利用河道充填沉积物特征与河道几何参数计算河道物源供给速率。相较其他方法，水文学法所需参数获取简便，操作性较强。

（4）沉积学法。它包括常用的物源分析法、沉积回填法和地层趋势法。沉积回填法和地层趋势法，主要用于古地貌恢复，后者可厘定沉积路径。物源分析法则多用于母岩恢复与沉积路径厘定。

源区重构与物源供给研究虽然复杂，但研究方法并不匮乏。但上述方法所需计算参数（如元素测年、古海拔、水流量、古温度等）在实际应用中提取困难，难以在古代源汇系统研究中借鉴。而源区作为源汇系统的根本要素，发展易于操作和高精度的源区研究方法，无疑是源汇系统研究的关键。目前，主要利用沉积学法，构建剥蚀通量计算技术，可分为剥蚀厚度恢复、剥蚀区范围圈定和剥蚀量计算三个步骤。①剥蚀地层厚度恢复。根据实际钻遇目的层的钻井数量、地震资料品质等资料，结合区域地质背景，利用地层趋势法，由盆地向凸起逐步进行沿“线”恢复，找出地层剥蚀原点，确定地层变薄率，求算剥蚀地段原始厚度，求算剥蚀厚度，再利用声波时差法，对进行凸起钻井区的“点”恢复，然后两者相互矫正，绘制凸起区地层总的剥蚀厚度平面分布图，最后利用近源沉积的沉积速率可以近似地反映紧邻凸起区的剥蚀速率，沿凸起走向计算出某时间段内沉积速率占整个凸起供源时期的沉积区沉积速率的比例，乘以前面计算出的凸起剥蚀地层总的剥蚀厚度，就可以近似得到某一时间段内沉积时期凸起的剥蚀厚度。②剥蚀区范围圈定。通过综合分析区域地质背景及构造区的构造演化史，结合地震资料，根据地震反映特征识别凸起边界断层、沟谷、凸起脊梁线等，对剥蚀区进行精细刻画，分井区确定剥蚀范围，并在此基础上可以求得各剥蚀区的面积。③剥蚀量计算。在前面剥蚀厚度恢复及其凸起各剥蚀区面积计算的基础上，以这些地层厚度数据为基础，利用 Surfer8.0 软件自动生成等厚线图，计算剥蚀量，其基本原理如下：在图面上布置若干水平和垂直交错并等距的网格，把每个单位网格作为微元，然后根据每个微元的面积及其所对应的地层厚度计算该微元范围内的地层的体积，逐个计算，最后累加的结果即是剥蚀量。这种方法的优点是采用微积分的原理，Z 轴表示地层厚度，可以避免手工计算的繁杂和较大的人为误差。

庞小军等（2017）对渤海海域 428 凸起剥蚀通量进行了研究，利用地震资料和钻井资料，追踪了 428 凸起区中生界残留地层的厚度，再选取典型剖面，利用趋势厚度法，对中生界地层总剥蚀厚度进行恢复且得出中生界最大剥蚀厚度大约 1 850 m。通过软件插值，可以获得“面”上的整个中生界剥蚀的总厚度。再将中生界残留地层厚度与中生界总厚度叠合在一起，可以得到中生界剥蚀的总厚度。两者相互验证，最终确定“面”上中生界剥蚀的总厚度（图 6.12）。结果显示，428 东西两个次凸的剥蚀厚度不同，428 东次凸的剥蚀厚度明显大于西次凸的剥蚀厚度，剥蚀区最大剥蚀厚度在 1 500 m 以上，且沙一二段沉积时期，凸起区剥蚀地层厚度特征继承了整个中生界剥蚀地层的特征（图 6.13）。

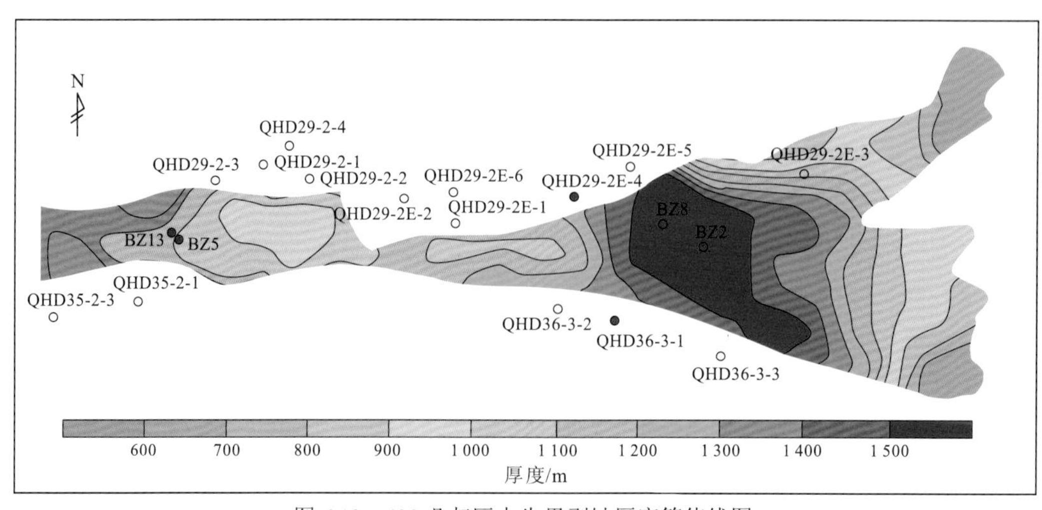

图 6.12　428 凸起区中生界剥蚀厚度等值线图

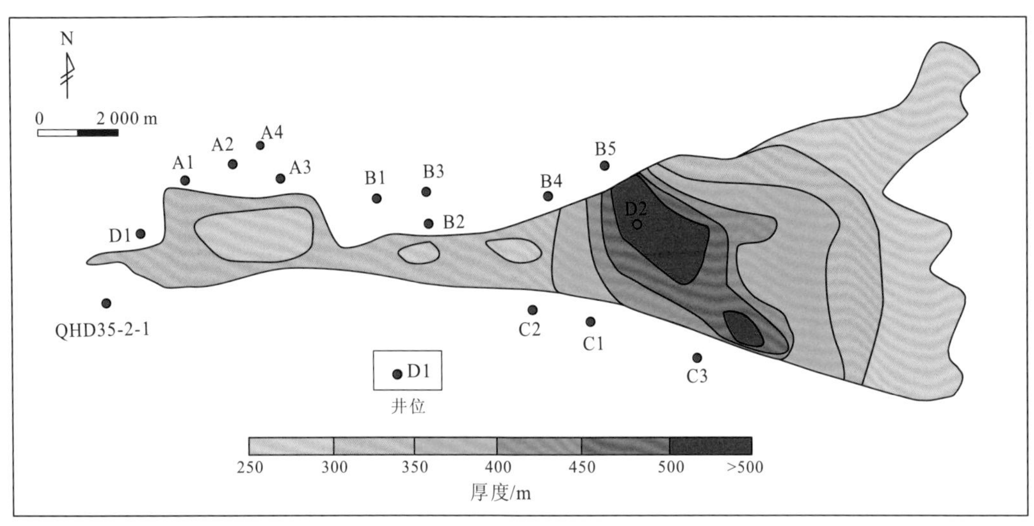

图 6.13 沙一二段沉积时期中生界剥蚀厚度

6.5.2 沉积区通量表征

准确预测砂体规模也是目前碎屑岩油气勘探中储层预测的重点和难点之一。某一特定的近源三角洲，其沉积通量等于砂体面积乘以砂体厚度。同时，需要考虑砂体密度及沉积持续时间。

1. 砂体范围刻画

陆相断陷湖盆受构造多期活动、多物源供给、相对湖平面频繁变化等因素控制，发育多种沉积体系类型（林畅松，2009，2006）。其中，盆缘陡坡带发育近源扇三角洲、近岸水下扇等富砂沉积体，垂向上厚度大且多期叠加，横向延伸范围短。凹陷区缓坡带发育大型三角洲沉积体，分布范围大，厚度也更大，在纵向上往往表现为多期叠加，横向上相带迁移快，地层厚度变化大，内部构成复杂。

三角洲砂体常具有典型的三层结构，即顶积层、前积层和底积层。受构造运动、气候、湖平面变化、河口水流性质及湖盆边缘斜坡坡度等多种因素影响，三层结构往往发育不全。从大型复合三角洲层序地层分析看，其顶面或底面常为不同期次的三角洲的顶积层和底积层所限定，顶积层一般为弱振低连续平行—亚平行反射，岩性为粉砂岩、泥岩互层；前积层呈斜交前积状向盆地中心倾斜，具有中强振幅，连续性较好，下超于湖底面之上，砂岩泥岩互层组合；底积层为弱振幅、低—中连续，主要为分选均匀的泥岩组成。不同地震反射特征及前积结构呈现差异性，多与湖平面及水动力条件的变化有关。在不同期次三角洲的界面间，常发育次级湖泛面所限定的泥岩，可以构成良好的盖层，能较好地对不同期次的三角洲起到侧封作用。次级湖泛面在地球物理特征上表现为一根或多根较强的连续反射轴，向斜坡高部位由于厚度减薄而逐步收敛尖灭。

在调研国内外三角洲各亚相或微相构成及不同岩相组合和测井相特征的基础上（朱伟林 等，2008；朱筱敏 等，2008），对三角洲内部构成和典型岩相、测井相和地震相特征进行总结归纳。从钻井和地球物理响应综合分析看，三角洲可分为平原、前缘和前三角洲三个亚相。在微相划分时，充分考虑地球物理在三维体上的优势，由于辫状河三角洲前缘是最为有利的优质储层发育部位，故以三角洲前缘亚相为主要研究对象，将前缘进一步细分为主体、侧翼、远端。主体主要为水下分流河道和河口坝两个富砂微相，测井曲线表现为微齿中低 GR、中高 SP 呈块状、箱形、漏斗形组合，多具有明显的加积—进积反旋回特征，在地震剖面上表现为中强振幅、中高连续前积反射结构。侧翼主要为河道间沉积的细粒沉积物，也有河道迁移摆动后残留下来的粗粒沉积，分布范围较为局限，地球物理构型上表现为较薄的中强振幅-中低频连续反射。远端主要为远砂坝、席状砂等沉积微相，岩石类型主要为细砂岩与暗色粉砂岩、泥质岩不等厚互层，发育小型生物扰动构造、波纹层理、波纹交错层理，地球物理构型上为较连续段，表现为较薄的中弱振幅中低频较连续反射，与湖相泥岩区分不大。

大型三角洲往往发育多期次，富砂区主要分布于沉积主体。因此，大型三角洲与湖相泥岩的边缘相带决定了富砂区的最大分布范围，其相变界限的识别与刻画是尖灭带描述的关键（王军 等，2011，2010）。从三角洲沉积的模式来看，由于可容纳空间增大，沉积物的供应不足，水动力条件逐渐减弱，三角洲前积形态逐渐发生变化，角度变缓，边缘相带往往以楔形减薄尖灭的样式与湖相泥岩接触，反射特征为中弱振幅中高频断续反射，与连续强反射的泥岩差别明显，能够识别和刻画。富砂区及岩性尖灭点是三角洲沉积体刻画的主要内容。在实际研究中，利用三维地震资料和钻井资料，可以限定一级层次下的大型三角洲砂体分布的范围和界限。主要的识别技术和步骤是：①进行井震标定，保证钻井岩性体与地震反射轴准确对应；②结合大型三角洲地质模式，在地震反射上寻找三角洲进积的方向和砂体与泥岩的变化点，进行三角洲砂岩的识别及其与泥岩边界的追踪，主要追踪大型三角洲砂体的顶界和底界；③平面上，将追踪的砂岩边界连接在一起，即地震相范围；④以大型三角洲砂体的顶界和底界作为地震属性的顶层和底层，提取多种地震属性，结合地震反射特征和地震相范围，对大型三角洲砂体的范围进行修改和定界；⑤成图和总结，主要有单井沉积相综合柱状图、地震相类型划分、地震相平面图、地层厚度图、三角洲砂体厚度图、沉积相平面展布图、古地貌图、三角洲模式图等。通过以上方法可以刻画富砂区的分布范围。利用 Landmark 或 Geoframe 的面积计算功能，可以计算不同三角洲朵体的面积。

2. 砂体厚度计算

国内陆地油田由于钻井数量多，地震资料品质较好，利用地震反演可以实现砂体厚度的预测和计算。受钻井数量较少和地震分辨率较低的影响，渤海中深部储层的预测一般仅限于对沉积体系的粗略刻画。随着勘探进程的不断加快和持续推进，为权衡经济性和评价前景，储层厚度是重要的考核指标。这就给中深部储层预测提出了更高的要求。目前针对储层砂体厚度的定量研究方法有多种，但基本都有自己的适用范围或缺陷。

（1）井约束内插法。在传统的地层解释中，假定了储层及其围岩的声阻抗在横向上保持不变，并要求有一定数量的探井钻遇砂岩储集体。储集层厚度主要是通过井间的对比和内插实现的，然而当钻井数目不可能多到足以在平面上连网成片，就迫使解释人员从地震资料中提取关于储层厚度的信息。此方法较传统，应用也最广，但需要构造不复杂，探井分布密集。

（2）时深转换法。针对扇三角洲根部、冲积扇根部等砂岩含量高，储层厚度大的情况，砂体厚度可约等于储层厚度，计算其厚度可根据地震波运动学（几何地震学）方法原理，利用时距曲线对大套地层，如将某个组或段的双程旅行时间转换为厚度数据。此方法研究储层厚度大，最少要能明确分辨并解释储层的顶底界面，对砂泥互层和储层过薄区域不适用。

（3）井约束地震反演法。井约束地震反演技术具有很好的垂向分辨能力，在储层横向变化不大时反演效果很好，但如果储层的横向变化十分复杂，反演技术的局限性就非常突出，要获得好的反演效果很困难。

（4）频谱成像技术（王开燕 等，2014；魏志平，2009；冯凯等，2006）。频谱成像技术是基于薄层反射调谐原理的一项成像技术。薄层反射调谐原理认为，当薄层厚度小于地震子波 1/4 波长时，随着薄层厚度的增加，反射振幅逐渐增加，当薄层厚度增至 1/4 波长（调谐厚度）时，反射振幅达到最大值。随后，随着薄层厚度的增加，反射振幅逐渐减小。时间域最大反射振幅值，对应频率域最大振幅能量值。频谱成像技术利用时频变换将时间域地震数据变换到频率域，通过分频处理得到一系列单一频率的地震振幅属性能量体，同时产生对应的一系列单一频率的相位属性数据体，其振幅谱描绘地层时间厚度的变化，相位谱则显示地质体的横向不连续性。将振幅能量的调谐干涉现象和相位变化综合在一起，可以描述岩石的岩性和厚度的空间变化。基于薄层反射调谐原理频谱成像技术不依赖于井资料，但对地震资料分辨率和信噪比要求较高。

（5）地震属性预测含砂率法（于兴河和李胜利，2009；于兴河 等，2008，2007；苏燕 等，2008）。地震响应中的各种地震属性信息与储层厚度间存在一种无法用简单的数学算式表达的复杂的函数关系；储层厚度并不能用单一的地震属性来计算，它是多种地震属性的多值函数。常规沉积微相研究中利用砂体厚度（或含砂率）分布来确定沉积微相的展布，这样就可以利用地震属性与砂体厚度（或含砂率）建立相关性，把地震属性转换为砂体厚度，再通过砂体厚度与地震属性的总体分布并结合井点的认识，综合确定沉积格局和沉积微相的平面展布。对于勘探评价早期阶段井距较大的地区，可利用地震属性分析，以定量地质知识库为约束，有效预测沉积微相的平面展布。

三角洲砂砾岩体厚度恢复技术步骤为：①在对三角洲范围进行刻画的基础上，利用地震解释软件，通过地震反射特征，井震结合，标定三角洲的顶底界面，由点—线—面的追踪方式，依次对三角洲顶底进行分别追踪闭合，最终可以得到三角洲厚度图；②通过基础地质、地球物理资料分析，建立研究区沉积模式；③明确构造带、沉积相带、含砂率变化带与宏观地震相、地震属性变化带的对应关系，划分出不同的地震属性特征区带；④分区带对钻井含砂率和地震属性值进行多元线性回归分析，结合属性抽稀虚拟井，计算储层含砂率；⑤结合储层含砂率和储层厚度，可以得到砂砾岩含量平面分布和砂砾岩体厚度。庞小军等（2017）针对渤海海域石臼坨凸起东部砂砾岩厚度定量地计算，取得了较好效果（图 6.14）。

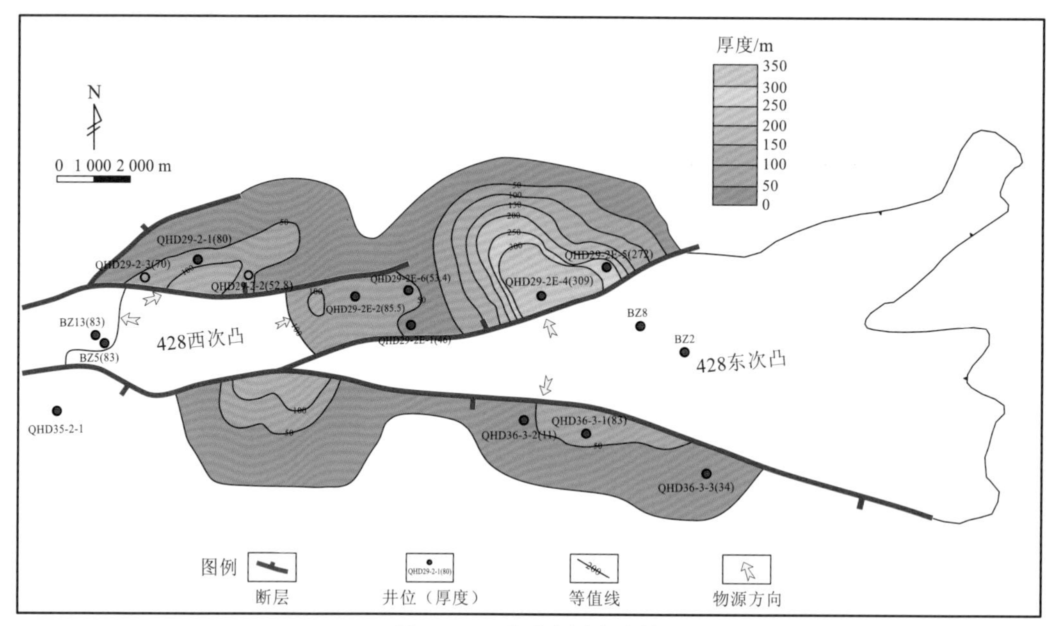

图 6.14　砂砾岩厚度计算

3. 砂体密度

砂岩密度主要通过岩心实测获取。由于在某一时间段内，岩石类型存在垂向差异，可以通过在垂向实测多个样点，最后求取平均值作为该层段砂体密度。

4. 沉积时间

沉积物通量与沉积持续的时间有关。目前，渤海古近系顶底界线及其内部地层单元的地质年代是参考国际年代地层表或者是参考周边油田年代数据得来。实际上，不同油气区地层划分标准存在差异，地层绝对年龄有所差异。目前的年代地层格架并不系统，达不到对三级层序界面年龄约束的要求。需要建立高精度的层序地层—年代地层格架为目标，并通过古地磁测年约束等手段，精细厘定各层序界面的年代学特征，为层序—沉积体系发育演化和沉积通量计算研究提供定量参数。

古地磁学在固体地球科学研究中发挥的作用越来越大（雷俊杰 等，2018；韩涛 等，2017；王千军和时保宏，2017；张波兴，2017）。同一个时期因沉积等而成的岩石样品，无论在地球上的任何位置，其所具有的磁性均取决于当时的地磁场，磁性通常在全球具有一致性。当已知岩石样品的产状（走向、倾向、倾角），则根据测得的标本剩磁方向可以得知标本形成时古地磁场的磁偏角与磁倾角，进而可以厘定古地磁极的经纬度位置。获取磁性后的岩石，若经历了构造运动的影响，其所携带的各种古地磁参数将发生显著变化。通过对这些古地磁参数变化进行详细的分析，则可以反演恢复出它们所经历的地质事件的时期与影响，如古大陆再造、油藏水平主应力方向、盆地的构造演化、油气成藏时限、盆地沉积速率等。与传统的年代测量方法相比，古地磁法有着很大的优越性，火成岩放射同位素法精度低（1～10 Ma）、可操作性也较差（火成岩样品特别是原岩难以取到、归属问题难以解决、火成岩的平面分布往往是穿时的），而古地磁法的精度较高

（0.1～10 万年，一般 5 万年），样品也不受岩性限制，火山岩、碎屑岩与碳酸盐岩均可以。同时，利用野外剖面取心或者钻井连续取心，可以建立磁性地层柱子，通过与国际标准磁性地层柱子对比，可以进一步明确研究区地层年限。最高精度可达千年级别，为建立高精度年代地层格架提供了依据。

5. 沉积通量计算

砂体沉积通量计算是沉积区砂体规模计算技术的最后一个步骤，砂砾岩量等于砂体面积与厚度、砂体密度、沉积时间等参数的乘积，这个步骤可以利用 Landmark、Geoframe 或者 Surfer 等软件实现。通过物源示踪及剥蚀量与砂砾岩量的计算，明确了沉积区的物源方向、母岩岩性，可以探讨剥蚀岩性、剥蚀量与砂砾岩量之间的内在联系。如庞小军等（2017）通过研究石臼坨凸起东部各井区剥蚀量与砂砾岩量之间的对比关系，揭示了不同的母岩类型、剥蚀量及沉降中心远近对砂砾岩储层的发育具有明显的影响。物源剥蚀量与砂砾岩沉积量之间呈明显的正相关，火成岩物源比碎屑岩物源具有更高的成砂率，且沉降中心越靠近物源，成砂率越高（图 6.15、图 6.16）。这可为在勘探程度较低的陡坡带定量预测砂岩储层发育程度和规模提供借鉴。

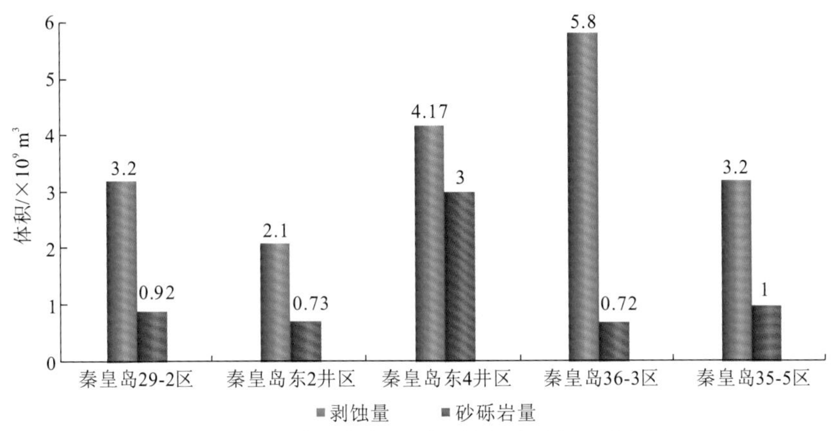

图 6.15　研究区各井区剥蚀量与砂砾岩量对比图

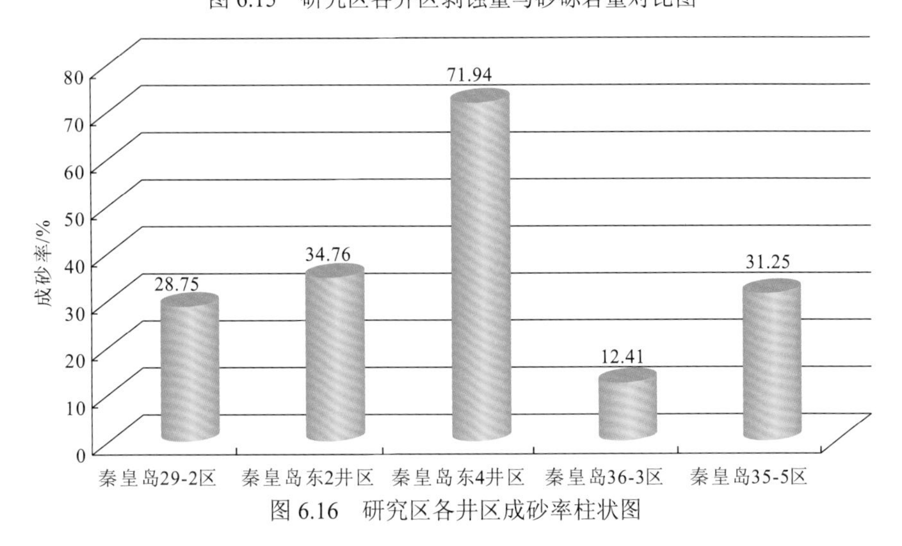

图 6.16　研究区各井区成砂率柱状图

6.6 源汇约束下的沉积模拟技术

沉积动态过程的模拟一般包括两种方法，即计算机层序地层模拟与沉积物理模拟。通过源汇地质原型构建，恢复古地貌形态、沉积物供给速率（剥蚀量）、湖平面变化曲线、构造沉降速率等模拟参数，拟合、校正原型与模型间的差异性，获取源汇系统各要素间定量的关系，指导源汇系统耦合过程模型的建立。

6.6.1 计算机层序地层模拟技术及进展

模拟层序地层学是对盆地沉降、湖平面变化、沉积物供给、沉积物压实、沉积和剥蚀过程和沉积体形态参数等的定量描述（顾家裕和张兴阳，2005）。伴随计算机技术的不断发展及地质勘探工作的深入，定量恢复沉积区内层序叠加模式和发育过程，刻画岩相纵向上的组合特征和横向上的展布特征，探讨研究沉积体系的形成规律，分析有利生油相带及横向上储集相带的演变规律，明确了生、储、盖的成藏配置关系在含油气盆地中显得尤为重要。

陆相盆地的模拟更为复杂，因为不同类型的陆相盆地（如克拉通盆地、断陷盆地、前陆盆地），层序的控制因素也不完全相同，并且该项技术在国内起步较晚，而且主要是使用或者借鉴国外成熟的模拟模型。林畅松等（1995）通过对构造沉降和湖平面变化两个主控因素的变化（假设其他因素不变），模拟了具盆缘断裂控制的两种层序及沉积体的分布。于炳松（1996）对碳酸盐岩层序进行计算机模拟研究。阮同军（1996）基于研制开发的硅质碎屑岩沉积层序三维计算机模拟系统，对沉积物供应、海平面变化、构造沉降、重载沉降等因素相互作用下层序形成演变的全过程进行了三维动态模拟。胡受权（2001）对泌阳断陷湖盆陆相层序过程—响应机制进行了单因素（构造沉降、湖平面变化和物源供给）的计算机模拟。胡宗全和朱筱敏（2002）对具有地形坡折带的拗陷湖盆层序地层模拟进行了研究，通过建立基底沉降速率、湖平面变化速率、沉积物充填速率、沉积物充填准则、岩相确定原则等数学模型，模拟了具有地形坡折带的拗陷湖盆的层序发育和相演化过程，并取得了很好的模拟效果。胡宗全和李明娟（2003）对控制层序发育的湖盆地形、基底沉降、湖平面升降和沉积物供给等主要因素，运用计算机技术对具坡折带的陆相盆地层序地层进行了数值模拟研究，综合分析了这些因素在时间上和空间上的变化规律。蔡希源和辛仁臣（2004b）采用数值模拟方法，开展了湖平面相对升降对“盆地充填”过程影响的数值模拟，所得到的模拟结果与实际剖面吻合较好。朱红涛等（2008）通过考虑控制层序沉积过程的不同参数，探讨层序叠加模式对断陷盆地非均一性构造沉降活动的响应，结果表明，在非均一构造沉降活动作用下，盆地两侧同期层序显示出“同步”和“非同步”的叠加模式。朱红涛等（2009）对可容纳空间转换系统进行了模拟，深入探讨了盆地两侧可容纳空间和层序叠加模式的非一致性变化。林畅松等（2010）应用二维层序地层模拟系统开展了构造活动盆地沉积层序的形成过程的动态模拟分析，揭示了同沉积断裂活动、湖平面变化及沉积物供给量变化相互作用对沉积层序形成的控制作用。刘强虎等（2011）以鄂尔多斯盆地山2段作为地质原型，对湖岸线迁移进行定量模拟，进而提出其可以有效指示层序及内部体系域识别的新认识。Huang 等（2012）结合实验水槽模拟，综合分析了断陷盆地边缘滑塌沉积体的形成条件，定量探讨了地形坡度、湖平面变化频率及波浪作用（相对沉积体角度）等对滑塌沉积体形成及发育规模的影响。Zhu 等（2013）综合应用层序模拟软件与沉积物理模拟实验，定量探讨了陆内克拉通盆地“盆地充填”因素对层序发育的影响，进一步论证了“溯源退积”构型。此外，Liu 等（2017）应用层序地层计算机模拟的方法体系对渤海湾盆地沾化凹陷斜坡带开展了与源汇系统相关的探索性研究（图 6.17），取得了较好的近源砂砾体预测效果。

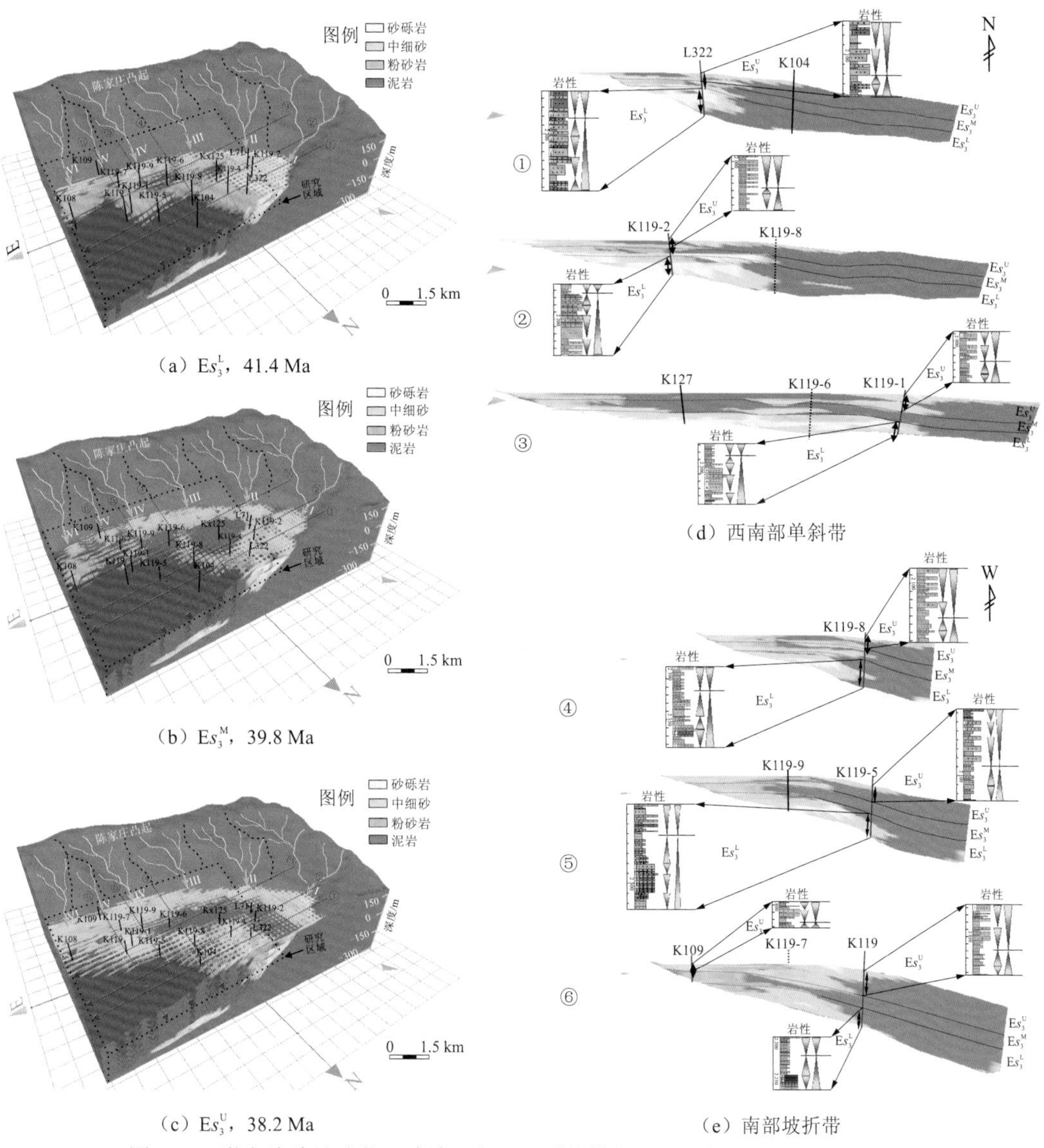

图 6.17 渤海湾盆地沾化凹陷沙三段源汇系统模拟预测分析（Liu et al.，2017）

6.6.2 沉积物理模拟技术现状及进展

沉积物理模拟是通过模拟当时的沉积条件，在实验室还原自然界沉积物的沉积过程。最初的物理模拟实验较多地应用于水文和河流地貌的研究，近 20 年学者开始重点对湖盆沉积砂体的形成过程及演变规律进行模拟研究。针对源汇系统的耦合过程，往往受多种复杂地质控制因素的共同影响，并且在不同时期的沉积过程中，这些因素具有动态的变化特征，沉积模拟需不断地改善实验条件、改进实验设备、优化实验设计、完善分析手段，使模拟的沉积过程、结果更逼近自然界的真实情况，以实现对沉积搬运的动态过程及沉积相带的精细预测，指导实际勘探工作。现阶段沉积物理模拟和数值模拟紧密结合，沉积物理模拟与高精度摄影、测量技术的紧密结合，使得沉积过程的详细记录和沉积体时空分布特征的精细描述及刻画得以实现。

尽管物理模拟技术应用于研究湖盆沉积砂体形成过程及演变规律的时间不长，在我国的发展历史更是短暂，但随着我国沉积物理模拟技术的发展，通过对一些碎屑沉积体的模拟实验，我国学者也取得了一些成果，尤其是服务于大型油气田勘探的三角洲与河流沉积的实验研究领域。自赖志云和周维（1994）在美国科罗多州立大学的实验室进行了舌状三角洲和鸟足状三角洲形成及演变的沉积模拟实验，提出了入湖斜坡区的坡度控制着两类三角洲的形成演变等观点后，国内对三角洲沉积的模拟研究逐渐丰富和全面起来。刘忠保等（1995）进行了湖泊三角洲砂体形成及演变的水槽实验的初步研究，得出湖水深度可以控制三角洲砂体形态和进积速率等。刘忠保等（2000）通过分析水下和水上分流河道砂和前缘席状砂的宽厚比变化趋势，并结合约束井位控制，探讨砂体平面分布特征，指导岩性油气藏预测。张春生等（2000）进行了三角洲分流河道及河口坝形成过程的物理模拟，实验过程显示水下分流河道的变迁与湖平面的下降速率及活动底板的运动强度密切相关。张关龙等（2006）模拟了不同条件下三角洲前缘滑塌浊积岩的形成过程，探讨了不同触发机制条件与浊积体类型间的配置关系。刘忠保等（2006）在不同实验条件下模拟了河流深切谷的形成，分析了其发育特征，并给出了形成深切谷的有利条件和外部动力，建立了坡折带上深切谷的沉积模式。Lin 等（2018）模拟了曲流河迁移演化的全过程，据倾角变化与不同侧积层结构的对应关系，建立了曲流河古河道与河道储集层结构的耦合模式。Wang 等（2018）结合物理模拟实验，从斜坡宽度、水深、砂泥丰度、坡度变化、水流等方面进行分析，探讨了西非陆架边缘三角洲和深水沉积的形成过程、内部结构和沉积演化特征。

通过上述沉积物理模拟实验成果分析，现在的模拟实验（包括国外的模拟实验）只是通过活动底板的升降来模拟构造沉降、沉积物供应参数的变化来反映物源差异、水流量的大小来反映气候变化，而且多为单因素作用下的沉积过程模拟，因此只能对简单的沉积过程进行重现。然而，自然界中的沉积过程是一个动态的过程，往往受多种复杂地质控制因素共同影响，并且在不同时期的沉积过程中，这些地质控制因素具有动态的变化特征；对于不同类型、不同地质背景的盆地，其沉积过程的控制因素不会完全一致，同时，这些地质控制因素本身是随时间、外界条件的改变而变化，即不同的环境，沉积控制因素不同，存在很大的不确定性。所以很多因素都无法在实验室进行模拟，使得实验效果与实际情况有着一定出入，只有通过改善实验条件、改进实验设备、优化实验设计、完善分析手段，使模拟的沉积过程、结果更逼近自然界的真实情况。

因此，相对于数值模拟，物理模拟具有一些难以避免的缺点，如：①物理模拟受比例尺和实验条件的限制，直接导致原型和模型之间的差异性；②物理模拟抗干扰性能不如数值模拟，受人为影响大，多次模拟得到的实验结果可能不相同；③物理模拟成本较高，周期长，效率低，这相对于高效低成本的数值模拟，通用性大大降低；④记录系统不完善，要直观地了解沉积体的形成、发展及演化过程，需要运用高精度的摄影技术详细记录和精细描述沉积过程，由定性的描述到定量的记录，结合数字图形显示，进行直观的解释。但同时，物理模拟也具有数值模拟所不具备的优势。例如，要进行有效的数值模拟，就必须为其建立整套的控制方程和封闭条件及有效的计算方法，且必须有物理模拟为其提供定量的参数。

总之，物理模拟是数值模拟的基础，并可验证数值模拟的准确性。反过来，数值模拟在一定程度上又能指导物理模拟，两者相辅相成，相互补充，相互促进。现在已有很多模拟研究将两者结合起来，并取得了很好的成果，物理模拟与数值模拟的日益结合无疑是未来沉积模拟技术发展的一个重要趋势。

第7章

渤海海域源汇系统实例分析

基于陆相断陷盆地源汇系统理论体系指导，应用源汇系统控砂原理的相关方法技术，落实渤海海域陆相盆地不同类型盆地、特征区带及差异化断裂体系作用下源汇系统要素及响应关系，指导解析物源子系统、搬运通道子系统、坡折子系统及沉积汇聚子系统，进而分别构建断陷期源汇系统耦合模式与拗陷期源汇系统耦合模式及陡坡型、缓坡型、轴向型、同沉积走滑型、共轭走滑型源汇系统优质储层预测体系，服务渤海海域有利储层的预测。

7.1 源汇系统在断陷期区域沉积体系评价中的应用

沙垒田凸起处于渤海湾盆地西部，其东侧为渤中凹陷，西侧为歧口凹陷，南部为沙南凹陷，北部为南堡凹陷，工区面积约 6 000 km^2（图 7.1）。沙垒田凸起的油气主要集中于明化镇组、馆陶组，围区油气主要分布在东营组、沙河街组和前古近系。截至 2017 年 12 月，沙垒田凸起及围区已累计发现三级石油地质储量约 3.5 亿 t。据前期勘探成果，沙垒田凸起区被生油凹陷包围，油气资源充足，资源潜力大，含油层系多，勘探潜力大。研究区的勘探想要进一步突破，需首先解决制约该区油气成藏的沉积储层问题，沙垒田凸起古近系构造演化复杂，沉积作用具有多物源、相变快、幕式变化等特征，钻井揭示古近系砂体横向变化大，砂体成因类型、分布模式及其控制因素亟待研究。因此，有必要应用"源-汇"系统理论、方法和技术对沙垒田凸起围区古近系开展从源区到汇区的全面研究，为该区油气勘探提供理论和技术支持。以沙河街组为例，阐述沙垒田凸起及围区源汇系统的特征及"源-汇"耦合模式差异性。

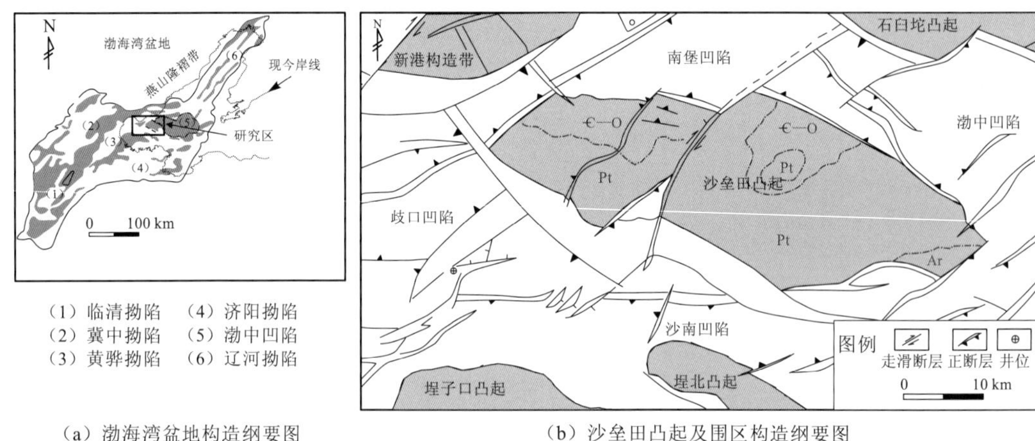

（a）渤海湾盆地构造纲要图　　（b）沙垒田凸起及围区构造纲要图

图 7.1 沙垒田凸起及围区区域位置图

7.1.1 物源子系统特征

沙垒田凸起古物源体系的刻画包括两个方面的内容，一是凸起基岩的性质及分布，二是源区、汇水区的定量刻画。基于岩石组分分析和锆石 U-Pb 测年分析，并结合已钻基岩地震响应特征分析，基岩地震相精细识别与刻画及古地貌恢复等，明确了沙垒田凸起的基岩性质、组成及分布特征。沙垒田凸起基岩自南向北依次发育新太古界—古元古界（Ar_2—Pt_1）混合花岗岩、下古生界（O—€）碳酸盐岩与碎屑岩、中生界（Mz）火成岩与火山碎屑岩，其中中生界火成岩与火山碎屑岩广泛分布于沙垒田凸起围区，构造位置较低。沙垒田凸起东段基底以古元古界（Pt_1）混合花岗岩为主，广泛分布，面积约 1 000 km^2；新太古界（Ar_2）主要分布于东南侧，面积约 170 km^2；寒武系—奥陶系（€—

O）仅发育于西起东段北侧局部，呈环带展布（北东向）并与古近系古地貌中相对低地势区（沟槽）吻合，且北部地层厚，向南侧逐步尖灭，面积约 200 km^2。沙垒田凸起西段基底以寒武系—奥陶系（∈—O）为主，分布于西段北侧，由北向南逐步超覆尖灭，面积约 432 km^2；中元古界（Pt_2）混合花岗岩与花岗岩地层分布于西段相对高势区，面积约 292 km^2（图 7.2）。

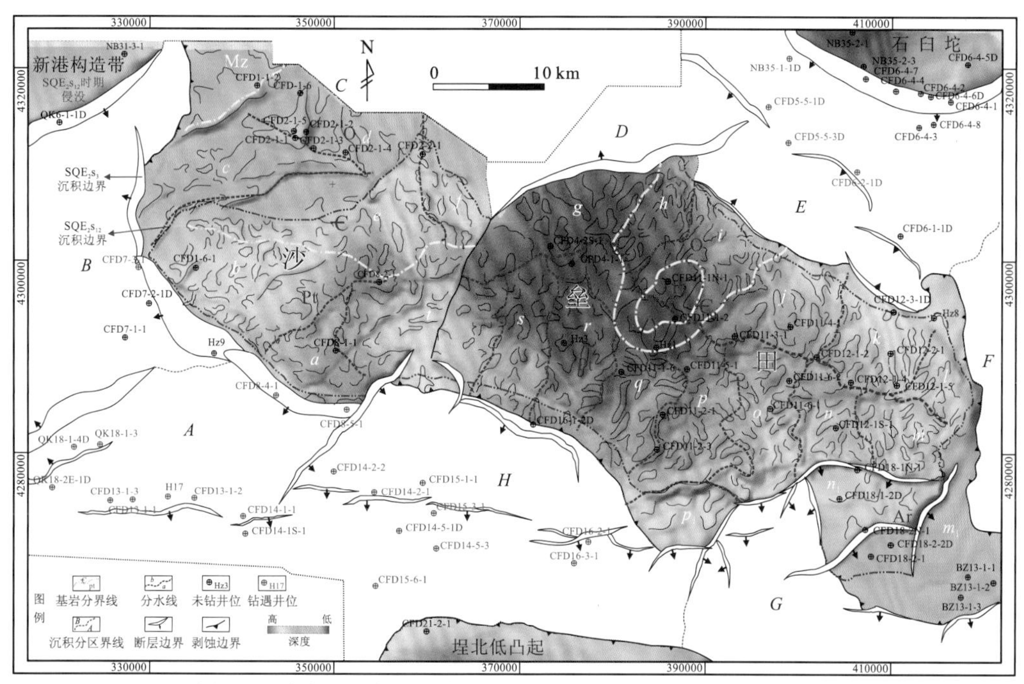

图 7.2　沙垒田凸起沙河街组沉积时期基岩及汇水单元分布特征

a～*t* 指沙垒田凸起源区汇水区单元；*A*～*H* 指汇水区沉积分区单元

在凸起区（源）前古近系基岩组成及展布分析基础上，结合古地貌刻画古近系重点层段分水线（分水岭最高点的连线）分布及凸起边缘边界样式差异，将沙垒田凸起自西向东（顺时针方向）划分为 20 个汇水区（*a*～*t*）。其中 *a*～*f* 区位于沙垒田凸起西段，*g*～*s* 区位于东段，*t* 区位于东西段间的断槽内（图 7.2）。此外，对每个汇水单元的面积、长度、高差等进行了定量的分析与刻画（表 7.1），汇水单元面积越大、流域越长、地势高差越大，相应的物源供给量则越大。

表 7.1　沙垒田凸起沙河街组沉积时期源区要素统计表

源区性质	分区	SQs_3				SQs_{12}				边界样式	沉积分区
		汇水区/km^2	长度/km	最高点/m	最低点/m	汇水区/km^2	长度/m	最高点/m	最低点/m		
中元古界	*a*	97	14.2	−232	−1 462	79	14.0	−232	−1 175	断陡坡	*A*
	b	195	18.5	−211	−1 698	158	18.0	−211	−1 446		*B*
寒武系—奥陶系	*c*	115	16.5	−1 460	−2 159	—	—	—	—		

续表

源区性质	分区	SQs_3				SQs_{12}				边界样式	沉积分区
		汇水区/km^2	长度/km	最高点/m	最低点/m	汇水区/km^2	长度/m	最高点/m	最低点/m		
寒武系—奥陶系	*d*	100	7.5	−1 379	−2 022	—	—	—	—	斜坡	*C*
	e	154	14.0	−211	−2 063	124	12.0	−211	−1 872		
	f	63	9.5	−319	−2 090	30	6.4	−319	−1 342	断槽	*D*
古元古界	*g*	120	7.0	0	−173	120	7.0	0	−173	断陡坡	
寒武系—奥陶系	*h*	56	11.6	−6	−267	48	11.2	−6	−197	斜坡	*E*
	i	98	11.4	−12	−314	90	11.0	−12	−273	断缓坡	
古元古界	*j*	70	12.0	−141	−810	63	11.6	−141	−700	斜坡	
	k	62	9.8	−338	−912	57	9.5	−338	−897	断缓坡	
	l	32	8.2	−481	−1 073	25	8.0	−481	−934	斜坡	*F*
古元古界—新太古界	*m*	140	20.0	−481	−2 354	95	12.0	−481	−1 486	断缓坡	*G*
	n	160	23.6	−338	−2 187	120	20.0	−338	−2 022		
	o	82	16.0	−141	−1 355	82	16.0	−141	−1 355		
寒武系—古元古界	*p*	120	20.0	−127	−1 175	86	17.4	−127	−947	斜坡	*H*
	q	98	15.6	−12	−662	90	15.0	−12	−601		
古元古界	*r*	102	19.0	0	−601	93	18.2	0	−541	断缓坡	
	s	95	16.0	0	−626	89	15.0	0	−481		
	t	135	19.2	−12	−1 355	120	18.7	−12	−1 175	断槽	

7.1.2 搬运通道子系统构成

沙垒田凸起区共识别出三大类物源通道体系，即古沟谷物源通道、断槽物源通道、转换带物源通道。其中，古沟谷物源通道主要分布于沙皇田凸起东段；断槽物源通道存在单断、双断及断面搬运形式，主要发育于沙皇田凸起西段及东西段衔接区带；转换带物源通道主要发育于沉积区内，此外沙东北与沙东南构造区存在断裂转换调节带控制源区沉积物向汇区搬运。沙垒田凸起南北侧北西—南东向区域地震剖面指示，沙垒田凸起西段以发育断槽物源通道为主（图 7.3），定量统计断槽宽度与深度及平面延伸长度表明（表 7.2），西段北侧对应断槽规模明显大于南侧，结合汇水区面积及垂向高差变化综合表明北侧的物源搬运通量应大于南侧，沉积区内物质组成差异需考虑基岩组成与抗风化剥蚀差异判定。沙垒田凸起东段以发育古沟谷物源通道为主，其中东段北侧

g/*h*/*i* 区以发育相对窄且浅的“V”型古沟谷物源通道为主，*j*/*k* 区对应为相对宽浅型的“U”型古沟谷物源通道，东段南侧 *n*/*o*/*p*/*q* 区对应为宽且深的“U”型或“W”复合型古沟谷，*r*/*s* 区对应为宽浅型的“U”型古沟谷物源通道，整体而言东段南侧古沟谷物源通道搬运能力明显大于北侧，且沙河街组层序优势汇集区应主要集中于 *n*/*o*/*p*/*q* 汇水区对接区带。

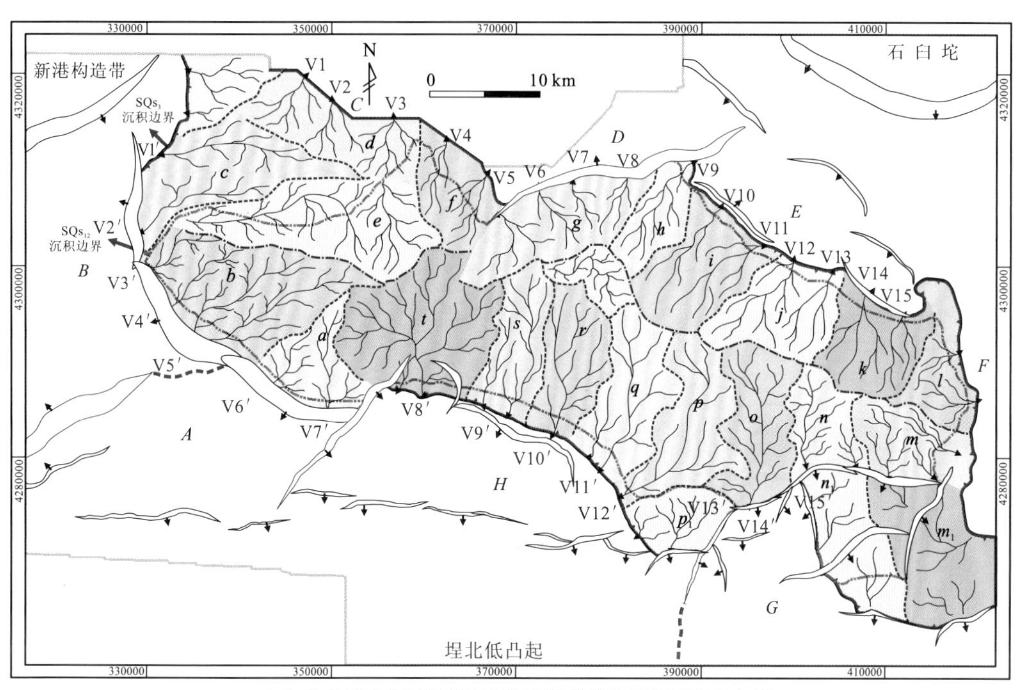

(a) 沙垒田凸起区沙河街组沉积时期物源通道平面分布图

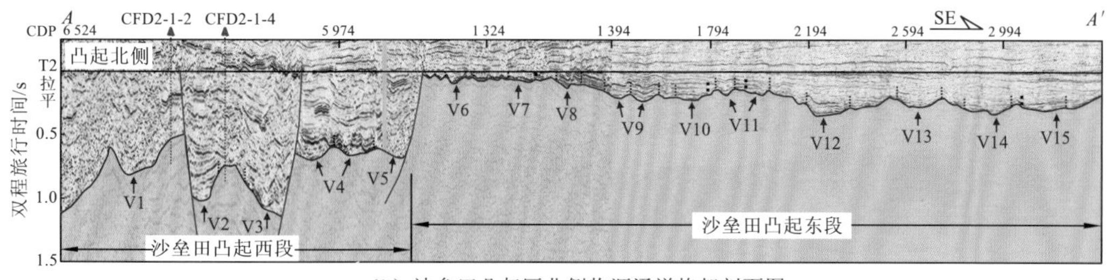

(b) 沙垒田凸起区北侧物源通道格架剖面图

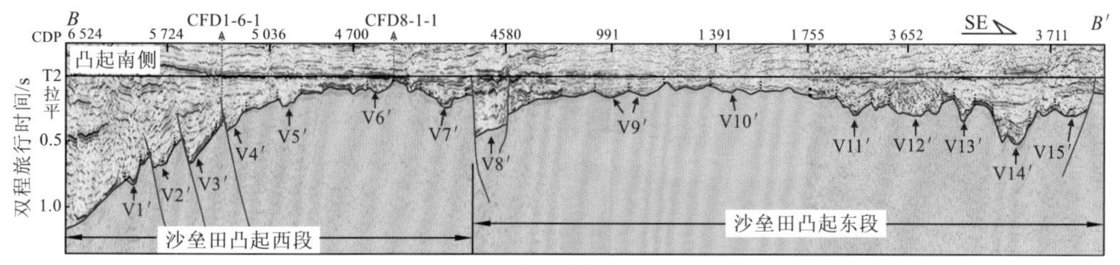

(c) 沙垒田凸起区南侧物源通道格架剖面图

图 7.3　沙垒田凸起区沙河街组沉积时期物源通道平面分布及剖面特征

表 7.2 沙垒田凸起区沙河街组沉积时期物源通道表征参数统计

源	北部	寒武系—奥陶系基岩					古元古界基岩			寒武系—奥陶系基岩			古元古界基岩			
	汇水区	*d*			*f*		*g*			*h*	*i*		*j*		*k*	
渠	编号	V1	V2	V3	V4	V5	V6	V7	V8	V9	V10	V11	V12	V13	V14	V15
	宽度/m	4 129	3 024	4 138	2 365	3 092	1 510	1 422	1 599	3 251	2 620	2 420	3 853	4 063	4 122	4 248
	深度/m	119	165	195	60	65	50	30	46	51	37	44	93	61	75	46
	宽深比	35	18	21	39	48	30	48	35	63	70	55	41	66	55	92
	长度/km	11.5	10.2	10.3	13.6	14.8	7.5	8.6	10.2	18.4	16.7	17.2	15.4	13.2	13.0	14.7
汇	边界样式	断裂缓坡（3.6°）				断槽	断裂陡坡（48.5°）			斜坡（4.2°）	断裂缓坡（4.5°）		斜坡（6.0°）		断裂缓坡（6.8°）	
源	南部	中元古界基岩					古元古界基岩						古元古界—新太古界基岩			
	汇水区	*c*		*b*			*a*		*t*	*s*	*r*	*q*	*p*	*o*		*n*
渠	编号	V1′	V2′	V3′	V4′	V5′	V6′	V7′	V8′	V9′	V10′	V11′	V12′	V13′	V14′	V15′
	宽度/m	595	1 681	2 227	1 321	1 454	1 553	1 280	3 589	1 419	1 759	2 544	2 833	1 504	3 882	2 451
	深度/m	32	69	97	67	56	42	63	162	31	52	65	62	92	178	45
	宽深比	19	24	23	16	39	37	20	22	45	34	39	46	16	22	54
	长度/m	13.0	5.8	8.2	10.7	9.8	10.9	9.6	21.4	20.5	23.8	24.9	21.6	14.5	18.6	15.8
汇	边界样式	断裂陡坡（35.2°）		断裂陡坡（28.4°）			断裂陡坡（30.6°）		断槽	断裂缓坡（3.2°）		斜坡（3.8°）		断裂缓坡（5.0°）		

沙河街组沉积时期，裂陷作用强，源区汇水面积大（南部大于北部），以盆内局域物源（沙垒田凸起）供源为主，其中东段以古沟谷物源通道单线型搬运沉积为主，汇区内受盆内调节断裂控制、约束，局部存在转换带斜列型调节沉积砂体；西段以断槽物源通道呈单线型控制沉积砂体为主；东西段间中央槽道以双断槽（对向型转换带）限定沉积扇体呈长条形展布；全区沉积体系具有近源、粗粒、快速堆积的特征。

7.1.3 源汇系统类型及特征

沙垒田凸起围区古近系沉积区可依据地貌特征及与汇水区的对应关系，划分为 *A*、*B*、*C*、*D*、*E*、*F*、*G*、*H* 共 8 个区域（图 7.3）。参照源区、沉积物搬运体系及其与汇区间衔接处边界样式差异，将沙垒田凸起源汇系统划分为断裂陡坡型源汇系统、断裂缓坡型源汇系统及斜坡型源汇系统三大类。其中断裂缓坡型源汇系统可以进一步划分为单一断裂缓坡型源汇系统与多级断裂缓坡型源汇系统。

1. 断裂陡坡型源汇系统

综合分析表明，*B* 区内发育最优的断裂陡坡型源汇系统，进一步构建其模式，如图 7.4 所示。在断裂陡坡型源汇系统内，源区（混合花岗岩）汇水区分化剥蚀物质顺断槽（或古沟谷）物源通道经垂向断面约束调节，沿断裂下降盘一侧易形成连片分布或呈裙带状展布的近源粗粒扇三角洲—滑塌（浊积扇）沉积体系，其中汇水区面积、垂向高差、物源通道规模与汇区内扇体面积、厚度在同一时间段内平行对比呈正相关关系。在垂向演化上，受构造—气候幕式活动影响明显，然而同一时期，“源—汇”配置关系仍保持稳定，即稳定的源（混合花岗岩汇水区及垂向高差）—断槽（古沟谷）物源通道—断面槽道—近源粗粒扇三角洲（重力流）—湖泊体系耦合模式。

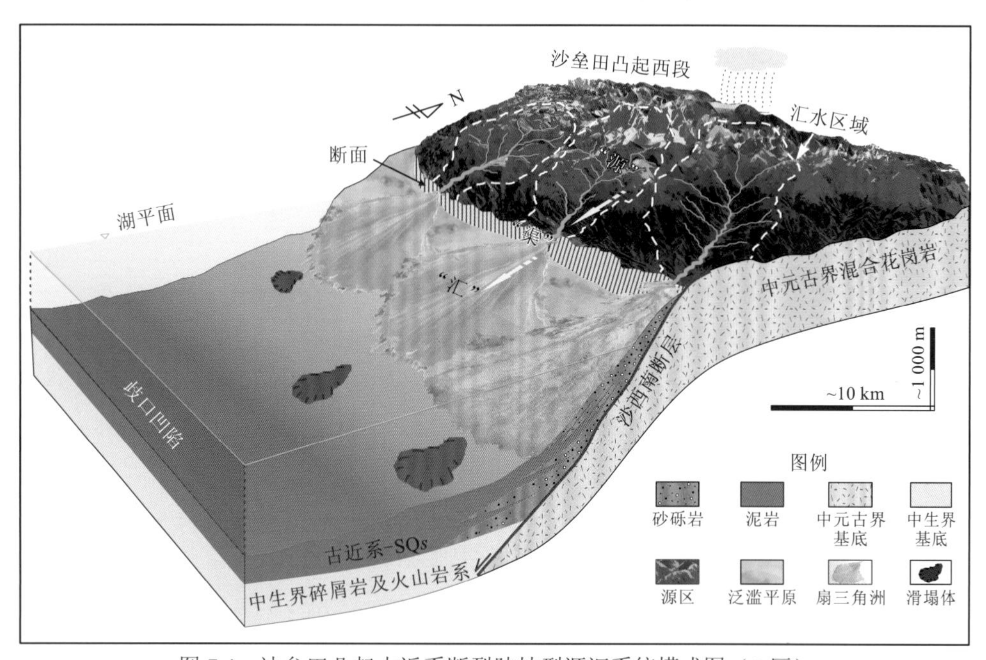

图 7.4　沙垒田凸起古近系断裂陡坡型源汇系统模式图（*B* 区）

2. 断裂缓坡型（单级断裂）源汇系统

综合以沙东北（*E* 区）构造区为原型构建单一断裂缓坡型源汇系统（图 7.5），可知源区（混合花岗岩或碳酸盐岩）汇水区差异性分化剥蚀物质顺（相对）窄浅型（“V”型或“U”型）古沟谷物源通道经平直或弧形断面调节控制，早期沿断面发育小型近源粗粒扇三洲沉积体系（区带内相对富泥，扇体平均面积 8～10 km^2），晚期超覆于断面之上发育近源短轴辫状河三角洲沉积体系（扇体平均面积 15～20 km^2）。与此同时，该类源汇系统常与断裂间的转换带体系相伴生，发育稳定的源（碳酸盐岩汇水区）—转换带物源通道—短轴辫状河三角洲（扇体面积最大可达 25 km^2）—湖泊体系耦合模式。

3. 断裂缓坡型（多级断阶）源汇系统

基于 *G* 区源汇组合关系构建多级断裂缓坡型源汇系统，如图 7.6 所示。太古宇—元古宇混合花岗岩基底在分化、剥蚀作用下，沉积物顺优势汇聚型（宽且深的“U”型或“W”复合型）古沟谷（古水系）物源通道推进至级断阶带，沿断面或小型断槽调节搬运，并向盆地中心侧迁移。沉积体系垂向上伴随基准面及断裂体系活动性变化可由近源粗粒的扇三角洲沉积体系转化为近源细粒的辫状河三角洲沉积体系（扇体平面展布面积逐步

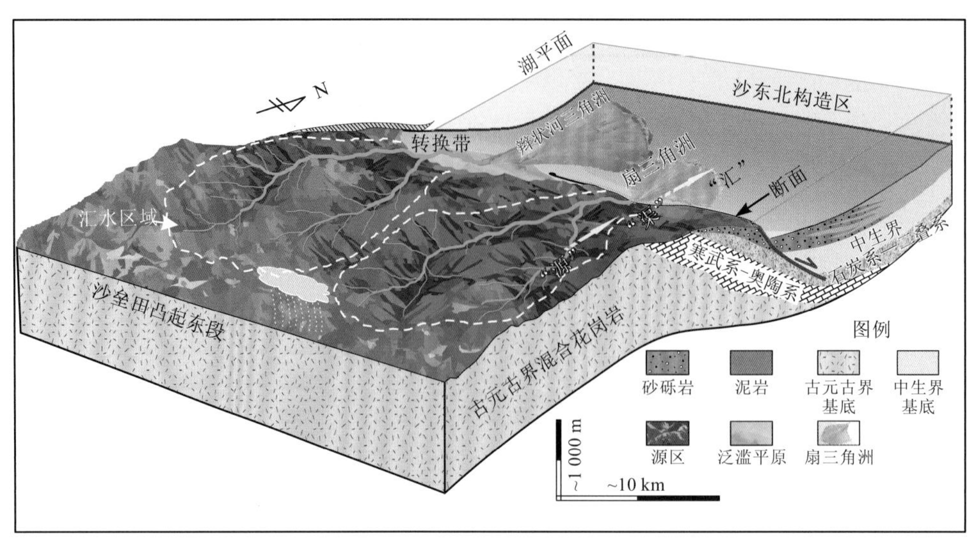

图 7.5　沙垒田凸起古近系断裂缓坡型（单级断裂）源汇系统模式图（*E* 区）

增大，由裂陷早期的 12 km^2 递增为断拗转化期的 20 km^2）。此外，受基准面升降调节变化，可控制二级至多级断阶之下（扇）三角洲沉积体或湖底扇沉积的分布综合发育源（混合花岗岩汇水区）—（宽深型）古沟谷物源通道—断阶带—扇（辫状河）三角洲（湖底扇）—湖泊体系耦合模式。

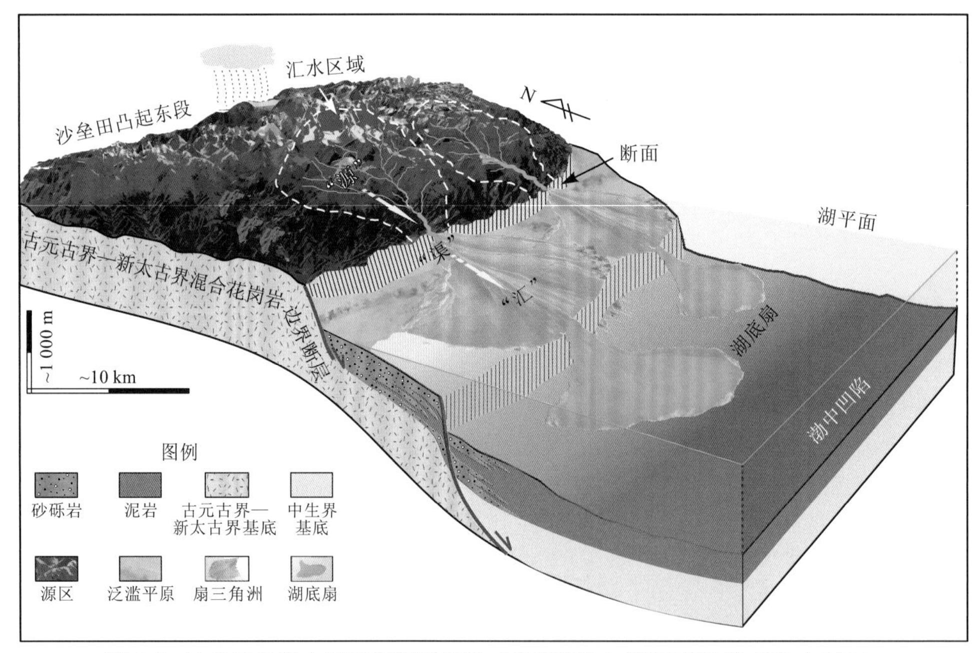

图 7.6　沙垒田凸起古近系断裂缓坡型（多级断阶）源汇系统模式图（*G* 区）

4. 斜坡型源汇系统

在源区混合花岗岩或碳酸盐岩基岩差异性分化、剥蚀基础上，沿"U"型或"W"

复合型古沟谷向低势区搬运沉积，汇区内发育受坡折带调节控制的短轴辫状河三角洲。研究区内沙垒田凸起围区近源短轴辫状河三角洲发育规模及物性与源区汇水区面积大小、垂向高差及延伸距离呈正相关关系。因汇水区带间差异性减小，沉积单元内扇体（呈片状分布）规模差异性也相对减小（平均面积约 22 km^2）。综合可知，断拗转化期沙垒田凸起区主要发育斜坡型源（混合花岗岩或碳酸盐岩汇水区）—继承性（宽浅型）古沟谷物源通道—（中小型）近源短轴辫状河三角洲（浊积扇/滑塌扇）—湖泊体系耦合模式（图 7.7）。

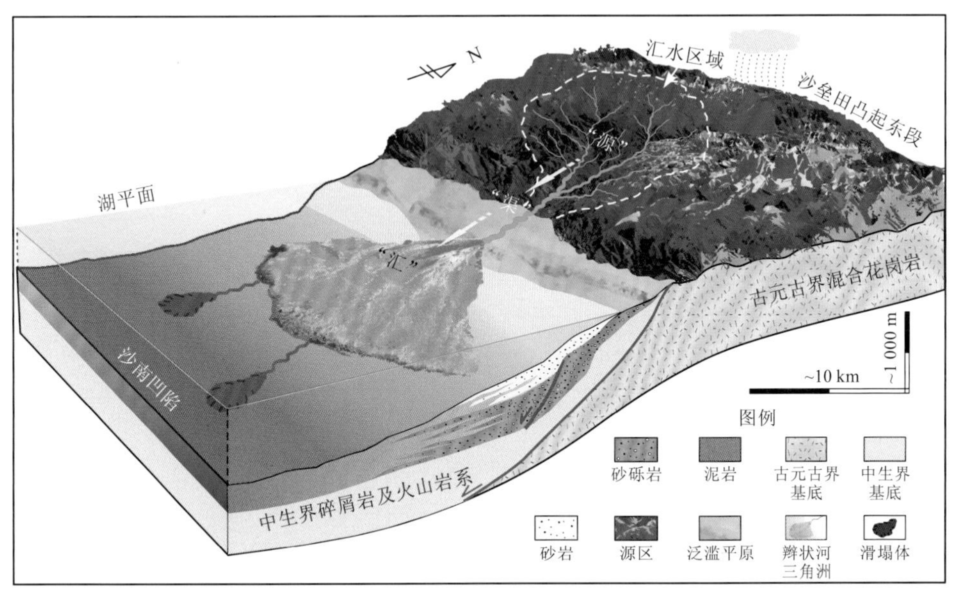

图 7.7　沙垒田凸起古近系斜坡型源汇系统模式图（H 区）

7.1.4　源汇系统耦合模式

沙河街组沉积时期，处于渤海湾盆地古近系的裂陷幕，区内构造沉降量最大（沉降速率为 250～350 m/Ma）。该阶段，盆内伸展裂陷作用强烈，边界断裂强烈活动使沙垒田凸起四周凹陷间的分隔性明显增强，具隆洼相间的古地理格局，物源主要来自盆内（局部）物源，且以沙垒田凸起为主。沙河街组沉积时期源汇系统耦合模式如图 7.8 所示。

（1）因受系列张家口—蓬莱断裂带（北西西—东西向）与郯庐断裂带（北北东—北东向）控制影响，沙垒田凸起西段南侧盆缘断裂快速沉降，区内沉积中心主要位于沙西南（A）与沙西（B）构造区内。在盆缘断裂构成的断裂陡坡带中，优势可容空间主要位于盆缘断裂下降盘（根部），沙垒田凸起西段南侧（a/b 区）分化、剥蚀供源，通过古沟谷或断槽物源通道，顺断面向沉积中心快速堆积大量沉积，形成粒度粗、横向相变快且厚度大的近源扇三角洲沉积，在平面上顺盆缘断裂呈扇形或朵叶状连片分布。其中扇体发育规模与源区汇水面积、垂向高差及物源搬运通道规模密切相关。综合发育断裂陡坡型源（混合花岗岩）—沟（窄浅型古沟谷或单断槽物源通道及断面槽道）—汇（近源粗粒扇三角洲—重力流—湖泊体系）耦合模式。

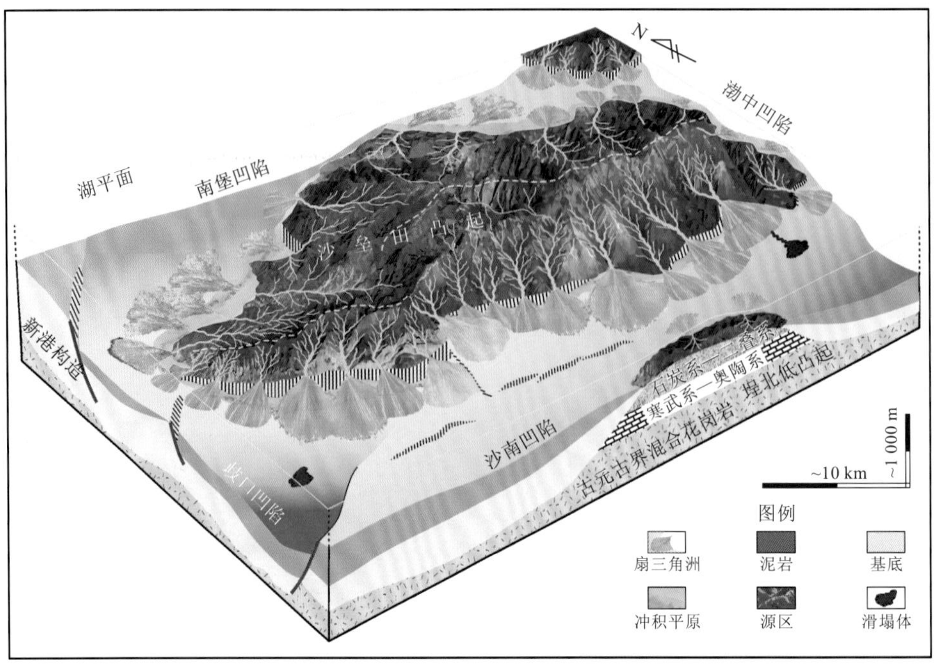

图 7.8　沙垒田凸起沙河街组沉积时期斜坡型源汇系统耦合模式图

（2）沙垒田凸起西段北侧因受基岩组成影响，水体钙质含量相对偏高。因构造区（*C* 区）内同生断裂活动较弱，以发育差异化地形背景下的斜坡带为主。沙河街组沉积时期，斜坡带一侧主要发育小型短轴辫状河三角洲，区内泥质含量较高，且以钙质泥岩为主。与此同时，在区内相对高势区可以广泛发育生物滩坝和砂质滩坝（混合滩）。综合发育斜坡型源（碳酸盐岩）—沟（古沟谷物源通道或继承性槽道）—汇（短轴辫状河三角洲—滩坝—湖泊体系）耦合模式。

（3）沙垒田凸起东段南侧以古元古界—新太古界混合花岗岩基岩为主，以继承性（宽深型）“U”型或“W”复合型古沟谷物源通道稳定供源，其中 *p*/*q*/*r*/*s* 汇水区对应沉积区（*H* 区）受到北西—南东向（单一）同生断裂控制，*m*/*n*/*o* 区对应沉积区（*G* 区）受到（多级）同生断裂控制，以发育大（中）型近源快速堆积扇三角洲沉积为主，其前缘扇体受次一级调节断裂或地形坡折控制，局部可发育浊积扇或滑塌扇。*G* 区内扇三角洲延伸距离受控于基准面与断裂体系间的组合关系，较 *H* 区内扇体规模小，且延伸距短在沙东南构造区（*G* 区）以发育多级断裂缓坡型源（混合花岗岩）—沟（宽深型古沟谷物源通道与转换带物源通道）—汇（近源粗粒扇三角洲—滑塌扇或湖底扇—湖泊）耦合模式为主；沙南构造区（*H* 区）以发育单一断裂缓坡型源（混合花岗岩或碳酸盐岩）—沟（宽浅型古沟谷物源通道及断面槽道）—汇（大型近源粗粒扇三角洲—滩坝—浊积扇—湖泊）耦合模式为主。

（4）沙垒田凸起东段北侧以古元古代混合花岗岩与寒武系—奥陶系碳酸盐岩联合供源作用，其中存在凸起之上的窄浅型古沟谷、断面槽道及转换带三类物源通道及其组合。在古沟谷与断槽组合作用下沉积区内发育小型扇三角洲沉积；转换带（斜坡型）搬运物源形成小至中型短轴辫状河三角洲沉积。沙东北（*E* 区）构造区综合发育斜坡型源（碳酸盐岩）—沟（转换带物源通道）—汇（小至中型短轴辫状河三角洲—湖泊）耦合模式与断裂缓坡型源（混合花岗岩与碳酸盐岩）—沟（古沟谷物源通与断槽）—汇（小型扇三角洲—湖泊）耦合模式。

通过对比沙垒田凸起东西段南北两侧四个区带源汇系统可知，沙南构造（*H* 区）属高效耦合系统，优势储集砂体最为发育（搬运距离远，分选、磨圆好），沙西南（*A* 区）与沙西（*B* 区）构造区耦合系统次之（近源富砂、砂泥间互、物性差），沙东北（*E* 区）构造区耦合系统再次之（相对富泥且物性差）。

7.2　源汇系统在拗陷期区域沉积体系评价中的应用

渤东地区研究范围以蓬莱 7-6 构造、蓬莱 9-1 油田的北侧连线为北界，以蓬莱 25-5、渤中 36-2 构造的南侧连线为南界，以蓬莱 7-6 构造、渤南低凸起中段西侧连线为西界，以渤海湾盆地边界为东界，面积约 4 100 km^2（图 7.9）。

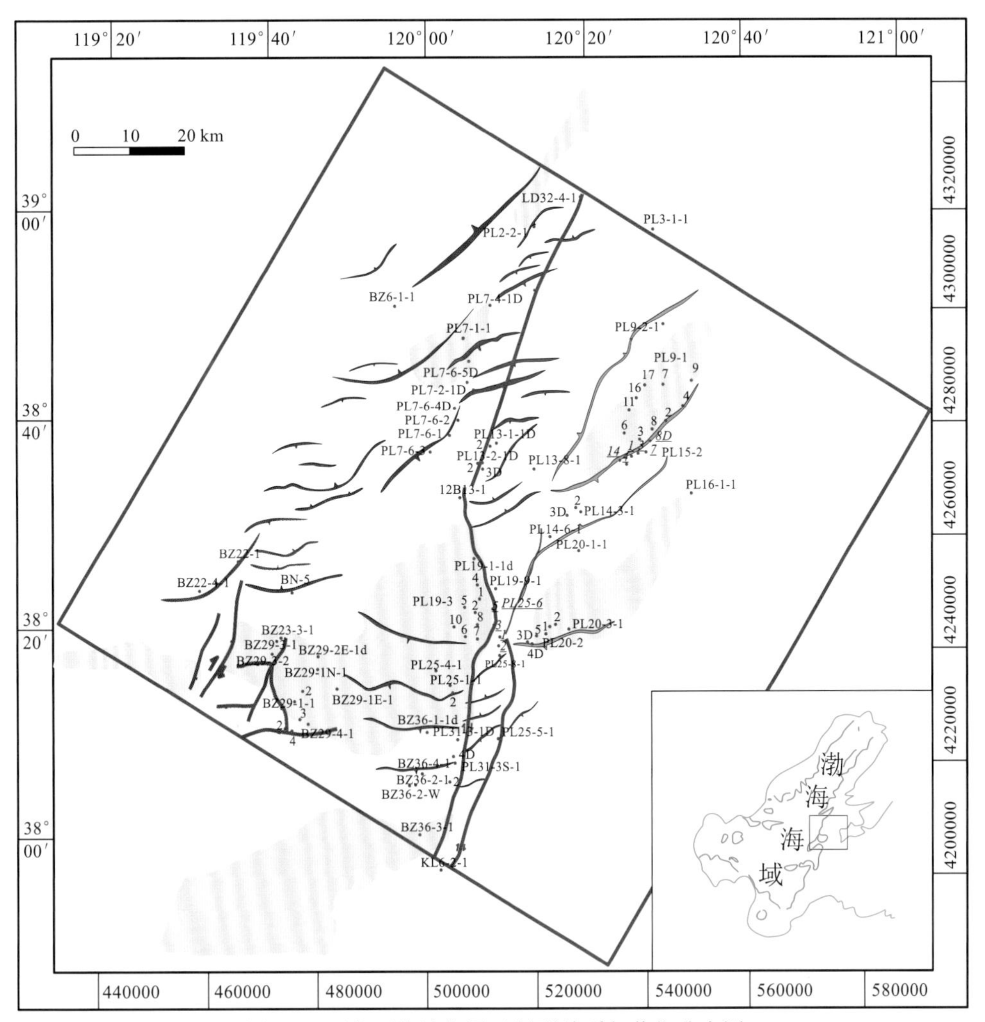

图 7.9　研究区构造位置及断裂体系与井位分布图

目前该研究区基本实现了三维地震资料的全覆盖，已发现油田 6 个、含油构造 11 个，钻井资料丰富（探井 73 口），具备沉积体系研究的资料基础（图 7.9）。油气勘探实践表明，研究区无论是早期发现的亿吨级大油田，还是近期勘探的新突破，油气均主要发现于新近系，尤其是馆陶组区域油气富集特征明显。新近系储层条件是制约渤东地区油气勘探的关键因素之一，开展沉积充填演化研究是该区科学决策必不可少的基础工作。一些难题亟须立项攻克，主要表现为：①研究区涉及多个二级构造单元，涉及多个凸起和凹陷，地层厚度横向变化大，不同地区需要建立统一的层序地层格架；②物源体系不明确，如研究区是否受北西方向大物源的影响，东部是否存在北东和东南两个方向的物源，各自在不同时期的影响范围等；③新近系沉积相类型模糊，特别是馆陶组砂岩储层沉积相类型亟须厘定；④研究区构造活动强烈，地貌多样，古地貌、气候条件、构造活动对沉积体系发育的控制作用与沉积模式不清。

7.2.1 物源子系统特征

据渤海湾盆地的区域地质特征，渤海海域东部古近纪存在两大物源体系，即盆外胶辽隆起区（胶东隆起区、渤海中段及辽东隆起区）、燕山褶皱带与盆内凸起区（庙西北凸起及渤南低凸起）前古近系基底。盆外东南部胶东隆起区大面积分布太古宇变质岩（胶东镁铁质和长英质片麻岩）、元古宇变质岩群（粉子山群和荆山群）及燕山期花岗岩；东部胶东隆起区渤海中段由太古宇、元古宇变质岩组成；东北部辽东隆起区分布大面积元古宇北辽河群和南辽河群花岗岩、少量燕山期花岗岩及太古宇结晶变质岩；西北部燕山褶皱带大面积分布太古宇—元古宇结晶变质岩，局部发育中生界火成岩、火山碎屑岩及古生界碳酸盐岩与碎屑岩。盆内凸起区（或低凸起区）前古近系基底母岩分布规律性明显，自南向北依次发育太古宇结晶变质岩、元古宇变质岩及中生界酸性侵入岩，其中元古宇变质岩分布最广。两类物源在岩性及地质年代上存在较大差异，为研究区内物源的定量示踪提供了良好的地质基础。

1. 成分成熟度和岩屑组合特征差异分析

岩石中的碎屑组分及结构特点可以直接反映沉积物源区及盆地的环境特点。首先，通过观察东、西部地区岩石的分选、磨圆、砂岩厚度及含砾率等特征，初步得出物源来自东边隆起区（主要为辽东隆起和胶东隆起）。之后，通过碎屑组分分析法（砂岩分析法）对渤东地区馆陶组岩石样品进行系统分析，对该地区岩石样品的成分成熟度、碎屑组合特征进行了厘定，用以区分辽东隆起和胶东隆起（图 7.10），主要认识如下。

（1）辽东隆起岩石岩屑成分成熟度高，胶东隆起成分成熟度低。研究区总体以岩屑长石砂岩和长石岩屑砂岩为主，不同构造位置的岩石成分表现出一定的差异性。东北部井区（PL9-1、PL7、PL14-3、PL19-3、PL25-6、PL19-9）（靠近辽东隆起）岩样碎屑组分中石英含量高（约 35%）、岩屑含量低（低于 30%），而东南部井区（PL20、PL25-1、PL31）（靠近胶东隆起）的石英含量较低（低于 20%）、岩屑含量较高（部分井大于 50%）；

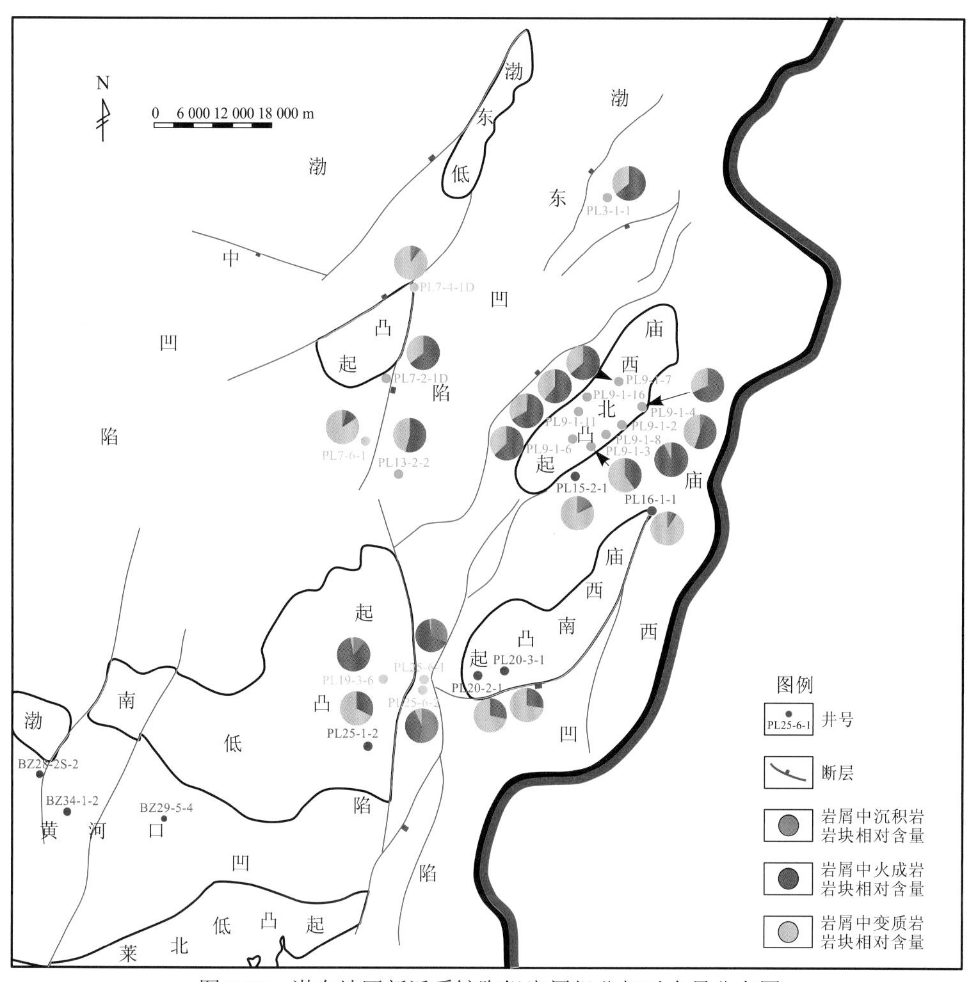

图 7.10　渤东地区新近系馆陶组岩屑组分相对含量分布图

通过对比蓬莱地区的砂岩岩样与渤南低凸起的砂岩岩样，得知蓬莱地区砂岩岩样中石英的含量较低（约为 33%），而渤南地区的砂岩岩样中石英的含量较高（约为 41%）；综上得知，在成分成熟度方面，辽东隆起高于胶东隆起。

（2）辽东隆起岩屑组合类型偏火成岩，胶东隆起偏变质岩。研究区北部、东部井区（靠近辽东隆起），即 PL3-1-1、PL7-2-1D、PL13-2-2 和 PL9-1 等井区，岩屑以火成岩成分为主，其中火成岩相对含量约为 15.2%，变质岩相对含量约为 10.6%，火成岩与变质岩的比值为 0.6～2.29；而随着井区向东南方向延伸，岩屑中变质岩的相对含量逐渐超过火成岩的相对含量占据主导地位，到 PL20-3-1、PL20-2-1 和 PL25-1-2 井（靠近胶东隆起），变质岩相对含量为 24.1%～33%，火成岩相对含量仅为 6.8%，火成岩与变质岩的比值为 0～0.47，由此得出辽东隆起岩屑组合类型偏火成岩，胶东隆起偏变质岩。

2. 碎屑锆石精细定年厘定物源区

1）辽东、胶东地区基底岩性特征差异

在基岩岩性特征及分布分析中，通过调研辽东地区与胶东地区（包含庙岛列岛）的基岩组成及分布特征，发现两者具有一定的共性和差异，因此在本次研究中，主要通过其差异对物源进行了初步判定。其中，相似点是：辽东地区和胶东地区以发育太古宇、元古宇和中生界为主，且古生界主要是花岗质岩石，属侵入型岩石。差异点是：胶东地区缺少 170～180 Ma 侏罗系（J）母岩；胶东地区三叠系（T）母岩仅分布在威海南部，远离渤东地区，供源效应非常小，几乎为 0（图 7.11）。因此，可以依据是否具有 170～180 Ma 侏罗系母岩或三叠系母岩判定物源来自辽东地区还是胶东地区。

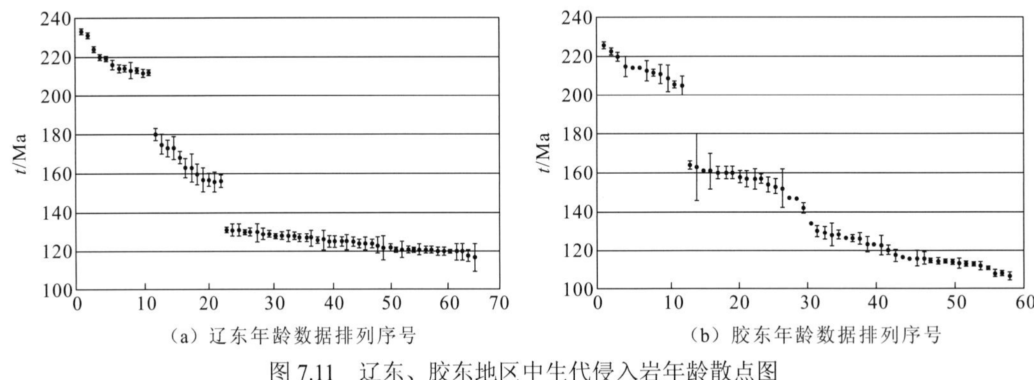

图 7.11　辽东、胶东地区中生代侵入岩年龄散点图

2）研究区锆石多物源示踪

在碎屑锆石年代学特征分析中，通过采集研究区 5 口井（PL7-6-1、PL15-2-2、PL19-3-4、PL20-2-2、PL31-3S-1）的馆陶组砂岩样品，进行碎屑锆石 U-Pb 定年分析。测试共获得 641 颗碎屑锆石 U-Pb 年龄，并且对符合要求的 536 颗锆石年龄数据进行处理分析，得出研究区有 3 组不同的物源（图 7.12）。

（1）PL7-6-1 和 PL15-2-2 井在馆陶组沉积时期母岩类型一致，受控于辽东隆起物源。表现在：两口井馆陶组砂岩样品碎屑锆石 U-Pb 年龄分布相似，侏罗系锆石含量较多，分别为 30%和 25%，侏罗系锆石含量高于白垩系锆石含量；年龄谱特征保持一致，均具有 2 组峰，其峰值年龄分别为 2 306～2 102 Ma、179～174 Ma；靠近辽东隆起，且包含 170～180 Ma 的侏罗系母岩。

（2）PL31-3S-1 井在馆陶组沉积时期受控于胶东隆起物源。表现在：馆陶组砂岩样品碎屑锆石白垩系锆石含量高达 51%，侏罗系锆石含量仅 4%，不含三叠系锆石；U-Pb 年龄以 124 Ma 和 2 352 Ma 双峰特征；靠近胶东隆起区，不含 170～180 Ma 的侏罗系母岩。

（3）PL19-3-4 和 PL20-2-2 井在馆陶组沉积时期母岩类型一致，同时受控于辽东隆起和胶东隆起物源。体现在：馆陶组砂岩样品碎屑锆石 U-Pb 年龄含量分布相似，白垩系锆石含量较多，分别为 35%和 46%，均含有三叠系母岩，且侏罗系锆石年龄分布在 170～178 Ma，因此判定有辽东供源；白垩系锆石含量明显大于侏罗系锆石含量，由此判定由胶东物源供源。综合以上两点，加上位置原因（位于辽东隆起与胶东隆起连接部位），综合判定 PL19-3-4 和 PL20-2-2 井在馆陶组沉积时期受控于辽东隆起和胶东隆起物源。

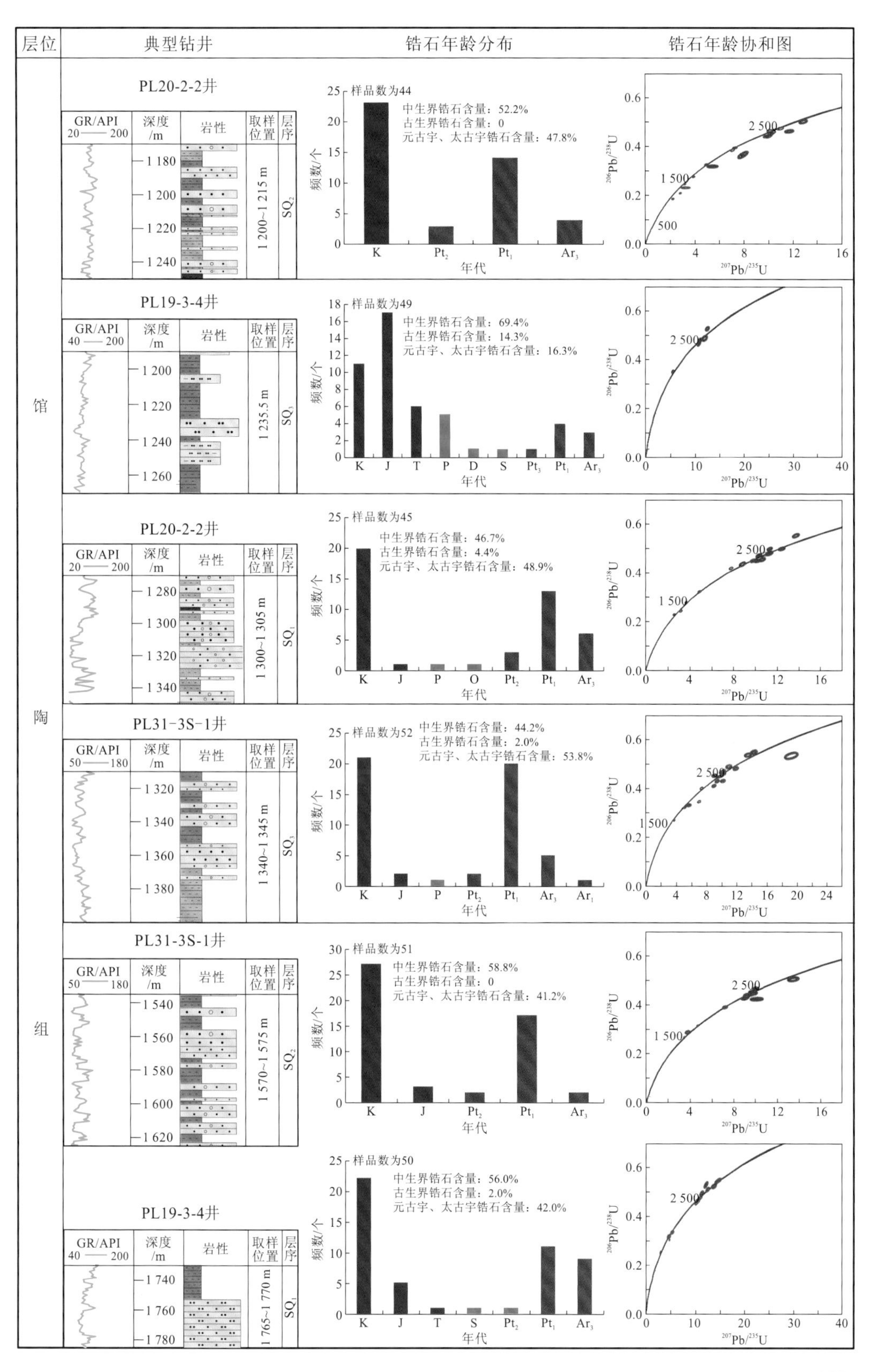

层位
典型钻井
锆石年龄分布
锆石年龄协和图
馆
陶
组
PL20-2-2井
GR/API
深度/m
岩性
取样位置
层序
1 200~1 215 m
SQ_2
样品数为44
中生界锆石含量：52.2%
古生界锆石含量：0
元古宇、太古宇锆石含量：47.8%
PL19-3-4井
1 235.5 m
SQ_3
样品数为49
中生界锆石含量：69.4%
古生界锆石含量：14.3%
元古宇、太古宇锆石含量：16.3%
PL20-2-2井
1 300~1 305 m
SQ_1
样品数为45
中生界锆石含量：46.7%
古生界锆石含量：4.4%
元古宇、太古宇锆石含量：48.9%
PL31-3S-1井
1 340~1 345 m
SQ_3
样品数为52
中生界锆石含量：44.2%
古生界锆石含量：2.0%
元古宇、太古宇锆石含量：53.8%
PL31-3S-1井
1 570~1 575 m
SQ_2
样品数为51
中生界锆石含量：58.8%
古生界锆石含量：0
元古宇、太古宇锆石含量：41.2%
PL19-3-4井
1 765~1 770 m
SQ_1
样品数为50
中生界锆石含量：56.0%
古生界锆石含量：2.0%
元古宇、太古宇锆石含量：42.0%
频数/个
年代
$^{206}Pb/^{238}U$
$^{207}Pb/^{235}U$

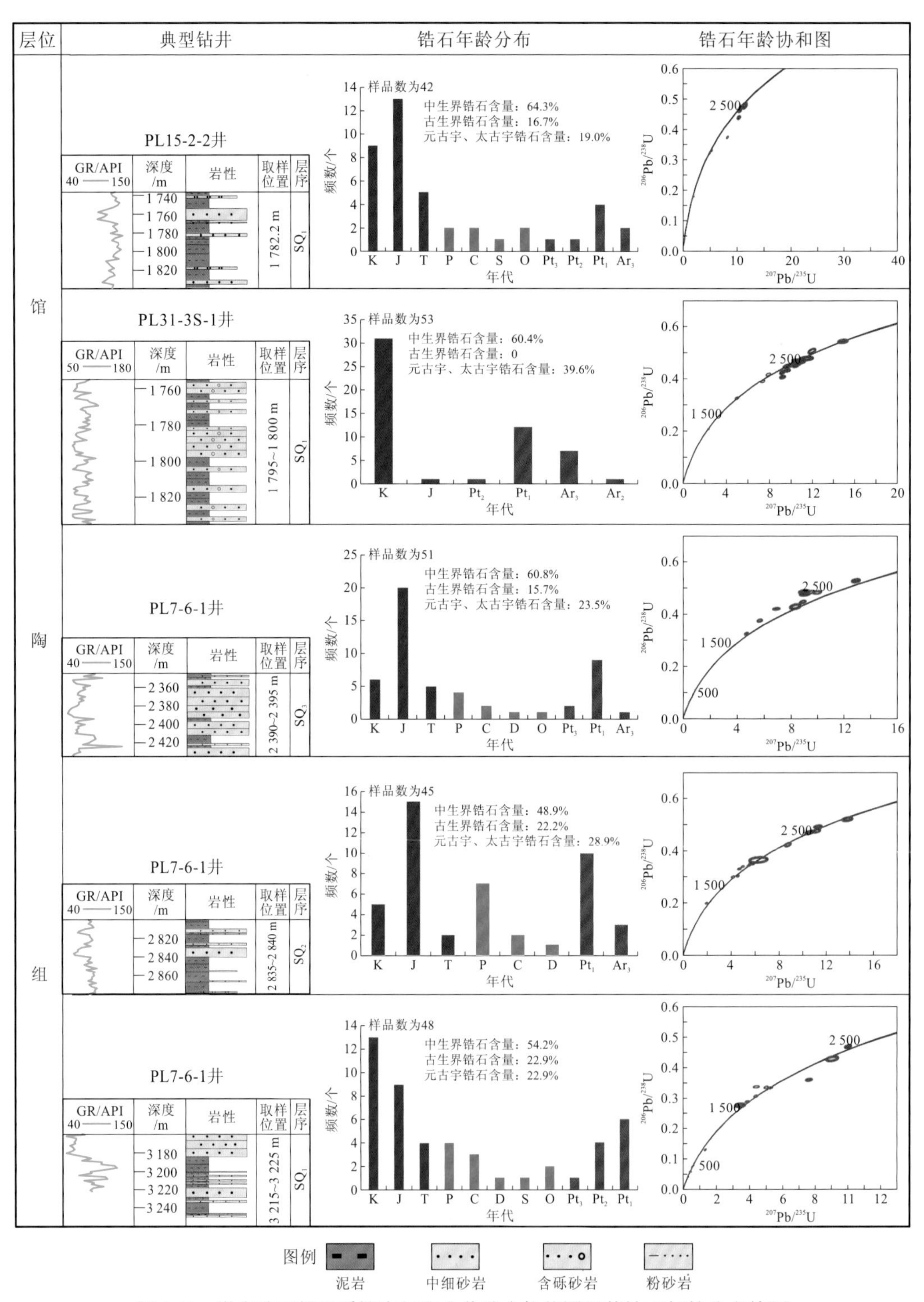

图 7.12 渤东地区新近系馆陶组取心井综合柱状图及其锆石年龄分布特征

K.白垩系；J.侏罗系；T.三叠系；P.二叠系；C.石炭系；D.泥盆系；S.志留系；O.奥陶系；Pt_1.古元古界；Pt_2.中元古界；Pt_3.新元古界；Ar.太古宇；Ar_1.古太古界；Ar_2.中太古界；Ar_3.新古界

3）研究区物源交汇区分析

经过以上分析，可判定辽东隆起、胶东隆起分别自渤东东北、东南方向向渤东凹陷供源，且交汇区处于 PL19 井区（PL19-3-4、PL19-3-2、PL19-3-5 及 PL19-3-7）附近（表 7.3）。因此，明确各层序中两物源交汇特征对于渤东地区物源体系研究具有重要作用。

表 7.3　渤东地区 PL19 井区馆陶组锆石 U-Pb 年龄分布表

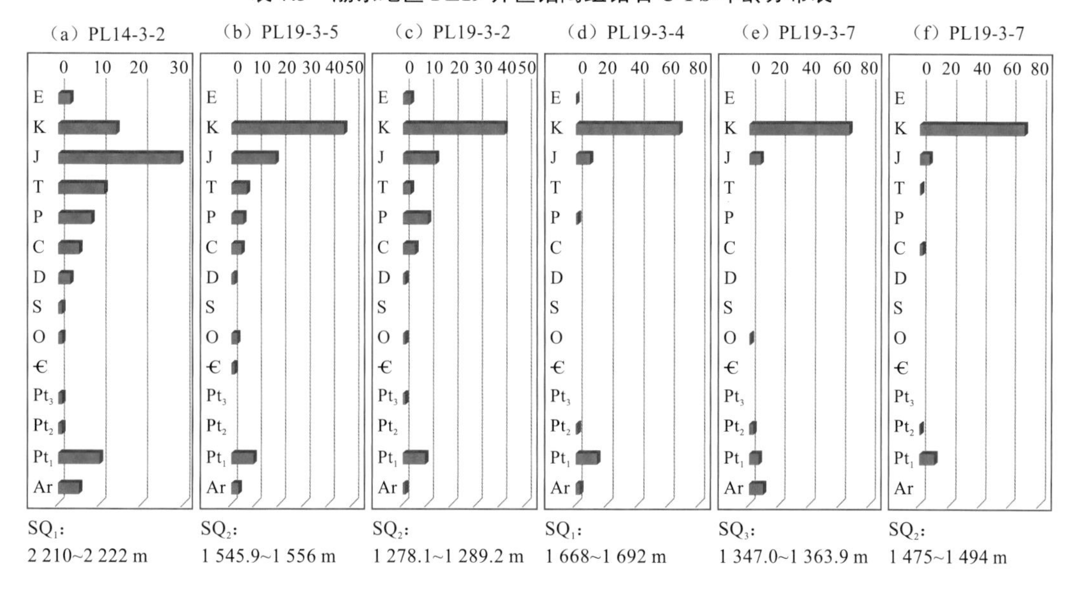

（1）由表 7.3（d）可知，PL19-3-4 井区三叠系锆石不发育。在 SQ_1 沉积时期，PL19-3-4 井区主要由胶东隆起供源，即胶东隆起供源范围由凹陷东南部向北推进至 PL19-3-4 井区。

（2）由表 7.3（b）和（c）可知，与表 7.3（d）中相比，SQ_2 沉积时期，PL19-3-5、PL19-3-2 井区三叠系锆石有分布，说明此时辽东隆起提供的物源已经向前推进到了 PL19-3 部分井区，而表 7.3（f）中 PL19-3-7 井区的三叠系锆石分布非常少，几乎为零，指示 PL19-3-7 井区仍受到来自胶东隆起的物源控制。

（3）由表 7.3（e）可知，PL19-3-7 井区三叠系锆石不发育。在 SQ_3 沉积时期，该井区仍受胶东物源控制；而 PL19-3-6 或者 PL19-3-8 井区受辽东隆起物源的控制，指示辽东隆起物源向前推进到 PL19-3-6 及 PL19-3-8 井区范围。

7.2.2　搬运通道子系统构成

古沟谷是向盆地沉积区输送沉积物的重要搬运通道，其横截面面积的大小在一定程度上可以表征沟谷搬运能力的强弱。在搬运通道特征及其物源指示分析中，我们分别在渤东地区东侧凸起（A 区）上，选取了过 V1、V2、V3 及 V4 等沟谷的多个地震剖面（图 7.13），统计各类型沟谷的宽度、深度及横截面面积（表 7.4），推测其搬运能力，得到以下认识。

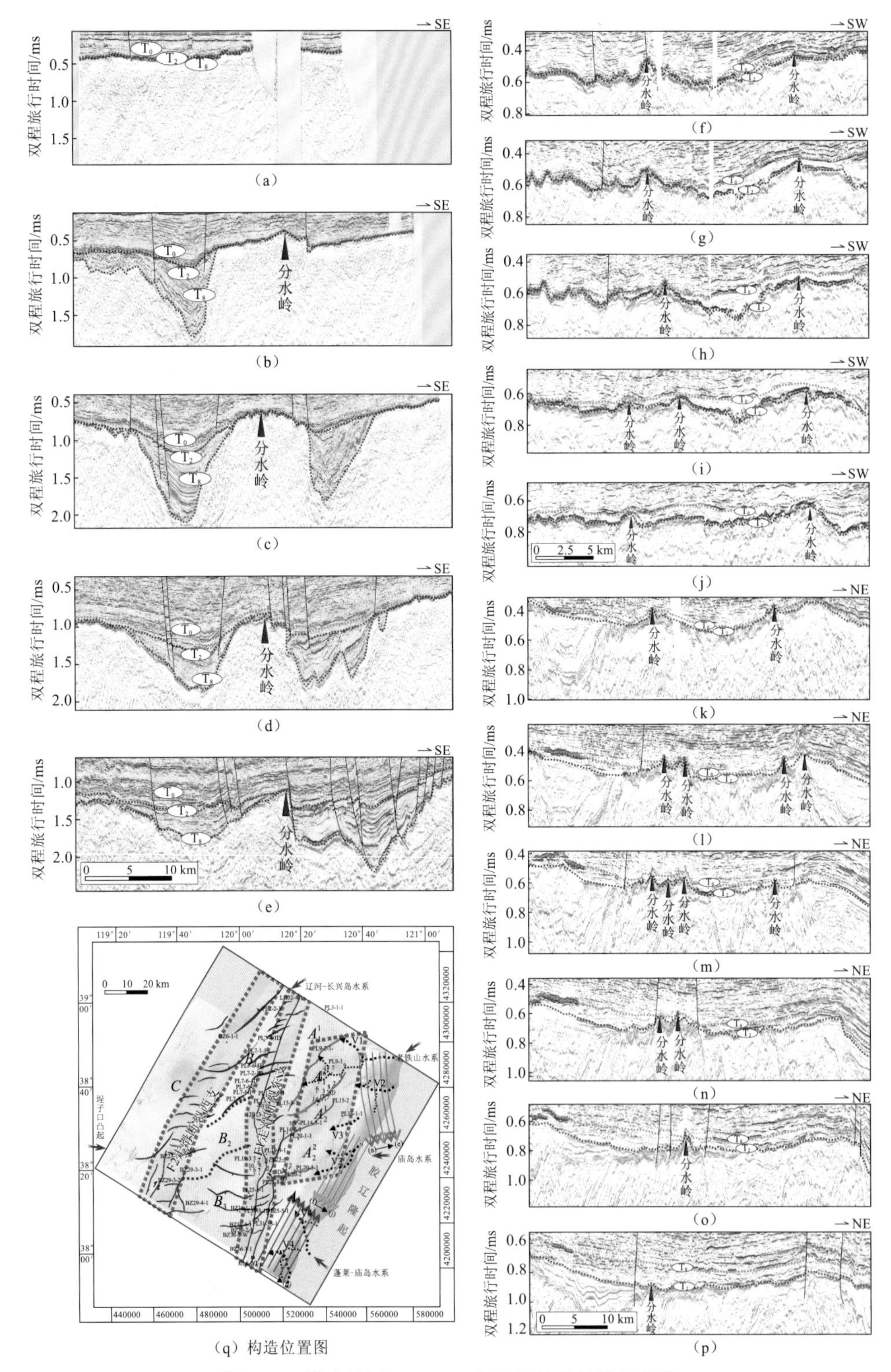

图 7.13　渤东地区 V1～V4 古沟谷及其构造位置图

A～*C* 为区带信息；（a）～（e）老铁山水系对应古沟谷地震格架剖面；（f）～（j）庙岛水系对应古沟谷地震格架剖面；（k）～（p）蓬莱-庙岛水系对应古沟谷地震格架剖面

表 7.4　渤海湾盆地渤东地区 V1～V4 古沟谷参数统计

古沟谷	宽/km	深/ms	横截面面积/(km·ms)	面积平均值	搬运能力
V1	15.0	0.03	0.20	1.18	强
	17.0	0.11	1.00		
	18.0	0.17	1.51		
	19.0	0.21	2.01		
V2	10.0	0.02	0.08	0.66	中强
	13.0	0.03	0.20		
	15.0	0.11	0.86		
	16.0	0.19	1.50		
V3	9.8	0.05	0.26	0.48	中弱
	9.3	0.08	0.38		
	8.9	0.17	0.77		
	7.3	0.14	0.52		
V4	9.3	0.04	0.21	0.32	弱
	7.7	0.04	0.14		
	6.5	0.18	0.58		
	8.0	0.09	0.34		
	9.5	0.07	0.33		

（1）辽东隆起古沟谷搬运能力强，胶东隆起古沟谷搬运能力弱。V1 和 V2 型沟谷主要靠近辽东隆起，统计得知：其平均宽度为 10～19 km，深度约为 0.9 ms（双程旅行时间），横截面面积大于 0.5 km·ms，其中 V1 约为 1.18 km·ms，V2 约为 0.66 km·ms；V3 和 V4 主要临近庙岛列岛及胶东隆起，与 V1 和 V2 型沟谷相比，宽度相差不大，但深度较小，因此横截面面积存在明显差别，其面积普遍小于 0.5 km·ms，其中 V3 横截面面积约为 0.48 km·ms，而 V4 更小，约为 0.32 km·ms。综上得知，V1 和 V2 型沟谷横截面面积大于 V3 和 V4 型沟谷，因此 V1 和 V2 型沟谷搬运能力要强于 V3 和 V4 型沟谷，其在凹陷内搬运距离要长。

（2）各构造分区发育沟谷类型不同，古沟谷类型与物源区有关。基于古地理格局及分区特征分析，叠合古沟谷类型与规模可知：①A_1^1 和 A_1^2 的物源区是辽东隆起和庙西北凸起，且辽河-长兴岛水系是其搬运水系，加之辽河-长兴岛水系发育规模大，因此该区以发育宽深型沟谷为主；②A_2^1 的物源区同样是辽东隆起和庙西北凸起，但由于其搬运水系是相对规模较小的老铁山水系，因此该区宽深型及宽浅型沟谷均有；③A_2^2 和 A_3 的物源区是庙岛列岛，庙岛水系为其搬运水系，以发育宽浅型沟谷为主。同理，B 区和 C 区因其供源水系及源区的不同，而发育不同的古沟谷组合类型。

7.2.3 沉积汇聚子系统构成

基于沉积环境与相带标志研究，区内主要发育河流相、辫状河三角洲或浅水三角洲及湖泊相（图 7.14），整体属于浅水背景下河湖交互体系。结合鄱阳湖现代典型浅水背景河湖交互体系（图 7.15）开展沉积模式解剖，并指导研究区沉积体系精细刻画。

相/亚相	测井/录井相	岩心相	岩心/壁心照片	沉积特征	地震响应	古生物	发育层位（构造区）
辫状河	PL25-6-1 SQ_3		PL20-3-2D	大套含砾粗砂岩，粒度向上变细，正韵律组合，不发育二元结构，测井响应为厚箱形、箱形—钟形	渤南低凸起南；河道充填反射	种类少，含量低，如毛球藻属、盘星藻属、光对裂藻属、小光对裂藻属	伸展断控区
曲流河	PL20-2-2 SQ_3	PL20-2-2 深度/m 泛滥平原 曲流河道	1 076.0　1 075.4	厚层砂岩夹泥岩，向上变细正韵律组合，发育二元结构，底部见冲刷面，含砂率40%以上，偶含砾，测井响应为齿、化箱形齿化钟形	河道充填反射；中高频，蠕虫状，叠置反射		伸展断控-斜坡区
辫状河三角洲	PL7-6-2 SQ_1		PL7-6-2	砂泥间互，主要为细砂岩，测井响应可见漏斗形—钟形	渤东凹陷斜坡区；低频断续低角度前积反射	种类多，丰度高，如毛球藻属、光对裂藻属；光面球藻属、粒面球藻属、网面球藻属、穴面球藻属、古囊藻属、刺球藻属	伸展断控背景渤东斜坡带A_1^1
浅水三角洲	PL19-3-5 SQ_2			砂泥岩频繁互层，砂层薄，粒度细，正反韵律叠置，含砂率20%~40%，测井响应以低幅齿形为主	渤南低凸起斜坡区；鳞片状、叠瓦状前积反射		走滑夹持区稳定斜坡带B_3

图 7.14　渤海湾盆地渤东地区新近系馆陶组测井-岩心-地震相图版

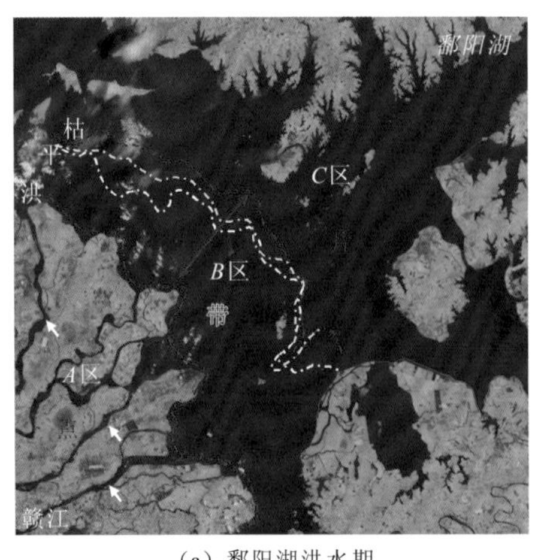

（a）鄱阳湖洪水期

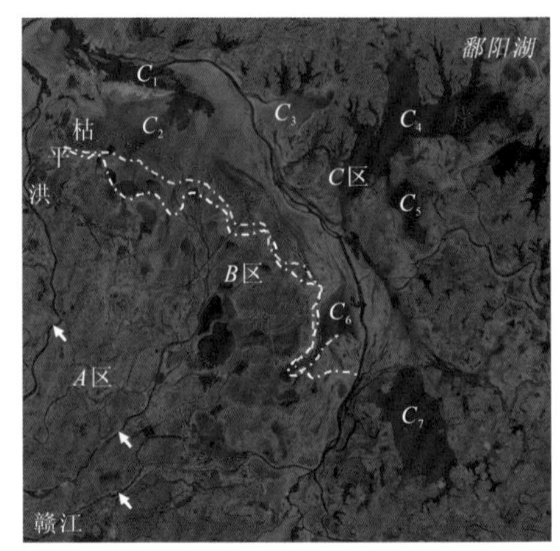

（b）鄱阳湖枯水期

图 7.15　鄱阳湖现代浅水背景河湖交互模式解剖

1. 浅水背景河湖交互要素及组合特征

1）组成单元划分

类比研究区古地理格局，根据地形差异与水位变化，由陆至盆方向依次划分为出露水上的 *A* 区（河控主体区），洪水线与枯水线间的 *B* 区（河湖交互区）以及枯水线以下的 *C* 区（湖泊主体区），与研究区 *A* 至 *C* 区存在一定对应关系。其中，*A* 区始终位于水位线之上，以河流相沉积为主；*B* 区处于洪水线与枯水线之间，即洪水期没于水下[图 7.15(a)]，枯水期出露[图 7.15（b）]，以辫状河三角洲或浅水三角洲沉积为主，属过渡沉积体系；*C* 区处于枯水线之下，始终位于水位线之下，以湖泊沉积为主（图 7.15)。

2）组成要素

浅水背景河湖交互模式主要由骨架水系与水体分隔两个单元组成。其中，①骨架水系：*A* 区发育继承性的平直骨架水系，在洪水期表现为多支水系的充注[图 7.15（a）]，枯水期以平直的骨架水系输导搬运沉积[图 7.15（b）]；*B* 区对应为分支水系的水下迁移摆动，洪水期表现为水系的水下延伸，呈席状连片特征[图 7.15（a）]，枯水期表现为敞开式出露，水系频繁切割，呈多支带状[图 7.15（b）]；*C* 区无明显水系，洪水期整体没于水下，湖区连通[图 7.15（a）]，枯水期呈现为水下砂脊的分隔，呈现多中心特征[图 7.15（b）]。②水体分隔：*A* 区属继承性水体分隔，发育数量相对少的孤立点状水体；*B* 区属迁移性水体分隔，枯水期对应为多支带状水体，洪水期席状连片水体；*C* 区属稳定性水体分隔，枯水期为多中心片状水体，洪水期为连片水体。

3）岩性组合

浅水背景河湖交互模式在 *A* 区以骨架水系为主，发育河道砂体，对应为正韵律，其间夹有相对富泥的河漫沼泽沉积；*B* 区河湖交互区伴随基准面或湖平面的频繁迁移、摆动，以发育复合砂体为主，其中枯水期主要发育河道砂、前缘朵状砂，以反韵律为主，洪水期主要发育前缘朵状砂、席状改造砂（正反韵律）与湖泊泥岩；此外，*C* 区湖泊主体区在枯水期是以席状改造砂和湖泥沉积为主，洪水期整体没于水下，发育稳定的湖泥沉积。

整体而言，浅水背景的河湖交互模式主要由三个单元组成，即 *A* 区河控主体区、*B* 区河湖交互区及 *C* 区湖泊主体区。其中，*A* 区以骨架水系继承性发育为主；*B* 区属水系的持续延伸，内部水体分隔性最强；*C* 区为差异地貌（次级浅洼）控制下的多沉积中心，席状砂组合相对发育（图 7.16)。基于该浅水背景的河湖交互模式可有效指导研究区沉积相带的划分与综合预测模式的构建。

2. 浅水背景河湖交互体系平面展布

在“源-汇”体系指导下，结合钻井/测井和地震识别的沉积相类型标志，通过区域连井—地震剖面的沉积相解释及地震属性分析，综合编制以三级层序为单位的全区沉积相平面分布图（图 7.17～图 7.19)，进而在层序格架内分析沉积相与沉积体系的发育分布特征。

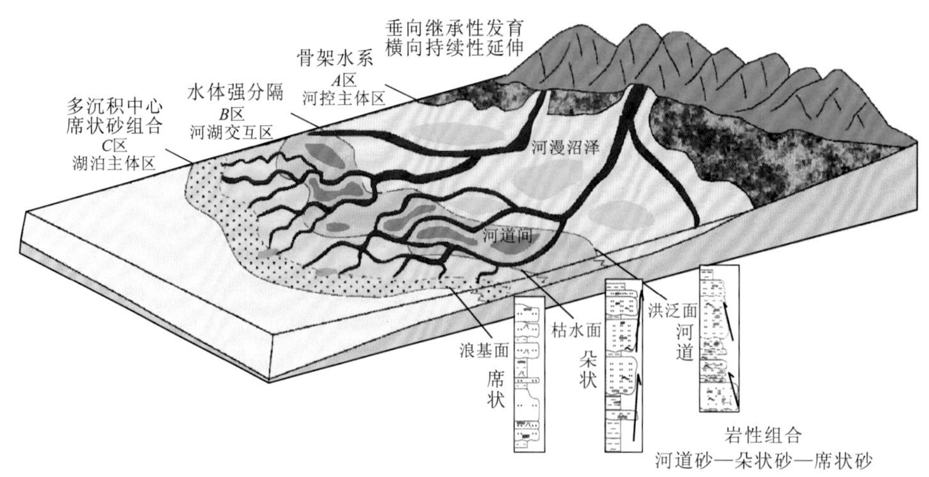

图 7.16　浅水背景的河湖交互模式中要素组成及岩性组合

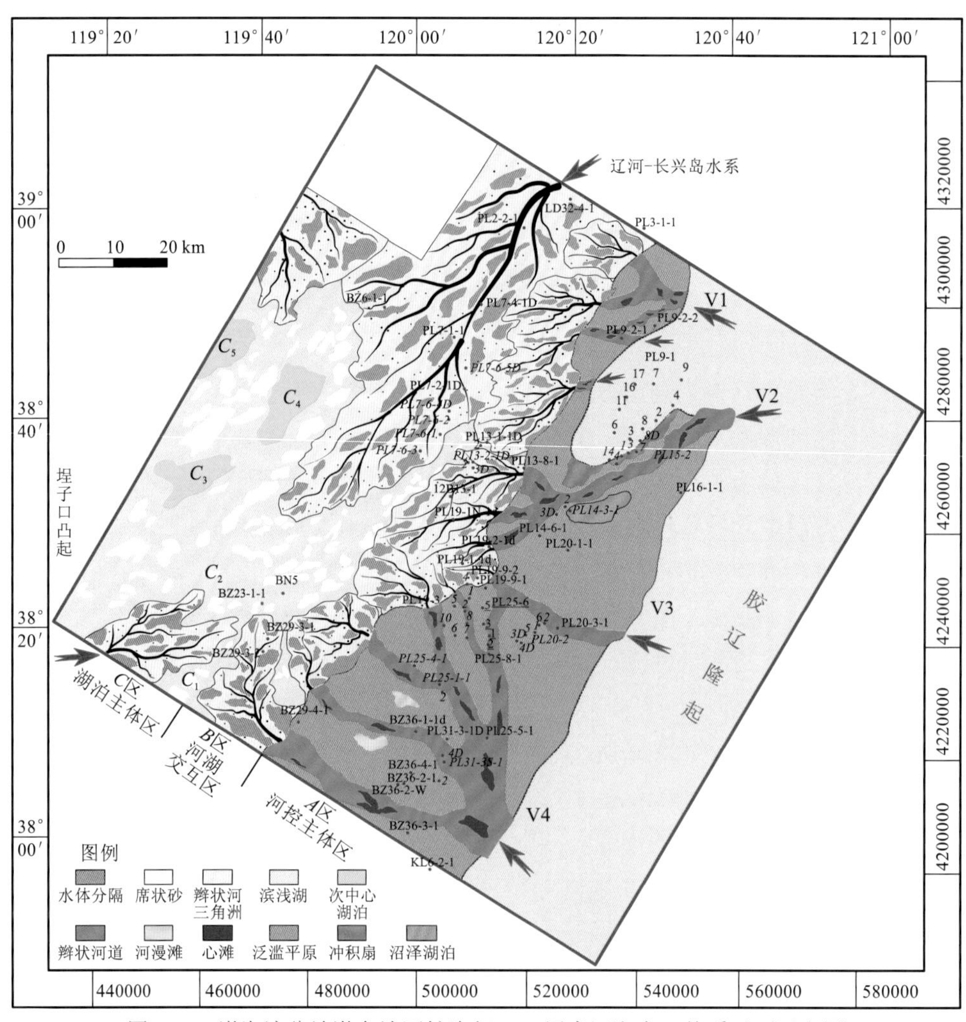

图 7.17　渤海湾盆地渤东地区馆陶组 SQ_1 层序河湖交互体系平面展布图

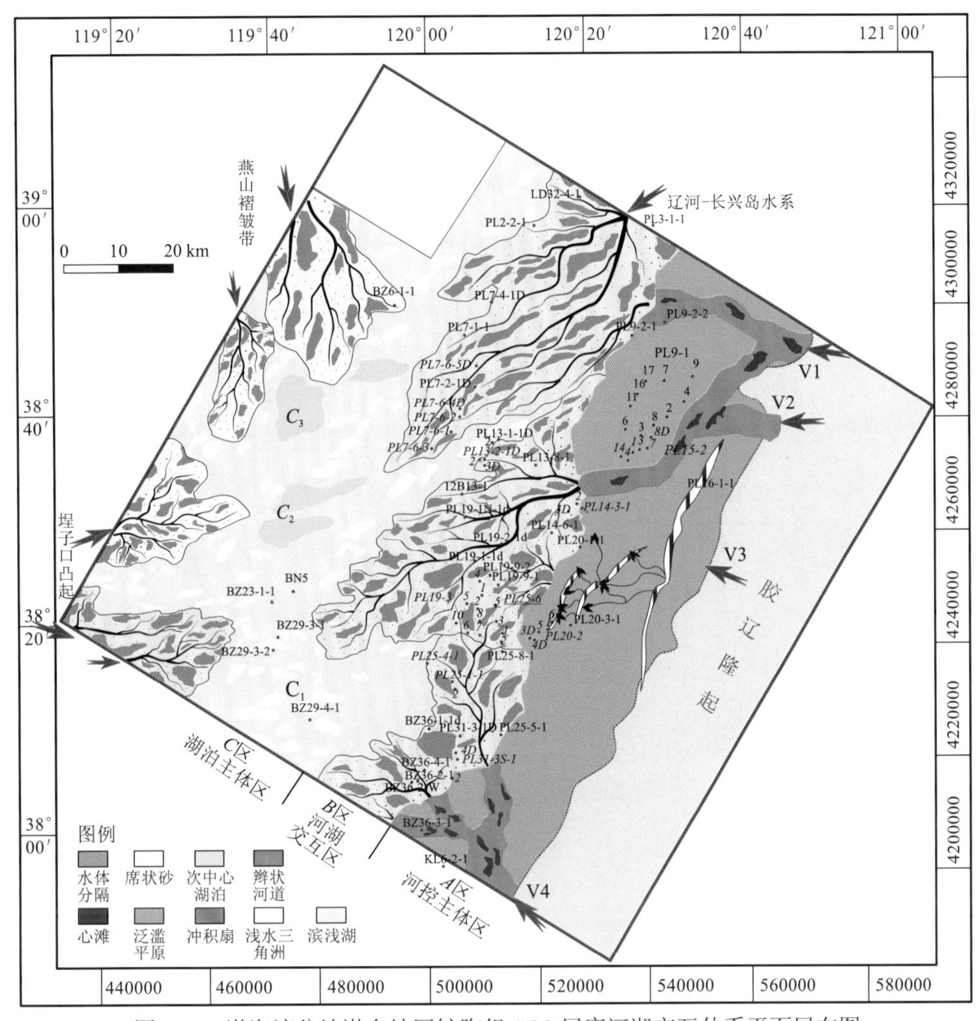

图 7.18　渤海湾盆地渤东地区馆陶组 SQ2 层序河湖交互体系平面展布图

1）SQ_1 层序

SQ_1 层序为拗陷阶段的初始期，盆缘断裂活动性由强逐渐减弱，盆内调节断裂活动性逐步增强，渤东地区边界样式逐步由断裂陡坡型与断裂缓坡型组合转换为断裂缓坡型与斜坡型组合。气候方面以温暖、潮湿气候为主，湖盆范围向凸起一侧扩张。垂向钻井指示以发育上升半旋回为主。物源供应方面以盆内（局域）（庙西、庙西南、渤东低凸起及渤南低凸起）供源及盆外（胶东隆起及辽东隆起）供源为主，其中胶辽隆起一侧以斜坡型为主，*A* 区主要发育辫状河沉积，边界范围推进至 PL7-1—PL13-8—PL19-2—PL19-3—BZ29-4 一线。因地形相对平缓，稳定沉降，随着辫状河体系向前推进，逐渐在 *B* 区转换为小型辫状河三角洲沉积，顺斜坡坡折点处堆积。同时，西北角局部受燕山褶皱带长距离物源影响，局部辫状河三角洲前缘延伸至研究工区。其中，三角洲内部水体存在明显分隔，*C* 区沉积中心因地形差异（深浅不一）存在多个中心点，且周缘席状砂相对发育（图 7.17）。

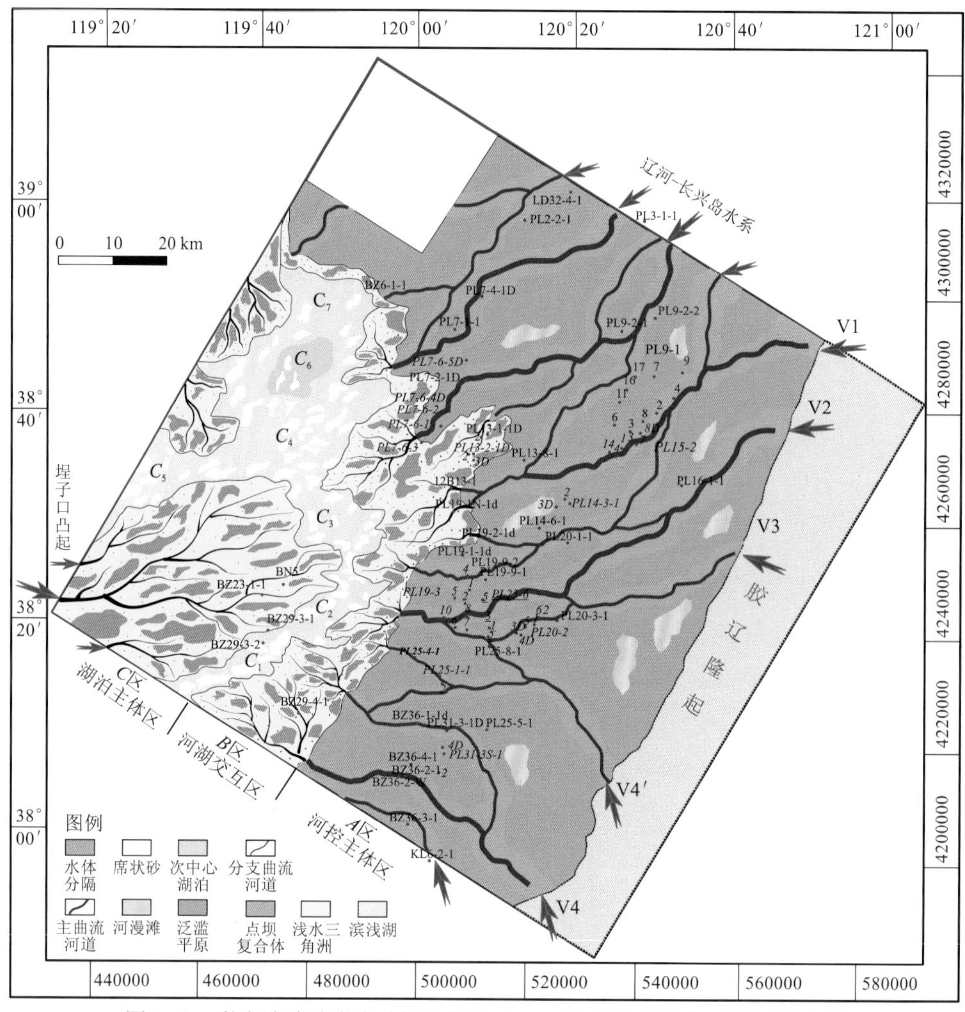

图 7.19 渤海湾盆地渤东地区馆陶组 SQ_3 层序河湖交互体系平面展布图

2）SQ_2 层序

SQ_2 层序沉积时期，盆缘边界断裂活动持续减弱，整体以稳定沉降为主，气候仍较温暖、潮湿，但温度和湿度整体有所下降，湖盆处于不断扩张的背景，垂向以上升半旋回为主。盆内（局域）物源（庙西凸起、庙西南凸起、渤东低凸起及渤南低凸起）没于水下，供给作用减弱，以盆外（胶东隆起、辽东隆起及燕山褶皱带）供给为主，其中主体沉积向盆缘方向迁移扩张，因地形坡度持续变缓，多期频繁叠置的浅水三角洲平面分布范围相对扩大（辽河-长兴岛水系延伸至 PL7-6-3 井区，老铁山水系供给延伸至 PL19-1 井区，甚至同蓬莱-庙岛水系联合供给至 BZ29-3 井区），*A* 区河流沉积范围明显减小（沉积边界退缩至 PL2-1—PL14-3—PL25-6—PL25-5—PL31-3S 一线以东）。同时，西北侧燕山褶皱带与西南侧埕子口凸起供给作用增强，相对远源的三角洲延伸至研究区。该阶段，研究区边界样式以斜坡带为主，辫状河相发育范围减小并开始向曲流河河型转化，凹陷主体 *B* 区主要发育北东—南西向展布的浅水三角洲相，内部骨架水系受水体分隔，因地形坡度趋于平缓，三角洲平面展布范围相对增大，且 *C* 区席状砂相对发育，沉积中心连片性增强，发育三个沉积中心（C_1～C_3）（图 7.18）。

3）SQ_3 层序

SQ_3 层序发育阶段，湖盆萎缩，无明显断裂活动，气候逐步由温暖转化为半干旱，沉积物供给作用增强，发育相对富砂型的沉积体系。该阶段，物源以盆外（胶东隆起、辽东隆起及燕山褶皱带）与盆内相对远源物源（埕子口凸起）联合供给为主，垂向上钻井指示发育下降半旋回。该时期 *A* 区发育北东—南西向与北西—南东向两组曲流河沉积，分别受辽东隆起区与胶东隆起区供源作用影响，河湖沉积边界向盆地方向迁移至 BZ6-1—PL7-6—PL13-2—PL19-1—BZ29-4 一线。同时，曲流河前端 *B* 区的浅水三角洲沉积体系持续向盆地中心推进。其中，研究区东侧凸起边界样式对应为斜坡型，浅水三角洲相范围除埕子口凸起侧向湖中心推进，不断增大之外，胶辽隆起带一侧浅水三角洲向中心推进，两侧沉积体系存在一定程度的交汇，席状砂较为发育，且沉积中心区被分隔为多个次中心单元（C_1～C_7），呈“满盆富砂”面貌（图 7.19）。

3. 浅水背景河湖交互体系演化规律

通过浅水背景河湖交互体系精细刻画研究可知，湖盆在不同的演化阶段构造—气候背景控制下，物源体系、沉积相类型、扇体规模及沉积充填过程呈现规律性变化。

1）物源体系

馆陶组 SQ_1 层序沉积时期，裂陷作用减弱明显，断裂调节作用加强，地形较为平稳，以继承性稳定性沉降为主。盆内（局部）物源（庙西南凸起、渤东低凸起及渤南低凸起）出露的汇水面积较大，与盆外（辽东隆起及胶东隆起）物源联合供源。馆陶组 SQ_2 层序沉积时期，断裂调节作用开始减弱，仍以继承性稳定沉降为主。盆内（局部）物源供应作用开始减弱，而盆外物源的供应开始加强。到了 SQ_3 层序沉积时期，湖盆开始萎缩，无明显断裂活动，物源以盆外（胶东隆起及辽东隆起）或盆内相对远源物源（埕子口凸起）供给为主。

2）沉积相类型与规模

拗陷期初始阶段盆缘剥蚀较强，SQ_1 层序以发育短轴辫状河—辫状河三角洲—滨浅湖（滩砂）沉积体系为主，凸起围区扇体规模明显萎缩（平均面积约 20 km^2），同时相对远源型辫状河三角洲—滨浅湖（滩坝/浊积扇）沉积体系开始发育；SQ_2 层序发育阶段，处于湖盆扩张期，以发育相对远源型（浅水）辫状河（或曲流河）三角洲—滨浅湖沉积体系为主（最大面积可达 450 km^2，延伸距近 30 km）；SQ_3 层序处于湖盆萎缩期，以河道相—滨浅湖为主，主要发育曲流河相，位于埕子口凸起侧的浅水三角洲规模开始增大，且在湖盆中心区带存在一定程度的交汇。

7.2.4 源汇系统耦合模式

1. 渤东地区馆陶组早期（SQ_1/SQ_2 层序）源汇系统耦合模式

渤海湾盆地渤东地区早期继承性格局明显发育近源沉积及盆内和盆缘局部剥蚀供源，发育辫状河—辫状河三角洲（SQ_1）和浅水三角洲（SQ_2）沉积模式（图 7.20）。其中，浅水背景下河湖交互体系特征较为显著，以骨架水系为框架，垂向继承性发育，横向持续性延伸，交互体系内水体分隔作用最强，湖泊主体区因水浅，以发育席状砂为主，呈现多沉积中心。

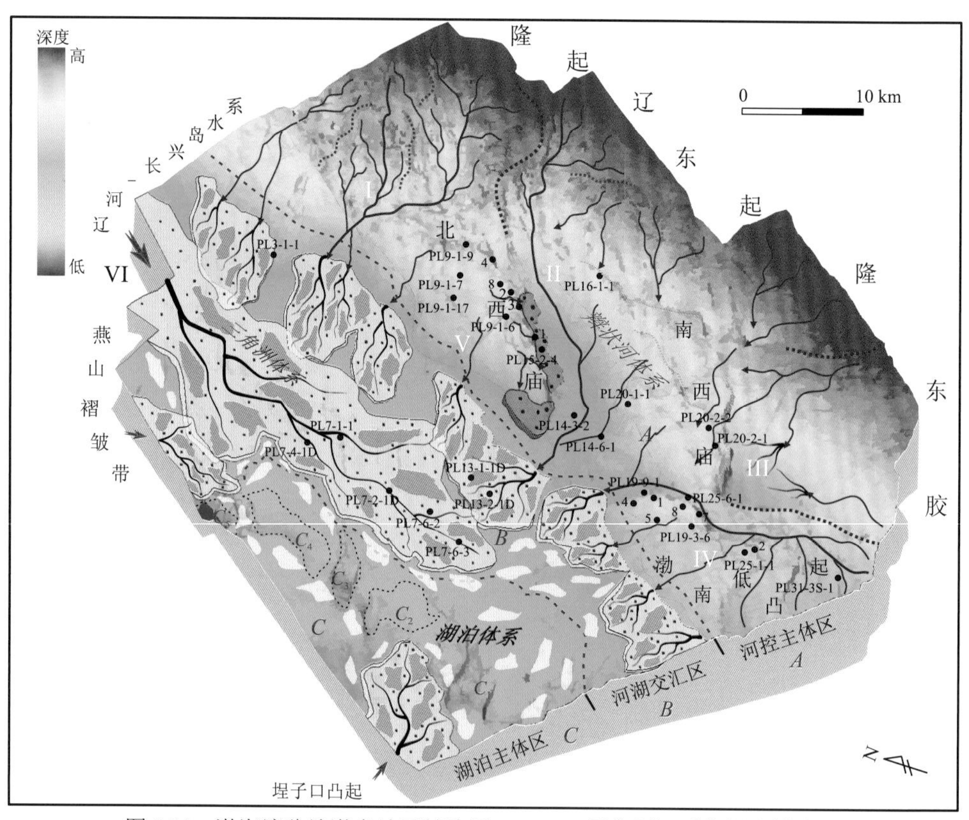

图 7.20 渤海湾盆地渤东地区馆陶组 SQ_1/SQ_2 层序源汇系统耦合模式图

其中，存在北北东—南南西向的长轴沉积体系与北东东—南西西向的短轴沉积体系。①长轴沉积体系（*B* 区）主要受控于辽东隆起带辽河-长兴岛水系，沉积物顺轴向搬运在沉积区内形成大型的辫状河三角洲或浅水三角洲沉积体系，延伸距离远（＞100 km），砂体厚度大，长源骨架水系将前缘砂体分隔为多个条带，水体分隔单元范围大，富砂区带具备含油气潜力。②短轴沉积体系可以进一步细分为三类，即东北部辽东隆起区受 *A* 区宽深型沟谷约束下发育的 *B* 区近源短轴辫状河三角洲或浅水三角洲体系，其水体分隔单元范围小，且与长轴体系存在一定的交汇区；中部胶辽隆起区复合区受 *A* 区相对宽浅型沟谷或断槽调节限制，发育限制型的河流体系，主要集中于 PL20 井区，前缘顺骨架水系延伸在 *B* 区 PL13 井区发育小型辫状河三角洲或浅水三角洲沉积体系，其与长轴体系存在一定程度的交汇；东南部胶东隆起区受 *A* 区相对窄且浅的沟谷调节搬运，在 *B* 区坡折之下区带发育小型的辫状河三角洲体系，水体分隔受延伸水系影响呈带状。同时，西北部与西南部分别受到经相对长距离搬运的物源区（燕山褶皱带与埕子口凸起）供给的影响，区内仅发育大型辫状河三角洲或浅水三角洲的前缘至前三角洲亚相。在沉积中心区，湖泊主体区（*C*）因古地貌差异，发育 C_1～C_5 次级沉积中心，内部水体深浅不一，席状砂发育规模相对存在明显差异。

2. 渤东地区馆陶组晚期（SQ_3 层序）源汇系统耦合模式

晚期（SQ_3）湖盆萎缩，填平补齐，地貌格局差异减小，以远源供源为主，发育曲流河—浅水三角洲沉积模式（图 7.21）。该阶段，短轴向长轴体系转化，以发育曲流河为主（*A* 河控主体区），前端浅水三角洲呈席状（*B* 河湖交互区），*B* 与 *C* 间的界线持续向盆地方向推进，*C* 区内呈多沉积中心（C_1～C_7）且近满盆富砂。

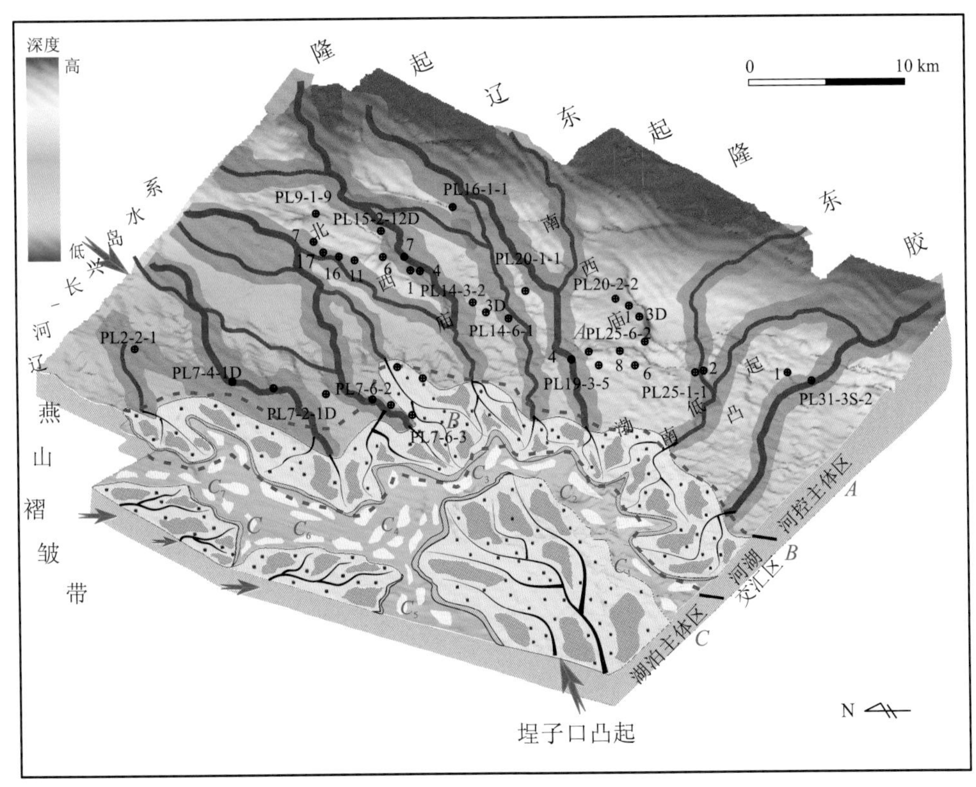

图 7.21　渤海湾盆地渤东地区馆陶组 SQ_3 层序源汇系统耦合模式图

7.3 源汇系统在石南陡坡型储层定量预测中的应用

渤中凹陷石南陡坡带位于渤中凹陷的西北部，由石臼坨凸起西南部边界断层下降盘陡坡带向东与渤中凹陷主体区相连，向西与南堡凹陷过渡，整体呈北西—南东走向（图 7.22），面积约 300 km^2。该区古近系发育齐全，由老到新依次发育孔店组、沙河街组（沙四段、沙三段、沙二段、沙一段）和东营组（东三段、东二段、东一段）。受黄骅—德州右旋走滑断裂及张家口—蓬莱左旋走滑断裂的双重影响，在渤中凹陷石南陡坡带发育北西向、北东向交替相接的边界断裂。2008 年，在石南陡坡带的西部钻探南堡 35-1 构造，砂体发育，但储层物性极差，无油气突破。2014 年，石南陡坡带东部曹妃甸 6-4 构造钻探揭示厚层优质储层，并取得了大中型油气田，揭示该区陡坡带具有较大的勘探潜力，储层问题是制约该区油气成藏的关键因素。

渤中凹陷石南陡坡带储层预测的主要困难为：①石臼坨凸起基岩岩性地层复杂，物源区残余太古宇—元古宇、古生界和中生界等，古近纪不同剥蚀时期有效物源范围和物源供给能力恢复困难，不同物源剥蚀产物对储层的胶结改造难以评估；②陡坡带断裂复杂，不同结构下的坡折子系统控砂模式尚不清楚。针对上述困难，重点对石臼坨凸起物源子系统开展了恢复和演化研究，并结合输砂通道子系统、坡折子系统和沉积汇聚子系统的综合解剖，建立了陡坡型源汇系统优质储层发育模式。

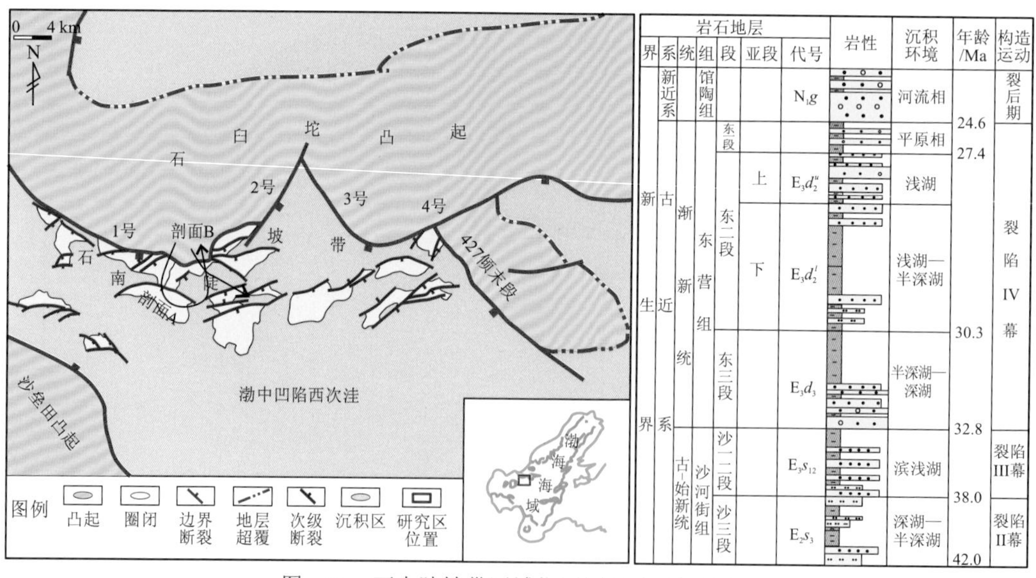

图 7.22 石南陡坡带区域位置图及地层柱状图

7.3.1 物源子系统特征

渤海大量勘探实践证实，物源区的面积大小、母岩岩性往往是一种动态的演化过程，尤其在陡坡带，各种再沉积现象十分普遍，甚至有部分钻井揭示沙河街组在东营组沉积期也能提供物源，直接证实了动态物源的客观存在。因此，现今残存的物源并不能客观反映某一沉积时期的真实物源，如果以现今物源面貌作为源-汇分析的依据有时会出现较大的偏差，给中深部储层预测带来较大的风险，只有从现今基岩分布特征出发，通过沉积区物源示踪合理恢复沉积时期古物源的真实面貌，才能准确指导源汇系统的研究。

1. 物源区面貌

物源区地貌高低起伏变化控制着山间水系的流向和输砂能力的强弱。因此，可以根据风化剥蚀程度来划分物源区地貌形态，进而判别古水系流向和物源供给能力。由图7.23可知，研究区西侧为高隆地貌，地形高差大，起伏明显，沟谷大量发育。高隆区继续被剥蚀就成为沟谷化低隆区，向东逐渐由高隆区转变为过渡区和平缓区，地形高差弱化，沟谷较发育，往南受早期断裂影响，转变为阶地区，地形平缓，表现为宽缓斜坡特征。

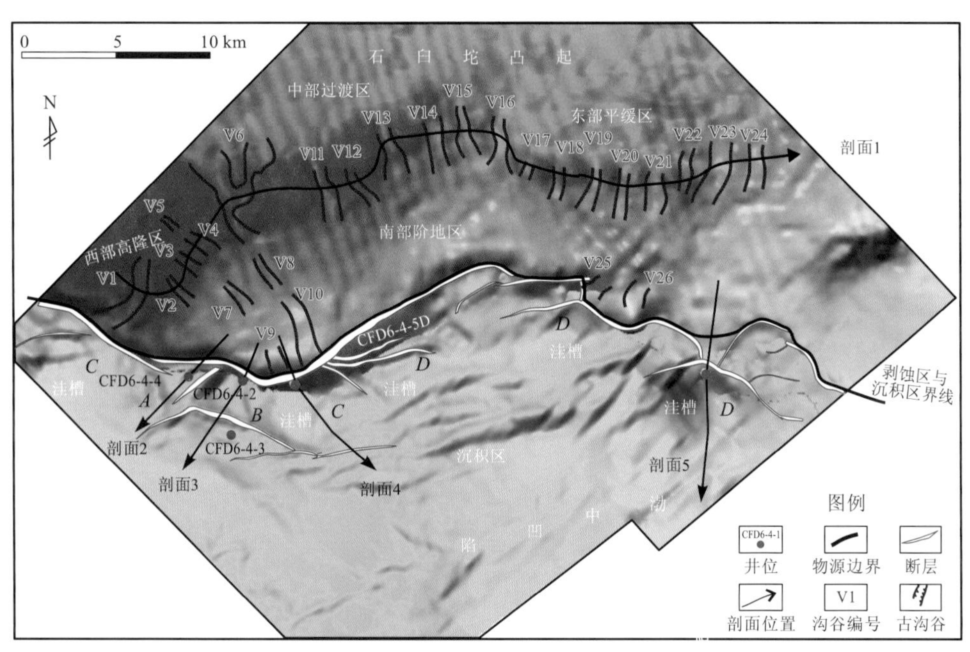

图7.23　石南陡坡带东三段古地貌特征

2. 物源区残留母岩分析

石臼坨凸起基底岩性及组成差异导致在地震资料上表现出不同的波组反射特征，将钻遇基底的钻井同三维地震数据进行标定，综合识别研究区不同区带内潜山地层单元的特征（图7.24），由下至上依次发育太古宇—元古宇、古生界和中生界。钻井岩心及薄片揭示，太古宇—元古宇主要为一套变质花岗岩，厚度大，呈块状，对应地震剖面呈中弱振幅、杂乱反射结构，近全区分布，并出露于凸起中部，沿凸起上的断层走向呈南西—北东向长条状分布；古生界寒武系—奥陶系主要为一套生物碎屑灰岩或白云岩，局部夹泥岩或泥质条带，在地震剖面上表现为强振幅、中高连续反射，叠置于太古宇—元古宇基底之上，主要分在凸起的西北部，呈南西—北东向展布，倾向为北西向，东部局部位置零星出露，呈近东西向展布；中生界主要为杂色碎屑岩夹火成岩的组合，下部为侏罗系蓝旗组、下白垩统义县组中酸性火成岩，上部为砂泥岩互层夹薄层火山岩，地震资料上表现为中等振幅、断续楔状或发散状地震反射特征，与下伏奥陶系—寒武系呈平行不整合接触，其中侏罗系蓝旗组火成岩范围较大，主要分布在凸起的南部、北部，白垩系义县组分布在研究区东部。

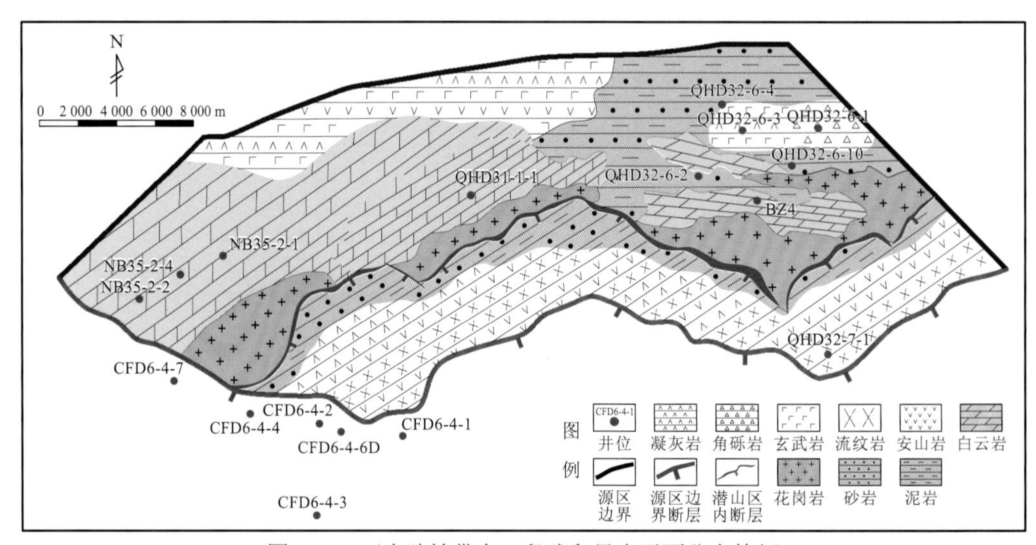

图 7.24　石南陡坡带东三段残留母岩平面分布特征

3. 物源区母岩的恢复与演化

针对渤海地质资料特点，本次研究采取以砾石成因分析法和陆源碎屑骨架矿物组合法为主，以地球化学元素、X衍射全岩成分和阴极发光为辅的物源示踪组合对石南陡坡带进行物源示踪。

1）砾岩成因分析法

砾岩组分分析对判断物源区岩性、距离物源远近等具有重要作用，一直作为物源分析的最有力手段。研究区多口钻井揭示东三段和沙一段、沙二段广泛发育砂砾岩，对砾石的描述和统计可作为物源示踪的主要依据之一。首先将岩心观察与镜下薄片分析进行对比确定砾石成分，研究区发育的砾石类型主要有中酸性火成岩砾石、碳酸盐岩砾石、变质花岗岩砾石等。然后，在成分确定的基础上，对各井不同类型的砾石含量进行定量统计，纵向上砾石的含量变化指示了物源的供给变化。统计结果表明，研究区西南部NB35-1-1D井东三段下部主要发育火成岩砾石，中部开始出现灰岩砾石，上部普遍含灰质或灰岩砾石，反映该井区东三段沉积早期以中生界为主要物源，晚期寒武系—奥陶系的碳酸盐岩母岩逐渐占据主导。研究区中部的CFD6-4-4、CFD6-4-9井区东营组从下至上火山岩砾石逐渐减少，石英岩砾石逐渐增多，表明东营组沉积早期至晚期，中生界物源的影响逐渐减小，太古宇—元古宇物源的影响逐渐增强。研究区东部的CFD6-4-2、CFD6-4-3井区东营组砾石以流纹岩和安山岩等中酸性火成岩为主，夹杂少量花岗岩砾石和灰岩砾石，基本上反映以中生界物源贡献为主。除了砾石成分外，对砾石结构的分析也有助于判断距离核心物源区的距离，如 CFD6-4-2 井岩心中砾石的磨圆度普遍为次圆—圆状，还发育类似氧化圈的环边，反映经历过一定程度的搬运改造和间歇性暴露。有学者研究过砾石成分与砾石磨圆度和搬运距离的关系，石英岩、花岗岩砾石耐磨，抗风化能力强，而灰岩性质相对不稳定，灰岩砾石明显小于其他砾石。这说明经过了一段距离的搬运，推测研究区可能来自不同母岩区的剥蚀产物先在山谷里搬运暴露，然后才在陡坡带断层下降盘堆积，纵向上从早期到晚期，杂基含量、砾石大小、长轴方向都发生了变化，间接反映了物源体系的变化。

2）陆源碎屑骨架矿物组合法

砂岩、砾岩是陆源碎屑岩的主要类型，碎屑物质是其最主要也是最重要的组成部分，而沉积盆地内存在的碎屑物质主要来自母岩机械风化产物，因此砂岩的碎屑组分特征和结构与物源区紧密相关，能直接反映物源区和沉积盆地的构造环境。碎屑岩中的岩屑是母岩岩石的碎块，是保持母岩结构的矿物集合体，其岩屑特征能够直接反映沉积物源的母岩性质，因此通过对盆地不同地区岩石轻矿物组分中岩屑类型及各自含量的分析可以为物源分析提供准确的资料。以研究区岩石薄片为基础，通过分析碎屑组分中石英、长石和岩屑的组成特征，可以将石臼坨凸起西部陡坡带的碎屑组分组合划分为 4 个区块。示踪结果表明，CFD6-4-1 井区为火成岩＋变质岩组合；CFD6-4-2 井和 CFD6-4-3 井一致，均为火成岩＋石英岩＋少量沉积岩组合；CFD6-4-4 井区石英岩含量多于火成岩；NB35-1-1D 井区为独立物源。

物源示踪记录了沉积时期的母岩信息，根据物源示踪结果和钻井、地震资料揭示的地层剥蚀演化序列分别恢复了物源区不同沉积时期的古地理格局（图 7.25），结果表明：东三段沉积以前，研究区被中生界广泛覆盖，西北部真实物源岩性为义县组火成岩，中南部和东部物源岩性以中生界上部的碎屑岩为主，夹少量火成岩；东三段沉积期，西部沿着中央断裂开始出露寒武系—奥陶系的碳酸盐岩，而在南部中生界火成岩已经广泛出露；东三段沉积末期至东营组沉积结束，西部的中生界已经被剥蚀殆尽，寒武系—奥陶

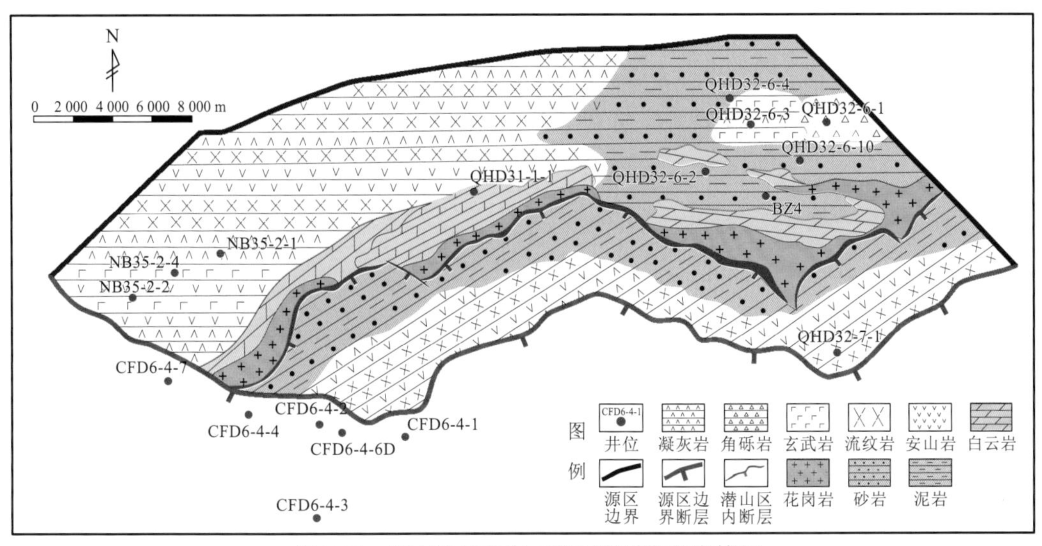

图 7.25　石南陡坡带东三段沉积时期母岩特征

系碳酸盐岩和前寒武系变质花岗岩大范围出现，南部和东部中生界碎屑岩的范围进一步缩小，物源岩性主体是中生界下部蓝旗组、义县组中酸性火成岩。

7.3.2 搬运通道子系统构成

物源区地表遭受侵蚀形成古沟谷，是沉积物向盆地内搬运与堆集的古地貌低势区。石臼坨凸起为寒武系—奥陶系灰岩叠加中生界火成岩复合基底，局部地区残留前寒武系花岗岩地层，基岩在断层发育区易形成破碎带，发育多个古沟谷。沟谷类型和凸起部位、基岩岩性、剥蚀时间有关。沟谷下切深度不同，导致古凸起地貌起伏变化不同，在地震剖面上的形态也存在差异。距离物源近及水动力条件强，携砂能力足的，往往形成“V”型沟谷；随着搬运距离的增加，水动力条件减弱，坡度降低，一般形成“U”型或“W”型沟谷。东三段沉积时期西部高隆区发育 6 条规模大、延伸距离远、近北西向和北东向展布的古沟谷，平面上沿北东向断裂分布（图 7.23、图 7.26）。为研究方便，将其分别命名为 1、2、3、4、5、6 号沟谷，其中 1 号和 6 号沟谷位于西部高隆区，构造活动强烈，形成沟谷规模较大，表现为深“V”型特征，其水动力最强。2、3、4、5 号沟谷处于高隆区向南部阶地区过渡部位，以宽“V”型为主，水动力强度次之。南部阶地区西侧发育 4 条沟谷，分别命名为 7、8、9、10 号。在物源水系从高隆区向南部过渡区搬运过程中，随着搬运距离的增加，在地震剖面上表现为宽缓的“U”型沟谷，成为低势区，输砂能力有所增强。中部低隆区沿北东向断裂发育 6 条沟谷，分别命名为 11、12、13、14、15、16 号，其中 11、12、13 号沟谷以“V”型为主，下切深度大。14、15、16 号沟谷以“U”型为主，沟谷宽度明显增大，这与中部过渡区地势自西向东逐步变缓有关。东部平缓区沿北东向断裂发育 8 条沟谷，分别命名为 17、18、19、20、21、22、23、24 号沟谷，17～22 号沟谷在地震剖面上多呈深“V”型，沟谷规模与 11～13 号沟谷相当。22～24 号沟谷以宽缓“U”型和“W”型为主，揭示地貌坡度进一步减缓，水动力强度逐渐减弱。总体来看，自西向东，物源区地貌形态由高隆变为平缓，地形坡度由陡变缓，沟谷的发育类型从深“V”型向宽缓的“U”型和“W”型演化，与地貌高低形态具有较好匹配性，直接影响了沉积物供给总量及水动力强弱的变化。同时，物源区古沟谷的存在，也为东三段沉积时期陡坡带的物源供给提供了优越的输砂通道。

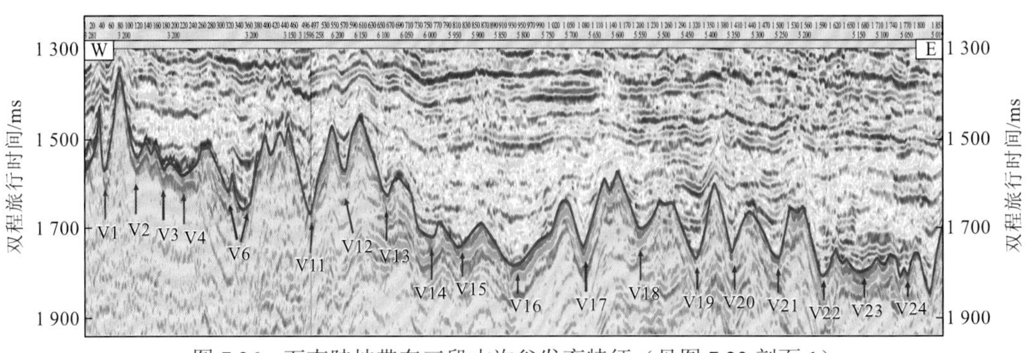

图 7.26　石南陡坡带东三段古沟谷发育特征（见图 7.23 剖面 1）

7.3.3　坡折子系统构成

石南陡坡带西段东三段整体受边界主干断裂控制。在东三段裂陷 II 幕强烈的活动下，对渤中凹陷西次洼基底古地貌改造作用强烈，自西向东形成多个洼槽与脊梁，洼槽与脊梁之间受多个与主干断裂近于垂直的次级断裂所分割。根据源汇系统的分类标准，石南陡坡带西段表现为断裂陡坡型源汇系统。参照源区（汇水体系）、沉积物搬运体系及其与汇区间衔接处边界断裂样式的差异，将石南陡坡带西段坡折子系统进一步细分为坡坪式坡折子系统、断阶上凹式坡折子系统、犁式坡折子系统、断阶下倾式坡折子系统四类。依据沉积区地貌特征及与物源汇水区的对应关系，划分为 *A*、*B*、*C*、*D* 共 4 个区域（图 7.23）。

（1）坡坪式坡折子系统（*A* 区），发育局限，主要分布在 CFD6-4-4 井区。特征主要表现为主断裂倾角较小，坡度缓，宽度大，沉积底形为古地貌高地，导致沉积地层厚度较小，由于断裂活动性相对弱，形成的可容纳空间有限，不利于碎屑物质汇聚，形成的砂体规模小[图 7.23、图 7.27（a）]。

（2）断阶上凹式坡折子系统（*B* 区），主要分布在 CFD6-4-4 井区西侧、CFD6-4-2 井区、BZ2-1-2 井区西侧等区域。主要特征表现为受边界断裂和洼内断裂共同形成的断阶式断裂控制，古地貌以板式下凹为特征，边界主断裂倾角大，断层断距最大，沉积底型表现为下凹形态，位于石臼坨凸起北侧边界断层活动性最强部位。由于断层活动性及坡度等因素，形成的洼槽可容纳空间大，来自剥蚀区的碎屑物质易于在此快速堆积，并在垂向上可以多期叠加，形成的砂体厚度和规模大，但平面延伸范围有限[图 7.23、图 7.27（b）]。

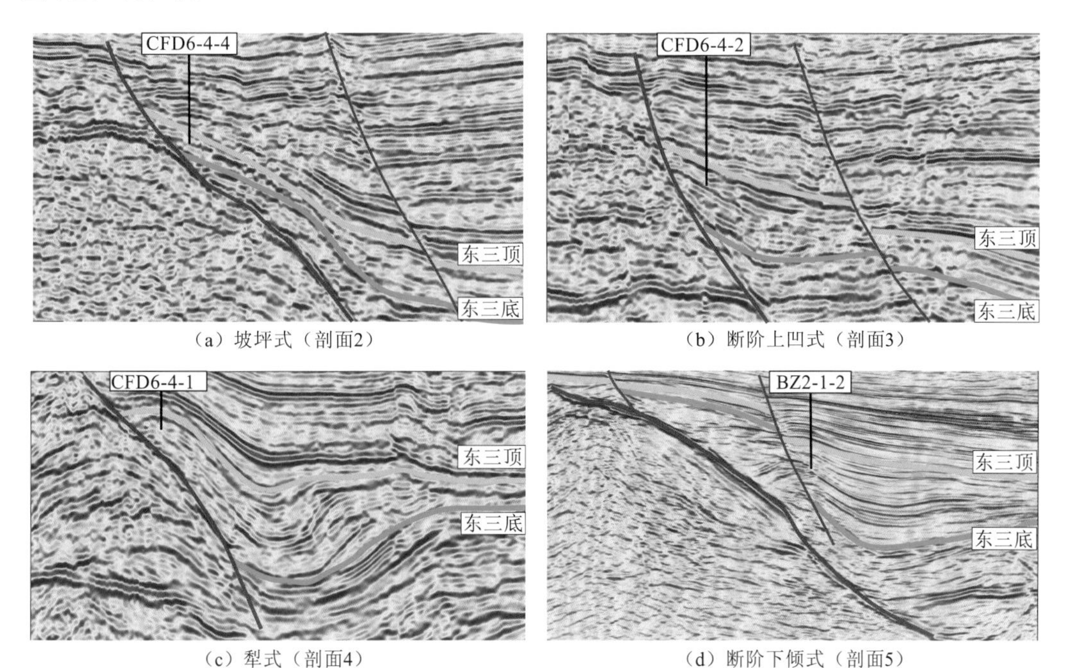

（a）坡坪式（剖面2）　（b）断阶上凹式（剖面3）

（c）犁式（剖面4）　（d）断阶下倾式（剖面5）

图 7.27　石南陡坡带东三段坡折带类型及特征（剖面位置见图 7.23）

（3）犁式坡折子系统（*C* 区），主要分布在 CFD6-4-1 井区。古地貌为铲式上凸类型，处于北西向断裂和北东向断裂的交汇处，边界断裂倾角大，沉积底形上凸，逐渐向湖盆中心超覆减薄。由于断裂活动性强，且处于输砂通道最有利的方向，沟谷大量发育，碎屑物质大量供应，形成高势汇聚，砂体多期发育，平面上延伸范围远[图 7.23、图 7.27（c）]。

（4）断阶下倾式坡折子系统（*D* 区），主要分布在 CFD6-4-5D 和 BZ2-1-2 井区。由多个倾向与凹陷方向一致的次级调节断层组成，与边界断裂一起构成同向断阶带，成为多级的沉积物运移路径。在每一个断层的下降盘都会形成可容纳空间的迅速增加，而沉积物的厚度也会随着断阶的变化依次增厚。同时受断阶带影响，沉积底型向湖盆中心呈现下倾，地层厚度依次逐渐增大。由于受断阶带传递和疏导作用，砂体相当，比较分散，总体规模有限[图 7.23、图 7.27（d）]。

7.3.4 沉积汇聚子系统构成

综合岩心、钻井/测井及地震相分析，石臼坨凸起西南缘陡坡带东三段主要发育近源扇三角洲沉积，洼陷中心发育浅—半湖湖相沉积。CFD6-4-2 井岩性以砂砾岩、砾岩、含砾粗砂岩为主，泥岩不发育，含砂率可达 98%（图 7.28）。岩心表现为混杂堆积，可见灰色含砾粗砂岩，砾石局部有少量定向排列，底部砾石含量为 30%（体积分数），平均粒径为 5 mm，砾石整体为次棱角—次圆状，测井曲线主要为微齿化箱形，反映近源快速堆积特征。根据地震相特征，结合地震属性分析，刻画了东三段扇体平面展布，主要沿边界断裂呈裙带状分布（图 7.29），但展布范围和发育规模有较大差异，具有西部、东部较富集，中部相对贫砂的特点，扇体发育样式、分布和富集程度明显受古地貌的控制。

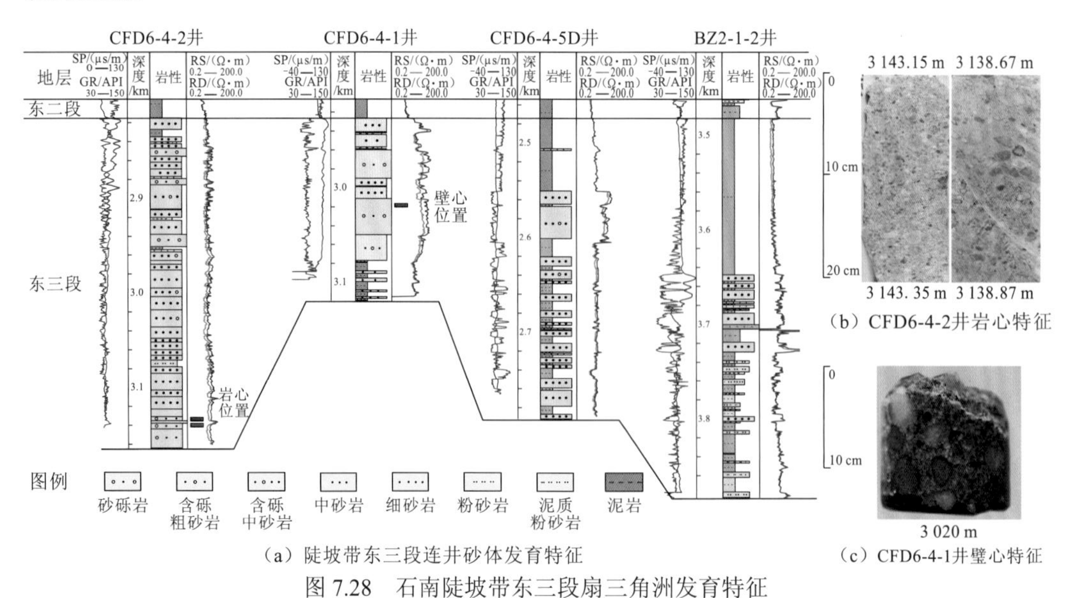

（a）陡坡带东三段连井砂体发育特征

（b）CFD6-4-2井岩心特征

（c）CFD6-4-1井壁心特征

图 7.28　石南陡坡带东三段扇三角洲发育特征

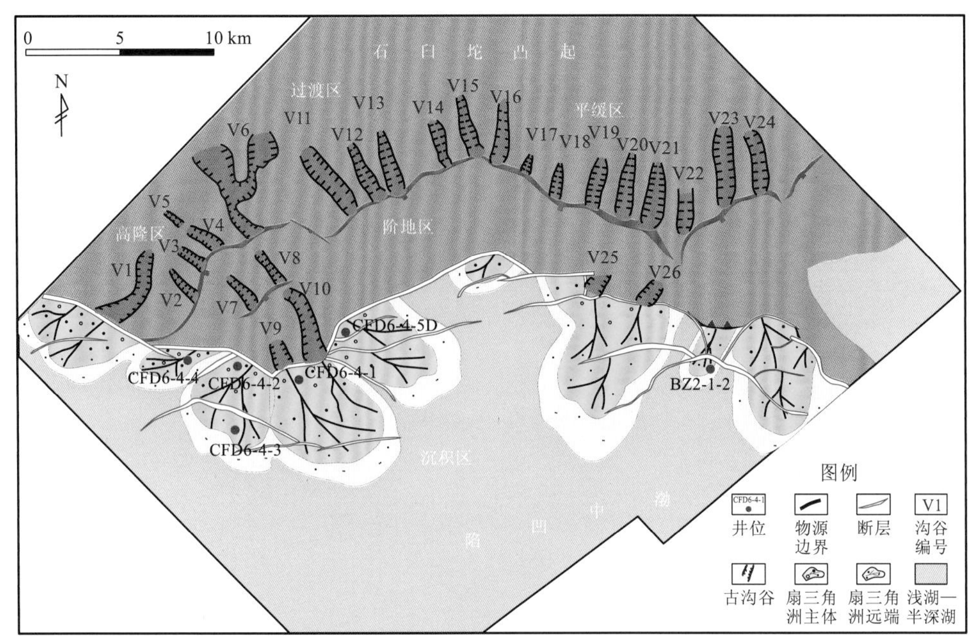

图 7.29　石南陡坡带东三段沉积体系分布

7.3.5　陡坡型源汇系统优质储层预测

东三段沉积时期，处于渤海湾盆地古近系的裂陷 IV 幕，盆内伸展裂陷作用强烈，边界断裂强烈活动，沉积了巨厚的东三段。受边界断裂活动和次级断裂的调节分配，沉积区古地貌分隔性强，物源主要来自盆内的石臼坨凸起物源，物源区古地貌特征、母岩类型、古沟谷分布及数量、坡折类型等源汇系统要素存在差异，构成东三段沉积时期不同的源汇系统耦合模式，并控制了沉积砂体的聚集和分布差异（图 7.30）。

（1）因受系列张家口—蓬莱断裂带与郯庐断裂带控制影响，石南陡坡带西段西部表现为高隆物源区，地势较高，坡降大，形成的古沟谷数量多，且多以深窄型为主；母岩类型早期为中生界火山岩，随着火山岩逐渐被剥蚀，古生界碳酸盐岩开始大面积出露，供源能力大大降低；盆缘断裂受断裂转换影响，主要发育坡坪式坡折子系统（*A* 区），可容纳空间有限。古物源通过剥蚀供源，经过古沟谷物源通道，向沉积中心快速堆积沉积物，形成粒度粗、横向相变快且厚度大的近源扇三角洲沉积，受母岩类型和坡折样式的影响，在平面上顺盆缘断裂呈舌状分布，范围有限。综合发育高隆物源（火山岩＋碳酸盐岩）—沟（深窄型古沟谷）—坡（坡坪式断裂）—汇（近源粗粒扇三角洲-湖泊体系）耦合模式。

（2）石南陡坡带西段中部物源区地貌坡度有所降低，因受基岩组成的影响，主要为中生界火山岩母岩，供源能力较好。因构造区（*B* 区）内同生断裂活动较强，以发育断阶上凹式背景下的断裂为主，可容纳空间大。来自北部物源的粗碎屑物质，通过宽缓的古沟谷通道，快速进入湖区，在坡脚处堆积，扇体粒度粗，垂向多期叠置，厚度大，但

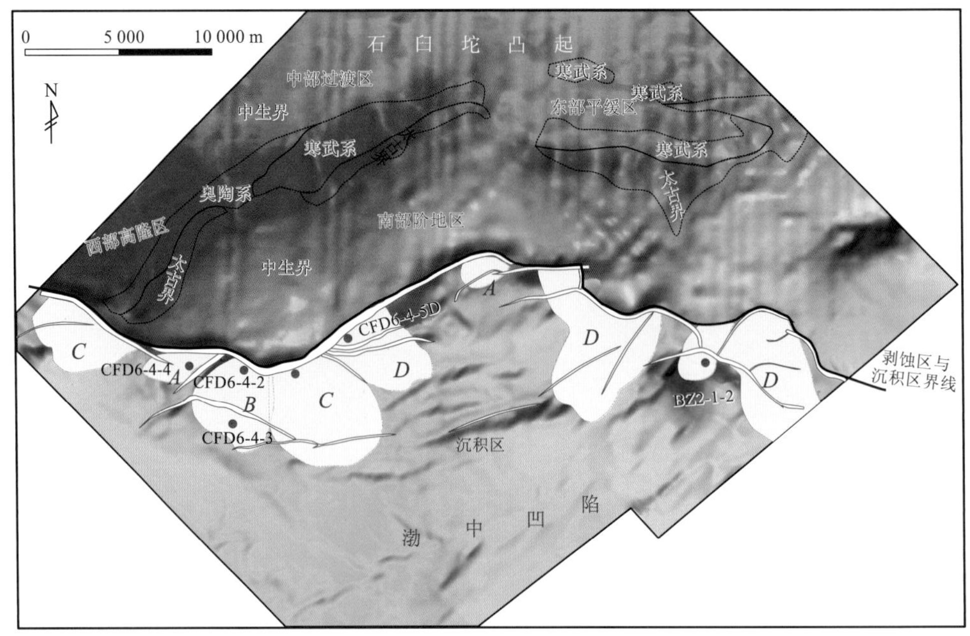

图 7.30　石南陡坡带东三段不同源汇系统耦合模式

平面分布范围有限，难以越过洼陷区的二台阶。综合发育中隆物源（火山岩）—沟（宽缓型古沟谷）—坡（板式断裂）—汇（近源粗粒扇三角洲-湖泊体系）耦合模式。

（3）石南陡坡带西段中部物源区地貌起伏程度降低，以中生界火山岩基岩为主，以继承性（宽深型）“U”型或“W”复合型古沟谷物源通道稳定供源，特别是在 *C* 区受南部阶地影响，与古沟谷相连，供源面积大，搬运量大，碎屑物质通过高隆区上的沟谷倾泻而下，再以阶地上发育的宽缓沟谷进行搬运，受到犁式同生断裂控制，因经历一定距离的搬运和水动力条件的改变，沉积物相对富集，垂向上具有旋回性，发育大（中）型近源快速堆积的扇三角洲沉积，平面延伸范围较大。综合发育中隆物源（火山）—沟（宽深型古沟谷物源通道与阶地型面物源通道）—坡（犁式断裂）—汇（近源粗粒扇三角洲—湖泊体系）耦合模式。

（4）石南陡坡带西段中部物源区地貌进一步降低，地势平缓，主要以元古宇混合花岗岩与中生界火山岩联合供源作用，其中存在凸起之上的窄浅型古沟谷、断面槽道的物源通道及其组合。坡折类型以断阶式为特征。在古沟谷与断槽组合作用下，沉积区发育小型扇三角洲沉积；断面槽道搬运物源形成小至中型扇三角洲沉积。综合发育低缓物源（元古代混合花岗岩与中生界火山岩）—沟（窄浅型古沟谷、断面槽道）—坡（断阶带）—汇（小至中型扇三角洲-湖泊体系）耦合模式。

通过对比石南陡坡带西段四个区带源汇系统可知，*C* 区属高效源汇耦合系统，优势储集砂体最为发育（砂体富集，搬运距离远，分选、磨圆好，物性好），*B* 区源汇耦合系统次之（近源富砂，物性差），*A* 区与 *D* 区源汇耦合系统再次之（砂体厚度有限，物性差）。

7.4　源汇系统在辽东南洼东部缓坡型优质储层预测中的应用

辽东南洼东部缓坡带位于渤海海域东部，西侧紧邻辽东凹陷，油气成藏条件优越，东侧紧邻长兴岛凸起，古近纪持续为辽东凹陷南洼提供物源。沙二段沉积时期，研究区水体较浅，沉积范围较广，主要发育辫状河三角洲前缘，地层厚度较薄，平均为 61.5 m，沉积体地震响应特征不明显。早期钻井结果表明，沙二段储层发育但局部范围内横向变化较快，以 LD29-1-1 井与 LD28-1E-1 井为例，两口井相距仅 1 000 m，砂岩厚度却相差 46 m（图 7.31）。因此，明确砂体精细展布规律，是指导下步勘探评价的关键问题。

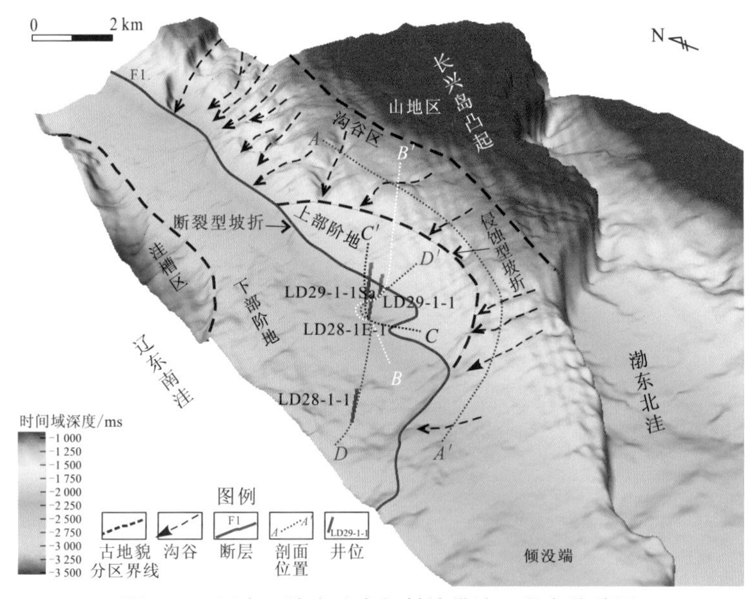

图 7.31　辽东凹陷南洼东部斜坡带沙二段古地貌图

对于海上少井条件下的斜坡型源汇系统，预测砂体优势汇聚区具有以下难点：①缓坡带对应的物源区地貌差异小，水系分散，优势汇聚区不易识别；②缓坡带沉积地层较薄，地震反射结构特征不明显，沉积体识别困难。针对上述难点，对物源子系统、输砂通道子系统和坡折子系统进行了精细刻画，并开展耦合分析，明确了有效物源区的分布和优势输砂方向，最后基于层序分析和沉积区微古地貌精细刻画，精细预测优质储层的分布，总结了斜坡型源汇系统的控砂机制。

7.4.1　物源子系统特征

源汇系统控砂理论指出，控砂机制的研究要以物源分析为出发点。研究区东侧紧邻长兴岛凸起，沙河街组沉积时期，长兴岛凸起长期遭受风化剥蚀，物源区面积较大，是稳定的、容易识别的盆外区域物源体系。根据与已钻井揭示的基底岩性地震相特征对比，结合沙二段储层岩屑资料分析，明确了研究区的物源性质。物源区东北部主要为元古宇变质花岗岩及少量的中生界碎屑岩和火成岩（图 7.32）；而物源区南部主要为中生界碎屑岩和元古宇碳酸盐岩，以及少量元古宇变质岩（图 7.32）。整体而言，沙河街组沉积时期，长兴岛凸起可为辽东南洼东部斜坡带持续提供充足的物质来源。

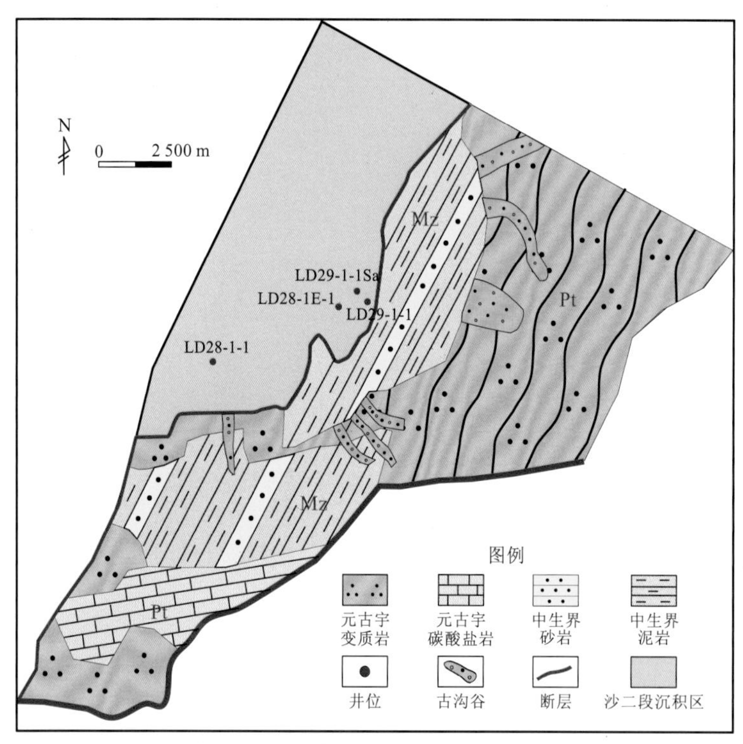

图 7.32　辽东南洼物源区面貌特征

7.4.2　搬运通道子系统构成

辽东南洼东部斜坡带沟谷体系较为发育，沟谷规模较大。北部沟谷区地形坡度较陡，沟谷发育密度较大，下切深度较大，且类型多样，发育“W”型、“V”型、“U”型沟谷（图 7.33）；而与研究区对应的南部沟谷区的地形坡度较缓，主要发育 7 条继承性沟谷，以“V”型、“U”型为主，沟谷长度为 3 000～7 000 m，宽度为 500～1 800 m，深度为 70～160 m，平均截面积为 21 000～96 000 m^2（图 7.33）。研究区东北部，沟谷流域范围内主要为元古宇变质岩母源，研究区南部，沟谷流域范围内主要为中生界碎屑岩与元古宇碳酸盐岩（图 7.32），沟谷与母岩岩性的叠合关系对沉积体系的发育具有重要的影响作用。

7.4.3　坡折子系统构成

研究区主要发育侵蚀型坡折和断裂型坡折（图 7.34）。侵蚀型坡折发育在基底先存地貌之上，分割了二级古地貌的沟谷区与上部阶地区，同时，辽东凹陷受同沉积正断

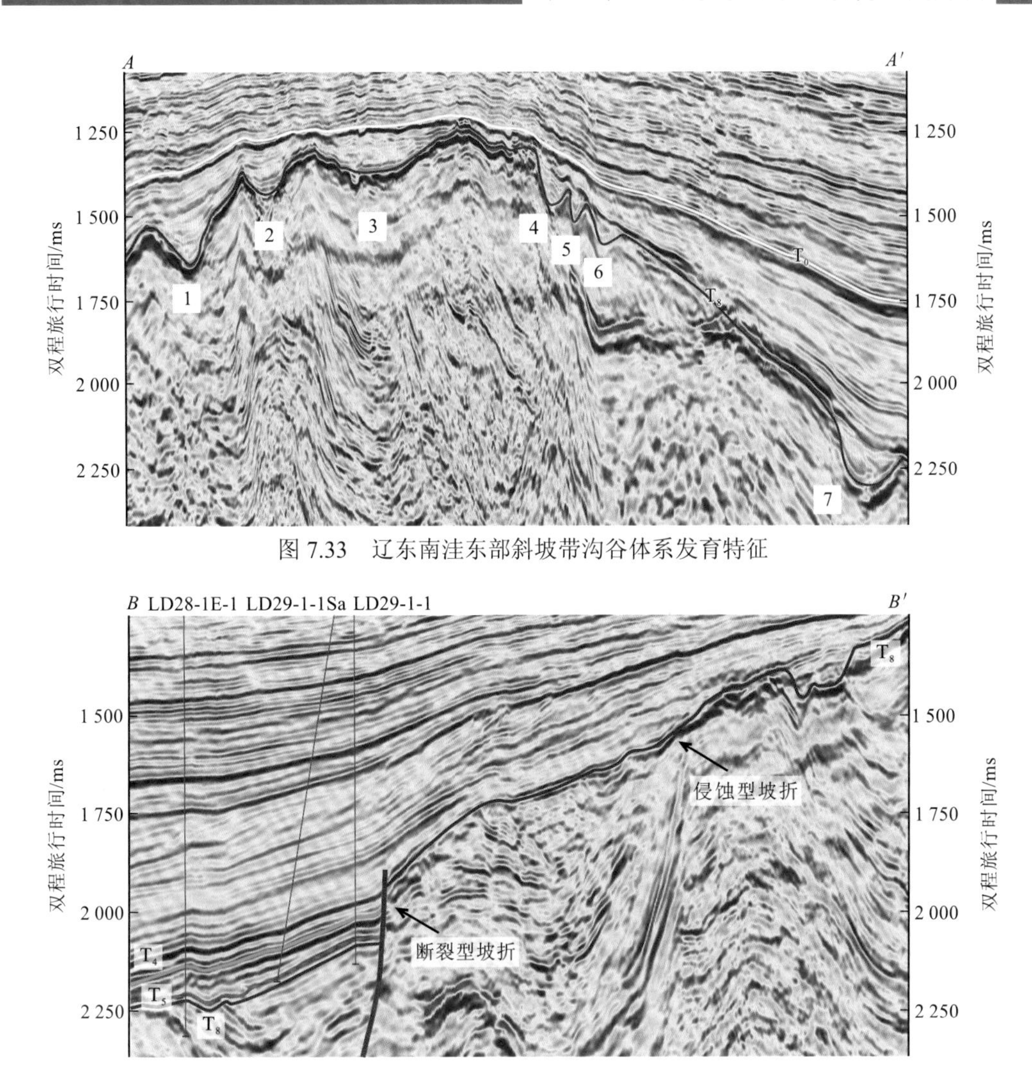

图 7.33　辽东南洼东部斜坡带沟谷体系发育特征

图 7.34　辽东南洼东部斜坡带坡折体系发育特征

层 F1 控制，在凹陷边界形成单断型坡折带，并分割了辽东凹陷与长兴岛凸起。沙二段沉积时期，断层活动性较强，断距较大，平均断距为 217 m。西倾的 F1 断层呈北北东走向，弧形边界断层在研究区形成墙角型的平面样式（图 7.31）。对于陆相断陷盆地而言，坡折带形成的古地貌低地对物源供给水系起着引导和汇聚的作用。古地貌特征表明，研究区北东向与南东向的沟谷呈半环形向侵蚀型坡折、断裂型坡折的下倾方向汇聚，沟谷指向与坡折倾向基本一致，两者优良的配置关系对沉积物的搬运与聚集具有至关重要的控制作用（图 7.31）。

二级古地貌特征表明，沉积区所处的下部阶地区为大型斜坡背景下的次级缓坡，一般认为，缓坡带宏观地貌差异较小，地势平缓。而本次研究对下部阶地区的沙二段进行了精细的微古地貌恢复与刻画，结果表明，在整体大型斜坡的背景下，辽东南洼东部斜坡带沉积区并不是一个简单的缓坡，古地形并非一马平川，而是具有高低起伏的特征，在其内部发育了多个幅度较低的局部微隆区（面积 0.4～2.68 km^2）与低洼区（面积 0.2～5.44 km^2），并且存在着小型优势输砂通道（图 7.35）。

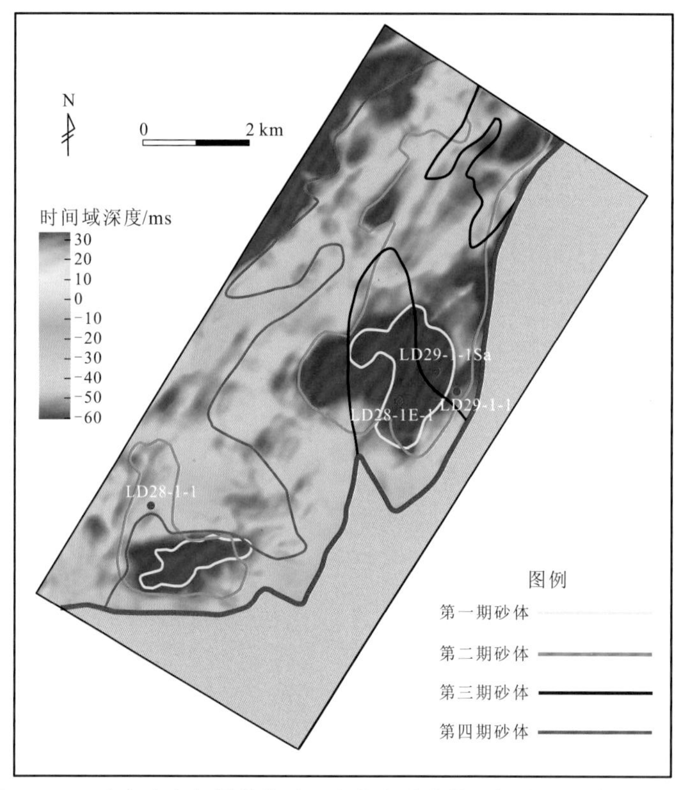

图 7.35　辽东南洼东部斜坡带沙二段微古地貌特征与多期砂体展布范围

7.4.4　缓坡型源汇系统优质储层预测

缓坡带在湖平面升降变化中，可容纳空间变化快，层序发育特征是控制斜坡带沉积体展布的又一重要因素，在高频层序格架内，物源与短期基准面旋回的变化对多期砂体精细展布特征具有重要的控制作用。

1. 低位体系域

沙二段三级层序低位体系域发育两期辫状河三角洲砂体。第一期砂体发育于低位域早期，这一时期湖平面处于缓慢下降至缓慢上升期，砂体受沉积区内小型沉积坡折的控制作用较为明显，仅发育在 LD29-1-1Sa 井区及南部等微古地貌局部低洼区，分布范围比较局限[图 7.36（a）]。第二期辫状河三角洲发育于低位域晚期，随着湖平面上升，可容纳空间增大，同时由于第一期砂体的充填作用，这一期砂体的沉积范围也随之扩大[图 7.36（b）]。低位域时期，北东、南东方向均提供物源，但三角洲沉积范围受微古地貌及湖平面变化控制作用较为明显。

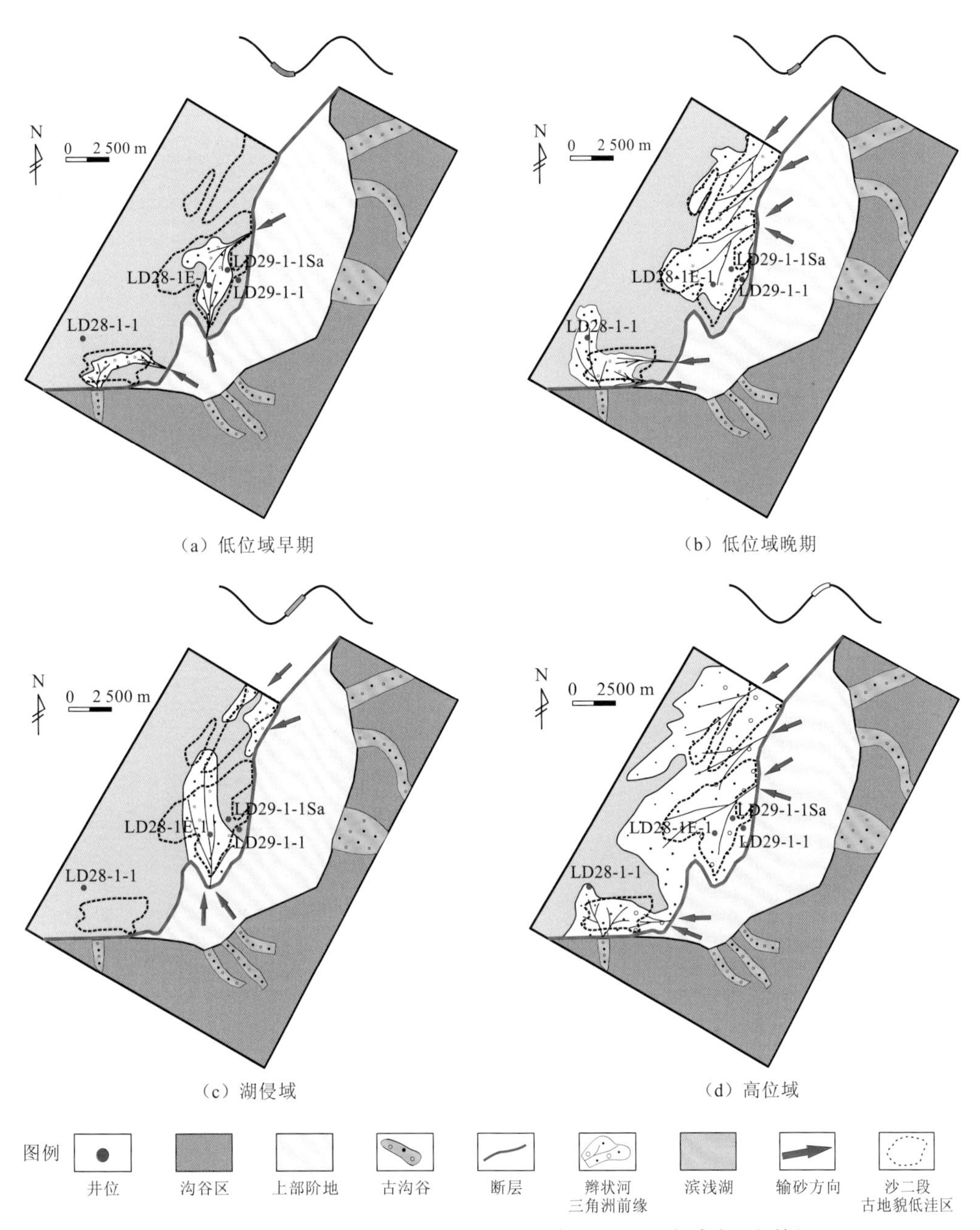

图 7.36　辽东南洼东部斜坡带沙二段层序（SQs_2）体系域沉积特征

2. 湖扩体系域

湖扩体系域时期，湖平面继续上升至最大湖泛面，这一时期东南部供源能力较强，第三期砂体仅在 LD28-1E-1 井区较发育，并向西北方向推进一定距离，而北东方向与凸起南部由于供源能力有限，砂体受湖平面上升的抑制作用较强，向湖内推进的距离较为有限，相较于低位域时期，三角洲呈明显的退积特征，在 LD29-1-1 井、LD29-1-1Sa 井、LD28-1-1 井等井区，均发育湖相泥岩[图 7.36（c）]。

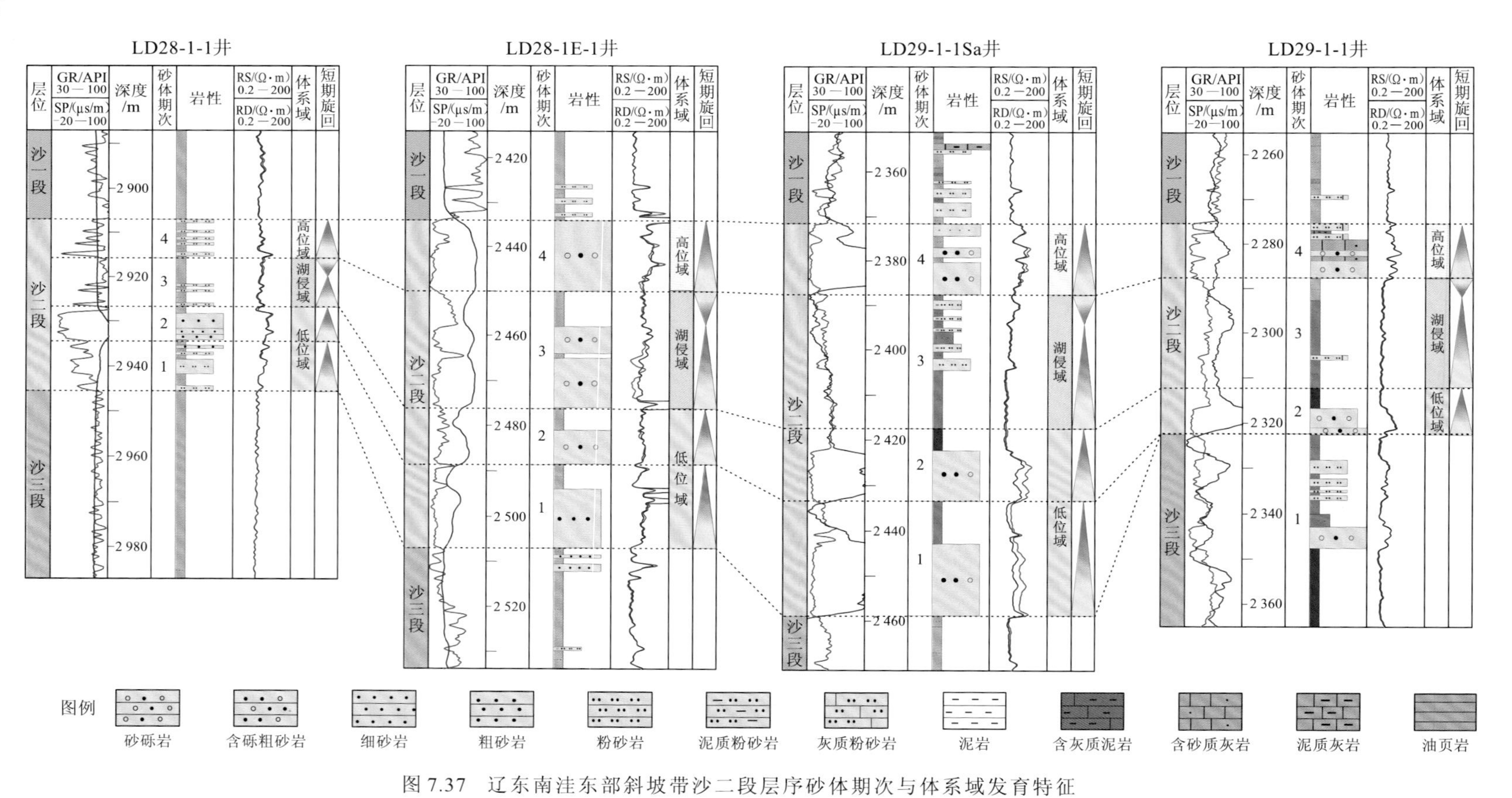

图 7.37 辽东南洼东部斜坡带沙二段层序砂体期次与体系域发育特征

3. 高位体系域

由于沙二段三级层序到沙一段三级层序是水体持续加深的过程，沙二段三级层序整体上发育不对称旋回，不发育明显的下降半旋回，所以，高位体系域主要发育缓慢上升旋回，导致沙一段三级层序底界面特征并不明显。因此，第四期砂体发育于高位域湖平面缓慢上升时期，钻井上表现为退积的岩性组合特征。这一时期，湖平面相对稳定，随着北东、南东方向物源的持续供给，同时由于前期砂体的填平作用，三角洲砂体向湖盆推进距离较远，沉积范围较大[图 7.36（d）]。

“物源体系”、“沟谷体系”、“坡折体系”、“沉积区微古地貌”与“高频层序”发育特征共同控制了斜坡型源汇系统薄地层内砂体的精细展布特征，导致了研究区沙二段储层横向变化较快。研究表明，在微古地貌低洼区砂体的富集程度较高，后期在距 LD29-1-1 井仅 600 m 处钻探了 LD29-1-1Sa 井，在沙二段钻遇较厚的砂岩储层（图 7.37），证实了钻前预测，并获得了良好的油气发现。

7.5　源汇系统在辽西凸起轴向型储层精细预测中的应用

辽西低凸起位于渤海湾盆地的下辽河拗陷，东西两侧分别为辽中凹陷和辽西凹陷，呈北北东向狭长型展布，研究区位于辽西低凸起的北部倾末端（图 7.38）。两侧凹陷区均表现为东断西超的箕状凹陷特点，整体构造演化经历了古近纪早期（古新世—始新世初）的初始裂陷期、始新世中期强裂陷期、始新世晚期的裂后拗陷期、渐新世强拗陷期和新近纪裂后热沉降共五个阶段。低凸起区古近系沉积厚度小，且古近系下部地层普遍缺失，一般为沙一二段直接覆盖在潜山基底之上，局部地区沙河街组全部缺失，基底之上直接被东营组覆盖；东西两侧凹陷区发育有巨厚的古近系沉积，除缺失古近系底部的孔店组和部分沙四段外，其他地层发育齐全，自下而上分别为沙四段、沙三段、沙一二段、东三段、东二段和东一段，勘探主要目标层系为古近系沙河街组的沙一二段和沙三段，其次为东二段。综合地质条件分析认为研究区成藏条件优越、勘探潜力巨大，是高品位原油和天然气勘探的有利区带（田立新 等，2011；邹华耀 等，2010；吕丁友 等，2009；朱筱敏 等，2008）。

然而，能否找到大规模优质储层是制约该区勘探的瓶颈问题，早期中深层勘探全部因储层发育程度差而失利。早期区域沉积研究表明，辽西低凸起北段大部分区域被沙一段湖相碳酸盐岩覆盖，沙一段、沙二段时期出露面积小，本区难以提供充足的有效物源，而来自西部燕山带的大型辫状河三角洲因距离较远在研究区内也难以形成优质储层。同时，传统认识，低凸起区有利的输砂方向是陡坡带，轴向带一般储层不发育。通过深化隐性物源子系统的认识，重建了沙二段早期辽西低凸起北段古物源的发育模式及分布，明确了辽西低凸起的物源供给能力；并在输砂通道子系统和坡折子系统耦合分析的基础上，明确了低凸起轴向带也能发育优质储层，并精细预测了富砂沉积体的分布，推动了该区油气勘探取得突破。

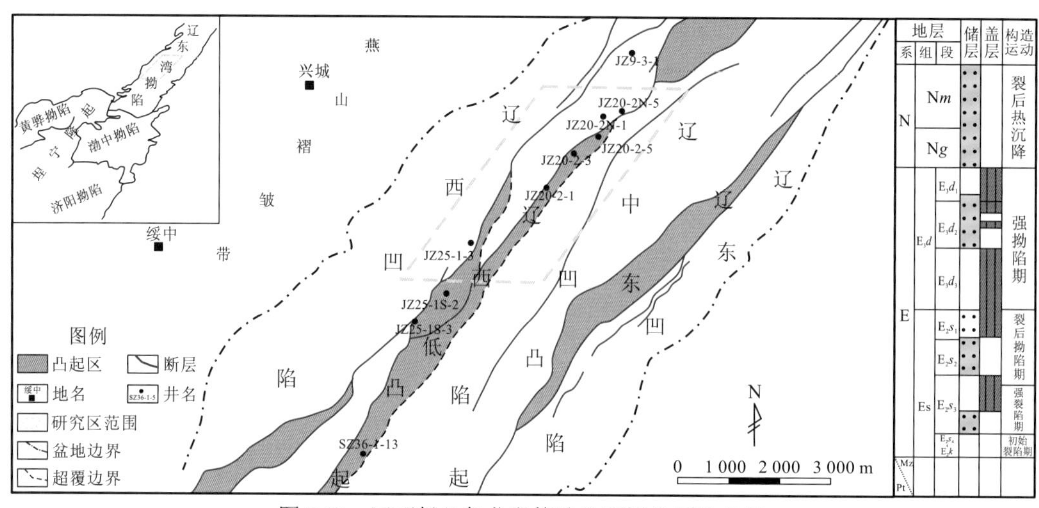

图 7.38　辽西低凸起北段构造位置及地层柱状图

7.5.1　隐性物源子系统特征

传统物源分析将研究层段顶的剥蚀范围作为物源区，这其实是整套地层沉积之后静态的物源区范围。这种方法对盆外大型隆起区具有很好的指示作用，但较小的盆内局部物源区或短时期发育的隐性物源区，则得不到有效反映甚至完全无法体现，隐性物源区的识别与描述就成了源汇系统描述及富砂储层预测的首要任务。隐性物源区识别是根据物源动态变化思想而建立的（赖维成 等，2010），受控于三级层序内湖平面变化的旋回性，即早期物源区剥蚀范围大，晚期接受沉积而不能提供物源，由此造成早期剥蚀地层不容易被识别，形成隐性物源发育区。对研究区辽西低凸起北部倾末端的沙一段、沙二段沉积时期的古物源面貌，可以分两个层次分别描述：一种是早剥晚覆型，即低凸起区虽有很薄的目的层地层，但是受湖平面变化的影响，在湖水范围较大的湖浸与高水位期才被水体淹没，早期低水位期则有较大面积出露可作为物源区提供物源，这一认识对剥蚀区范围得到扩大，被晚期沉积覆盖的隐性物源区得以重新认识，是同一层序时间内最大物源区范围[图 7.39（a）]；另一种则是低凸起区上覆无沙一段、沙二段，属于长期继承型，该部分任何时候都可提供物源，但往往分布范围较小，代表了静态的最小物源区范围[图 7.39（b）]。

在辽西低凸起北段沙一二段沉积时期，受基准面的影响，相对湖平面发生变化，在早期低水位期，低凸起区有较大面积出露水面，并遭受风化剥蚀，成为物源区。而晚期则由于湖泛期湖平面的上升而淹没于水下，接受沉积，形成了较薄的泥岩或湖相碳酸盐岩，这时候就不能提供有效物源。按照上述认识，与潜山面相比，以初始湖泛面地层突然加厚处为动态物源最大外边界，作为识别与刻画局部物源区的隐形边界。平面上识别出多块相互孤立的呈北东向展布的“群岛”状隐形物源区，面积达 130 km^2（图 7.39、图 7.40）。

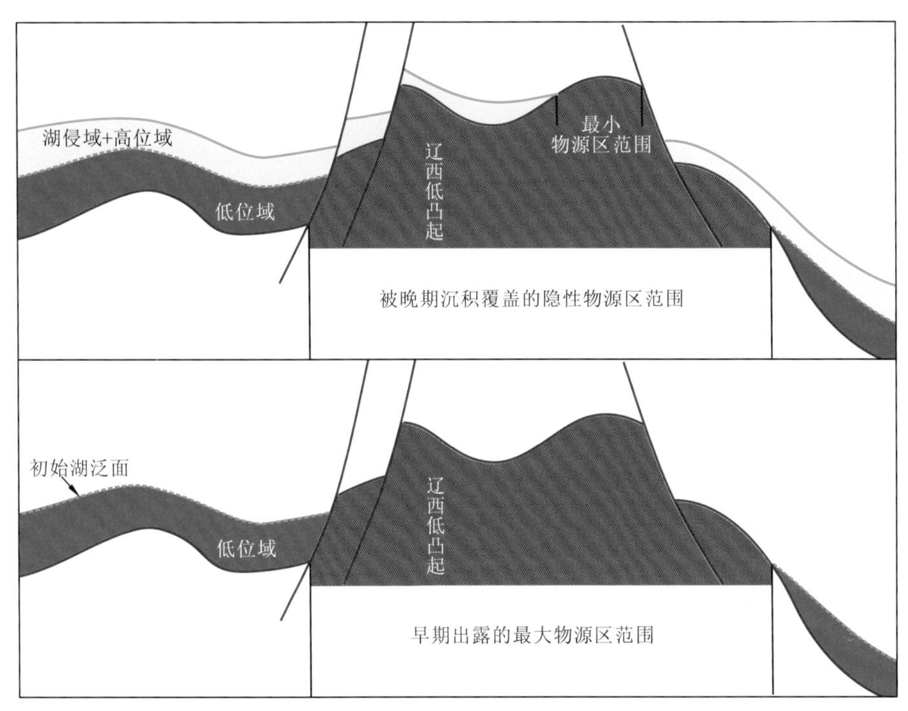

图 7.39　隐性物源区形成及边界分析示意图

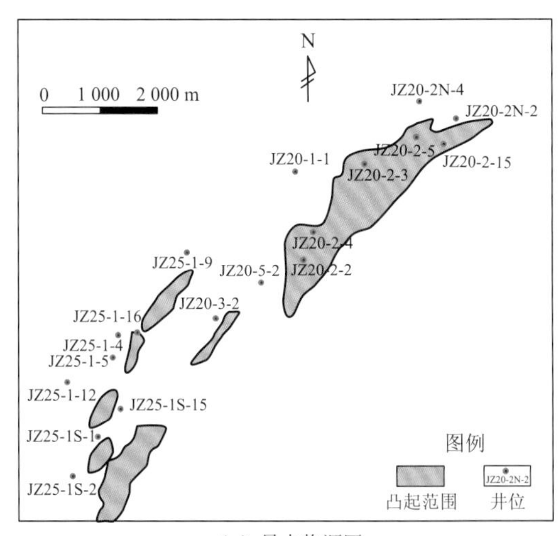

（a）最大物源区

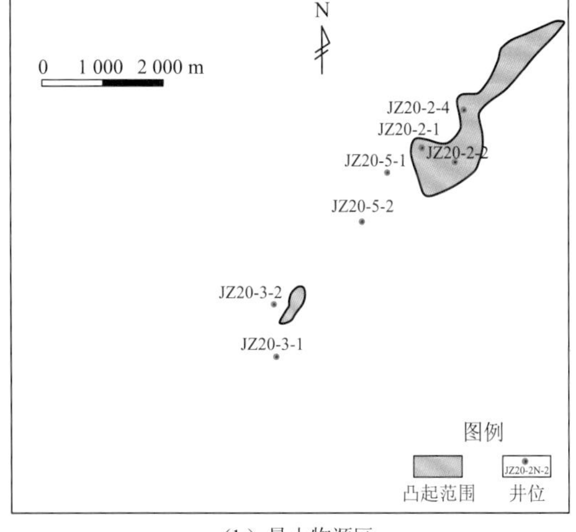

（b）最小物源区

图 7.40　辽西低凸起北段沙河街组沉积时期物源边界分析

研究区可作为母岩的古潜山地层，岩性复杂多样，主要包括花岗岩、片麻岩、玄武岩、火山角砾岩和砂岩。不同类型的基岩在地震波组特征上有明显差别。其中，太古宇花岗岩为中弱振幅杂乱反射，成层性差；而中生界火山岩类为断续中强振幅—弱反射，地层产状稳定等（图 7.41）。利用上述地震响应差异，结合地层叠置关系，在地震剖面上追踪解释，可以较准确地预测基岩性质的平面分布，进而明确物源区的供源能力，为富砂储层的预测奠定了基础。

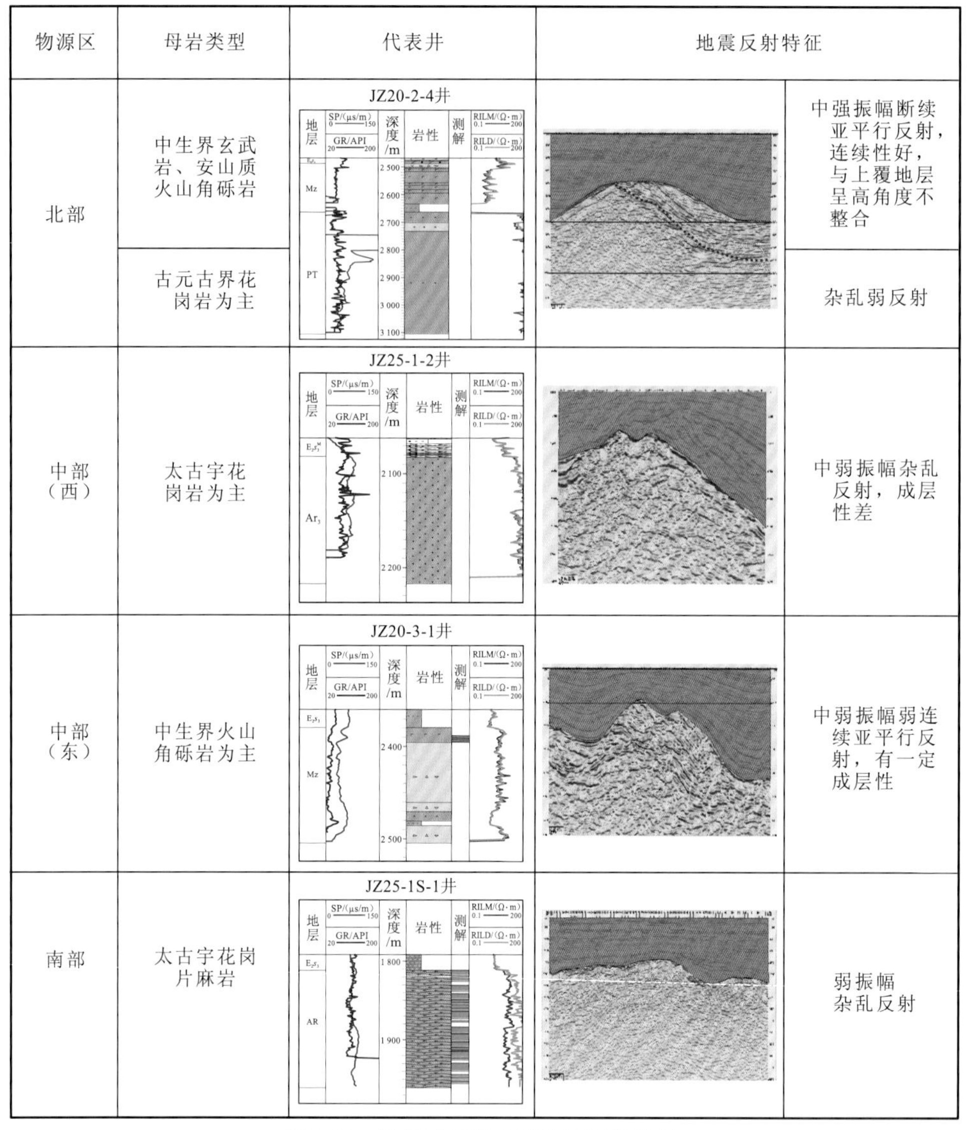

图 7.41　母岩类型及典型地震反射特征

7.5.2　搬运通道子系统与坡折子系统构成

通过精细古地貌分析发现，沙三中亚段到沙二段早期剥蚀区长轴方向南北两侧均发育可以作为砂体输运通道的古沟谷，可细分为半充填型古沟谷和侵蚀型古沟谷两种类型（图 7.42）。半充填型古沟谷主要沿凸起长轴方向发育，剖面呈深“U”型，以 JZ20-2-3 井为例，在沙一二段薄层湖相碳酸盐岩与泥岩、油页岩互层底部，岩心发现有一套细—中砾岩，砾石分选磨圆中等，砾石成分与下伏前寒武系基本一致，分析其为一套沟道滞留沉积产物，这类沟谷是沉积搬运的直接证据，其前端往往发育富砂储层，也进一步验证了辽西低凸起北段沙一二段早期可以作为有效物源区。而侵蚀型沟谷则多发育于低凸起西部陡坡带，剖面呈比较宽缓的“U”型，滞留沉积不发育，其前端对应的富砂储层发育程度则需结合其他因素进一步判断。

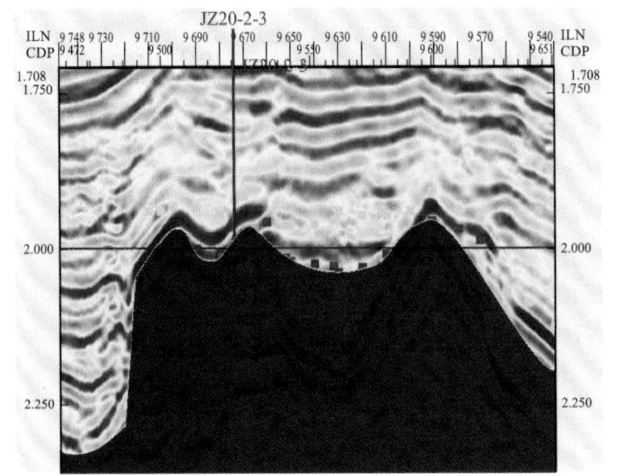

（a）深“U”型半充填沟谷

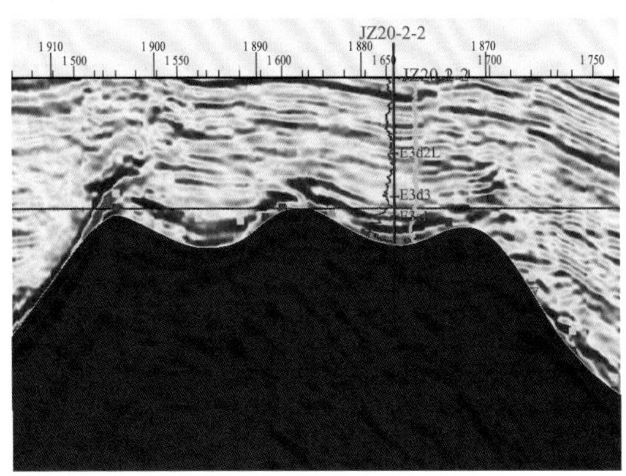

（b）宽缓“U”型侵蚀沟谷

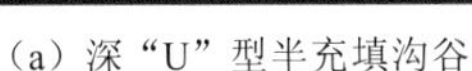

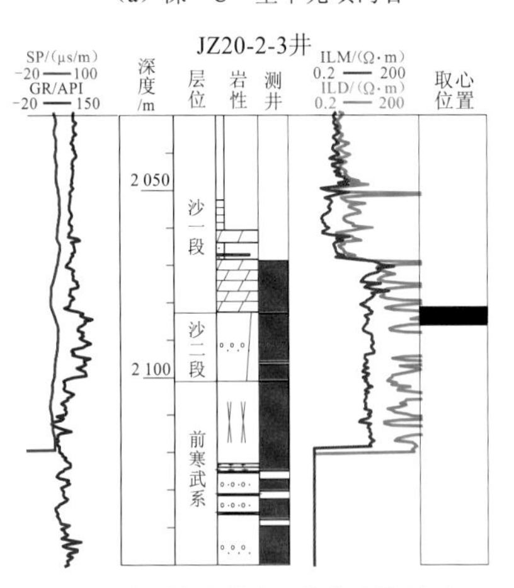

（c）典型半充填沟谷钻井岩性剖面

（d）JZ20-2-3井，2 084. 25 m，半充填沟谷中的砂砾岩沉积，砾石成分为花岗岩、白云岩

图 7.42　辽西低凸起北段古沟谷剖面特征及钻井证据

通过对断裂体系的研究，明确断裂的发育期次和活动性，对同沉积断裂进行分类组合，与古地貌特征结合，综合分析不同断裂组合样式的控砂机制。研究区属于郯庐断裂带西支辽东湾段的一部分，其断裂活动性强，断裂发育样式复杂多样。根据断裂的组合样式和特征，辽西低凸起北段系统划分为梳状坡折带、墙角状坡折带、分叉状坡折带、断裂消减转换型坡折带、顺向断槽式坡折带、背向断脊式坡折带、简单陡坡带和简单缓坡带 8 种坡折带组合类型（图 7.43）。分析认为：梳状坡折带、墙角状坡折带、分叉状坡折带、断裂消减转换型坡折带对砂体聚集最为有利；而背向断脊式坡折带和简单缓坡带则不利于厚层砂体发育。对于不同类型坡折带控砂模式，前人已有深入研究，这里就不再赘述。

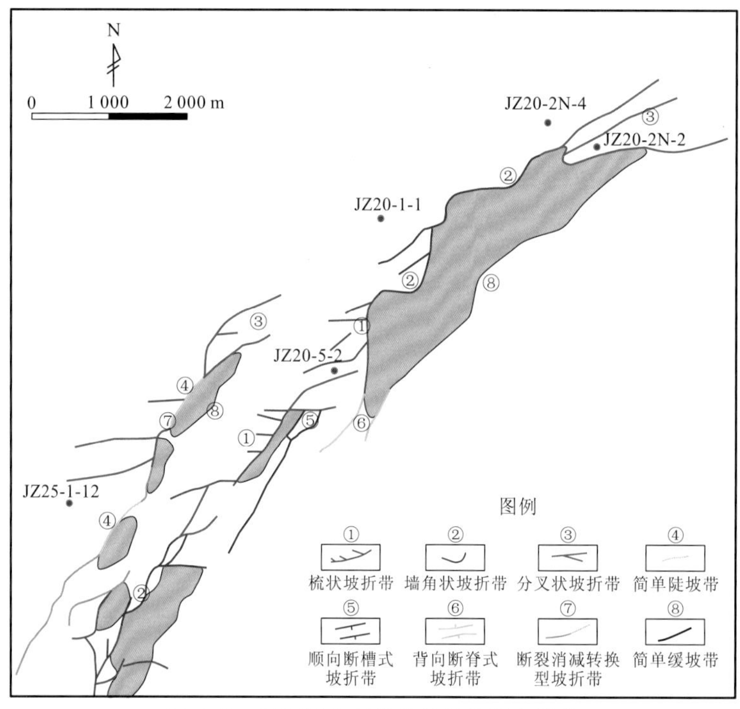

图 7.43　辽西低凸起北段坡折带组合类型

7.5.3　沉积汇聚子系统构成

研究区古近纪经历了多次裂陷构造活动，不同时期物源区面貌、坡折发育特征有显著差异，造成物源供给、输导及砂体富集模式的差异性。而砂体发育模式对富砂沉积预测有明显的指导作用，是研究区海域少井条件下提高砂体预测成功率的关键。

始新世早期（沙三段沉积时期）为盆地主裂陷期，辽西低凸起区北段出露面积较大，存在大范围的剥蚀区（赖维成 等，2010），边界断裂发育且活动性强，来自辽西低凸起物源的粗碎屑物质可直接在各断裂坡折带下沉积下来，形成近源陡坡扇三角洲沉积；如锦州 25-1 油田的 3 井区就是典型实例，在断裂消减转换型坡折带下方形成了厚层的扇三角洲富砂沉积体（徐长贵，2013）。在沙三中湖泛期，由于快速沉降及沉积基准面的上升，凸起区部分被淹没于水下，洼陷内以深水沉积为主，局部发育重力流沉积[图 7.44（a）]。

始新世中期（沙二段沉积时期），盆地演化转入裂陷后拗陷期，处于一种断拗转换状态，断裂活动逐步减弱，凸起区剥蚀区范围减小，高部位剥蚀区整体呈条带状北东向展布（图 7.40）。凸起区除边界断层发育外，在凸起区的南北两侧断层开始发育，形成小型分叉状断裂坡折带或梳状断裂坡折带（图 7.43），此时，在剥蚀区长轴方向南北两侧均发育可作为砂体输运通道的古沟谷，砂体通过古沟谷在剥蚀区南北两端小型断裂坡折带沉积下来，呈现局部物源—长轴沟谷—小型断裂坡折的源汇系统特征，发育辫状河三角洲沉积，锦州 20-2 北油田沙二段辫状河三角洲富砂储层就是典型案例。此时期因凸起区出

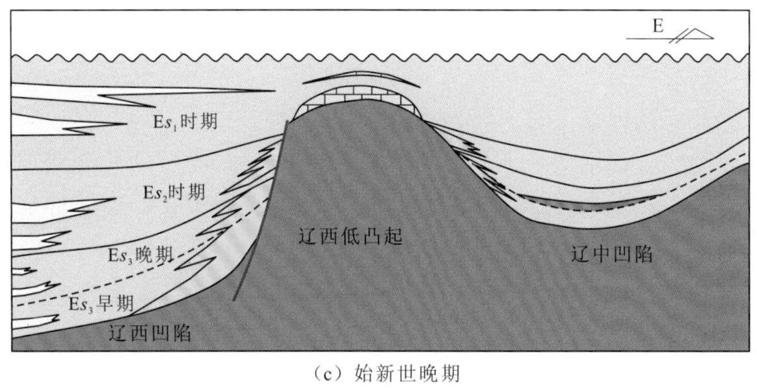

（c）始新世晚期

（b）始新世中期

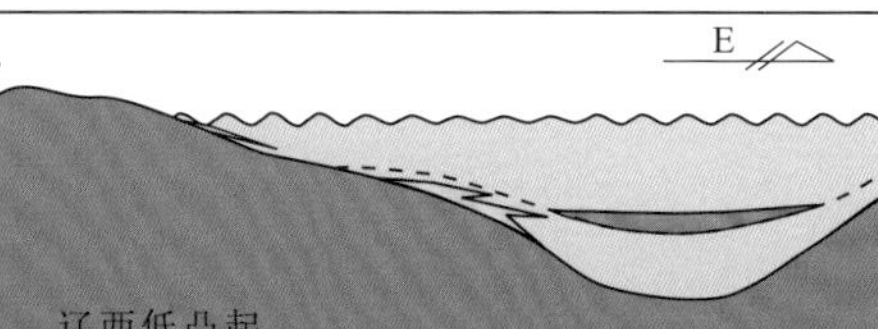

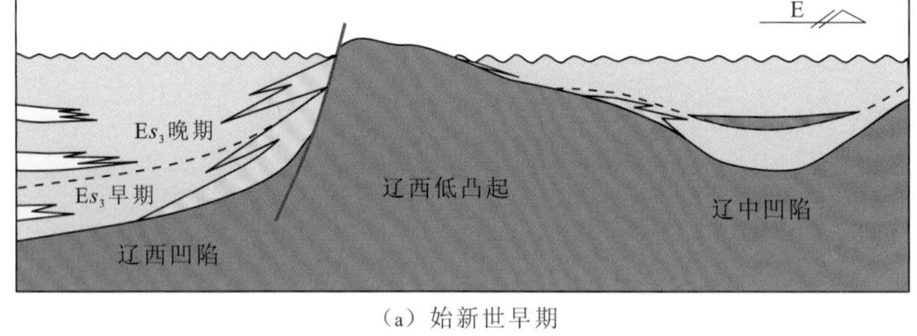

（a）始新世早期

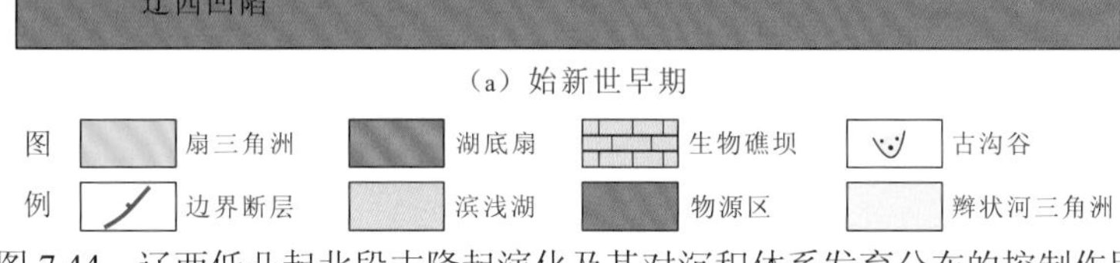

图 7.44　辽西低凸起北段古隆起演化及其对沉积体系发育分布的控制作用

露剥蚀区面积减小，同时西部边界断裂活动进一步减弱，西侧近源扇体发育规模与沙三期相比富砂储层厚度和平面规模进一步萎缩[图 7.44（b）]。

始新世末期（沙二段晚期至沙一段沉积时期），随着构造活动减弱及湖平面的不断上升，各类断裂坡折带逐渐消失，辽西低凸起北段整体淹没于水下，此时辽西低凸起已经不具备陆源碎屑供给能力，周边碎屑储层不发育。但相对高的古地貌形态依然存在，水下古隆起地带水体清浅、阳光充足，有利于碳酸盐岩的生长，在高部位形成碳酸盐岩台地相沉积，生物礁坝成为重要的油气储层[图 7.44（c）]。

富砂沉积体预测与描述，是复杂陆相断陷盆地进行源汇系统研究的主要目的，也是中深层油气勘探中面临的难点之一。针对研究区目的层沙一二段地层薄、资料品质差的情况，采取地质模式指导下的地质—地震富砂沉积体综合预测思路及技术方法（周心怀 等，2012；赖维成 等，2009），以完成富砂沉积体精细预测与描述。

在前述物源区识别描述、沟谷和坡折分析与控砂模式认识基础上，采取富砂成因相分析、精细井震标定与富砂沉积相类比相结合的方式，建立研究区不同沉积类型地震反射特征与富砂程度识别模板（图7.45）。结合已钻井测井曲线形态、岩心岩相及地震相综合分析，本区沙一二段识别出近源扇三角洲、辫状河三角洲、滨浅湖滩坝和浅湖四种沉积类型：一类扇三角洲呈中强振幅中高频较连续反射，有明显的楔状外形，厚度大，较为富砂；另一类扇三角洲呈中强振幅中高频连续反射，"分叉铁轨"状，楔状形态不明显，厚度及富砂程度中等；辫状河三角洲则呈中弱振幅高频低角度前积反射，楔状外形特征明显，沉积主体部位较富砂；滩坝沉积仅在局部发育，呈断续或较连续强反射，与低部位浅湖相泥岩连续反射有明显差异。

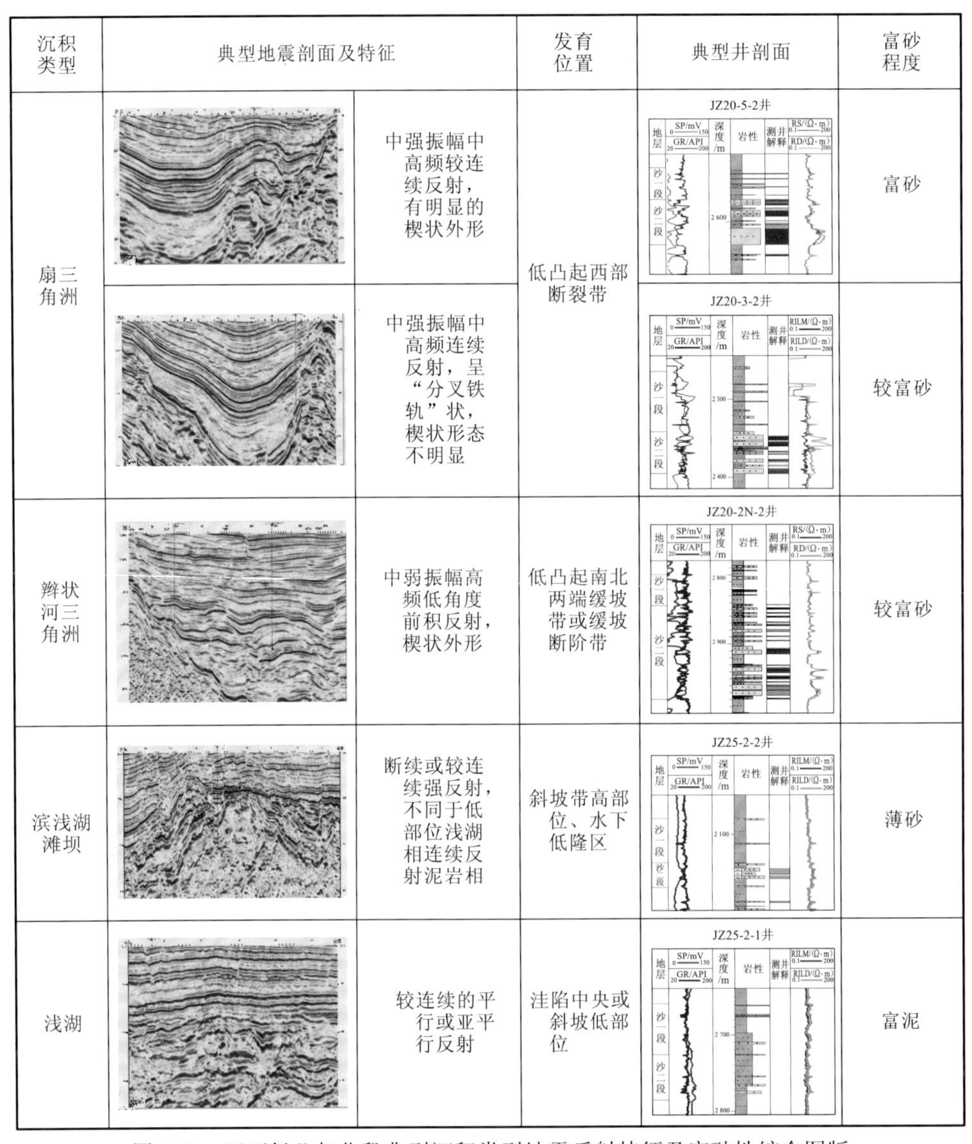

沉积类型	典型地震剖面及特征		发育位置	典型井剖面	富砂程度
扇三角洲		中强振幅中高频较连续反射，有明显的楔状外形	低凸起西部断裂带	JZ20-5-2井	富砂
		中强振幅中高频连续反射，呈"分叉铁轨"状，楔状形态不明显		JZ20-3-2井	较富砂
辫状河三角洲		中弱振幅高频低角度前积反射，楔状外形	低凸起南北两端缓坡带或缓坡断阶带	JZ20-2N-2井	较富砂
滨浅湖滩坝		断续或较连续强反射，不同于低部位浅湖相连续反射泥岩相	斜坡带高部位、水下低隆区	JZ25-2-2井	薄砂
浅湖		较连续的平行或亚平行反射	洼陷中央或斜坡低部位	JZ25-2-1井	富泥

图7.45　辽西低凸起北段典型沉积类型地震反射特征及富砂性综合图版

同时，根据研究区富砂地震相差异响应特征，综合考虑富泥围岩相的背景反射特征，在目的层有效时窗内提取对振幅、频率、连续性等比较敏感的属性。多属性分析结果表明，研究区范围大，受地震资料品质差异和富砂地震响应类型多样的共同影响，分区带的局部识别地震异常体效果较好，多属性分析呈现的异常体和富砂宏观地震相分布比较吻合。

7.5.4 轴向带型源汇系统优质储层预测

通过上述隐性物源的识别与描述、沟谷坡折体系分析、富砂模式及演化特征、富砂沉积体精细刻画等综合研究，在辽西低凸起北段沙二段沉积时期找到了多个源汇系统，明确了有利砂体的发育范围和分布特征（图 7.46）。研究结果和后期钻探实践均表明，研究区源汇系统响应特征具有明显的差异性，不同源汇系统的物源区大小、有效发育时间、断裂坡折类型的差异性及耦合关系，决定了砂体发育富集程度的差异（表 7.5）。

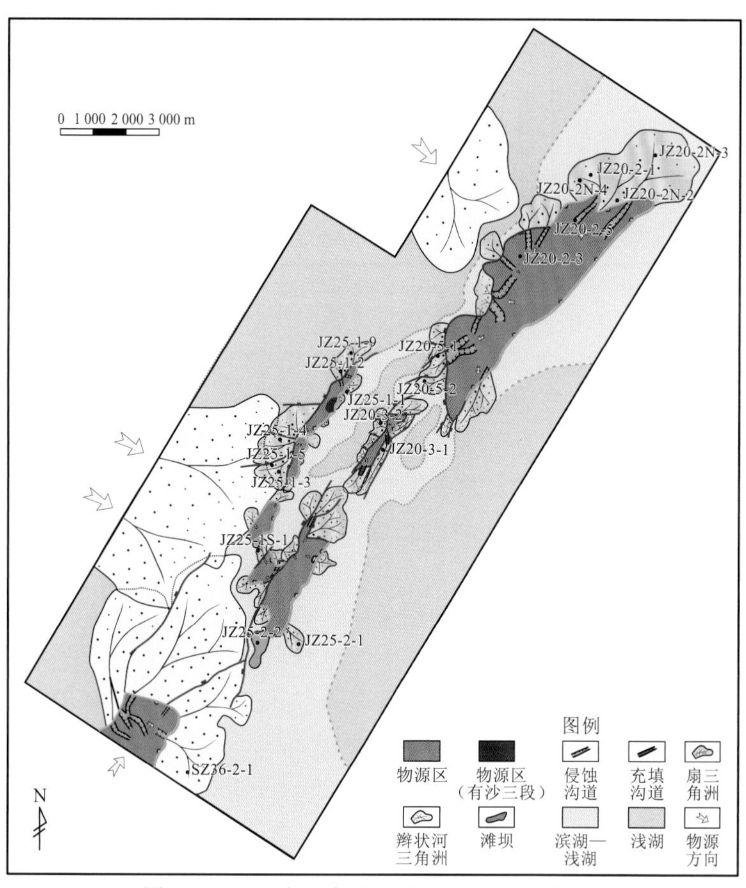

图 7.46 辽西低凸起北段沙二时期源汇系统图

表 7.5　辽西低凸起北段沙二时期源汇系统及砂体差异特征表

<table>
<tr><th>物源位置</th><th>物源区大小</th><th>坡折类型</th><th>沉积类型</th><th>代表井</th><th>地层厚度/m</th><th>砂岩厚度/m</th><th colspan="2">平均砂岩厚度/m</th></tr>
<tr><td rowspan="2">南部</td><td rowspan="2">中等</td><td>局部低隆</td><td>滩坝</td><td>JZ25-2-2</td><td>22</td><td>13.05</td><td rowspan="2">17.28</td><td>13.05</td></tr>
<tr><td>缓坡带</td><td>缓坡扇</td><td>JZ25-2-1</td><td>59.5</td><td>21.5</td><td>21.50</td></tr>
<tr><td rowspan="6">中部（西）</td><td rowspan="6">较小</td><td>缓坡带</td><td>缓坡扇</td><td>JZ25-1-1</td><td>33</td><td>7.5</td><td rowspan="6">26.61</td><td>7.50</td></tr>
<tr><td rowspan="5">断裂陡坡带</td><td rowspan="5">近源陡坡扇</td><td>JZ25-1-2</td><td>96.5</td><td>16</td><td rowspan="5">30.43</td></tr>
<tr><td>JZ25-1-3</td><td>71.5</td><td>28.04</td></tr>
<tr><td>JZ25-1-5</td><td>100</td><td>23.6</td></tr>
<tr><td>JZ25-1-4</td><td>95</td><td>32.8</td></tr>
<tr><td>JZ25-1-9</td><td>89.5</td><td>51.7</td></tr>
<tr><td rowspan="2">中部（东）</td><td rowspan="2">较小</td><td>缓坡带</td><td>缓坡扇</td><td>JZ20-3-1</td><td>28.5</td><td>12.5</td><td rowspan="2">23.47</td><td>12.50</td></tr>
<tr><td>陡坡带</td><td>近源陡坡扇</td><td>JZ20-3-2</td><td>54</td><td>34.44</td><td>34.44</td></tr>
<tr><td rowspan="5">北部</td><td rowspan="5">较大</td><td>陡坡带</td><td>近源陡坡扇</td><td>JZ20-5-2</td><td>66.85</td><td>45.71</td><td rowspan="5">51.23</td><td>45.71</td></tr>
<tr><td rowspan="4">轴向沟谷</td><td rowspan="4">轴向辫状河三角洲</td><td>JZ20-2N-1</td><td>127</td><td>52.3</td><td rowspan="4">52.61</td></tr>
<tr><td>JZ20-2N-2</td><td>150</td><td>64.88</td></tr>
<tr><td>JZ20-2N-3</td><td>143</td><td>43</td></tr>
<tr><td>JZ20-2N-4</td><td>146</td><td>50.26</td></tr>
</table>

（1）物源区供源能力是影响砂体富集的首要决定性因素。四个物源区对应的源汇系统中以北部锦州 20-2 构造区物源面积最大，且持续发育时间最长（晚期仍有部分出露），其相应的源汇系统中砂体也最为发育，地层厚度大、储层砂体发育程度高，钻井揭示沙二段厚度为 66.85～150 m，砂岩厚度为 45.71～64.88 m，平均厚度为 51.23 m。而中部两个面积较小的物源区，地层及砂岩发育程度则明显稍低，地层厚度为 33～100 m，储层砂岩厚度为 7.5～51.7 m，平均为 26.61 m。以 JZ20-3-2 井与 JZ20-5-2 井处于两个源汇系统大致相同的构造位置的两口井做对比，北部的 JZ20-5-2 井地层厚度、砂体厚度上明显高于中部的 JZ20-3-2 井。物源区母岩性质是影响其供源能力的重要因素，研究区母岩以太古宇—古元古界花岗岩、花岗片麻岩及中生界的玄武岩、火山角砾岩为主，上述母岩经风化剥蚀后可以提供大量的粗粒碎屑，是形成富砂沉积体的物质保障。相反，如果母岩古生界寒武系—奥陶系碳酸盐岩，则母岩有效性大大降低，难以形成富砂沉积。这种差异在中部（西）物源区表现明显，其北部 JZ25-1-1 井附近现今局部仍有沙三段细粒泥质沉积残留，表明沙二段沉积时期物源区有更大范围的沙三段，作为母岩粗粒碎屑物供给能力不足，两侧的 JZ25-1-2 井、JZ25-1-1 井富砂程度远低于其南部的 JZ25-1-3 井区（图 7.46、表 7.5）。

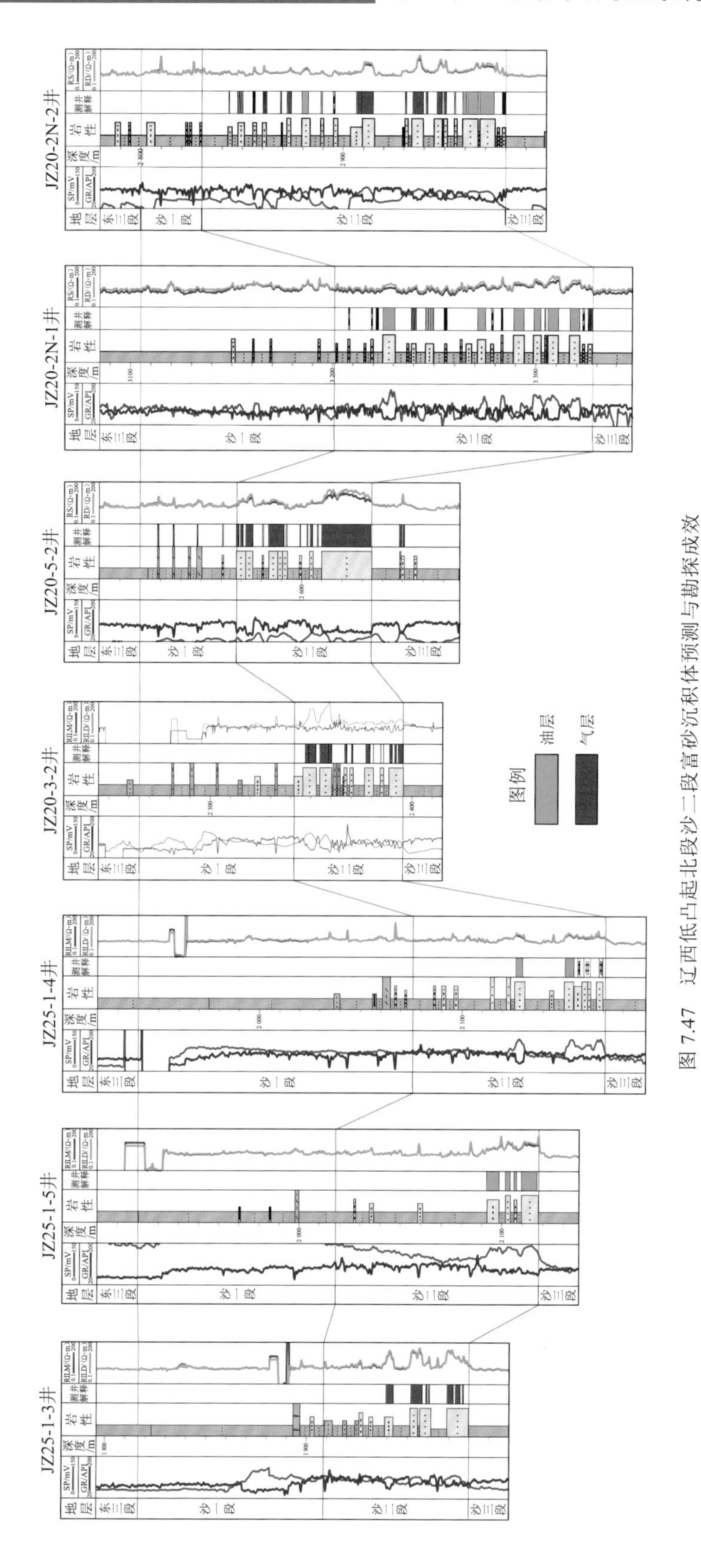

图 7.47　辽西低凸起北段沙二段富砂沉积体预测与勘探成效

（2）断裂活动性及坡折带类型进一步决定了同一物源体系不同位置砂体富集程度的差异性。陡坡带因其断裂活动性强，相应地造成附近物源区的侵蚀剥蚀能力远高于断裂活动不发育的缓坡带，同时多数输导沟谷的形成也与强断裂活动相关，因此一般陡坡带地层厚度及砂体发育程度均高于缓坡带。以面积较小的中部（西）锦州 25-1 区为例，其陡坡带地层厚度为 71.5～100 m，砂岩厚度为 23.6～51.7 m，平均为 30.43 m；而缓坡带 JZ25-1-1 井揭示地层厚度为 33 m，砂岩厚度仅为 7.5 m。

（3）轴向输导性沟谷对富砂沉积的控制作用明显，是本区最有利的砂体发育区。研究区沙二段沉积时期北部源汇系统发育北东东向的轴向型沟谷，对应于锦州 20-2N 构造区发育的辫状河三角洲沉积，其钻井揭示厚度为 127～150 m，砂岩厚度为 43～64.88 m，平均厚度为 52.61 m，为整个研究区砂体最为发育区。究其成因，一是与前述该时期构造演化有关，沙二段沉积时期西部陡坡带断裂活动减弱，北部断裂开始逐渐形成轴向沟谷，改变了原有的砂体有利输导方向；二是受物源区面貌特征和沟谷的配置关系的影响，该地区物源区呈北北东向狭长型展布特征，与物源区展布方向一致的轴向沟谷，其物源区对应的剥蚀面积无疑更大，更多的物源区剥蚀的砂质碎屑沿北北东向轴向沟谷输导，在坡折带下方形成厚层辫状河三角洲沉积。

在源汇思想指导下，突破了辽西低凸起北段中深部储层不发育的传统认识，新认识到低凸起及其倾末端在特定时期特定条件下也可作为有效物源区，周边具有优质储层发育的基础。研究区源汇系统的精细描述及控砂因素分析成果认识，为该地区油气勘探提供了依据，指导发现了锦州 25-1、锦州 20-2 北两个大中型油气田及锦州 20-3、锦州 20-5 等含油气构造（图 7.47），新钻井的富砂储层预测成功率接近 100%，同时也发现了多个有利富砂构造区，解决了制约本区勘探的关键问题。

7.6 源汇系统在辽中南洼同沉积走滑型储层精细预测中的应用

辽东湾拗陷位于渤海东北部海域，为渤海湾盆地的一个次级单元，面积为 2.6 万 km²，可划分为“三凹三凸”6 个次级构造单元，分别为辽西南凸起、辽西凹陷、辽西凸起、辽中凹陷、辽东凸起和辽东凹陷，各构造单元均呈北东—南西向展布且相互平行，形成凸凹相间的构造格局[图 7.48（a）]。

辽中凹陷表现为东断西超的典型半地堑箕状断陷，是辽东湾拗陷的主力生烃凹陷，可以进一步划分为北、中、南三个洼陷（杨宝林 等，2014）。辽中南洼位于辽中凹陷最南部，受郯庐断裂的走滑与转型、地幔上涌产生的水平拉张、太平洋板块的俯冲强度与方向改变等诸多因素的影响与控制，其新生代盆地演化具有走滑与拉伸并存的多动力源区域的地质背景（吴智平 等，2016），其中，古近纪构造演化可划分为三个阶段：①古新世—始新世中期的伸展裂陷阶段（裂陷 I 幕，65～38 Ma）；②始新世晚期—渐新世早

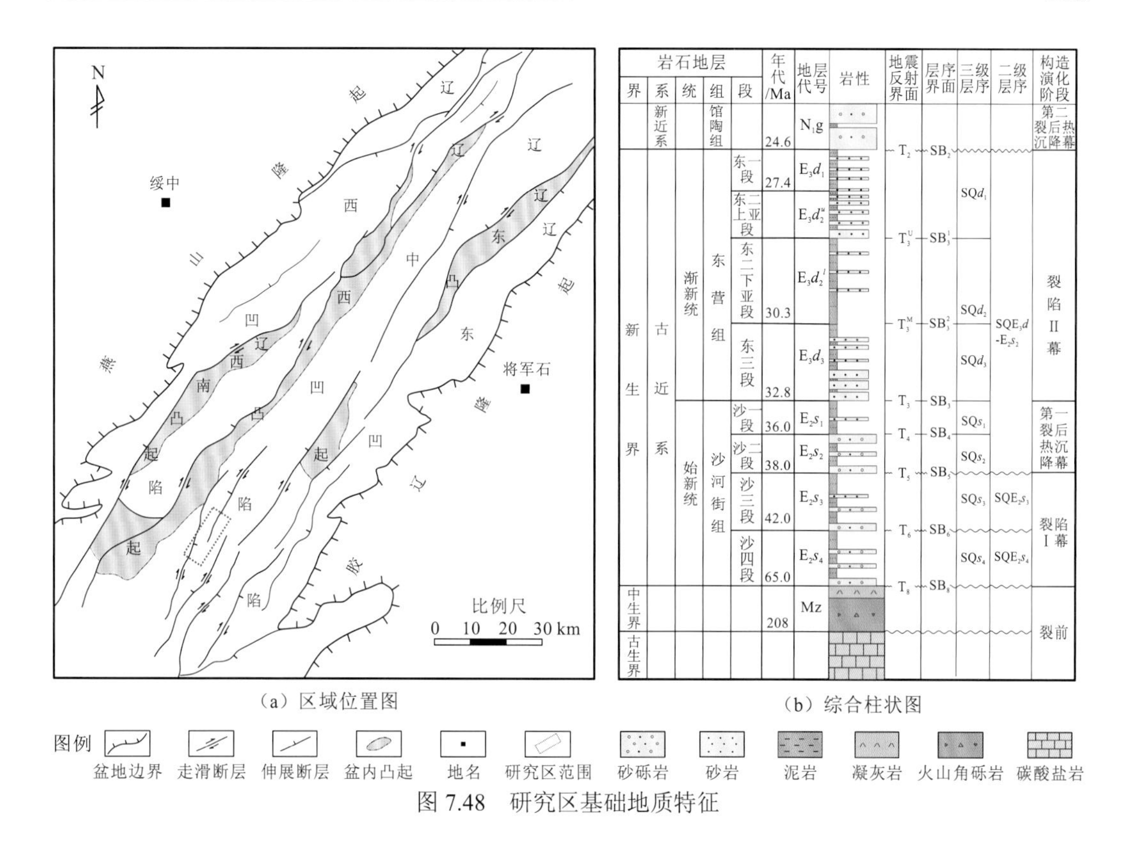

（a）区域位置图　（b）综合柱状图

图 7.48　研究区基础地质特征

期的裂后热沉降拗陷阶段（38～32.8 Ma）；③渐新世东营期的走滑拉分再次裂陷阶段（裂陷 II 幕，32.8～24.6 Ma）［图 7.48（b）］（朱伟林 等，2009）。辽中南洼基底为太古宇变质岩、花岗岩，古生界碳酸盐岩和中生界火成岩。古近系包括沙河街组和东营组，其中，沙河街组自下而上依次为沙四段（E_2s_4）、沙三段（E_2s_3）、沙二段（E_2s_2）和沙一段（E_2s_1），发育湖相、扇三角洲、辫状河三角洲和碳酸盐岩台地等沉积相。东营组自下而上依次为东三段（E_3d_3）、东二段（E_3d_2，可分为东二下亚段和东二上亚段）和东一段（E_3d_1），以湖相和三角洲相沉积为主。

7.6.1　辽中南洼走滑断裂体系特征

环辽中南洼走滑断裂密集，是辽东湾拗陷走滑活动最强烈的地区之一，研究区自西向东发育辽西 1 号、旅大 16-21、旅大 16-3 和旅大 21-1 四条走滑断裂。其中，辽西 1 号走滑断裂为辽西凸起中南段西侧边界断裂，是辽东湾拗陷一级断裂，控制了辽西凸起中南段的形成和演化，走滑主干断裂整体走向呈北东东向，局部出现多个弯曲段，平面延伸距离最远，约为 130 km，走滑伴生断裂走向以近东西向为主；旅大 16-21、旅大 16-3、旅大 21-1 走滑断裂位于辽中南洼西斜坡，是辽东湾拗陷二级断裂，控制了斜坡带的构造演化和沉积充填，走滑主干断裂走向均为北东东向，较为平直，平面延伸距离较短，分别为 35 km、26 km、18 km，走滑伴生断裂走向为近东西向或北东向，表现为雁行排列或羽状形态[图 7.49（a）]。剖面上，辽西 1 号走滑主干断裂断面西倾，上陡下缓，伴生断裂较少；旅大 16-21、旅大 16-3、旅大 21-1 走滑主干断裂近似直立插入盆地基底，倾向多变，伴生断裂向上撒开呈典型的负花状构造样式[图 7.49（b）]。这四条走滑断裂在沙河街组沉积期均以伸展作用为主，东三段—东二下亚段沉积期以右旋走滑活动为主，根据纯走滑拉分砂箱实验模型估算（童亨茂 等，2008），东三段沉积期，这四条走滑断裂水平位移量依次为 2.6 km、3.5 km、2.2 km、1.2 km。

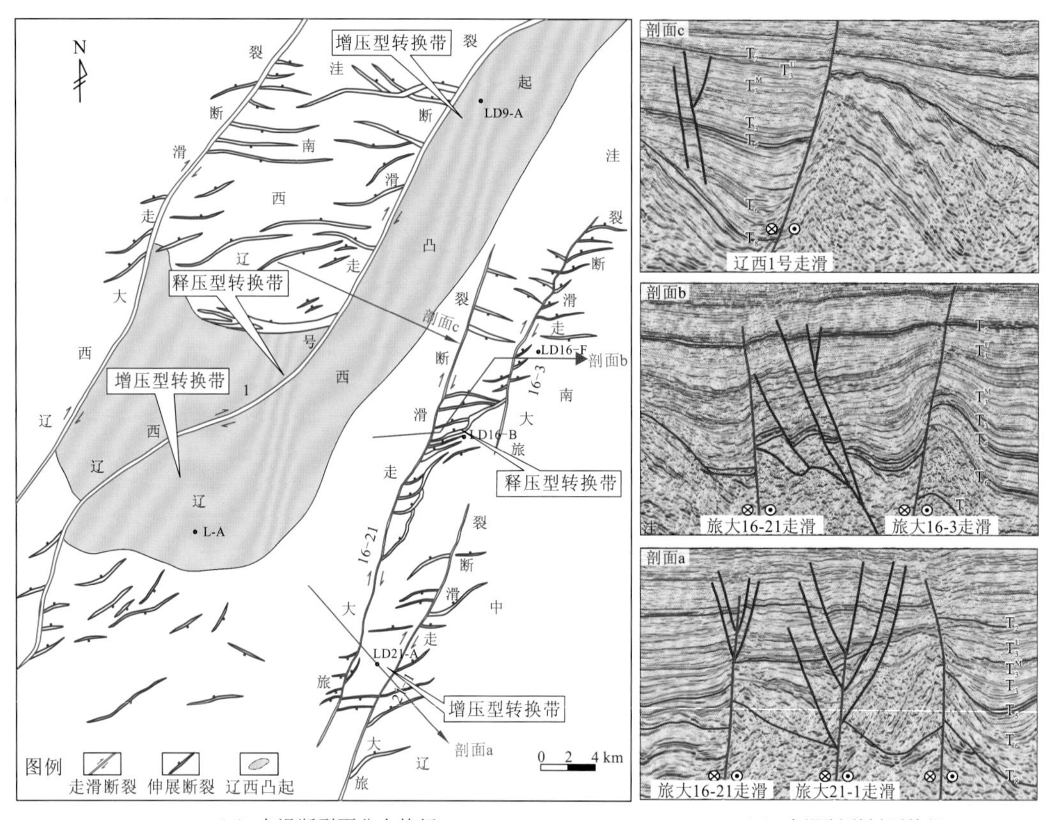

（a）走滑断裂面分布特征　　（b）走滑断裂剖面特征

图 7.49　研究区走滑断裂特征

四条走滑断裂从南往北穿过整个研究区，发育大量走滑转换带。根据断层的相互作用及转换带的形态可将研究区的走滑转换带分为“S”型走滑转换带和叠覆型走滑转换带。其中，辽西 1 号走滑断裂在长距离走滑运动中产状多变，由于走滑断裂两盘岩性的差异导致走滑受阻形成“S”型走滑转换带[图 7.50（a）]，旅大 16-21 走滑断裂分别与旅大 21-1 走滑断裂、旅大 16-3 走滑断裂首尾相互重叠地交替排列，形成叠覆型走滑转换带[图 7.50（b）]。根据局部应力状态的差异可将研究区的走滑转换带分为增压型走滑转换带和释压型走滑转换带，其中，右旋左阶“S”型走滑转换带和右旋左阶叠覆型走滑转换带均属于增压型走滑转换带，右旋右阶“S”型走滑转换带和右旋右阶叠覆型走滑转换带均属于释压型走滑转换带（图 7.50）。

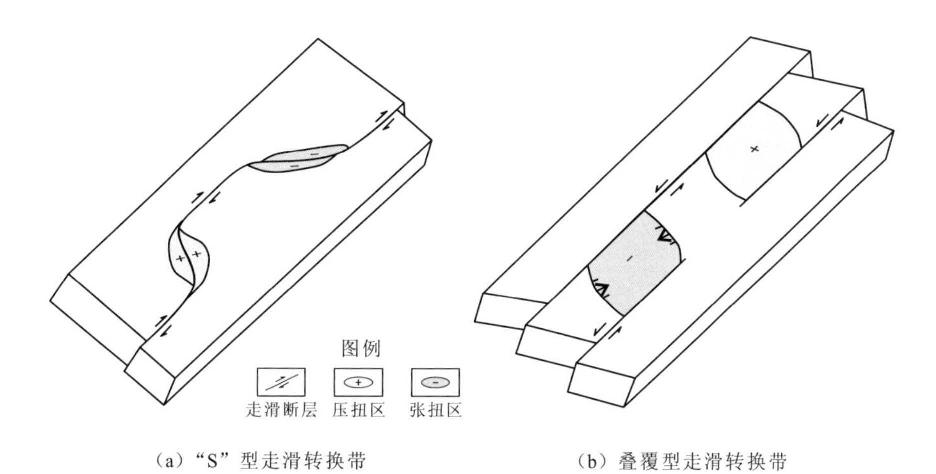

（a）“S”型走滑转换带　　（b）叠覆型走滑转换带

图 7.50　走滑转换带应力发育模式

7.6.2　辽中南洼走滑型源汇系统构成

一个完整的源汇系统在空间范围内包括物源子系统、搬运通道子系统和沉积汇聚子系统。在陆相断陷盆地中，源汇系统的发育受构造作用、气候和湖平面变化共同控制，而构造作用是主导性的控制因素。东三段沉积期，旅大 16-3 地区构造活动以强走滑、弱伸展为特征，同沉积走滑活动对本区源汇系统起到主要的控制作用。

1. 增压型走滑转换带控制局部物源的形成

局部物源指现今残余规模较小，但能在特定的地质条件和特殊的地史时期遭受剥蚀，并能够形成优质储层的盆内局部构造区划（杜晓峰 等，2017b），局部物源的形成一般与挤压应力作用下的古地貌垂向隆升有关。传统观点认为辽西凸起在东营组沉积期为水下低凸起，不能提供有效物源，因此辽中南洼西部斜坡带大量钻井东三段均钻遇湖相泥岩。本次研究认为，辽西凸起具有南北分段、南高北低的特点，凸起中北段地势较低，东三段沉积期一直淹没于水下，不能提供物源，但研究区西侧的凸起南段地势整体较高，在 L-A 和 L5 井区发育右旋左阶“S”型增压走滑转换带，转换带处于挤压应力环境，造成凸起地貌隆升，形成南部 LD9-A 井区和北部 L5 井区两个古高地[图 7.51（a）（b）]，面积均在 100 km² 左右，沉积期出露中生界火山岩，岩性以安山质火山角砾岩、安山岩为主，夹薄层英安岩和流纹岩，可作为优质母岩。因东三段沉积期走滑活动较强，增压型走滑转换带内凸起持续抬升遭受剥蚀，提供大量粗碎屑物质，为斜坡带砂体的富集奠定了物质基础。

2. 释压型走滑转换带控制有利沉积汇聚区分布

沉积汇聚子系统对砂体富集起到重要控制作用（徐长贵，2013；陈发景 等，2004；林畅松 等，2000）。旅大 16-3 地区发育两种释压型走滑转换带，分别控制了输砂通道及可容纳空间的发育。在凸起区发育右旋右阶“S”型释压走滑转换带，转换带内处于拉张应力环境，造成凸起区局部沉降，形成山间洼地，构成优势的输砂通道，南北两个局部物源区剥蚀的粗碎屑物质可以通过山间洼地集中往油田方向搬运[图 7.51（a）（b）]。

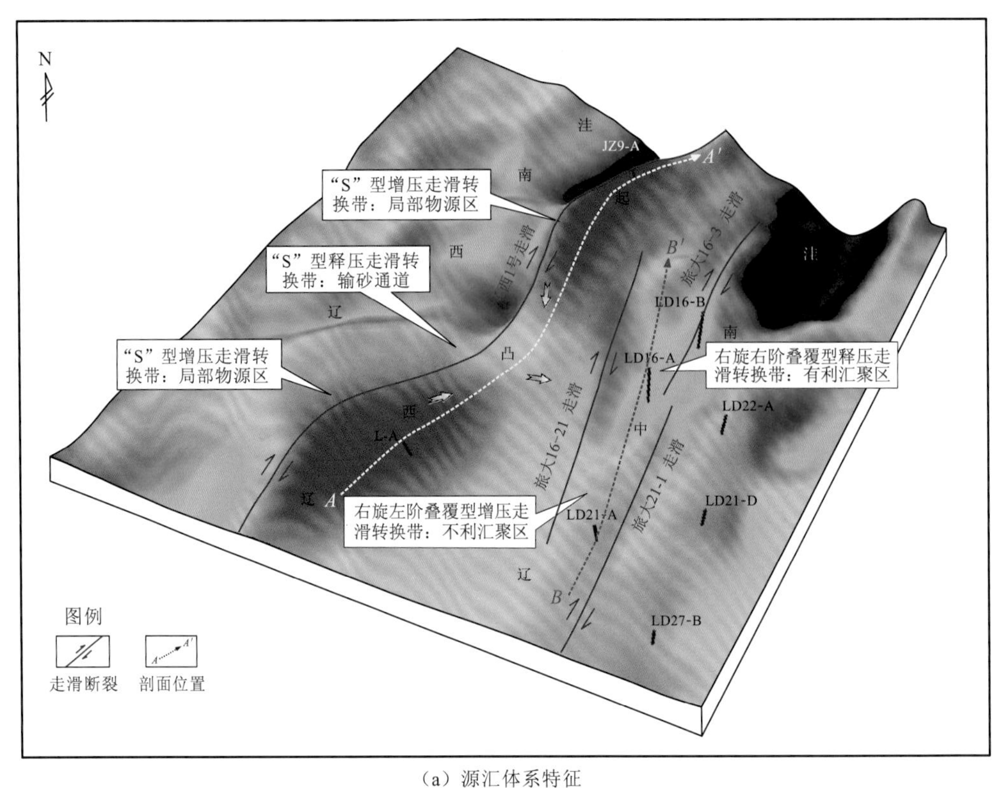

（a）源汇体系特征

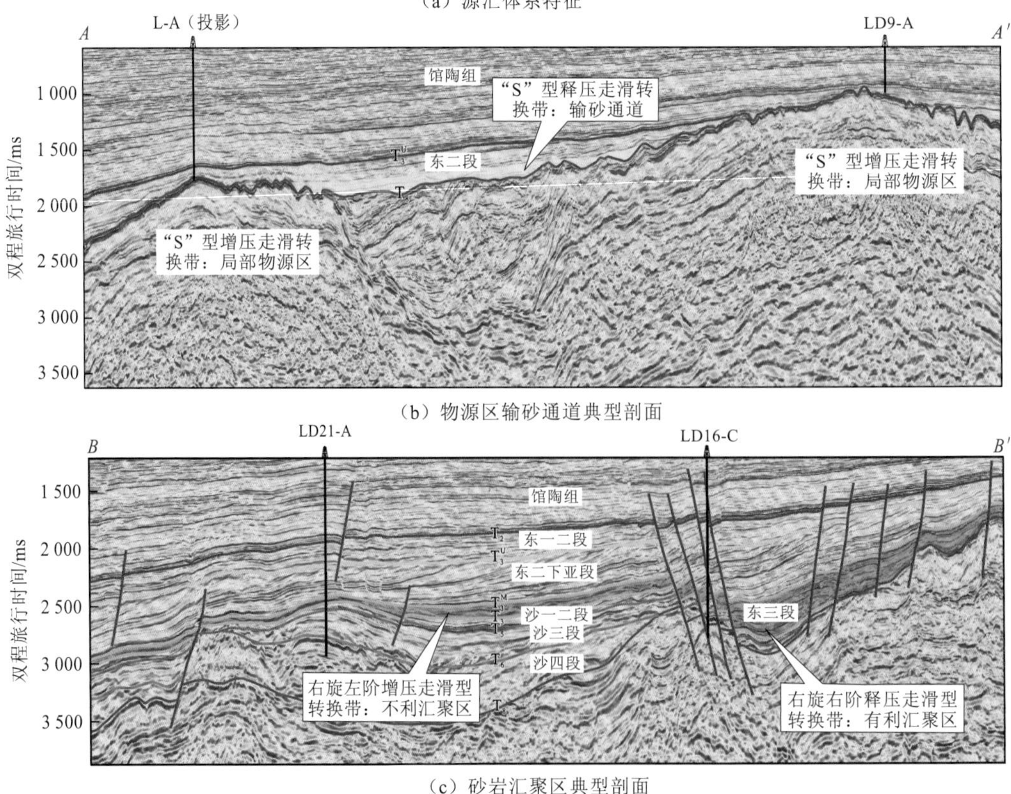

（b）物源区输砂通道典型剖面

（c）砂岩汇聚区典型剖面

图 7.51　研究区东三段走滑型源汇系统发育特征

在斜坡带发育右旋右阶叠覆型释压走滑转换带，释压走滑转换带内发育一系列近东西向的张性调节断层，南部调节断层和北部调节断层倾向相反，随着走滑活动的持续，调节断裂的伸展幅度逐渐变大，断裂逐渐开启，并出现裂陷现象，形成小型洼陷，具有较大的可容纳空间，是富砂沉积体发育的优势地带。凸起区“S”型释压走滑转换带与斜坡带叠覆型释压走滑转换带的高效耦合控制了旅大 16-3 地区有利汇聚体系的形成。与之形成对比的是旅大 21 构造区，该区发育右旋左阶叠覆型增压走滑转换带，转换带内古地貌隆升，东三段沉积期可容纳空间很小，不利于砂岩汇聚[图 7.51（a）（c）]。

3. 走滑水平位移造成源汇系要素的横向错动

有效物源子系统和高效汇聚子系统在空间上是相互联系、相互作用的地貌单元。在以伸展作用为主导的源汇系统中，物源体系和汇聚体系的空间位置相对固定，是比较容易识别的，显性的。旅大 16-3 地区发育以走滑作用为主导的源汇系统，由于旅大 16-21 走滑断裂水平位移方向与砂岩输送方向垂直，随着右旋走滑活动的持续，走滑两盘的源汇体系发生横向错动，旅大 16-3 油田砂岩汇聚区相对原始的物源—沟谷耦合区不断向西南方向迁移，东三段沉积早期，旅大 16-3 南构造所处的汇聚区与辽西凸起上物源—沟谷耦合区对应，东三段沉积晚期，旅大 16-3 构造所处的汇聚区与辽西凸起上的物源—沟谷耦合区对应（图 7.52），可见在走滑型源汇系统中，在空间上源汇系统各要素对应关系是动态变化的，具有一定的隐蔽性。

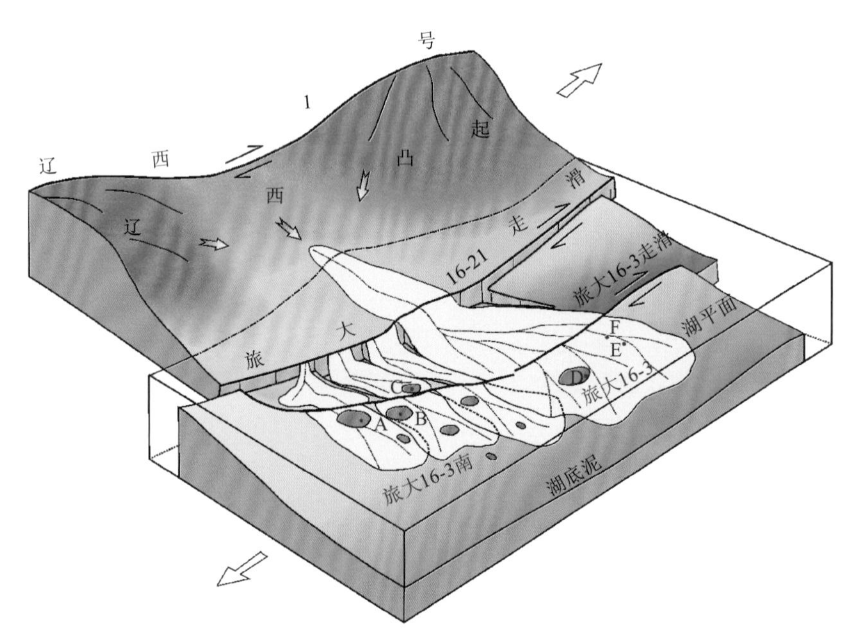

图 7.52　研究区东三段走滑型源汇体系发育模式

7.6.3 同沉积走滑型源汇系统优质储层预测

1. 源汇时空耦合控制旅大 16-3 地区砂体富集

源汇时空耦合富砂思想指出，陆相断陷盆地砂体的富集受碎屑物质从源到汇整个过程的影响，要在复杂陆相断陷盆地找到砂岩的富集区，必须找到一个完整的源汇时空耦合系统。旅大 16-3 地区增压型走滑转换带和释压型走滑转换带有利的时空配置，局部物源体系和有利汇聚体系耦合条件好，具有“双源供砂、高效输导、优势汇聚”的特点，为东三段砂体的富集提供了有利条件。旅大 16-3 油田共有 6 口井钻遇东三段，砂岩厚度最小为 67.0 m，最大为 123.6 m，平均为 96.4 m，是东三段沉积期辽中南洼砂体最发育的地区（图 7.53）。与之形成鲜明对比的是研究区西南部的 21-1 构造，该构造与旅大 16-3 油田同处于辽中南洼西部斜坡走滑带，与 L-A 井区的局部物源体系对应，物源条件较好，但构造区处于右旋左阶叠覆增压型走滑转换带，汇聚条件不利，源汇耦合条件差，东三段仅发育薄层湖相泥岩沉积。

2. 源汇体系错动造成砂体迁移叠覆、期次明显

在以伸展作用为主导的源汇体系中，一条水系的入湖口在一段时期内可以看成是相对稳定的，沉积体系的展布是沿着水系入湖口向湖盆呈扇形展开（徐长贵，2013），不同时期发育的扇体以垂向叠加为主，在物源供给较为充足的斜坡带，砂体期次往往不明显。东三段沉积期旅大 16-3 地区发育走滑型源汇体系，源汇体系沿着走滑方向的横向错动造成水系入湖口相对旅大 16-3 地区不断变化，造成砂体由南往北迁移叠覆，并且砂体期次十分明显，结合岩性、电性及地震响应特征，可识别出低位域、湖侵域、高位域三期砂体。

低位域砂体主要分布在旅大 16-3 南构造，面积为 53.2 km² [图 7.54（a）]。沉积相类型以辫状河三角洲为主，岩性组合为砂砾岩、含砾中—细砂岩夹薄层泥岩，砂岩厚度为 56.7～72.3 m，以反粒序为主，SP、GR 曲线为漏斗状[图 7.53、图 7.55（a）]。地震剖面上，低位域辫状河三角洲砂体主体表现为低频不连续反射，远端变为前积反射（图 7.56）。

湖侵域砂体往北延伸至旅大 16-3 构造 D 井区，主体部位仍位于旅大 16-3 南构造，砂体面积为 48.5 km² [图 7.54（b）]。构造区沉积相类型主要为辫状河三角洲前缘砂体滑塌形成的浊积扇沉积，岩性组合为大套深灰色泥岩夹薄层粉、细砂岩，砂岩厚度为 20.5～45.7 m，正粒序特征明显，SP、GR 曲线为钟状、指状[图 7.53、图 7.55（b）]。地震剖面上，湖侵域浊积扇砂体表现为蠕虫状反射（图 7.56）。

高位域砂体主要分布在旅大 16-3 构造，旅大 16-3 南构造仅 C 井区钻遇砂体边缘，砂体面积为 78.5 km² [图 7.54（c）]。沉积相类型主要为辫状河三角洲沉积，岩性组合为含砾中、细砂岩夹薄层泥岩，砂岩厚度为 33.7～116.6 m，以反粒序为主，SP、GR 曲线为漏斗状、指状[图 7.53、图 7.55（c）]。地震剖面上，高位域辫状河三角洲砂体表现为前积反射（图 7.56）。

总体上看，从东三段低位域到高位域，砂体横向迁移距离与旅大 16-21 走滑断裂水平位移量相当，不同期次的砂体沿着断裂走向迁移叠覆，叠合面积达 130 km²。不同期次砂体在沉积相类型、岩性组合特征、砂岩厚度、地震反射特征等方面存在显著差异。

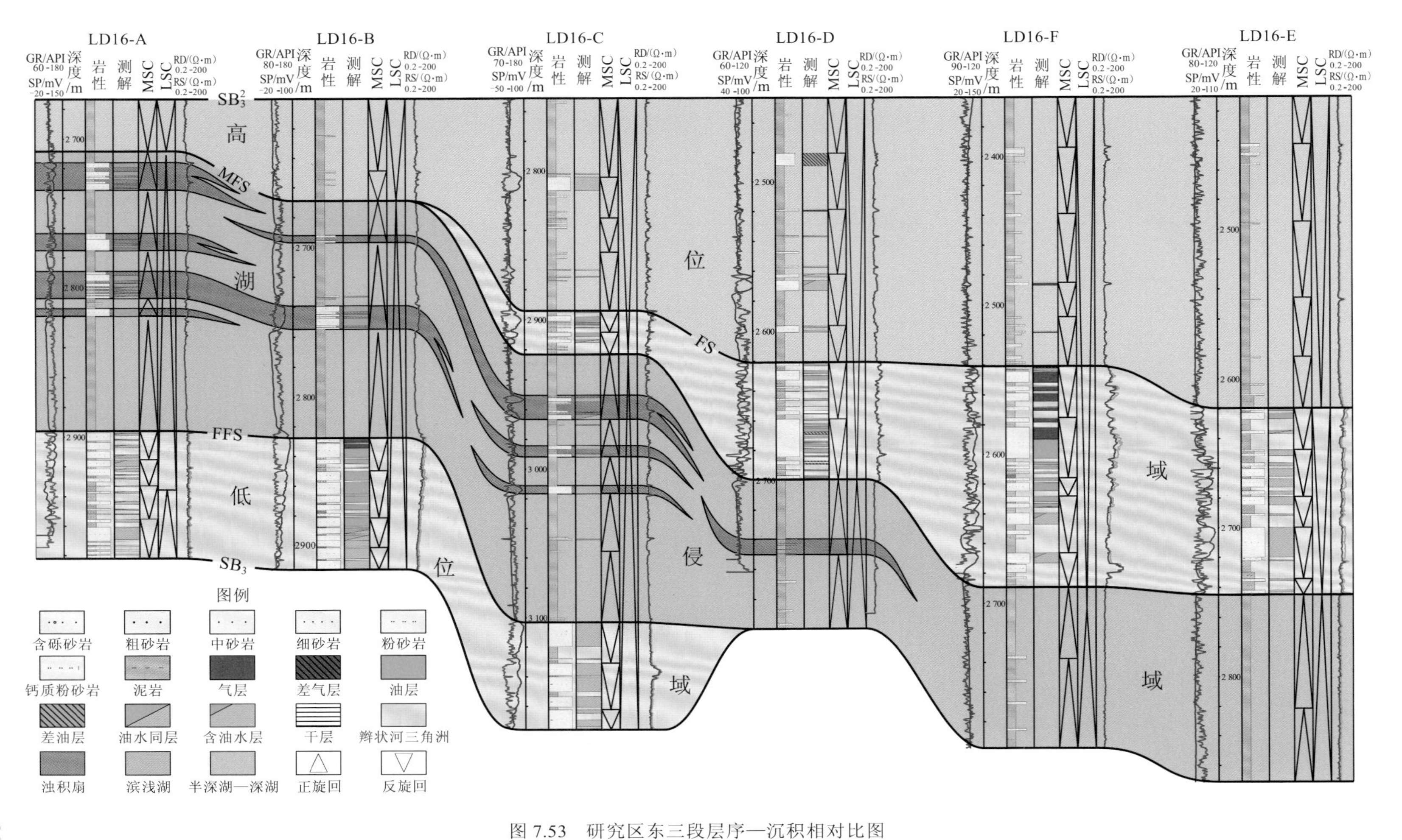

图 7.53　研究区东三段层序—沉积相对比图

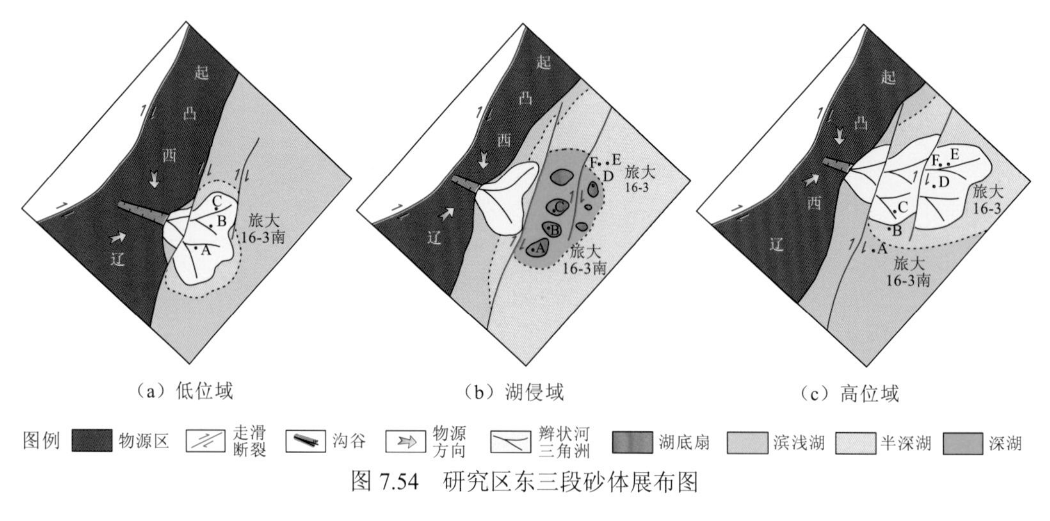

图 7.54　研究区东三段砂体展布图

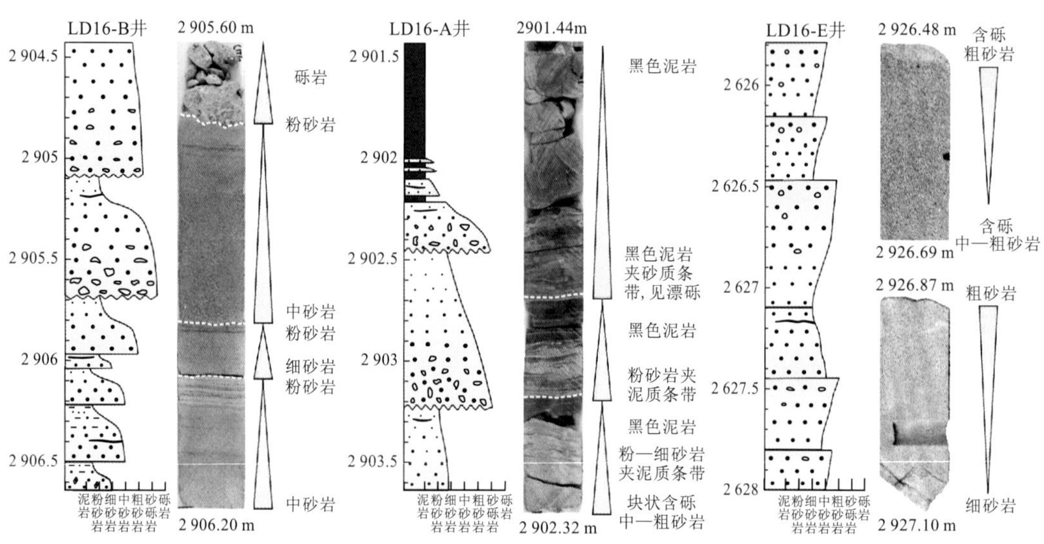

(a) 低位域典型岩心
(LD16-B井，辫状河三角洲水下分流河道)

(b) 湖侵域典型岩心
(LD16-A井，浊积扇)

(c) 高位域典型岩心
(LD16-E井，辫状河三角洲河口坝)

图 7.55　研究区东三段典型岩心特征

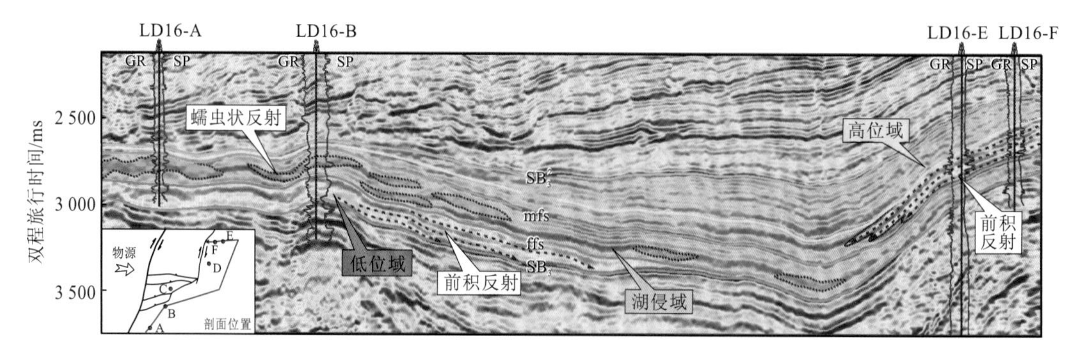

图 7.56　研究区东三段砂体地震响应特征

mfs. 最大海泛面；ffs. 初始海泛面

7.7　源汇系统在石南陡坡共轭走滑型储层预测中的应用

渤中凹陷西北洼位于渤中凹陷的西北部，由石臼坨凸起西南部边界断层下降盘陡坡带向东南与渤中凹陷主体区相连，向西与南堡凹陷过渡，整体呈北西—南东走向，面积约 1 000 km^2。受黄骅—德州右旋走滑断裂及张家口—蓬莱左旋走滑断裂的双重影响，在渤中凹陷石南陡坡带发育北西向、北东向交替相接的共轭走滑断裂体系，盆地边界表现为隆凹的墙角状和反向墙角状特征（图 7.22）。该区古近系发育齐全，由老到新依次发育孔店组、沙河街组（沙四段、沙三段、沙二段、沙一段）和东营组（东三段、东二段、东一段）。古近系发育多套储盖组合，储层主要发育沙二段、东三段和东二段上亚段，盖层主要为东三段上亚段和东二段中下亚段。

渤中西北洼的曹妃甸 6-4 构造整体依附于北西向和北东向边界断裂，受共轭走滑作用形成的次级调节断裂影响，形成了多个复杂断块圈闭。该构造处于共轭走滑的交接处，表现为“反向墙角”的特征。传统认为墙角状构成的物源区及墙角型坡折类型对层序的构成和砂体富集具有一定的控制作用，如渤海海域秦皇岛 35-2 油田发育类似的墙角型坡折，分别在沙一二段和东二下亚段发育厚层砂体，取得了较好的勘探效果（徐长贵，2013；徐长贵 等，2005）。而“反向墙角”则不利于砂体的汇聚，表现为贫砂的特征，受该“贫砂”认识的制约，该构造长期搁置。针对上述难题，重点对渤中西北洼共轭走滑带特征和控砂机理进行分析，明确共轭走滑型源汇系统控制砂体差异富集规律，建立了共轭走滑型源汇系统砂体发育模式。

7.7.1　石南陡坡共轭走滑断裂体系特征

通过方差切片及构造分析表明，区内存在两期明显的构造活动。古近纪主要表现为强拉张、弱走滑的特点，新近纪断裂活动发生明显变化，以强走滑、弱拉张为主。

共轭走滑断裂带受区域构造应力场控制，在平面及剖面上具有明显分期、分段特征，为伸展—走滑叠加的复合断裂带。石臼坨凸起与凹陷分割的边界断裂，是渤中西北洼一级断裂，控制了石臼坨凸起和凹陷的形成和演化，形成隆凹相间的墙角状和反向墙角状特征。在平面上不同位置存在分段性，自西向东可把石南边界断裂分为 1 号、2 号、3 号、4 号断裂（图 7.22）。1 号和 3 号受张家口—蓬莱断裂带影响，主要表现为左行走滑特征，在平面上走向呈现北西向，同时发育小规模伴生断层，多呈北东东向展布，与主断裂呈锐角相交，断层较为平直，延伸距离在 8～15 km；2 号和 4 号受郯庐走滑断裂带东支影响，表现为右行走滑特征，同时发育一系列小规模的北西向伴生断层，与主走滑断裂呈锐角相交。断层较为平直，延伸距离在 8～10 km。在洼陷内发育的走滑伴生断裂，控制了洼陷带的构造演化和沉积充填，与 1 号、2 号、3 号、4 号等主走滑断裂构成该区复杂的共轭走滑带。剖面上，1 号、2 号走滑断裂为古近纪早期石南控凹边界断裂，与一般张性断裂陡直特征存在差异，表现为上陡下缓，向下呈低角度插入盆地基底，不同位置上断层陡缓程度不一；而其他伴生断裂则上下产状较为一致，受伸展构造活动控制明显，走滑活动较弱（图 7.57）。

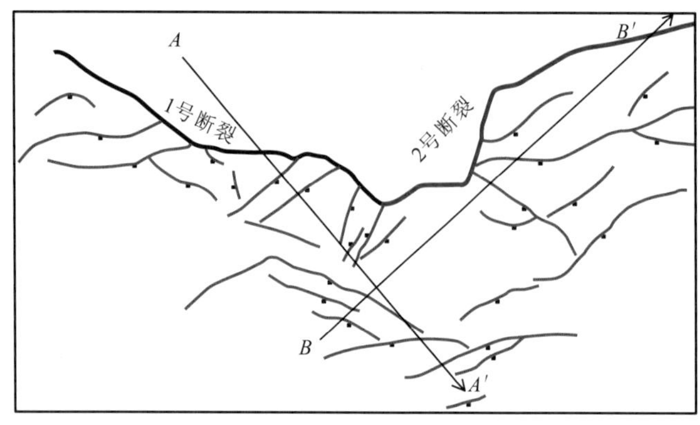

（a）石臼坨凸起南缘东三时期断裂分布图

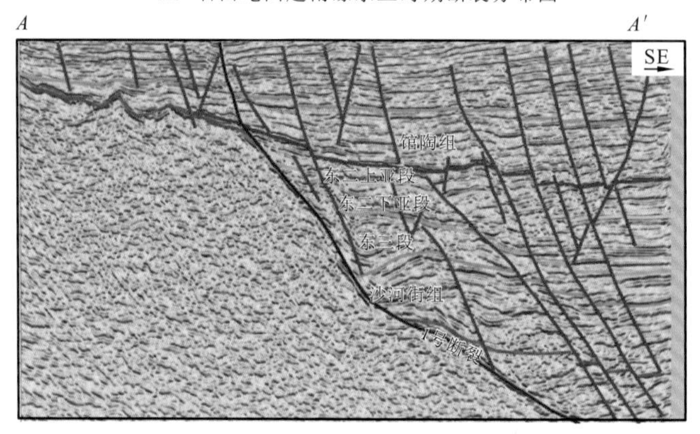

（b）北西—南东向地震格架剖面

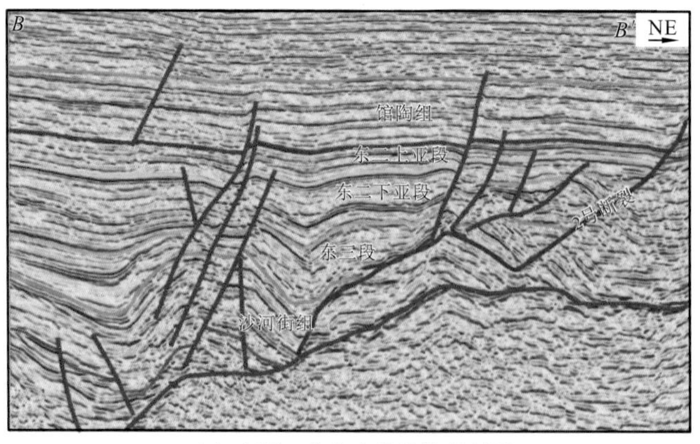

（c）南西—北东向地震格架剖面

图 7.57　共轭走滑断裂特征

四条主走滑断裂构成边界断裂从西往东穿过整个研究区，多个位置交叉叠置，形成了典型的共轭转换带，根据断层的相互作用及转换带的形态，在共轭转换带中也存在增压型共轭转换带和释压型共轭转换带。区内 1 号走滑断裂和 4 号走滑断裂构成增压型共轭转换带，1 号走滑断裂与 2 号走滑断裂构成释压型共轭转换带，2 号走滑断裂与 3 号走滑断裂构成增压型共轭转换带，3 号走滑断裂与 4 号走滑断裂构成释压型共轭转换带。

7.7.2　石南陡坡共轭走滑型源汇系统构成

现代自然环境中，走滑转换带的增压段和释压段在地球表面广泛分布，从大型山系到裂谷盆地的级别再到野外露头的级别均可见到。增压段为地形隆升、地壳缩短和结晶基底暴露的环境，而释压段是以地形下沉、地壳伸展形成沉积盆地、高热流值及可能的火山活动为特征的环境（徐长贵，2017a）。在源汇系统中，由共轭走滑断裂形成的增压段和释压段控制了地貌差异和砂体汇聚程度。

1. 增压控制物源体系的发育

走滑增压带是形成大型物源的主要发育位置。走滑增压带区域由于长期的压扭隆升作用，常伴随地貌的抬高或者褶皱造山带的形成，以及受断裂控制的深部地壳岩石的出露带，形成地壳缩短和基底剥露的环境，是控制盆内物源区形成与分布的主要因素。渤海海域两条大型走滑断裂带通过晚中生代左旋走滑活动和新生代右旋走滑活动的作用，由于应力的相互交叉与叠加，北西向断裂与北东向断裂在凸起边界通常表现为正断层活动，随着构造应力场的变化，开始平移活动，对石臼坨凸起切割改造，形成高低起伏的古地貌。从恢复的东三段物源区古地貌来看（图 7.23），物源区发育一系列高低相间的地貌单元，地形起伏较大，地貌上呈现西高东缓、北高南低的构造格局。研究区西侧对应增压区，表现为高隆地貌，地形高差大，起伏明显，沟谷大量发育。高隆区继续被剥蚀就成为沟谷化低隆区，向东逐渐由高隆区转变为过渡区和平缓区，地形高差弱化，沟谷较发育。往南受早期断裂影响，转变为阶地区，地形平缓，表现为“宽缓斜坡”特征。石臼坨凸起西段东三段沉积期主要出露中生界火山岩，可作为优质母岩。

2. 释压控制有利汇聚体系的形成

输砂通道、坡折带及碎屑物质的可容纳空间共同构成了汇聚体系，对砂体富集和分布起到重要控制作用（徐长贵，2013）。汇聚体系的形成一般与伸展应力作用下的古地貌沉降有关。物理模拟实验表明，在走滑断裂的释压段，呈现出低势区特征；走滑量逐渐增大时，可以形成低势沟谷或者小型洼陷，最大时可以形成大型的拉分盆地。在共轭交接处为释压段，表现为拉张活动，地震剖面上显示发育宽缓的斜坡特征。由于局部应力的释放，有利于沟谷低地的形成，这些沟谷低地可容纳空间极大，成为优势的汇水通道及汇水区，是富砂沉积体优势发育的地带。走滑断裂对地貌的控制作用体现在：①形成新的沉积中心。由于主走滑的活动，同时具有水平分量和垂直分量的作用，使得在空间上具有走滑拉分性质，可以形成局部的沉积中心，是捕获大型水系和碎屑物质注入的有利方向。②次级断裂分隔凹陷区地貌单元。由于走滑派生断裂形成，多以雁列式断裂为主，雁列式断裂之间和主走滑断裂之间都可以形成局部的次级地貌单位，可以对沉积起到限制和分流的作用，使得沉积物沿断裂走向呈条带状展布。

7.7.3 共轭走滑型源汇系统优质储层预测

源汇系统综合反映了物源从风化剥蚀、搬运、沉积充填的响应过程。盆地内砂体的发育程度与源汇体系发育类型和要素特征息息相关，其源汇系统要素差异变化对沉积储层具有明显的影响，具体表现为对砂体规模、砂体发育位置等方面的影响。

1. 东三段砂体发育特征

石臼坨凸起长期隆升，是区内主要物质来源。主要沿边界断裂呈裙带状分布，但展布范围和发育规模有较大差异，具有中部较富集，西部次之，东部相对贫砂的特点。

2. 源汇时空耦合控制渤中西北洼东三段砂体发育

东三段沉积时期，构造活动强烈，北部石臼坨凸起持续提供优质物源，物源供给充足，岩性以中生界火成岩为主，局部有古生界碳酸盐岩和元古界混合花岗岩影响（庞小军 等，2018；代黎明 等，2017）。由于边界断层活动性较强，经物源区古沟谷与上部阶地区输送的沉积物沿断面以线型方式供给，陡坡带低洼处为砂体有利的卸载区。在不同类型断裂坡折的控制下，东三段发育于裂陷活动时期，可容纳空间较大，沉积物易于向湖盆中推进，而发育扇三角洲沉积。受宏观源汇要素在空间与时间上的有效配置，构成了一个完整的时空耦合系统，控制了砂体发育的宏观规律，决定了石南陡坡带在东三段层序时期为该区古近系相对富砂层段。

3. 共轭走滑断裂带控制渤中西北洼东三段砂体差异富集

共轭走滑断裂带不同位置的物源区地貌及沟谷发育程度和坡折带类型的差异，导致砂体的富集程度也有所不同。共轭走滑断裂带对沉积体系的控制主要表现在两个方面：一是增压形成的物源区地貌差异，决定物源供给能力，特别是高隆物源，经强烈剥蚀可以提供大量的碎屑物质；二是释压形成的低势区，成为物源水系进入湖盆的重要通道，不仅影响古水流入湖后的流向，也决定了沉积体系的发育类型及展布规模。如中部的CFD6-4-2、CFD6-4-1、CFD6-4-5D井区为释压区，物源古地貌以沟谷和阶地为特征，地貌起伏程度降低，碎屑物质通过高隆区上的沟谷倾泻而下，再以阶地上发育的宽缓沟谷进行搬运，由于经历一定距离的搬运和水动力条件的改变，沉积区的可容纳空间充足，垂向上具有旋回性，发育厚层砂砾岩体，表现多期扇三角洲特征，砂体延伸远，平面分布范围大，富砂程度高。而 CFD6-4-2 井西侧为增压区，物源以高隆区为特征，虽然大量深窄型古沟谷发育，但洼陷内受增压作用形成较高的地势，可容纳空间有限，砂体厚度和分布范围不如 CFD6-4-1 井区。东部地区同样表现为增压区，但物源供给不如西部高隆区物源，BZ2-1-2 井区砂体延伸不远，相带窄，富砂程度有限。共轭走滑断裂带下的不同源汇系统控制了平面不同位置砂体富集程度的差异（图 7.29）。共轭走滑的增压段表现为相对高势区，成为物源供应的主要来源；共轭走滑的释压段表现为相对低势区，往往成为砂体汇聚的有利地带。该区共轭走滑断裂带交接处源汇条件优越，储层发育，最终建立了共轭走滑断裂带源汇体系发育模式，该模式得到了后期探井的证实，该构造探井钻遇厚层扇三角洲砂体，从而打破了“反向墙角”储层预测禁区，并推动了曹妃甸 6-4 油田的发现。

参考文献

白斌, 邹才能, 朱如凯, 等, 2010. 利用露头、自然伽玛、岩石地球化学和测井地震一体化综合厘定层序界面: 以四川盆地上三叠统须家河组为例[J]. 天然气地球科学, 21(1): 78-86.

白斌, 朱如凯, 吴松涛, 等, 2013. 利用多尺度CT成像表征致密砂岩微观孔喉结构[J]. 石油勘探与开发, 40(3): 329-333.

毕力刚, 李建平, 齐玉民, 等, 2009. 渤海青东凹陷垦利构造新生代微体古生物群特征及古环境分析[J]. 古生物学报, 48(2): 155-162.

蔡冬梅, 石文龙, 李慧勇, 等, 2013. 渤海湾盆地沙南凹陷西洼油气成藏规律及有利区带研究[J]. 化工管理, 8: 2-3.

蔡希源, 辛仁臣, 2004a. 松辽坳陷深水湖盆层序构成模式对岩性圈闭分布的控制[J]. 石油学报(5): 6-10.

蔡希源, 辛仁臣, 2004b. 湖平面相对升降对断陷湖盆充填过程影响的数值模拟[J]. 地球科学(中国地质大学学报)(5): 539-542.

操应长, 罗东明, 1996. 陆相断陷湖盆层序地层单元的划分及界面识别标志[J]. 中国石油大学学报(自然科学版), 20(4): 1-5.

操应长, 姜在兴, 夏斌, 2003. 幕式差异沉降运动对断陷湖盆中湖平面和水深变化的影响[J]. 石油实验地质, 25(4): 323-327.

操应长, 姜伟, 王艳忠, 等, 2016. 准噶尔盆地西缘车排子地区侏罗系储层特征及控制因素[J]. 石油实验地质, 38(5): 609-618.

操应长, 王思佳, 王艳忠, 等, 2017. 滑塌型深水重力流沉积特征及沉积模式: 以渤海湾盆地临南洼陷古近系沙三中亚段为例[J]. 古地理学报, 19(3): 419-432.

操应长, 徐琦松, 王健, 2018. 沉积盆地"源-汇"系统研究进展[J]. 地学前缘, 25(4): 116-131.

陈彬滔, 于兴河, 杨丽莎, 2011. 勘探评价早期阶段沉积微相研究方法探讨: 以东濮凹陷前梨园南地区为例[J]. 石油天然气学报, 33(8): 21-25.

陈发景, 贾庆素, 张洪年, 2004. 传递带及其在砂体发育中的作用[J]. 石油与天然气地质, 25(2): 144-148.

陈欢庆, 曹晨, 梁淑贤, 等, 2013. 储层孔隙结构研究进展[J]. 天然气地球科学, 24(2): 227-237.

陈丽祥, 李慧勇, 别旭伟, 等, 2015. 沙中构造带西段成藏主控因素及勘探潜力[J]. 石油地质与工程, 29(6): 22-25.

陈世悦, 2008. 矿物岩石学[M]. 东营: 中国石油大学出版社.

陈香朋, 韩国庆, 田建华, 等, 2008. 地震属性技术在郭局子洼陷沙二段岩性油藏描述中的应用[J]. 地球物理学进展, 23(3): 846-851.

陈鑫, 钟建华, 袁静, 等, 2009. 渤南洼陷深层碎屑岩储集层中的黏土矿物特征及油气意义[J]. 石油学报, 30(2): 201-207.

陈莹, 2006. 歧口凹陷古近系层序地层及构造对沉积的控制研究[D]. 北京: 中国地质大学(北京).

代黎明, 徐长贵, 王清斌, 等, 2017. 石臼坨凸起西部陡坡带古物源差异演化模式及其对储层的控制作用[J]. 中国海上油气, 29(4): 51-59.

戴俊生, 陆克正, 漆家福, 等, 1998. 渤海湾盆地早第三纪构造样式的演化[J]. 石油学报, 19(4): 133-136.

邓宏文, 1995. 美国层序地层研究中的新学派: 高分辨率层序地层学[J]. 石油与天然气地质, 16(2): 89-97.

邓宏文, 王洪亮, 李熙喆, 1996. 层序地层地层基准面的识别、对比技术及应用[J]. 石油与天然气地质, 17(3): 177-184.

邓宏文, 郭建宇, 王瑞菊, 等, 2008. 陆相断陷盆地的构造层序地层分析[J]. 地学前缘, 15(2): 1-7.

董春梅, 张宪国, 林承焰, 2006. 地震沉积学的概念、方法和技术[J]. 沉积学报, 24(5): 699-704.

董桂玉, 何幼斌, 2016. 陆相断陷盆地基准面调控下的古地貌要素耦合控砂机制[J]. 石油勘探与开发, 43(4): 529-539.

董桂玉, 邱旭明, 刘玉瑞, 等, 2013. 陆相复杂断陷盆地隐蔽油气藏砂体预测: 以苏北高邮凹陷为例[M]. 北京: 石油工业出版社.

董艳蕾, 朱筱敏, 曾洪流, 等, 2008a. 黄骅坳陷歧南凹陷古近系沙一层序地震沉积学研究[J]. 沉积学报, 26(2): 234-240.

董艳蕾, 朱筱敏, 曾洪流, 2008b. 歧南凹陷地震沉积学研究[J]. 中国石油大学学报(自然科学版), 32(4): 8-12.

杜晓峰, 庞小军, 王清斌, 等, 2017a. 石臼坨凸起东段围区沙一二段古物源恢复及其对储层的控制[J]. 地球科学, 42(11): 1897-1909.

杜晓峰, 加东辉, 王启明, 等, 2017b. 盆内局部物源体系及其油气勘探意义[J]. 中国海上油气, 29(4): 19-27.

杜晓峰, 王清斌, 庞小军, 等, 2018. 渤中凹陷石南陡坡带东三段源汇系统定量表征[J]. 岩性油气藏, 30(5): 1-10.

樊太亮, 李卫东, 1999. 层序地层应用于陆相油藏预测的成功实例[J]. 石油学报, 20(2): 12-17.

樊太亮, 吕延仓, 丁明华, 2000. 层序地层体制中的陆相储层发育规律[J]. 地学前缘(4): 315-321.

范兴燕, 张研, 唐衔, 等, 2015. 断陷湖盆地震相模式研究要点[J]. 石油地球物理勘探, 50(6): 1196-1206.

方世虎, 郭召杰, 吴朝东, 等, 2006. 准噶尔盆地南缘侏罗系碎屑成分特征及其对构造属性、盆山格局的指示意义[J]. 地质学报, 80(2): 196-209.

冯凯, 查朝阳, 钟德盈, 2006. 反演技术和频谱成像技术在储层预测中的综合应用[J]. 石油物探, 45(3): 262-266.

冯有良, 李思田, 2001. 东营凹陷沙三段层序低位域砂体沉积特征[J]. 地质论评, 47(3): 278-286.

冯有良, 徐秀生, 2006. 同沉积构造坡折带对岩性油气藏富集带的控制作用: 以渤海湾盆地古近系为例[J]. 石油勘探与开发, 33(1): 22-25, 31.

高抒, 2005. 美国《洋陆边缘科学计划 2004》述评[J]. 海洋地质与第四纪地质, 25(1): 119-123.

龚再升, 2004. 中国近海含油气盆地新构造运动与油气成藏[J]. 地球科学(中国地质大学学报), 29(5): 513-517.

顾家裕, 张兴阳, 2005. 中国西部陆内前陆盆地沉积特征与层序格架[J]. 沉积学报, 23(2): 187-193.

官大勇, 魏刚, 王粤川, 等, 2012. 渤海海域渤中地区中深层储层控制因素分析: 以石臼坨凸起东段陡坡带沙河街组为例[J]. 天然气勘探与开发, 35(2): 5-12.

郭少斌, 2006. 陆相断陷盆地层序地层模式[J]. 石油勘探与开发, 33(5): 548-552.

韩登林, 张昌民, 尹太举, 2010. 层序界面成岩反应规律及其对储层储集物性的影响[J]. 石油与天然气地质, 31(4): 449-454, 462.

韩涛, 徐绩芳, 王家敏, 2017. 扬子地块 A 盆地晚古生代古地磁分析[J]. 长江大学学报(自然科学版), 14(11): 4, 18-21.

韩喜, 高兴友, 车延信, 等, 2007. 利用地震属性沿层分析方法研究河流相沉积环境[J]. 石油地球物理勘探, 42(1): 120-124.

韩宗珠, 颜彬, 唐璐璐, 2008. 渤海及周边地区中新生代构造演化与火山活动[J]. 海洋湖沼通报, 2: 30-36.

衡勇, 2013. 川中安岳地区须二段储层评价及有利区预测[D]. 成都: 成都理工大学.

侯贵廷, 钱祥麟, 1998. 渤海湾盆地形成机制[J]. 北京大学学报, 34(4): 503-509.

侯贵廷, 钱祥麟, 蔡东升, 2001. 渤海湾盆地中、新生代构造演化研究[J]. 北京大学学报(自然科学版), 37(6): 845-851.

侯明才, 陈洪德, 田景春, 2001. 层序地层学的研究进展[J]. 沉积学报, 19(2): 249-255.

胡望水, 王家林, 1996. 松辽裂陷盆地伸展构造演化与油气[J]. 石油勘探与开发, 23(3): 30-33.

胡少华, 2004. 基于地震资料的构造一沉积综合分析法: 一种剥蚀厚度恢复新方法[J]. 石油地球物理勘探, 39(4): 479-481.

胡受权, 2001. 泌阳断陷双河-赵凹地区核三上段陆相层序形成过程的计算机模拟[J]. 河南地质(2): 101-109.

胡宗全, 朱筱敏, 2002. 具有地形坡折带的坳陷湖盆层序地层模拟[J]. 沉积学报(2): 217-221.

胡宗全, 李明娟, 2003. 准噶尔盆地西北缘侏罗系层序模拟与沉积相演化特征[J]. 石油与天然气地质(4): 351-355, 361.

黄捍东, 曹学虎, 罗群, 2011. 地震沉积学在生物礁滩预测中的应用: 以川东褶皱带建南-龙驹坝地区为例[J]. 石油学报, 32(4): 629-636.

黄雷, 周心怀, 王应斌, 等, 2013. 渤海西部海域新生代构造与演化及对油气聚集的控制[J]. 地质科学, 48(1): 275-290.

黄胜兵, 叶加仁, 朱红涛, 等, 2011. 渤中西环古沟谷与坡折带特征及其对储层的控制[J]. 海洋地质与第四纪地质, 31(1): 119-124.

纪友亮, 2009. 油气储层地质学[M]. 东营: 中国石油大学出版社.

纪友亮, 胡光明, 张善文, 等, 2004. 沉积层序界面研究中的矿物及地球化学方法[J]. 同济大学学报(自然科学版)(4): 455-460.

纪友亮, 安爱琴, 朱如凯, 2008. 陆相前陆盆地层序结构特征研究: 以准噶尔南缘晚期前陆盆地为例[J]. 石油与天然气地质, 29(2): 237-243.

纪友亮, 曹瑞成, 蒙启安, 等, 2009. 塔木察格盆地塔南凹陷下白垩统层序结构特征及控制因素分析[J]. 地质学报, 83(6): 827-835.

纪友亮, 李清山, 王勇, 等, 2012. 高邮凹陷古近系戴南组扇三角洲沉积体系及其沉积相模式[J]. 地球科学与环境学报, 34(1): 9-19.
江涛, 李慧勇, 李新琦, 等, 2015. 渤西沙垒田凸起走滑断裂背景下油气成藏特征[J]. 岩性油气藏, 27(5): 172-175.
姜在兴, 1996. 层序地层学原理及应用[M]. 北京: 石油工业出版社.
蒋炼, 曾驿, 文晓涛, 等, 2011. 基于地震相分析的砂体储层厚度描述[J]. 断块油气田, 18(3): 273-376.
蒋有录, 查明, 2006. 石油天然气地质与勘探[M]. 北京: 石油工业出版社.
焦养泉, 李珍, 周海民, 1998. 沉积盆地物质来源综合研究: 以南堡老第三纪亚断陷盆地为例[J]. 岩相古地理, 18(5): 16-20.
康仁东, 2009. 川中安岳地区须家河组二段沉积相及储层特征研究[D]. 成都: 成都理工大学.
赖锦, 王贵文, 柴毓, 等, 2014. 致密砂岩储层孔隙结构成因机理分析及定量评价[J]. 地质学报, 88(11): 2119-2130.
赖维成, 宋章强, 周心怀, 等, 2009. 地质-地震储层预测技术及其在渤海海域的应用[J]. 现代地质, 23(5): 933-939.
赖维成, 宋章强, 周心怀, 等, 2010. “动态物源”控砂模式[J]. 石油勘探与开发, 37(6): 763-768.
赖维成, 2012. 渤海海域第三系层序地层模式及地震储层预测技术[D]. 北京: 中国地质大学(北京).
兰朝利, 何顺利, 张君峰, 等, 2007. 苏里格气田储层“甜点”控制因素探讨[J]. 西安石油大学学报(自然科学版), 22(1): 45-48.
蓝先洪, 申顺喜, 2002. 南黄海中部沉积岩心的稀土元素地球化学特征[J]. 海洋通报(5): 46-53.
雷俊杰, 辛江, 贺志亮, 2018. 延长油田东北部延长组宏观天然裂缝古地磁定向分析[J]. 西北地质, 51(1): 272-276.
赖志云, 周维, 1994. 舌状三角洲和鸟足状三角洲形成及演变的沉积模拟实验[J]. 沉积学报(2): 37-44.
李斌, 2008. 地震沉积学在岩性圈闭中的应用: 以我国中东部岩性油气藏为例[J]. 古潜山(l): 9-15.
李德江, 朱筱敏, 董艳蕾, 等, 2007. 辽东湾坳陷古近系沙河街组层序地层分析[J]. 石油勘探与开发, 34(6): 669-676.
李德威, 2005. 地球系统动力学纲要[J]. 大地构造与成矿学, 29(3): 285-294.
李宏义, 姜振学, 董月霞, 等, 2010. 渤海湾盆地南堡凹陷断层对油气运聚的控制作用[J]. 现代地质, 24(4): 755-761.
李宏义, 吴克强, 刘芳丽, 等, 2011. 沙南凹陷构造演化的跷跷板效应与油气评价新认识[J]. 中国海上油气, 23(4): 226-229.
李欢, 杨香华, 朱红涛, 等, 2015. 渤中西环古近系东营组物源转换与沉积充填响应[J]. 沉积学报, 33(1): 36-48.
李建平, 周心怀, 刘士磊, 等, 2010. 渤海孔店组及其油气勘探意义[J]. 地层学杂志, 34(1): 89-96.
李理, 赵利, 刘海剑, 等, 2015. 渤海湾盆地晚中生代—新生代伸展和走滑构造及深部背景[J]. 地质科学, 50(2): 446-472.
李茂, 董桂玉, 漆智, 2015. 涠西南凹陷涠洲 10-3 油田及围区流三段沉积相研究[J]. 沉积学报, 33(2): 314-325.

李敏, 2012. 渤中凹陷西斜坡古近系东营组沉积物源体系研究[D]. 武汉: 中国地质大学(武汉).
李丕龙, 张善文, 宋国奇, 等, 2004. 断陷盆地隐蔽油气藏形成机制: 以渤海湾盆地济阳坳陷为例[J]. 石油实验地质, 26(1): 3-10.
李全, 林畅松, 2010. 地震沉积学方法在确定沉积相边界方面的应用[J]. 西南石油大学学报(自然科学版), 32(4): 51-55.
李珊, 2011. 姬塬地区长 6 储层综合评价及建产有利区预测[D]. 西安: 西北大学.
李顺利, 朱筱敏, 刘强虎, 等, 2017. 沙垒田凸起古近纪源汇系统中有利储层评价与预测[J]. 地球科学(中国地质大学学报), 42(11): 1994-2009.
李思田, 潘元林, 陆永潮, 等, 2002. 断陷湖盆隐蔽油藏预测及勘探的关键技术: 高精度地震探测基础上的层序地层学研究[J]. 地球科学, 27(5): 552-598.
李铁刚, 曹奇原, 李安春, 等, 2003. 从源到汇: 大陆边缘的沉积作用[J]. 地球科学进展, 18(5): 713-721.
李伟, 陈兴鹏, 吴智平, 等, 2016. 渤海海域辽中南洼压扭构造带成因演化及其控藏作用[J]. 高校地质学报, 22(3): 502-511.
李汶国, 张晓鹏, 钟玉梅, 2005. 长石砂岩次生溶孔的形成机理[J]. 石油与天然气地质, 26(2): 220-223.
李秀鹏, 曾洪流, 查明, 2008. 地震沉积学在识别三角洲沉积体系中的应用[J]. 成都理工大学学报(自然科学版), 35(6): 625-629.
李英奎, HARBOR J, 刘耕年, 等, 2005. 宇宙核素地学研究的理论基础与应用模型[J]. 水土保持研究(4): 139-145.
李勇, 曹叔尤, 周荣军, 等, 2005. 晚新生代岷江下蚀速率及其对青藏高原东缘山脉隆升机制和形成时限的定量约束[J]. 地质学报(1): 28-37.
李勇, DENSMORE A L, 周荣军, 等, 2006. 青藏高原东缘数字高程剖面及其对晚新生代河流下切深度和下切速率的约束[J]. 第四纪研究(2): 236-243.
李忠梅, 许明文, 齐丽萍, 等, 2014. 歧口凹陷南缘古近系油气成藏主控因素与油气分布规律[J]. 内蒙古石油化工, 10(2): 113-116.
廖然, 2013. 黄骅坳陷沧东凹陷孔二段成岩作用特征及定量评价[J]. 岩性油气藏, 25(3): 28-34.
林畅松, 2006. 沉积盆地的构造地层分析: 以中国构造活动盆地研究为例[J]. 现代地质, 20(2): 185-194.
林畅松, 2009. 沉积盆地的层序和沉积充填结构及过程响应[J]. 沉积学报, 27(5): 849-862.
林畅松, 李思田, 任建业, 1995. 断陷湖盆层序地层研究和计算机模拟: 以二连盆地乌里雅斯太断陷为例[J]. 地学前缘(3): 124-132.
林畅松, 潘元林, 肖建新, 等, 2000. “构造坡折带”: 断陷盆地层序分析和油气预测的重要概念[J]. 地球科学, 25(3): 260-265.
林畅松, 郑和荣, 任建业, 等, 2003. 渤海湾盆地东营、沾化凹陷早第三纪同沉积断裂作用对沉积充填的控制[J]. 中国科学: D 辑 地球科学, 33(11): 1025-1036.
林畅松, 刘景彦, 胡博, 2010. 构造活动盆地沉积层序形成过程模拟: 以断陷和前陆盆地为例[J]. 沉积学报, 28 (5): 865-874.
林畅松, 夏庆龙, 施和生, 等, 2015. 地貌演化、源-汇过程与盆地分析[J]. 地学前缘, 22(1): 9-20.
林承焰, 张宪国, 2006. 地震沉积学探讨[J]. 地球科学进展, 21(11): 1140-1144.

林承焰, 张宪国, 董春梅, 2007. 地震沉积学及其初步应用[J]. 石油学报, 28(2): 69-72.

林潼, 王东良, 王岚, 等, 2013. 准噶尔盆地南缘侏罗系齐古组物源特征及其对储层发育的影响[J]. 中国地质, 40(3): 909-918.

刘保国, 刘力辉, 2008. 实用地震沉积学在沉积相分析中的应用[J]. 石油物探(3): 267-271.

刘斌, 2000. 广西十万大山盆地流体包裹体特征及其在石油地质上的应用[J]. 石油实验地质, 22(4): 387-390.

刘国全, 刘子藏, 吴雪松, 等, 2012. 歧口凹陷斜坡区岩性油气藏勘探实践与认识[J]. 石油地质(3): 12-18.

刘海青, 许廷生, 李艳梅, 等, 2014. 南堡凹陷中深层岩性油气藏形成及分布[J]. 特种油气藏(5): 34-36.

刘豪, 王英民, 王媛, 等, 2004. 大型坳陷湖盆坡折带的研究及其意义: 以准噶尔盆地西北缘侏罗纪坳陷湖盆为例[J]. 沉积学报(1): 95-102.

刘洪林, 杨微, 王江, 等, 2009. 地层切片技术应用的局限性: 以海拉尔盆地贝尔凹陷砂体识别为例[J]. 石油地球物理勘探, 44(增刊 1): 125-129.

刘晖, 操应长, 徐涛玉, 等, 2007. 沉积坡折带控砂的模拟实验研究[J]. 山东科技大学学报(自然科学版), 26(1): 34-37.

刘杰, 操应长, 樊太亮, 等, 2014. 东营凹陷民丰地区沙三段中下亚段物源体系及其控储作用[J]. 中国地质, 41(4): 1399-1410.

刘丽芳, 吴克强, 林青, 等, 2015. 沙南西洼烃源岩研究认识与思考[J]. 科学技术与工程, 15(20): 225-233.

刘孟慧, 赵澄林, 1993. 碎屑岩储层成岩演化模式[M]. 东营: 石油大学出版社.

刘强虎, 朱红涛, 李敏, 等, 2011. 基于层序地层模拟的湖岸线迁移对层序定量识别的指示: 以鄂尔多斯盆地山 2 段为例[J]. 地质科技情报, 30(5): 12-18.

刘强虎, 朱红涛, 杨香华, 等, 2013. 珠江口盆地恩平凹陷古近系文昌组地震层序地层单元定量识别[J]. 中南大学学报(自然科学版), 44(3): 1076-1082.

刘强虎, 朱红涛, 舒誉, 等, 2015. 珠江口盆地恩平凹陷古近系恩平组物源体系及其对滩坝的控制[J]. 石油学报, 36(3): 286-299.

刘强虎, 朱筱敏, 李顺利, 等, 2016. 沙垒田凸起前古近系基岩分布及源-汇过程[J]. 地球科学, 41(11): 1935-1949.

刘强虎, 朱筱敏, 李顺利, 等, 2017. 沙垒田凸起西部断裂陡坡型源-汇系统[J]. 地球科学, 42(11): 1883-1896.

刘锐娥, 肖红平, 范立勇, 等, 2013. 鄂尔多斯盆地二叠系“洪水成因型”辫状河三角洲沉积模式[J]. 石油学报, 34(增刊 1): 120-127.

刘长利, 朱筱敏, 2011. 地震沉积学在识别陆相湖泊浊积砂体中的应用[J]. 吉林大学学报(地球科学版), 41(3): 657-664.

刘震, 张万选, 张厚福, 1991. 储层厚度定量解释方法研究[J]. 石油地球物理勘探, 26(6): 777-784.

刘志刚, 周心怀, 李建平, 等, 2011. 渤海海域石臼坨凸起东段 36-3 构造古近系沙二段储集层特征及控制因素[J]. 石油与天然气地质, 32(54): 832-837.

刘忠保, 赖志云, 汪崎生, 1995. 湖泊三角洲砂体形成及演变的水槽实验初步研究[J]. 石油实验地质(1): 34-41.

刘忠保, 施冬, 谢锐杰, 2000. 三角洲分流河道形成及演变模拟研究[J]. 矿物岩石(3): 53-58.

刘忠保, 龚文平, 张春生, 等, 2006. 沉积物重力流砂体形成及分布的沉积模拟试验研究[J]. 石油天然气学报, 28(3): 20-22.

刘忠保, 张春生, 龚文平, 等, 2008. 牵引流砂质载荷沿陡坡滑动形成砂质碎屑流沉积模拟研究[J]. 石油天然气学报, 30(6): 30-38.

刘忠保, 罗顺社, 何幼斌, 等, 2011. 缓坡辫状河三角洲沉积模拟实验研究[J]. 水利与建筑工程学报, 9(6): 9-14.

柳广弟, 2009. 石油地质学[M]. 北京: 石油工业出版社.

陆光辉, 吴官生, 朱玉波, 2003. 地震属性信息预测储层厚度[J]. 河南石油, 17(2): 10-12.

陆克政, 戴俊生, 1997. 冀辽裂陷谷中上元古界构造特征及演化[J]. 石油大学学报(自然科学版), 13(2): 1-12.

罗静兰, 魏新善, 姚泾利, 等, 2010. 物源与沉积相对鄂尔多斯盆地北部上古生界天然气优质储层的控制[J]. 地质通报, 29(5): 811-820.

吕丁友, 杨明慧, 周心怀, 等, 2009. 辽东湾坳陷辽西低凸起潜山构造特征与油气聚集[J]. 石油与天然气地质, 30(4): 490-496.

吕琳, 焦养泉, 吴立群, 等, 2012. 渤海湾盆地歧口凹陷古近系沙一段物源-沉积体系重建[J]. 沉积学报, 30(4): 629-638.

吕明才, 张立强, 史文东, 等, 2004. 东营凹陷南斜坡孔店组冲积体系碎屑岩储层特征及评价[J]. 西安石油大学学报, 19(6): 5-9.

吕明久, 马义忠, 曾兴, 等, 2010. 泌阳凹陷深凹区岩性发育规律[J]. 特种油气藏, 17(5): 26-30.

马东旭, 许勇, 吕剑文, 等, 2016. 鄂尔多斯盆地临兴地区下石盒子组物源特征及其与储层关系[J]. 天然气地球科学, 27(7): 1215-1224.

孟鹏, 刘立, 孙晓明, 等, 2005. 微体古生物层序地层学相结合方法在地层划分中的应用: 以大港滩海埕北断阶带关家堡地区古近系为例[J]. 微体古生物学报, 22(4): 417- 424.

孟元林, 肖丽华, 王建国, 1996. 黏土矿物转化的化学动力学模型及其应用[J]. 沉积学报, 14(2): 110-116.

倪军娥, 孙立春, 古莉, 等, 2013. 渤海海域石臼坨凸起Q油田沙二段储层沉积模式[J]. 石油与天然气地质, 34(4): 491-498.

牛聪, 张益明, 2008. 频谱成像技术在储层厚度预测中的应用[J]. 石油物探, 47(5): 494-498.

潘荣, 朱筱敏, 张剑锋, 等, 2015a. 克拉苏冲断带深层碎屑岩有效储层物性下限及控制因素[J]. 吉林大学学报(地球科学版), 45(4): 1011-1020.

潘荣, 朱筱敏, 张明军, 等, 2015b. 成岩作用对洪浩尔舒特凹陷白垩纪储层质量的影响[J]. 高校地质学报, 21(4): 634-641.

潘文静, 王清斌, 刘士磊, 等, 2017. 渤海海域石臼坨地区古近系沙河街组湖相生屑白云岩成因[J]. 古地理学报, 19(5): 835-848.

庞小军, 王清斌, 杜晓峰, 等, 2016. 渤中凹陷西北缘古近系物源演化及其对储层的影响[J]. 大庆石油地质与开发, 35(5): 34-41.

庞小军, 杜晓峰, 马正武, 等, 2017. 石臼坨凸起东段沙一、二段沉积时期物源剥蚀量与砂砾岩沉积量关系[J]. 中国海上油气, 29(4): 68-75.

庞小军, 王清斌, 万琳, 等, 2018. 沙南凹陷东北缘东三段储层差异及其成因[J]. 中国矿业大学学报, 47(3): 615-630.

庞雄, 彭大钧, 陈长民, 等, 2007. 三级"源-渠-汇"耦合研究珠江深水扇系统[J]. 地质学报, 81(6): 857-864.

彭文绪, 张如才, 樊建华, 等, 2011. 渤海海域西部凸起区大型雁列断层特征[J]. 石油地球物理勘探, 46(5): 795-801.

彭文绪, 张志强, 姜利群, 等, 2012. 渤海西部沙垒田凸起及围区走滑断层演化及其对油气的控制作用[J]. 石油学报, 33(2): 204-212.

漆家福, 2007. 裂陷盆地中的构造变换带及其石油地质意义[J]. 海相油气地质, 12(4): 43-50.

漆家福, 张一伟, 陆克政, 等, 1995. 渤海湾新生代裂陷盆地的伸展模式及其动力学过程[J]. 石油实验地质, 17(4): 316-323.

漆家福, 邓荣敬, 周心怀, 等, 2008. 渤海海域新生代盆地中的郯庐断裂带构造[J]. 中国科学: D辑 地球科学, 38(增刊 I): 18-29.

漆家福, 周心怀, 王谦身, 2011. 渤海海域中郯庐深断裂带的结构模型及新生代运动学[J]. 中国地质, 37(5): 1231-2142.

钱荣钧, 2007. 对地震切片解释中一些问题的分析[J]. 石油地球物理勘探, 42(4): 482-487.

钱峥, 李淳, 李跃, 等, 1996. 济阳坳陷深层砂岩储层成岩作用及其阶段划分[J]. 石油大学学报(自然科学版), 20(2): 6-11.

任建业, 陆水潮, 张青林, 2004. 断陷盆地构造坡折带形成机制及其对层序发育样式的控制[J]. 地球科学, 29(5): 596-603.

阮同军, 1996. 硅质碎屑岩沉积层序三维计算机模拟系统[J]. 计算机应用研究(6): 47-49.

施继锡, 李本超, 傅家谟, 等, 1987. 有机包裹体及其与油气的关系[J]. 中国科学: D辑 地球科学, 17(3): 318-326.

石文龙, 赖维成, 魏刚, 等, 2012. 渤海428构造围斜坡区构造-岩性油气藏成藏规律与勘探潜力分析[J]. 中国石油勘探, 5(2): 22-26.

石文龙, 张志强, 彭文绪, 等, 2013. 渤海西部沙垒田凸起东段构造演化特征与油气成藏[J]. 石油与天然气地质, 34(2): 242-247.

时丕同, 高喜龙, 杨鹏飞, 等, 2009. 渤海湾埕北低凸起东斜坡东营组储层特征及控制因素[J]. 沉积与特提斯地质, 29(3): 47-55.

史卜庆, 罗平, 2002. 渤海湾盆地古潜山岩溶储层控制因素与展布模式探讨[C]//中国地质学会. 2002低渗透油气储层研讨会论文摘要集. 北京: 中国地质学会: 40-44.

史卜庆, 田在艺, 周瑶琪, 等, 2003. 伸展盆地地表热流值的模拟计算: 以渤海湾盆地济阳坳陷为例[J]. 地质论评(1): 101-106.

宋章强, 杜晓峰, 王启明, 等, 2017. 辽西低凸起北段源-汇系统精细描述与油气勘探实践[J]. 地球科学

(中国地质大学学报), 42(11): 2069-2080.

单敬福, 葛黛薇, 乐江华, 等, 2013. 松辽盆地东南缘层序地层与沉积体系配置及演化: 以梨树断陷西北部营城组地层为例[J]. 沉积学报, 31(1): 67-76.

苏燕, 杨愈, 白振华, 等, 2008. 密井网区井震结合进行沉积微相研究及储层预测方法探讨[J]. 地学前缘, 15(1): 110-116.

孙明亮, 柳广弟, 董月霞, 等, 2010. 南堡凹陷异常压力分布与油气聚集[J]. 现代地质, 24(6): 1126-1131.

孙樯, 谢鸿森, 郭捷, 等, 2000. 含油气沉积盆地流体包裹体及应用[J]. 长春科技大学学报, 30(1): 42-45.

孙玉梅, 李友川, 龚再升, 等, 2009. 渤海湾盆地渤中坳陷油气晚期成藏的流体包裹体证据[J]. 矿物岩石地球化学学报, 28(1): 24-33.

孙玉善, 申银民, 徐迅, 等, 2002. 应用成岩岩相分析法评价和预测非均质性储层及其含油性: 以塔里木盆地哈得逊地区为例[J]. 沉积学报, 20(1): 55-60.

谭先锋, 田景春, 李祖兵, 等, 2010a. 碱性沉积环境下碎屑岩的成岩演化[J]. 地质通报, 20(4): 6-14.

谭先锋, 田景春, 林小兵, 等, 2010b. 陆相断陷盆地深部碎屑岩成岩演化及控制因素: 以东营断陷盆地古近系孔店组为例[J]. 现代地质, 24(5): 934-944.

汤良杰, 万桂梅, 周心怀, 等, 2008. 渤海盆地新生代构造演化特征[J]. 高校地质学报, 14(2): 191-198.

汤良杰, 陈绪云, 周心怀, 等, 2011. 渤海海域郯庐断裂带构造解析[J]. 西南石油大学学报(自然科学版), 33(1): 170-176.

唐祥华, 1993. 渤海湾盆地沙河街组钙质超微化石古生态及沉积环境[J]. 海洋地质与第四纪地质, 13(1): 41-45.

田立新, 周东红, 2017. 渤海油田新生界火山岩发育区地震勘探技术[M]. 北京: 石油工业出版社.

田立新, 徐长贵, 江尚昆, 2011. 辽东湾地区锦州 25-1 大型轻质油气田成藏条件与成藏过程[J]. 中国石油大学学报(自然科学版), 35(4): 47-52, 58.

田在艺, 史卜庆, 2002. 中国中新生界沉积盆地与油气成藏[J]. 大地构造与成矿学, 26(1): 1-5.

田云涛, 袁玉松, 胡圣标, 等, 2017. 低温热年代学在沉积盆地研究中的应用: 以四川盆地北部为例[J]. 地学前缘, 24(3): 105-115.

童亨茂, 宓荣三, 于天才, 等, 2008. 渤海湾盆地辽河西部凹陷的走滑构造作用[J]. 地质学报, 82(8): 1017-1026.

万琳, 王清斌, 赵国祥, 等, 2018. 扇三角洲不同粒级砂岩储层微观孔隙结构定量表征: 以石臼坨凸起陡坡带东三段为例[J]. 地质科技情报, 37(5): 90-99.

汪品先, 2014. 对地球系统科学的理解与误解: 献给第三届地球系统科学大会[J]. 地球科学进展, 29(11): 1277-1279.

王策, 梁新权, 周云, 等, 2015. 莺歌海盆地东侧物源年龄标志的建立: 来自琼西 6 条主要河流碎屑锆石 LA-ICP-MS U-Pb 年龄的研究[J]. 地学前缘, 22(4): 277-289.

王从镇, 龚洪林, 许多年, 等, 2008. 高分辨率相干体分析技术及其应用[J]. 地球物理学进展, 23(5): 1575-1578.

王德英, 于海波, 王军, 等, 2015. 秦南凹陷地层岩性油气藏勘探关键技术及其应用成效[J]. 中国海上油气, 27(3): 16-24.

王冠民, 张婕, 王清斌, 等, 2018. 渤海湾盆地秦南凹陷东南缘中深层砂砾岩优质储层发育的控制因素[J]. 石油与天然气地质, 39(2): 330-339.

王桂芝, 袁淑琴, 肖莉, 等, 2006. 埕北断阶区油源条件及油气运聚分析[J]. 石油天然气学报(江汉石油学院院报), 28(4): 200-202.

王洪亮, 邓宏文, 2000. 渤海湾盆地第三系层序地层特征与大中型气田分布[J]. 中国海上油气(地质), 14(2): 100-117.

王鸿祯, 史晓颖, 1998. 沉积层序及海平面旋回的分类级别[J]. 现代地质, 12(1): 1-16.

王华, 白云风, 黄传炎, 等, 2009. 歧口凹陷古近纪东营期古物源体系重建与应用[J]. 地球科学(中国地质大学学报), 34(3): 448-456.

王军, 周东红, 张中巧, 等, 2010. 低位楔形三角洲砂体岩性尖灭线地震响应特征探索[J]. 石油地质与工程, 24(5): 33-36, 142.

王军, 张中巧, 滕玉波, 等, 2011. 基于地震瞬时谱分析的三角洲砂体尖灭线识别技术[J]. 断块油气田, 18(5): 585-588.

王俊辉, 姜在兴, 张元福, 等, 2013. 三角洲沉积的物理模拟[J]. 石油与天然气, 34(6): 758-764.

王开燕, 周妍, 陈彦奇, 等, 2014. 基于谱分解和地震多属性储层厚度的预测[J]. 地球物理学进展, 29(3): 1271-1276.

王敏芳, 焦养泉, 杨琴, 等, 2006. 鄂尔多斯盆地东北部延安组铀异常与沉积体系的关系[J]. 现代地质(2): 307-314.

王琪, 马东旭, 余芳, 等, 2017. 鄂尔多斯盆地临兴地区下石盒子组不同粒级砂岩成岩演化及孔隙定量研究[J]. 沉积学报, 35(1): 163-172.

王千军, 时保宏, 2017. 四川盆地中新生代未发生旋转的古地磁证据[J]. 大庆石油地质与开发, 36(3): 141-147.

王青春, 鲍志东, 贺萍, 2010. 辽河坳陷西部凹陷北区湖盆深陷期层序地层响应[J]. 石油勘探与开发, 37(1): 11-20.

王启明, 黄晓波, 宛良伟, 等, 2017. 石臼坨凸起东倾末端沙一、二段汇聚体系特征及砂体展布规律[J]. 中国海上油气, 29(4): 60-67.

王维, 叶加仁, 杨香华, 等, 2015. 珠江口盆地惠州凹陷古近纪多幕裂陷旋回的沉积物源响应[J]. 地球科学(中国地质大学学报), 40(6): 1061-1071.

王夕宾, 郝延征, 姚军, 等, 2016. 东营凹陷沙一段薄层湖相碳酸盐成岩研究[J]. 中国石油大学学报(自然科学版), 40(1): 27-34.

王艳, 2011. 沾化、车镇凹陷盆地结构特征探究[D]. 青岛: 中国石油大学(华东).

王英民, 2007. 对层序地层学工业化应用中层序分级混乱问题的探讨[J]. 岩性油气藏(1): 9-15.

王英民, 刘豪, 李立诚, 等, 2002. 准噶尔大型坳陷湖盆坡折带的类型和分布特征[J]. 地球科学(中国地质大学学报)(6): 683-688.

王英民, 金武弟, 刘书会, 等, 2003. 断陷湖盆多级坡折带的成因类型、展布及其勘探意义[J]. 石油与天然气地质(3): 199-203, 214.

王颖, 王晓州, 王英民, 等, 2010. 沉积物理模拟实验在确定重力流临界坡度中的应用[J]. 成都理工大学学报(自然科学版), 37(4): 463-468.
王应斌, 黄雷, 2013. 渤海海域营潍断裂带展布特征及新生代控盆模式[J]. 地质学报, 87(12): 1811-1818.
王永利, 加东辉, 李建平, 等, 2011. 辽西低凸起锦州地区古近系沙河街组三段砂体分布特征及物源分析[J]. 古地理学报, 13(2): 185-192.
魏山力, 2016. 基于地震资料的陆相湖盆“源-渠-汇”沉积体系分析: 以珠江口盆地开平凹陷文昌组长轴沉积体系为例[J]. 断块油气田, 23(4): 414-418.
魏祥峰, 张廷山, 黄静, 等, 2011. 苏北盆地白驹凹陷古近系层序地层特征及充填演化模式[J]. 地球学报, 32(4): 427-437.
魏志平, 2009. 谱分解调谐体技术在薄储层定量预测中的应用[J]. 石油地球物理勘探, 44(3): 253-254, 337-340, 386.
文沾, 刘忠保, 何幼斌, 等, 2012. 黄骅坳陷歧口凹陷古近系沙三^{2}亚段辫状河三角洲沉积模拟实验研究[J]. 古地理学报, 14(4): 487-498.
吴崇筠, 薛书浩, 1992. 中国含油气盆地沉积学[M]. 北京: 石油工业出版社.
吴富强, 刘家铎, 胡雪, 等, 2001. 经典层序地层学与高分辨率层序地层学[J]. 中国海上油气(地质), 15(3): 220-226.
吴胜和, 2011. 油矿地质学[M]. 北京: 石油工业出版社.
吴伟, 林畅松, 周心怀, 等, 2012. 辽东湾古近纪东营期古气候演化及其对湖平面变化的影响[J]. 中国石油大学学报(自然科学版), 36(1): 33-39, 46.
吴因业, 顾家裕, 施和生, 等, 2008. 从层序地层学到地震沉积学: 全国第5届油气层序地层学大会综述[J]. 石油实验地质, 30(3): 217-220.
吴智平, 侯旭波, 李伟, 2007. 华北东部地区中生代盆地格局及演化过程探讨[J]. 大地构造与成矿学, 31(4): 385-399.
吴智平, 薛雁, 颜世永, 等, 2013. 渤海海域渤东地区断裂体系与盆地结构[J]. 高校地质学报, 19(3): 463-471.
吴智平, 张婧, 任健, 等, 2016. 辽东湾坳陷东部地区走滑双重构造的发育特征及其石油地质意义[J]. 地质学报, 23(5): 848-856.
夏庆龙, 田立新, 周心怀, 2012a. 渤海海域构造形成演化与变形机制[M]. 北京: 石油工业出版社.
夏庆龙, 周心怀, 李建平, 等, 2012b. 渤海海域古近系层序沉积演化及储层分布规律[M]. 北京: 石油工业出版社.
夏庆龙, 周心怀, 薛永安, 等, 2012c. 渤海海域油气藏形成分布于资源潜力[M]. 北京: 石油工业出版社.
夏庆龙, 徐国盛, 周心怀, 等, 2016. 渤海海域中生界花岗岩古潜山成山成储与成藏[M]. 北京: 科学出版社.
肖军, 王华, 陆永潮, 等, 2003. 琼东南盆地构造坡折带特征及其对沉积的控制作用[J]. 海洋地质与第四纪地质(3): 55-63.
解习农, 李思田, 1993. 陆相盆地层序地层研究特点[J]. 地质科技情报(1): 22-26.
解习农, 任建业, 焦养泉, 等, 1996. 断陷盆地构造作用与层序样式[J]. 地质论评, 42(3): 239-244.
解习农, 任建业, 雷超, 2012. 盆地动力学研究综述及展望[J]. 地质科技情报, 31(5): 76-84.

解习农, 林畅松, 李忠, 等, 2017. 中国盆地动力学研究现状及展望[J]. 沉积学报, 35(5): 877-887.

谢静, 吴福元, 丁仲礼, 2007. 浑善达克沙地的碎屑锆石U-Pb年龄和Hf同位素组成及其源区意义[J]. 岩石学报, 23(2): 523-528.

谢武仁, 2006. 渤中凹陷古近系成岩序列与优质储层研究[D]. 北京: 中国地质大学(北京).

谢武仁, 邓宏文, 王洪亮, 等, 2008. 渤中凹陷古近系储层特征及其控制因素[J]. 沉积与特提斯地质, 28(3): 101-107.

谢向阳, 罗毓辉, 2001. 歧南断阶带断裂体系与油气分布[J]. 西安石油学院学报(自然科学版), 16(5): 27-31.

徐长贵, 2006. 渤海古近系坡折带成因类型及其对沉积体系的控制作用[J]. 中国海上油气, 18(6): 365-371.

徐长贵, 2007. 渤海海域低勘探程度区古近系岩性圈闭预测[D]. 北京: 中国地质大学(北京).

徐长贵, 2013. 陆相断陷盆地源-汇时空耦合控砂原理: 基本思想、概念体系及控砂模式[J]. 中国海上油气, 25(4): 1-11, 21.

徐长贵, 2016. 渤海走滑转换带及其对大中型油气田形成的控制作用[J]. 地球科学(中国地质大学学报), 41(9): 1548-1560.

徐长贵, 赖维成, 薛永安, 等, 2004. 古地貌分析在渤海古近系储集层预测中的应用[J]. 石油勘探与开发, 31(5): 53-56.

徐长贵, 许效松, 丘东洲, 等, 2005. 辽东湾地区辽西凹陷中南部古近系构造格架与层序地层格架及古地理分析[J]. 古地理学报, 7(4): 449-459.

徐长贵, 于水, 林畅松, 等, 2008. 渤海海域古近系湖盆边缘构造样式及其对沉积层序的控制作用[J]. 古地理学报, 10(6): 627-635.

徐长贵, 周心怀, 杨波, 等, 2009. 渤中凹陷石南陡坡带构造-岩性复合圈闭的形成及分布规律[J]. 现代地质, 23(5): 887-893.

徐长贵, 彭靖淞, 柳永军, 等, 2016a. 辽中凹陷北部新构造运动及其石油地质意义[J]. 中国海上油气, 28(3): 20-30.

徐长贵, 王冰洁, 王飞龙, 等, 2016b. 辽东湾坳陷新近系特稠油成藏模式与成藏过程: 以旅大 5-2 北油田为例[J]. 石油学报, 37(5): 599-609.

徐长贵, 加东辉, 宛良伟, 2017a. 渤海走滑断裂对古近系源-汇体系的控制作用[J]. 地球科学(中国地质大学学报), 42(11): 1871-1882.

徐长贵, 杜晓峰, 徐伟, 等, 2017b. 沉积盆地"源-汇"系统研究新进展[J]. 石油与天然气地质, 38(1): 1-11.

徐伟, 黄晓波, 刘睿, 等, 2017. 辽东凹陷南洼斜坡型源-汇系统发育特征及控砂作用[J]. 中国海上油气, 29(4): 76-84.

徐兆辉, 胡素云, 汪泽成, 等, 2011. 古气候恢复及其对沉积的控制作用: 以四川盆地上三叠统须家河组为例[J]. 沉积学报, 29(2): 235-244.

许建华, 候中昊, 王金友, 等, 2003. 羌塘盆地流体包裹体特征及其在储层成岩研究中的应用[J]. 石油实验地质, 25(1): 81-86.

薛永安, 柴永波, 周园园, 2015. 近期渤海海域油气勘探的新突破[J]. 中国海上油气, 27(1): 1-9.
鄢继华, 陈世悦, 宋国奇, 等, 2004. 三角洲前缘滑塌浊积岩形成过程初探[J]. 沉积学报, 22(4): 573-578.
鄢继华, 陈世悦, 姜在兴, 2008. 三角洲前缘浊积体成因及分布规律研究[J]. 石油实验地质, 30(1): 16-25.
鄢继华, 陈世悦, 程立华, 等, 2009. 湖平面变化对扇三角洲发育影响的模拟试验[J]. 中国石油大学学报(自然科学版), 33(6): 1-10.
颜照坤, 李勇, 董顺利, 等, 2010. 龙门山前陆盆地晚三叠世沉积通量与造山带的隆升和剥蚀[J]. 沉积学报, 28(1): 91-101.
颜照坤, 李勇, 李海兵, 等, 2013. 晚三叠世以来龙门山的隆升—剥蚀过程研究: 来自前陆盆地沉积通量的证据[J]. 地质论评, 59(4): 665-676.
杨宝林, 叶加仁, 王子嵩, 等, 2014. 辽东湾断陷油气成藏模式及主控因素[J]. 地球科学(中国地质大学学报), 39(10): 1398-1406.
杨海乐, 陈家宽, 2014. "流域"及其相关术语的梳理与厘定[J]. 中国科技术语(2): 38-42.
杨明慧, 刘池阳, 2002. 陆相伸展盆地的层序类型、结构和序列与充填模式: 以冀中坳陷下第三系为例[J]. 沉积学报, 20(2): 222-228.
杨守业, 李从先, 1999. 长江与黄河沉积物 REE 地球化学及示踪作用[J]. 地球化学(4): 3-5.
杨守业, 李从先, LEE C B, 等, 2003. 黄海周边河流的稀土元素地球化学及沉积物物源示踪[J]. 科学通报(11): 1233-1236.
姚卫华, 张树林, 马立祥, 2008. 微体古生物在层序地层划分中的应用: 以渤中坳陷为例[J]. 新疆石油天然气, 4(2): 10-14.
叶加仁, 陆明德, 张志才, 1995. 鄂尔多斯盆地下古生界地层地史模拟与油气聚集[J]. 地球科学(中国地质大学学报)(3): 342-348.
尹兵祥, 王尚旭, 杨国权, 等, 2004. 渤海湾盆地东营-惠民凹陷古近系孔店组孔二段地震相与沉积相[J]. 古地理学报, 6(1): 50-56.
应凤祥, 罗平, 何东博, 等, 2004. 碎屑岩储集层成岩作用与成岩数值模拟[M]. 北京: 石油工业出版社: 32-105.
于炳松, 1996. 碳酸盐岩层序形成的计算机模拟[J]. 沉积学报(S1): 18-24.
于喜通, 韦阿娟, 黄雷, 等, 2015. 渤海海域沙东南构造带东二下亚段物源状况分析[J]. 石油地质与工程, 29(5): 1-4.
于兴河, 李胜利, 2009. 碎屑岩系油气储层沉积学的发展历程与热点问题思考[J]. 沉积学报, 27(5): 880-895.
于兴河, 姜辉, 李胜利, 等, 2007. 中国东部中、新生代陆相断陷盆地沉积充填模式及其控制因素: 以济阳坳陷东营凹陷为例[J]. 岩性油气藏, 19(1): 39-45.
于兴河, 李胜利, 赵舒, 等, 2008. 河流相油气储层的井震结合相控随机建模约束方法[J]. 地学前缘(4): 33-41.
余宏忠, 2014. 渤中凹陷西斜坡碎屑锆石特征及物源定量示踪[J]. 特种油气藏, 21(6): 42-46.
余一欣, 周心怀, 徐长贵, 等, 2011. 渤海海域新生代断裂发育特征及形成机制[J]. 石油与天然气地质,

32(2): 273-279.

余一欣, 周心怀, 徐长贵, 等, 2014. 渤海辽东湾坳陷走滑断裂差异变形特征[J]. 石油与天然气地质, 35(5): 632-638.

余一欣, 周心怀, 徐长贵, 等, 2017. 渤海海域郯庐断裂带差异构造变形与油气聚集[J]. 地质论评, 63(增刊): 81-82.

余一欣, 周心怀, 徐长贵, 等, 2018. 渤海海域断裂相互作用及其油气地质意义[J]. 石油与天然气地质, 39(1): 11-19.

袁静, 李欣尧, 李际, 等, 2017. 库车坳陷迪那2气田古近系砂岩储层孔隙构造-成岩演化[J]. 地质学报, 91(9): 2065-2078.

袁淑琴, 丁新林, 苏俊青, 等, 2004. 大港油田滩海区埕北断阶带油气成藏条件研究[J]. 石油天然气学报(江汉石油学院院报), 26(9): 8-10.

苑书金, 2007. 地震相干体技术研究综述[J]. 勘探地球物理进展, 3(1): 7-15.

曾洪流, 2011a. 地震沉积学[M]. 朱筱敏, 曾洪流, 董艳蕾, 译. 北京: 石油工业出版社.

曾洪流, 2011b. 地震沉积学在中国展望[J]. 沉积学报, 29(3): 61-70.

曾洪流, 朱筱敏, 朱如凯, 等, 2012. 陆相坳陷型盆地地震沉积学研究规范[J]. 石油勘探与开发, 39(3): 275-284.

曾智伟, 杨香华, 舒誉, 等, 2015. 恩平凹陷古近系文昌组构造古地貌特征及砂体展布规律-少井条件下储集砂体预测与评价[J]. 现代地质, 29(4): 804-815.

查明, 李秀鹏, 曾洪流, 等, 2010. 准噶尔盆地乌夏地区中下三叠统地震沉积学研究[J]. 中国石油大学学报(自然科学版), 34(6): 8-12.

张波兴, 2017. 藏南江孜、康马地区晚中生代地层的古地磁结果及构造意义[D]. 南京: 南京大学.

张春生, 刘忠保, 施冬, 等, 2000. 扇三角洲形成过程及演变规律[J]. 沉积学报, 18(4): 521-527.

张东东, 2008. 岐口地区构造演化特征和始新世末构造事件[D]. 西安: 西北大学.

张功成, 2000. 渤海海域构造格局与富生烃凹陷分布[J]. 中国海上油气(地质), 14(2): 76-80.

张关龙, 陈世悦, 鄢继华, 等, 2006. 三角洲前缘滑塌浊积体形成过程模拟[J]. 沉积学报, 24(1): 50-55.

张建林, 林畅松, 郑和荣, 2002. 断陷湖盆断裂、古地貌及物源对沉积体系的控制作用[J]. 油气地质与采收率, 9(4): 25-27.

张立勤, 付立新, 王濮, 等, 2005. 一种古构造恢复方法探讨: 以乌马营构造为例[J]. 矿物岩石(2): 93-98.

张美华, 2014. 三角洲在坳陷盆地沉积中所占比例研究[J]. 沉积与特提斯地质, 34(3): 44-51.

张沛, 周祖翼, 2008. 碎屑矿物热年代学研究进展[J]. 地球科学进展(11): 1130-1140.

张善文, 2006. 济阳拗陷第三系隐蔽油气藏勘探理论与实践[J]. 石油与天然气地质, 27(6): 731-740.

张善文, 王英民, 李群, 2003. 应用坡折带理论寻找隐蔽油气藏[J]. 石油勘探与开发, 30(3): 5-7.

张世奇, 纪友亮, 1996. 陆相断陷湖盆层序地层学模式探讨[J]. 石油勘探与开发, 23(5): 20-23.

张世奇, 纪友亮, 1998. 东营凹陷早第三纪古气候变化对层序发育的控制[J]. 石油大学学报(自然科学版)(6): 29-33.

张顺存, 蒋欢, 张磊, 等, 2014. 准噶尔盆地玛北地区三叠系百口泉组优质储层成因分析[J]. 沉积学报,

32(6): 1171-1180.
张涛, 林承焰, 张宪国, 等, 2012. 开发尺度的曲流河储层内部结构地震沉积学解释方法[J]. 地学前缘, 19(2): 74-80.
张万选, 张厚福, 曾洪流, 1988. 陆相断陷盆地区域地震地层学研究[J]. 北京: 石油大学出版社.
张文才, 李贺, 李会君, 等, 2008. 南堡凹陷高柳地区深层次生孔隙成因及分布特征[J]. 石油勘探与开发(3): 308-312.
张文达, 朱盘良, 梁舒, 1994. 砂岩压汞毛细管压力曲线评价储层的新参数及地质意义[J]. 石油实验地质(4): 384-388.
张宪国, 林承焰, 张涛, 等, 2011. 大港滩海地区地震沉积学研究[J]. 石油勘探与开发, 38(1): 40-46.
张孝珍, 2009. 砂砾岩储层测井评价方法研究[D]. 东营: 中国石油大学(华东).
张学伟, 2006. 渤海海域歧口凹陷古近系沙河街组层序地层研究与有利储集相带预测[D]. 北京: 中国地质大学(北京).
张宇焜, 胡晓庆, 牛涛, 等, 2015. 古地貌对渤海石臼坨凸起古近系沉积体系的控制作用[J]. 吉林大学学报(自然科学版), 45(6): 1589-1596.
张云慧, 刘福平, 金芳红, 2001. 沙垒田、庙西凸起前第三纪地层研究[J]. 中国海上油气(地质), 15(6): 381-387.
赵梦, 邵磊, 乔培军, 2015. 珠江沉积物碎屑锆石U-Pb年龄特征及其物源示踪意义[J]. 同济大学学报(自然科学版), 43(6): 915-923.
赵梦, 徐长贵, 杜晓峰, 等, 2017. 石臼坨凸起西南陡坡带扇三角洲锆石定年与源汇示踪[J]. 地球科学(中国地质大学学报), 42(11): 1984-1993.
赵红格, 刘池洋, 2003. 物源分析方法及研究进展[J]. 沉积学报, 21(3): 409-416.
赵俊青, 纪友亮, 张世奇, 等, 2004. 陆相高分辨率层序界面识别的地球化学方法[J]. 沉积学报(1): 79-86.
赵文智, 卞从胜, 徐春春, 等, 2011, 四川盆地须家河组须一、三和五段天然气源内成藏潜力与有利区评价[J]. 石油勘探与开发, 38(4): 385-393.
赵永刚, 李忠梅, 于长华, 等, 2011. 歧口凹陷张东地区沙河街组油气成藏条件与主控因素研究[J]. 海洋石油, 31(5): 54-58.
赵永胜, 1993. 云南星云湖断陷湖盆中粘土矿物组合特征与沉积环境关系的初步探讨[J]. 海洋与湖沼, (5): 447-455, 563.
郑浚茂, 庞明, 1989. 碎屑岩储集岩的成岩作用研究[M]. 北京: 中国地质大学出版社: 53-68.
郑荣才, 尹世民, 彭军, 2000. 基准面旋回结构与叠加样式的沉积动力学分析[J]. 沉积学报, 18(3): 369-375.
郑荣才, 彭军, 吴朝容, 2001. 陆相盆地基准面旋回的级次划分和研究意义[J]. 沉积学报, 19(2): 249-255.
郑荣才, 周祺, 王华, 等, 2009. 鄂尔多斯盆地长北气田山西组2段高分辨率层序构型与砂体预测[J]. 高校地质学报, 15(1): 69-79.
郑荣才, 文华国, 李凤杰, 2010. 高分辨率层序地层学[M]. 北京: 地质出版社.

钟大康, 朱筱敏, 张枝焕, 等, 2003. 东营凹陷古近系砂岩次生孔隙成因与纵向分布规律[J]. 石油勘探与开发, 30(6): 51-53.

钟大康, 朱筱敏, 蔡进功, 等, 2004a. 沾化凹陷下第三系砂岩次生孔隙纵向分布规律[J]. 石油与天然气地质, 24(3): 286-290.

钟大康, 朱筱敏, 张琴, 等, 2004b. 不同埋深条件下砂泥岩互层中砂岩储层物性变化规律[J]. 地质学报, 78(6): 863-871.

周斌, 邓志辉, 徐杰, 等, 2009. 渤海新构造运动及其对晚期油气成藏的影响[J]. 地球物理学进展, 24(6): 2135-2144.

周建生, 杨长春, 2007. 渤海湾地区前第三系构造样式分布特征研究[J]. 地球物理学进展, 22(5): 1416-1426.

周军良, 胡勇, 李超, 等, 2017. 渤海A油田扇三角洲相低渗储层特征及物性控制因素[J]. 石油与天然气地质, 38(1): 71-78.

周士科, 徐长贵, 2006. 轴向重力流沉积: 一种重要的深水储层——以东海盆地丽水凹陷明月峰组为例[J]. 地质科技情报, 25(5): 57-62.

周泰禧, 李彬贤, 张巽, 等, 1996. 扬子地块北缘贵池地层区沉积地层的稀土元素组成及其地质意义[J]. 中国稀土学报(3): 254-260.

周心怀, 于一欣, 汤良杰, 等, 2010. 渤海海域新生代盆地结构与构造单元划分[J]. 中国海上油气(地质), 22(5): 285-289.

周心怀, 赖维成, 杜晓峰, 等, 2012. 渤海海域隐蔽油气藏勘探关键技术及其应用成效[J]. 中国海上油气, 24(S1): 11-18.

周瑶琪, 吴智平, 2000. 地层间断面的时间结构研究[M]. 北京: 地质出版社.

朱红涛, 杜远生, 何生, 2007. 层序地层学模拟研究进展及趋势[J]. 地质科技情报, 26(5): 27-34.

朱红涛, 杜远生, 何生, 等, 2008. 定量模拟层序叠加模式对断陷盆地非均一构造沉降活动的响应[J]. 沉积学报(5): 753-761.

朱红涛, 杜远生, 李敏, 等, 2009. 可容纳空间转换系统的定量模拟[J]. 地球科学(中国地质大学学报), 34(5): 819-828.

朱红涛, 李敏, LIU K Y, 等, 2010. 陆内克拉通盆地层序地层构型及其控制因素[J]. 地球科学(中国地质大学学报), 35(6):35-40.

朱红涛, 杨香华, 周心怀, 等, 2011. 基于层序地层学和地震沉积学的高精度三维沉积体系: 以渤中凹陷西斜坡BZ3-1区块东营组为例[J]. 地球科学(中国地质大学学报), 36(6): 1073-1084.

朱红涛, LIU K Y, 杨香华, 等, 2012. 陆相湖盆层序构型及其岩性预测意义: 以珠江口盆地惠州凹陷为例[J]. 地学前缘, 19(1): 32-39.

朱红涛, 杨香华, 周心怀, 等, 2013. 基于地震资料的陆相湖盆物源通道特征分析: 以渤中凹陷西斜坡东营组为例[J]. 地球科学(中国地质大学学报), 38(1): 121-129.

朱红涛, 徐长贵, 朱筱敏, 等, 2017. 陆相盆地源-汇系统要素耦合研究进展[J]. 地球科学(中国地质大学学报), 42(11): 1851-1870.

朱红涛, 刘强虎, 赵谦, 等, 2019. 陆丰西地区古近纪构造演化与沉积体系差异性研究[R]. 深圳: 中海石油有限公司深圳分公司.
朱平, 黄思静, 2004. 黏土矿物绿泥石对碎屑储集岩孔隙的保护[J]. 成都理工大学学报, 31(2): 153-156.
朱伟林, 2009. 中国近海新生代含油气盆地古湖泊学与烃源条件[M]. 北京: 地质出版社.
朱伟林, 李建平, 周心怀, 等, 2008. 渤海新近系浅水三角洲沉积体系与大型油气田勘探[J]. 沉积学报(4): 575-582.
朱伟林, 米立军, 龚再升, 等, 2009. 渤海海域油气成藏与勘探[M]. 北京: 科学出版社.
朱伟林, 吴景富, 张功成, 等, 2015. 中国近海新生代盆地构造差异性演化及油气勘探方向[J]. 地学前缘, 22(1): 88-101.
朱筱敏, 信荃麟, 张晋仁, 1994. 断陷湖盆滩坝储集体沉积特征及沉积模式[J]. 沉积学报, 12(2): 20-28.
朱筱敏, 康安, 谢庆宾, 等, 2000. 内蒙古钱家店凹陷侏罗系层序地层与岩性圈闭[J]. 石油勘探与开发, 27(2): 48-52.
朱筱敏, 钟大康, 赵澄林, 等, 2002. 塔里木盆地台盆区古生界优质碎屑岩储层形成机理及预测[J]. 科学通报, 4(7): 30-35.
朱筱敏, 康安, 王贵文, 2003. 陆相坳陷型和断陷型湖盆层序地层样式探讨[J]. 沉积学报, 21(2): 283-287.
朱筱敏, 米立军, 钟大康, 等, 2006a. 济阳坳陷古近系成岩作用及其对储层质量的影响[J]. 古地理学报, 8(3): 295-305.
朱筱敏, 王英国, 钟大康, 等, 2006b. 济阳坳陷古近系储层孔隙类型与次生孔隙成因[J]. 天然气地球科学, 27(1): 102-109.
朱筱敏, 董艳蕾, 杨俊生, 等, 2008. 辽东湾地区古近系层序地层格架与沉积体系分布[J]. 中国科学: D辑 地球科学, 38(增刊 I): 1-10.
朱筱敏, 刘长利, 张义娜, 等, 2009. 地震沉积学在陆相湖盆三角洲砂体预测中的应用[J]. 沉积学报, 27(5): 915-921.
朱筱敏, 刘媛, 方庆, 等, 2012. 大型坳陷湖盆浅水三角洲形成条件和沉积模式: 以松辽盆地三肇凹陷扶余油层为例[J]. 地学前缘, 19(1): 89-99.
朱筱敏, 潘荣, 李盼盼, 等, 2013. 惠民凹陷沙河街组基山三角洲中孔低渗储层成岩作用和有利储层成因[J]. 岩性油气藏, 25(5): 1-7.
朱秀, 朱红涛, 曾洪流, 等, 2017. 云南洱海现代湖盆源汇系统划分、特征及差异[J]. 地球科学(中国地质大学学报), 42(11): 2010-2024.
朱永进, 尹太举, 沈安江, 等, 2015. 鄂尔多斯盆地上古生界浅水砂体沉积模拟实验研究[J]. 天然气地球科学, 26(5): 833-844.
祝彦贺, 朱伟林, 徐强, 等, 2011. 珠江口盆地 13.8 Ma 陆架边缘三角洲与陆坡深水扇的“源汇”关系[J]. 中南大学学报(自然科学版), 42(12): 3827-3834.
邹华耀, 周心怀, 鲍晓欢, 等, 2010. 渤海海域古近系、新近系原油富集/贫化控制因素与成藏模式[J]. 石油学报, 31(6): 885-893, 899.
ALLEN P A, 2005. Striking a chord[J]. Nature, 434(7036): 961.
ALLEN P A, 2008a. From landscapes into geological history[J]. Nature, 451(7176): 274-276.

ALLEN P A, 2008b. Time scales of tectonic landscapes and their sediment routing systems[J]. Geological society London special publications, 296(1): 7-28.

ALLEN P A, ALLEN J R, 2013. Basin analysis: principles and application to petroleum play assessment[M]. Oxford: Blackwell-Wiley.

ALLEN P A, HOVIUS N, 1998. Sediment supply from landslide-dominated catchments: Implications for basin-margin fans[J]. Basin research, 10(1): 19-35.

ALLEN M B, MACDONALD D I M, ZHAO X, et al., 1997. Early Cenozoic two-phase extension and late Cenozoic thermal subsidence and inversion of the Bohai Basin, northern China[J]. Marine and petroleum geology, 14(7): 951-972.

AMOROSI A, MASELLI V, TRINCARDI F, 2016. Onshore to offshore anatomy of a late quaternary source-to-sink system(Po Plain-Adriatic Sea, Italy)[J]. Earth-science reviews, 153: 212-237.

ANDERSON T, 2002. Correction of common lead in U-Pb analyses that do not report ^{204}Pb[J]. Chemical geology, 192(1/2): 59-79.

ANJOS S M C, DE ROS L F, DE SOUZA R S, et al., 2000. Depositional and diagenetic control on the reservoir quality of Lower Cretaceous Pendencia sandstones, Potiguar rift basin, Brazil[J]. AAPG bulletin, 84 (11): 1719-1742.

ANTHONY E J, JULIAN M, 1999. Source-to-sink sediment transfers, environmental engineering and hazard mitigation in the steep Var River catchment, French Riviera, southeastern France[J]. Geomorphology, 31(1/4): 337-354.

ATHMER W, URIBE G G A, LUTHI S M, et al., 2011. Tectonic control on the distribution of Palaeocene marine syn-rift deposits in the Fenris Graben, northwestern VØring Basin, offshore Norway[J]. Basin research, 23(3): 361-375.

BARCLAY S A, WORDEN R H, 2000. Effects of reservoir wettability on quartz cementation in oil fields[C]// WORDEN R H, MORAD S. Quartz cementation in sandstones. Oxford: Blackwell, Science: 103-117.

BELFIELD W C, 1998. Incorporating spatial distribution into stochastic modeling of fractals and Levy-stable statistics[J]. Journal of structures geology, 20(4): 473-486.

BHATTACHARYA J P, COPELAND P, LAWTON T F, et al., 2016. Estimation of source area, river paleo-discharge, paleoslope, and sediment budgets of linked deep-time depositional systems and implications for hydrocarbon potential[J]. Earth-science reviews, 153: 77-110.

BLACK L P, KAMO S L, ALLEN C M, et al., 2004. Improved ^{206}Pb/^{238}U Microprobe Geochronology by the Monitoring of a Trace-Element-Related Matrix Effect; SHRIMP, ID-TIMS, ELA-ICP-MS and Oxygen Isotope Documentation for a Series of Zircon Standards[J]. Chemical geology, 205(1/2): 115-140.

BROWN A R, 1991. Interpretation of three-dimensional seismic data[J]. AAPG Memoir, 13(1): 121-122.

BROWN A R, DAHM C G, GRAEBNER R T, 1981. A stratigraphic case history using three-dimensional seismic data in the Gulf of Thailand[J]. Geophysical prospecting, 29(3): 327-349.

BURRETT C, ZAW K, MEFFRE S, et al., 2014. The configuration of Greater Gondwana—Evidence from LA ICPMS, U-Pb geochronology of detrital zircons from the Palaeozoic and Mesozoic of Southeast Asia and

China[J]. Gondwana research, 26(1): 31-51.

CARTER D C, 2003. 3-D seismic geomorphology: Insights into fluvial reservoir deposition and performance, Widuri field, Java Sea[J]. AAPG bulletin, 87(6): 909-934.

CARTER L, ORPIN A, KUEHL S, 2010. From mountain source to ocean sink: The passage of sediment across an active margin, Waipaoa Sedimentary System, New Zealand[J]. Marine geology, 270: 1-10.

CARVAJAL C, STEEL R, 2012. Source-to-sink sediment volumes within a tectono- stratigraphic model for a Laramide shelf-to-deep-water basin: Methods and results[M]//BUSBY C, AZOR PEREZ A. Tectonics of Sedimentary Basins: Recent Advances. Oxford: Wiley Black well: 131-151.

CATUNEANU O, 2006. Principles of sequence stratigraphy[M]. Amsterdam: Elsevier.

CHEN L, LU Y C, GUO T L, et al., 2012. Seismic sedimentology study in the high-resolution sequence framework-a case study of platform margin reef-beach system of Changxing formation, Upper Permian, Yuanba Area, Northeast Sichuan Basin, China[J]. Journal of earth science, 23(4): 612-626.

CLIFT P D, LEE J I, CLARK M K, 2002. Erosional response of South China to arc rifting and monsoonal strengthening: A record from the South China Sea[J]. Marine geology, 184: 207-226.

CONTARDO X, CEMBRANO J, JENSEN A, et al., 2008. Tectono-sedimentary evolution of marine slope basins in the Chilean forearc (33° 30′-36° 50′ S): Insights into their link with the subduction process[J]. Sedimentary geology, 459: 206-218.

CONTRERAS J, SCHOLZ C H, 2001. Evolution of stratigraphic sequences in multisegmented continental rift basins: Comparison of computer models with the basins of the East African rift system[J]. AAPG bulletin, 85(85): 1565-1581.

COPE T, LUO P, ZHANG X Y, 2010. Structural controls on facies distribution in a small half-graben basin: Luanping basin, northeast China[J]. Basin research, 22(1): 33-44.

COWIE P A, WHITTAKER A C, ATTAL M, et al., 2008. New constraints on sediment-flux-dependent river incision: Implications for extracting tectonic signals from river profiles[J]. Geology, 36(7): 535.

DAHLSTROM C D A, 1970. Structural geology in the eastern margin of the Canadian Rocky Mountain[J]. bulletin of Canadian petroleum geology, 18(3): 332-406.

DE GRAAFF-SURPLESS K, GRAHAM S T, WOODEN J L, et al., 2002. Detrital zircon provenance analysis of the Great Valley Group, California: Evolution of an arc-forearc system[J]. Geological society of America bulletin, 114(12): 1564-1580.

DENSMORE A I, ALLEN P A, SIMPSON G, 2007. Development and response of a coupled catchment fan system under changing tectonic and climatic forcing[J]. Journal of geophysical research, Part F-Earth surface, 112(F1): 1-16.

DICKINSON W R, 1985. Interpreting provenance relations from detrital modes of sandstones[M]//ZUFFA G G. Provenance of arenites. Dordrecht: Springer: 333-362.

DICKINSON W R, SUCZEK C A, 1979. Plate tectonic and sandstone compositions[J]. AAPG bulletin, 63(12): 2164-2182.

DU X F, XU C G, PANG X J, et al., 2017. Quantitative reconstruction of source-to-sink systems of the first and second members of the Shahejie Formation of the Eastern Shijiutuo uplift, Bohai Bay Basin, China[J]. Interpretation, 5(4): 85-102.

DUMONT T, SCHWARTZ S, GUILLOT S, et al., 2012. Structural and sedimentary records of the Oligocene revolution in the Western Alpine arc[J]. Journal of geodynamics, 56(3): 18-38.

DUNLAP D B, WOOD L J, WEISENBERGER C, et al., 2010. Seismic geomorphology of offshore Morocco's east margin, Safi Haute Mer area[J]. AAPG bulletin, 94(5): 615-642.

FALK F D, DORSEY R J, 1998. Rapid development of gravelly high-density turbidity currents in marine Gilbert-type fan deltas, Lorelo Basin, Baja California Sur, Mexico[J]. Sedimentology, 46(4): 757-761.

FENG Y L, LI S T, LU Y C, et al., 2013. Sequence stratigraphy and architectural variability in Late Eocene lacustrine strata of the Dongying Depression, Bohai Bay Basin, Eastern China[J]. Sedimentary geology, 295(8): 1-26.

FOMEL S, 2010. Predictive painting of 3D seismic volumes[J]. Geophysics, 75(4): 25-30.

FRIEDMAN G M, SANDERS I E, 1978. Principles of sedimentology[M]. New York: Wiley: 199-234.

GABOR D, 1946. Theory of Communication[J]. Journal of the institute of electrical engineers of Japan, 93: 429-457.

GALLOWAY W E, 1989. Genetic stratigraphic sequences in basin analysis II: Application to northwest gulf of Mexico Cenozoic Basin[J]. AAPG bulletin, 73(2): 143-154.

GALLOWAY W E, HOBDAY D K, 1983. Terrigenous clastic depositional systems: Application to petroleum, coal, and uranium exploration[M]. New York: Springer-Verlag.

GAWTHORPE R L, LEEDER M R, 2000. Tectono-sedimentary evolution of active extensional basins[J]. Basin research, 12: 195-218.

GIFFORD C M, AGAH A, 2010. Collaborative multi-agent rock facies classification from wireline well log data[J]. Engineering Application of Artifical intelligence, 23(7): 1158-1172.

GONG C L, WANG Y M, ZHU W L, et al., 2013. Upper Miocene to Quaternary undirectionally migrating deep-water channels in the Pearl River Mouth Basin, northern South China Sea[J]. AAPG bulletin, 97(2): 285-308.

HELLAND-HANSEN W, SØMME T O, MARTINSEN O J, et al., 2016. Deciphering Earth's natural hourglasses: Perspectives on source-to-sink analysis[J]. Journal of sedimentary research, 86(9): 1008-1033.

HSIAO L Y, GRAHAMW S A, TILANDER N, 2010. Stratigraphy and sedimentation in a rift basin modified by synchronous strike-slip deformation: Southern Xialiao basin, Bohai, offshore China[J]. Basin research, 22(1): 61-78.

HUANG H D, ZHANG R W, LUO Q, et al., 2009. Subtle trap recognition based on seismic sedimentology-A case study from Shengli Oilfield[J]. Applied geophysics, 6(2): 175-183.

HUANG X, DYT C, GRIFFITHS C, 2012. Numerical forward modelling of "fluxoturbidite" flume experiments using Sedsim[J]. Marine and petroleum geology. 35,190-200.

HUBBARD S M, SMITH D G, NIELSEN H, et al., 2011. Seismic geomorphology and sedimentology of a tidally influenced river deposit, Lower Cretaceous Athabasca oil sands, Alberta, Canada[J]. AAPG bulletin,

95(7): 1123-1145.

JOZEFACIUK G, 2009. Effect of the size of aggregates on pore charac-teristics of minerals measured by mercury intrusion and water-vapor desorption techniques[J]. Clays and clay minerals, 57(5): 586-601.

KUEHL S A, ALEXANDER C R, BLAIR N E, et al., 2016. A source-to-sink perspective of the Waipaoa River Margin[J]. Earth-science reviews, 153: 301-334.

LAME O, BELLET D, DI MICHIEL M, et al., 2004. Bulk observation of metal powder sintering by X-ray synchrotron microtomography[J]. Acta materialia, 52(4): 977-984.

LEEDER M R, 2011. Tectonic sedimentology: Sediment systems deciphering global to local tectonics[J]. Sedimentology, 58(1): 2-56.

LIN C S, LI S T, LIU J Y, et al., 2011. Tectonic framework and paleogeographic evolution of the Tarim basin during the Paleozoic major evolutionary stages[J]. Acta petrologica sinica, 27(1): 210-218.

LIN C S, YANG H J, LIU J Y, et al., 2012. Distribution and erosion of the Paleozoic tectonic unconformities in the Tarim Basin, Northwest China: Significance for the evolution of paleo-uplifts and tectonic geography during deformation[J]. Journal of Asian earth sciences, 46(6): 1-19.

LIN Z， WANG C, SHAH J, et al., 2018. Three-dimensional distribution characteristics of migration architecture elements of meandering rivers based on slice simulation experiment[C]//Proceedings of the 20th lnternational Sedimentological Congress. Québec: SEPM.

LINDSEY J P, 1989. The Fresnel zone and and its interpretive significance[J]. The leading edge, 8(10): 33-39.

LIU Q H, ZHU H T, SHU Y, et al., 2016. Provenance identification and sedimentary analysis of the beach and bar systems in the Palaeogene of the Enping Sag, Pearl River Mouth Basin, South China Sea[J]. Marine and Petroleum Geology, 70: 251-272.

LIU Q H, ZHU X M, ZHU H T, et al., 2017. Three-dimensional forward stratigraphic modelling of the gravel-to mud-rich fan-delta in the Slope System of Zhanhua Sag, Bohai Bay Basin, China[J]. Marine and petroleum geology, 79: 18-30.

LIU Z F, ZHAO Y L, COLIN C, 2016. Source-to-sink transport processes of fluvial sediments in the South China Sea[J]. Earth-science reviews, 153: 238-273.

LONGHITANO S G, 2008. Sedimentary facies and sequence stratigraphy of coarse-grained Gilbert-type deltas within the Pliocene thrust-top Potenza Basin (Southern Apennines, Italy)[J]. Sedimentary geology, 210(3): 87-110.

MAGARA K, 1976. Water expulsion from clastic sediments during compaction: Directions and volumes[J]. AAPG Bulletin, 60(4): 543-553.

MASINI E, MANATSCHAL G, MOHN G, et al., 2011. The tectono-sedimentary evolution of a supra-detachment rift basin at a deep-water magma-poor rifted margin: The example of the Samedan Basin preserved in the Err nappe in SE Switzerland[J]. Basin research, 23(6): 652-677.

MASROUHI A, GHANMI M, SLAMA M M B, et al., 2008. New tectono-sedimentary evidence constraining the timing ofthe positive tectonic inversion and the Eocene Atlasic phase in northern Tunisia: Implication for the North African paleo-margin evolution[J]. Comptes rendus geoscience, 340(11): 771-778.

MEADE R H, 1982. Sources, sinks, and storage of river sediment in the Atlantic drainage of the United States[J]. Journal of geology, 90(90): 235-252.

MIALL A D, 2002. Architecture and sequence stratigraphy of Pleistocene fluvial systems in the Malay Basin based on seismic time-slice analysis[J]. AAPG bulletin, 86(7): 1201-1216.

MIALL A D, 1984. Principles of sedimentary basin analysis[M]. New York: Springer Verlag.

MILLER E L, GEHRELS G E, PEASE V, et al., 2010. Stratigraphy and U-Pb detrital zircon geochronology of Wrangel Island, Russia: Implications for arctic paleogeography[J]. AAPG bulletin, 94(5): 665-692.

MITCHUM R M, VAN WAGONER J C V, 1991. High-frequency sequences and their stacking patterns: Sequence-stratigraphic evidence of high-frequency eustatic cycles[J]. Sedimentary geology, 70(2/4): 131-160.

MOORE G T, 1969. Interaction of rivers and oceans: Pleistocene petroleum potential[J]. AAPG bulletin, 53: 2421-2430.

MORTON A C, HALLSWORTH C, 1994. Identifying provenance-specific features of detrital heavy mineral assemblages in sandstones[J]. Sedimentary geology, 90(3/4): 241-256.

MOUSLOPOULOU V, NICOL A, LITTLE T A, et al., 2007. Displacement transfer between intersecting regional strike-slip and extensional fault systems[J]. Journal of structural geology, 29(1): 100-116.

MOUSTAFA A R, 2002. Controls on the geometry of transfer zones in the Suez Rift and northwest Red Sea: Implications for the structural geometry of rift systems[J]. AAPG bulletin, 86(6): 979-1002.

NARDIN T R, HEIN F J, GORSLINE D S, et al., 1979. A review of mass movement processes, sediment and acoustic characteristics, and contrasts in slope and base-of-slope systems vs. canyon-fan-basin floor systems[M]// DOYLE L J, PILKEY O H. Geology of continental slopes. McLean SEPM.

NIO D, BROUWER J H, SMITH D G, et al., 2005. Spectral trend attribute analysis: Applications in the stratigraphic analysis of wireline logs[J]. Frist break, 23(4): 71-75.

PASCUCCI V, COSTANTINI A, MARTINI P, et al., 2006. Tectono-sedimentary analysis of a complex, extensional, Neogene basin formed on thrust-faulted, Northern Apennines hinterland: Radicofani Basin, Italy[J]. Sedimentary geology, 183(1/2): 71-97.

PATRICK F, GABRIEL R, PAULO G, 2004. Empirical mode decomposition as a filter bank[J]. IEEE signal processing letters, 11(2): 112-114.

PEACOCK D C P, SANDERSON D J, 1994. Geometry and development of relay ramps in normal fault systems[J]. AAPG bulletin, 78(2): 147-165.

POSAMENTIER H W, VAIL P R, 1988. Eustatic controls on clastic deposition II: sequence and systems tract[C]// SEPM Society for Sedimentary Geology, 42: 126-148

POSAMENTIER H W, KOLLA V, 2003. Seismic geomorphology and stratigraphy of depositional elements in deep-water settings[J]. Journal of sedimentary research, 73(3): 367-388.

PRIZOMWALA S P, BHATT NILESH, BASAVAIAH N, 2014. Provenance discrimination and source- to-sink studies from a dryland fluvial regime: An example from Kachchh, western India[J]. International journal of sediment research, 29(1): 99-109.

ROLLINSON H R, 1993. A terrane interpretation of the Archaean Limpopo Belt[J]. Geological Magazine,

130(6): 755-765.

ROMANS B W, CASTELLTORT S, COVAULT J A, et al., 2016. Environmental signal propagation in sedimentary systems across timescales[J]. Earth-science reviews, 153: 7-29.

SALVANY J M, LARRASOAÑA J C, MEDIAVILLA C, et al., 2011. Chronology and tectono-sedimentary evolution of the Upper Pliocene to Quaternary deposits of the lower Guadalquivir foreland basin, SW Spain[J]. Sedimentary geology, 241(1): 22-39.

SANTOS R A, 2000. Adaptive visualization of deepwater turbidite systems in Campos Basin using 3-D seismic[J]. Leading edge, 19(5): 512-517.

SCHERER M, 1987. Parameters influencing porosity in sandstones: A model for sandstone porosity prediction[J]. AAPG bulletin, 71(5): 485-491.

SCHMIDT V, MCDONALD D A, 1977. Role of secondary porosity in sandstone diagenesis[J]. AAPG bulletin, 61(8): 1390-1391.

SEIDEL M, SEIDEL E, STOCKHERT B, 2008. Tectono-sedimentary evolution of lower to middle Miocene half-graben basins related to an extensional detachment fault (western Crete, Greece)[J]. Terra nova, 20(5): 417-418.

SHANLEY K W, MCCABE P J, 1994. Perspectives on the sequence stratigraphy of continental strata[J]. AAPG bulletin, 78(4): 544-568.

SØMME T O, JACKSON C A-L, 2013. Source-to-sink analysis of ancient sedimentary systems using a subsurface case study from the Møre-Trøndelag area of southern Norway: Part 2-sediment dispersal and forcing mechanisms[J]. Basin research, 25(5): 512-531.

SØMME T O, HELLAND-HANSEN W, MARTINSEN O J, 2009a. Relationships between morphological and sedimentological parameters in Source-to-Sink systems: A basis for predicting semi-quantitative characteristics in subsurface systems[J]. Basin research, 21: 361-387.

SØMME T O, MARTINSEN O J, THURMOND J B, 2009b. Reconstructing morphological and depositional characteristics in subsurface sedimentary systems: An example from the Maastrichtian-Danian Ormen Lange System, Møre Basin, Norwegian Sea[J]. AAPG bulletin, 93: 1347-1377.

SØMME T O, JACKSON C A-L, VAKSDAL M, 2013. Source-to-sink analysis of ancient sedimentary systems using a subsurface case study from the Møre-Trøndelag area of southern Norway: Part 1-depositional setting and fan evolution[J]. Basin research, 25(5): 489-511.

STREEKER U, STEIDTMANN J R, SMITHSON S B A, 1999. Conceptual tectonostratigraphic model for seismic facies migrations on a fluvio-lacustrine in extensional basin[J]. AAPG bulletin, 83(1): 43-61.

STUART F M, 2006. Apatite (U-Th)/He age constraints on the Mesozoic and Cenozoic evolution of the Bathurst region, New South Wales: Evidence for antiquity of the continental drainage divide along a passive margin[J]. Australian journal of earth sciences, 53(6): 1041-1050.

SYVITSKI J P, MOREHEAD M D, 1999. Estimating river-sediment discharge to the ocean: Application to the Eel Margin, Northern California[J]. Marine geology, 154: 13-28.

SYVITSKI J P, MILLIMAN J D, 2007. Geology, geography, and humans battle for dominance over the delivery of fluvial sediment to the coastal ocean[J]. Journal of geology, 115: 1-19.

VAIL P R, 1983. Seismic stratigraphy and the evaluation of depositional sequences facies[J]. Geophysical journal of the royal astronomical society, 73: 278.

VAIL P R, MITCHUM R M, THOMPSON S, 1977. Seismic stratigraphy and global changes of sea level[C]// PAYTON C E. Seismic stratigraphy-Applications to hydrocarbon exploration. Tulsa: AAPG: 83-97.

VAIL P R, AUDEMARD F, BOWMAN S A, et al., 1991. The stratigraphic signatures of tectonics, ecstasy and sedimentology: An overview[M]//EINSELE G, RICKEN W, SEILACHER A. Cycles and events in stratigraphy. Berlin Heidberg: Springer-Verlag: 617-659.

WALSH J P, WIBERG P L, AALTO R, et al., 2016. Source-to-sink research: Economy of the earth's surface and its strata[J]. Earth-science reviews, 153: 1-6.

WANDRES A M, BRADSHAW J D, WEAVER S, et al., 2004. Provenance analysis using conglomerate clast lithologies: A case study from the Pahau Terrane of New Zealand[J]. Sedimentary geology, 167(1): 57-89.

WANG L L, WANG Z Q, YU S, et al., 2016. Seismic responses and controlling factors of Miocene deepwater gravity-flow deposits in Block A, Lower Congo Basin[J]. Journal of African earth sciences, 120: 31-43.

WANG Y, ABELS H A, JOEP L, et al., 2018. Modelling orbital climate signals in fluvial stratigraphy[C]// Proceedings of the 20th International Sedimentological Congress. Québec SEPM.

WIDESS M B, 1973. How thin is a thin bed[J]. Geophysics, 38(6): 1176-1180.

WILSON J P, 2012. Digital terrain modeling[J]. Geomorphology, 137:107-121.

WITTMANN H, VON BLANCKENBURG F, GUYOT J L, 2009. From source to sink: Preserving the cosmogenic Be-10-derived denudation rate signal of the Bolivian Andes in sediment of the Beni and Mamoré foreland basins[J]. Earth & planetary science letters, 288(3): 463-474.

WOOD L J, 2000. Chronostratigrahy and tectonostratigraphy of the Columbus Basin, eastern offshore Trinidad[J]. AAPG bulletin, 84(12): 1905-1928.

WOOD L J, MIZE-SPANSKY K L, 2009. Quantitative seismic geomorphology of a Quaternary leveed-Channel system, offshore eastern Trinidad and Tobago, northeastern South America[J]. AAPG bulletin, 93(1): 101-125.

WRIGHT V P, MARRIOT S B, 1993. The sequence stratigraphy of fluvial depositional systems: The role of floodplain sediment storage[J]. Sedimentary geology, 86(1): 203-210.

YUAN H L, GAO S, LIU X M, et al., 2004. Accurate U-Pb age and trace element determinations of zircon by Laser Ablation-Inductively Coupled Plasma-Mass Spectrometry[J]. Geostandards and geoanalytical research, 28(3): 353-370.

ZENG H L, 2001. From seismic stratigraphy to seismic sedimentology: A sensible transition[J]. Gulf coast association of geological societies transactions, 85: 413-420.

ZENG H L, 2010. Geologic significance of anomalous instantaneous frequency[J]. Geophysics, 75(3): 23-30.

ZENG H L, BACKUS M M, 2005a. Interpretive advantages of 90° -phase wavelets: Part 1-modeling[J]. Geophysics, 70(3): 7-15.

ZENG H L, BACKUS M M, 2005b. Interpretive advantages of 90° -phase wavelets: Part 2-seismic applications[J].

Geophysics, 70(3): 17-24.

ZENG H L, HENTZ T F, 2004. High-frequency sequence stratigraphy from seismic sedimentology: Applied to Miocene, Vermilion Block 50, Tiger Shoal area, offshore Louisiana[J]. AAPG bulletin, 88(2): 153-174.

ZENG H L, KERANS C, 2003. Seismic frequency control on carbonate seismic stratigraphy: A case study of the Kingdom Abo sequence, West Texas[J]. AAPG bulletin, 87(2): 273-293.

ZENG H L, BACKUS M M, BARROW K T, 1996. Facies mapping from three-dimensional seismic data: Potential and guildelines from a tertiary sandstone-shale sequence model, Powderhorn Field, Calhoun County, Texas[J]. AAPG bulletin, 80(1): 16-46.

ZENG H L, HENRY S C, RIOLA J P, 1998. Stratal slicing: Part II: Real 3-D seismic data[J]. Geophysics, 63(2): 514-522.

ZENG H L, HENTZ T F, WOOD L J, 2001. Stratal slicing of Miocene-Pliocene sediments in vermilion block 50-tiger Shoal area, Offshore Louisiana[J]. The leading edge, 20(4): 408-418.

ZENG H L, LOUCKS R G, BROWN J L F, 2007. Mapping sediment-dispersal patterns and associated systems tracts in fourth-and fifth-order sequences using seismic sedimentology: Example from Corpus Christi Bay, Texas[J]. AAPG bulletin, 91(7): 981-1003.

ZENG H L, LOUCKS R, JANSON X, et al., 2011. Three-dimensional seismic geomorphology and analysis of the Ordovician paleokarst drainage system in the central Tabei Uplift, northern Tarim Basin, western China[J]. AAPG bulletin, 95(12): 2061-2083.

ZENG H L, BACKUS M M, BARROW K T, et al., 2012. Stratal slicing: part I-Realistic 3-D seismic model[J]. Geophysics, 63(2): 502-513.

ZHANG H J, CLIFFORD T, CHARLOTTE R, 2003. Automatic P-wave arrival detection and picking with multiscale wavelet analysis for single-component recordings[J]. Bulletin of the Seismological Society of America, 93(5): 1904-1912.

ZHANG X G, LIN C Y, ZHANG T, 2010. Seismic sedimentology and its application in shallow sea area, gentle slope belt of Chengning uplift[J]. Journal of earth science, 21(4): 471-479.

ZHANG J Y, STEEL R, AMBROSE W, 2016. Greenhouse shoreline migration: Wilcox deltas[J]. AAPG bulletin, 100: 1803-1831.

ZHAO W Z, ZOU C N, CHI Y L, et al., 2011. Sequence stratigraphy, seismic sedimentology, and lithostratigraphic plays: Upper Cretaceous, Sifangtuozi area, southwest Songliao Basin, China[J]. AAPG bulletin, 95(2): 241-265.

ZHOU Y, JI Y L, PIGOTT J D, et al., 2014. Tectono-stratigraphy of Lower Cretaceous Tanan sub-basin, Tamtsag Basin, Mongolia: Sequence architecture, depositional systems and controls on sediment infill[J]. Marine and petroleum geology, 49(49): 176-202.

ZHU H T, LIU Q H, LIU Z B, 2013. Quantitative simulation on the retrogradational sequence stratigraphic pattern in intra-cratonic basins using physical tank experiment and numerical simulation[J]. Journal of Asian earth sciences, 66: 249-257.